PHÄNOMENOLOGIE DER SCHWACHEN PHANTASIE

PHAENOMENOLOGICA
REIHE GEGRÜNDET VON H.L. VAN BREDA UND PUBLIZIERT UNTER SCHIRMHERRSCHAFT DER HUSSERL-ARCHIVE

185

DIETER LOHMAR

PHÄNOMENOLOGIE DER SCHWACHEN PHANTASIE

Untersuchungen der Psychologie, Cognitive Science, Neurologie und Phänomenologie zur Funktion der Phantasie in der Wahrnehmung

DIETER LOHMAR
Universität zu Köln Husserl-Archiv

PHÄNOMENOLOGIE DER SCHWACHEN PHANTASIE

Untersuchungen der Psychologie, Cognitive Science, Neurologie und Phänomenologie zur Funktion der Phantasie in der Wahrnehmung

Springer

A C.I.P. Catalogue record for this book is available from the Library of Congress.

ISBN 978-1-4020-6830-0 (HB)
ISBN 978-1-4020-6831-7 (eBook)

Published by Springer,
P.O. Box 17, 3300 AA Dordrecht, The Netherlands.

www.springer.com

Printed on acid-free paper

Mit einer Zeichnung von Heribert Schulmeyer

INHALTSVERZEICHNIS

III. Teil: Zur Phänomenologie phantasmatischer Repräsentations-Systeme kognitiver Inhalte

Einleitung

Die These dieses Buches lautet, dass die phantasmatische Selbstaffektion eine der grundlegenden Bedingungen der Möglichkeit für menschliches Wahrnehmen, Denken und Erkennen ist. Selbstaffektion bezeichnet die Fähigkeit des menschlichen Geistes, in allen Sinnesfeldern (Gesicht, Getast, Geruch, Geschmack, Gehör, Gefühl, Lust-Unlust-Empfindung, Bewegtheits-, Bewegungs- und Lage-Empfindungen, Kinästhesen etc.) zeitweise so etwas wie Empfindungen *einzuzeichnen*. Diese selbsterzeugten Empfindungen, Husserl nennt sie Phantasmata, erscheinen uns aber dennoch fast so, als ob sie aus unseren Sinnen stammen würden. Die phantasmatischen Einzeichnungen, auf die ich mich im Folgenden beschränken werde, sind zudem relativ *schwach, weitgehend unwillkürlich* und *flüchtig*. Es wird sich herausstellen, dass diese schwachen Formen der Phantasie sich zwar bemerken lassen, aber normalerweise beim Auftreten einer konkurrierenden sinnlichen Empfindung von dieser verdrängt werden. Dies verhält sich bei den stärkeren Formen der Phantasie anders: Erinnerungsbilder, Tagträume und willentliche Imagination können in der Konkurrenz mit wacher Sinnlichkeit bestehen.

In ihrer konkretesten und lebendigsten Fassung ist Selbstaffektion etwas, was wir alle kennen, aber zugleich etwas, das uns sehr subjektiv und psychologisch erscheint. Selbstaffektion kann man zum Beispiel den merkwürdigen Effekt nennen, der eintritt, wenn wir sehen, dass jemand anderes in eine Zitrone beißt. Es stellt sich bei uns so etwas wie ein saurer Geschmack ein und eine Reaktion darauf, und zwar fast genau so, als ob wir selbst in die Zitrone gebissen hätten.

Man kann fragen, was dies mit Philosophie und Erkenntnisklärung zu tun hat. Es scheint doch nur ein unbedeutender psychologischer Nebeneffekt im Erkennen zu sein. Auf diese Bedenken möchte ich in zweifacher Weise antworten: Kant selbst stellt die Selbstaffektion als Phänomen in einigen vorkritischen Schriften dar und verwendet sie auch in seiner *Kritik der reinen Vernunft* an zentraler Stelle. Man könnte sagen, dass sich Kants Grundmodell der Konstitution als einer Synthesis, die, geregelt durch einen Begriff, aus einem ungeordneten, sinnlich-anschaulichen Material durch Zusammensetzung und Zusammenordnung die Darstellung eines Gegenstandes herstellt, an den Einsichten orientiert, die er in der Analyse der Selbstaffektion (unter dem Titel der dichterischen Einbildungskraft) gewonnen hat. Außerdem – und hierin besteht das Hauptziel der vorliegenden Darstellung – lässt sich die Selbstaffektion aus Sicht der genetischen Phänomenologie Husserls als eine transzendentale Bedingung von Wahrnehmung (Gegenstandshabe) und Erkenntnis herausarbeiten. Dieser Nachweis wird insgesamt in sieben Hinsichten geführt werden können.[1]

Meine Analyse wird daher mit der Darstellung der Entdeckung der Selbstaffektion in Kants vorkritischen Schriften beginnen. Daneben werde ich auch kurz auf die Versuche eingehen, diese eigenartige Fähigkeit des menschlichen Geistes in der *Kritik der reinen Vernunft* in seine kritizistische Erkenntnistheorie einzufügen (Kap. 2.6 und 6.2). Damit soll aber lediglich eine besonders leistungsfähige Position konturiert werden, die sich mit der Selbstaffektion auseinandergesetzt hat. Kant wird jedoch weder den methodischen noch den inhaltlichen Ausgangspunkt der weiteren Analysen bilden. Die Ablehnung der Kantischen Philosophie und die Bevorzugung der Phänomenologie Husserls beruht zum Teil auf der Kritik an Kants zentralen inhaltlichen Positionen, so z.B. auf seiner unzureichenden Differenzierung der verschiedenen Stufen synthetischer Vereinheitlichung. Mit Husserl werde ich zumindest fünf Stufen unterscheiden (Kap. 5.1). Aber hier kann die Kritik nicht ausschließlich gegen Kants Ansatz gerichtet werden, denn umgekehrt fällt auch Husserl in vielen Details hinter Lösungen Kants zurück, so dass Anleihen bei Kants Analysen der Synthesistätigkeit, insbesondere im Hinblick auf zentrale Funktionen in der Gegenstandskonstitution, in systematischer Hinsicht sinnvoll und unerlässlich sind (Kap. 6).

Ein weiterer wesentlicher Grund für die Ablehnung von Kants Kritizismus als geeigneter Grundlage der Erkenntnistheorie ist folgender: Kant setzt, wie der ganze neuzeitliche Rationalismus, ein allen Menschen gemeinsames, gleiches Vernunftvermögen voraus, das zudem ein exklusives Eigentum des Menschen (und Gottes) ist. Lokalisiert man den letzten Ursprung realitätskonstituierender Begriffe in einer gemeinsamen Vernunft, dann kann es prinzipiell vergleichbare Leistungen bei Tieren nicht geben. Ein solcher Ansatz wäre heute jedoch nicht mehr zeitgemäß, denn die Evolutionstheorie hat herausgearbeitet, dass es einen fließenden Übergang zwischen allen Lebensformen gibt. Die Primatologie der letzten dreißig Jahre hat uns darüberhinaus gezeigt, dass es nur einen vergleichsweise geringen und immer nur graduellen Unterschied zwischen den vorhandenen kognitiven und gefühlsmäßigen Fähigkeiten der übrigen Primaten und unseren gibt. Allerdings soll hiermit nicht der große Unterschied in den faktischen Kulturleistungen geleugnet werden. Wenn wir also heute Erkenntnistheorie betreiben, dann arbeiten wir unter der Forderung, diese so zu gestalten, dass auch die Tiere, insbesondere die höher entwickelten, als Erkenntnissubjekte verständlich werden. Gefordert ist also eine Erkenntnistheorie *von unten her*.

Die hier vorgestellten Analysen und Theorien weichen daher in einer wichtigen Hinsicht von den meisten bekannten Theorien des Subjekts und seiner Leistungen im Erkennen, Wollen, Empfinden, Handeln, Werten usw. ab. Sie sollen eine *inklusive Theorie des Subjekts* sein. Die Bezeichnung *inklusiv* bezieht sich bislang nur auf Theorieansätze in der Ethik, die versuchen, die Rechte von Tieren in die Ethik mit einzubeziehen. Inklusive Theorien des Subjekts versuchen entsprechend, auch Tiere als Subjekte von Empfindungen, Erkenntnissen,

Gefühlen, Wünschen, Wollungen und unter Umständen sogar von moralischen Antrieben und Wertungen zu verstehen (alle diese Begriffe in einem sinngemäß erweiterten Sinn verstanden). Es gibt durch die schnelle Entwicklung der Verhaltenslehre der Tiere – insbesondere auf dem Gebiet der Primatologie – deutliche Belege dafür, dass auch für die hochentwickelten Mitglieder der Primatengruppe weitestgehend dieselben Leistungen möglich sind wie für den Menschen. Eine Ausnahme bildet die gesprochene Sprache und die sich aus dieser Fähigkeit ergebenden, Wissen tradierenden und kumulierenden Folgeleistungen. Es wäre jedoch borniert, angesichts der vielen, unzweifelhaft aufgewiesenen kontinuierlichen Übergänge zwischen Mensch und Tier auf der bescheidenen Leistungsdifferenz zu beharren, die die gesprochene Sprache darstellt, und aus ihr einen prinzipiellen Unterschied zu konstruieren. Wenn auch die gesprochene Sprache für Primaten aufgrund fehlender Lautbildungsfähigkeiten nicht erreicht werden kann, so lassen sich doch mit Hilfe von Gestensprache und Lexigrammtafeln zumindest bei Schimpansen und Bonobos Sprachfähigkeiten wie bei einem zweijährigen Kind nachweisen. Damit soll, wie schon betont, nicht geleugnet werden, dass der faktische Unterschied der Kulturleistungen durch die Fähigkeit der sprachlichen Tradierung von Wissen und technischen Fähigkeiten sehr groß ist.[2]

Die Erkenntnisanalyse im Rahmen der Phänomenologie Husserls hat gerade im Hinblick auf die gesuchte inklusive *Erkenntnistheorie von unten her* viele Vorzüge. Husserl beginnt mit der Empfindung und untersucht dann die ersten Formen der Vereinheitlichung, die noch vor dem Einsatz von Begriffen stattfinden. Daher ist dieser Zugang besonders für eine inklusive Theorie des Subjekts geeignet. Dabei wird auch die Leistung der gleichartigen Erfahrung berücksichtigt, die sich zu bleibenden Kenntnissen verfestigt: einerseits zu Vorformen der Erkenntnis, der sogenannten vorprädikativen Erfahrung, und andererseits zu Vorformen der Allgemeinbegriffe, d.h. zum Typus.

Einer der wichtigsten systematischen Orte innerhalb der Erkenntnisanalyse der Husserlschen Phänomenologie, an dem die Fähigkeit des menschlichen Geistes zur Selbstaffektion eine entscheidende Rolle spielt, ist die Funktion und die Genese des Typus von empirischen Gegenständen (bzw. der empirischen Begriffe). Husserls Phänomenologie geht im Unterschied zu Kant davon aus, dass es weder apriorische Verstandesbegriffe gibt noch Formen der Anschauung, die der Erfahrung *a priori* vorhergehen.[3] In phänomenologischer Sichtweise müssen sich alle ‚begrifflichen Werkzeuge' der Erkenntnisgewinnung aus der Wahrnehmung und der Erfahrung bilden. Implizit wird hiermit die These vertreten, dass sich das menschliche Wahrnehmen und Erkennen selbst organisieren kann; allerdings auch das der höheren Tiere. Die Annahme eines exklusiven, allen Menschen gemeinsamen, bereits begrifflich oder in Anschauungsformen präformierten Vernunftvermögens, wie bei Leibniz und Kant, wird vermieden.

Einfacher ist dieser Weg jedoch nicht, denn man muss alle Stufen der Gegenstandskonstitution *von unten herauf* in detaillierten Analysen untersuchen: Zuunterst die Zeit- und Raumkonstitution, dann die Stufe der passiven Synthesis von sinnlichen Abgehobenheiten, dann die intentionale Auffassung von solchen Abgehobenheiten mit Hilfe des Typus, schließlich die vorprädikative Erfahrung und die eigentlichen Erkenntnisakte, die Husserl kategoriale Anschauung nennt.

Die Argumentation für die zentrale und unentbehrliche Funktion der Phantasmata im menschlichen Bewusstseinsleben lässt sich am besten mit Hilfe einer Übersicht über die in den folgenden Kapiteln behandelten Themen motivieren. Daher beginne ich mit einer Inhaltsübersicht.

Das Buch ist in drei Teile geteilt, die aufeinander aufbauen. Der erste Teil (Kap. 2-5) stellt die Funktion der phantasmatischen Selbstaffektion in allen Sinnesfeldern und allen Schichten der Konstitution vor und bietet zugleich einige empirisch-psychologische Belege hierfür. Der zweite Teil (Kap. 6-8) untersucht die Funktion, die Entstehung und die Aufrufprinzipien der sogenannten Typen, die weitgehend unser Wahrnehmen und Erkennen leiten. Der dritte Teil (Kap. 9-13) widmet sich drei nicht-sprachlichen, phantasmatischen Repräsentations-Systemen im menschlichen Bewusstsein (Tagtraum, Mit-Empfinden, Gefühl). Diese Analysen zeigen, dass die phantasmatischen Elemente unseres Bewusstseinslebens nicht nur als unentbehrliche Grundlage der Wahrnehmung fungieren, sondern dass sie auch höherstufigere Inhalte darstellen können, z.B. Sachverhalte, Pläne, Präferenzen und unsere Vorstellungen von den Vorstellungen Anderer.

Das erste Kapitel beschäftigt sich mit Methodenfragen und es wird daher für einen leichten Einstieg in die Thematik zuerst besser übersprungen. In ihm werden vor allem die Probleme diskutiert, die mit der gleichzeitigen Verwendung so verschiedener Methoden wie der transzendental-phänomenologischen Reflexion, der eidetischen Deskription und den naturwissenschaftlichen, empirischen Methoden verbunden sind. Es soll herausgestellt werden, ob und inwieweit sich diese Methoden überhaupt verbinden lassen und wo der Nutzen einer solchen Kooperation liegen kann. Daneben dient diese Diskussion auch der genauen Bestimmung des Sinnes der transzendentalen Untersuchung in der Phänomenologie. Die zweite Hälfte dieses Kapitels zeigt dann das Zusammenspiel von empirischen und transzendentalen Analysen in den folgenden Kapiteln des Buches, und zwar ausschliesslich unter methodischen Gesichtspunkten.

Im zweiten Kapitel beginne ich mit Kants Entdeckung der Funktion der Selbstaffektion in seinen vorkritischen Schriften. Sie zeigt sich vor allem bei solchen Wahrnehmungen, bei denen nicht alle Elemente, die zu dem Wahrgenommenen gehören, in der Sinnlichkeit auch wirklich gegeben sind. Dennoch können wir auch in solchen Situationen etwas wahrnehmen. Kant beschreibt z.B. unsere Fähigkeit, in amorphen Mustern eines Vorhanges oder einer rauhen Wand Gesichter und Gestalten „sehen" zu können. Das Erstaunlichste an dieser Fähigkeit ist, dass uns in solchen Wahrnehmungen manchmal eine Linie erscheint, die eigentlich in dem amorphen Untergrund sinnlich nicht vorhanden ist, und die nur auftaucht, wenn wir das Gesicht oder die Gestalt sehen. Kant bestimmt die Einbildungskraft als Herkunftsort dieser ‚chimärischen Linien', und er charakterisiert diese Einzeichnung daher vor allem als eine stets bereitstehende Ergänzungs-Funktion, die das, was uns den Gegenstand sinnlich darstellt, sozusagen auffüllen bzw. vervollständigen kann. Hier steht die phantasmatische Selbstaffektion im Dienst der Wahrnehmung und stellt für sie ein unentbehrliches Hilfsmittel dar, d.h. schon in dieser Hinsicht ist sie eine transzendentale Funktion.

Kant schreibt diese empfindungsschöpferische Funktion zweitens einem *ständig aktiven,* untergründigen Leben des Bewusstseins zu, das sich auch im Traum zeigt. Wir stoßen so auf den komplexen Kontext von Kants Behauptung, dass wir immer träumen müssen, auch wenn wir uns nicht immer daran erinnern können.[4] Hier entwirft Kant eine vermittelnde Position in dem Spannungsfeld verschiedener Interpretationen des Traumes, z.B. von Leibniz, der die Monade als etwas verstand, das alle seine Perzeptionen aus sich selbst heraus produziert, von Descartes, den Empiristen und den Materialisten, wie z.B. Hobbes. Kant erwägt aber auch die Rolle der Triebe, Leidenschaften und dumpfen körperlichen Regungen, die z.B. Hypochondern zu schaffen machen, die sich aber auch bei alltäglichen Wahrnehmungen in der Tendenz zur Einzeichnung chimärischer Empfindungen zeigen.

Ein zentraler Trieb aller Lebewesen ist der Wunsch zu überleben. Im Dienste dieses Triebes ermöglicht die Ergänzungs-Funktion der Selbstaffektion manchmal auch die Wahrnehmung von etwas, das tatsächlich überhaupt nicht vorhanden ist. Man könnte dies als lästige Quelle von Wahrnehmungsirrtümern ansehen, aber hierin liegt zugleich ein wichtiger Beitrag zur Überlebensfähigkeit von Lebewesen, die sich in ihrer Umgebung schnell und unter einem evolutionären Selektionsdruck orientieren müssen.[5] Denken wir an ein bekanntes Beispiel aus der vedischen Literatur: Ein Mann geht in eine dunkle Hütte hinein, in deren Ecke ein zusammengerolltes Seil liegt. Er hält dieses Seil aber für eine Schlange, er ‚sieht' sogar die Schlange deutlich mit ihrer charakteristischen Textur und rennt hinaus. Die evolutionstheoretische Kosten-Nutzen-Rechnung eines solchen Verhaltens ist aber im Ganzen positiv. Die *Kosten* der allzuleichten Täuschung, die mit einer ängstlichen und voreiligen Flucht endet, werden selbst dann, wenn sie bei Hunderten von Gelegenheiten eintreten, nicht die *eine* Gelegenheit aufwiegen, in der wir vor einer gefährlichen Schlange zu spät fliehen.

Dasselbe gilt für Wahrnehmungen bzw. Wahrnehmungstäuschungen mit Hilfe der Selbstaffektion, die die Grenzen von Sinnesfeldern überschreiten. Ein Fluchttier im dichten Dschungel wird in der Lage sein müssen, durch das leise Rascheln und Knistern im Gebüsch „hindurch" einen Tiger vollständig wahrzunehmen, und zwar auch, dank der visuellen Selbstaffektion, mit seiner charakteristischen Färbung und Musterung. Daher müssen alle höher entwickelten Lebewesen die Fähigkeit zur Selbstaffektion besitzen. So verwundert es nicht, dass viele Säugetiere träumen können, eine Fähigkeit, die sich wohl mit der der Selbstaffektion zugleich einstellt.

Hier stellt sich die methodische Frage, ob und wie man die Ergebnisse der Evolutionstheorie in ihrer modernen, soziobiologischen Fassung mit einer erkenntnistheoretischen Fragestellung eines Kant oder Husserl in eine fruchtbare Verbindung bringen kann. Ich bin der Ansicht, dass die Verwendung naturwissenschaftlicher Theorien, wie z.B. der Psychologie, der Physik, der Neurologie und der Evolutionstheorie voraussetzt, dass das Rätsel der Erkenntnistheorie schon gelöst ist, nämlich herauszufinden, wie wir überhaupt dazu in der Lage sind, Gegenstände wahrzunehmen und von ihnen Erkenntnisse zu gewinnen. Zur Behandlung dieser Fragen kann man empirische Theorien nicht einfach als geltend voraussetzen und verwenden, dies wäre zirkulär. Wenn man allerdings davon ausgehen darf, dass die Grundlegung der Erkenntnistheorie (z.B. der Husserlschen transzendentalen Phänomenologie) erfolgreich geleistet ist, dann darf und sollte man für die Analyse der Bewusstseinstätigkeit im umfassenden Sinne auch auf die Erkenntnisse der Naturwissenschaften zurückgreifen.

Über die von Kant herausgestellten Aspekte der Selbstaffektion hinaus wird bei näherer Untersuchung klar, dass sie immer im Kontext der Vorstellung eines Dinges oder eines Ereignisses geschieht, das uns in der jetzigen Wahrnehmungssituation sinnlich nicht vollständig präsent ist, das aber, als Ganzes vorgestellt, diejenige Empfindung enthalten müsste, die durch Selbstaffektion hinzugefügt wird. Vermittels dieser Ergänzungs-Funktion leistet die Selbstaffektion aber noch mehr, denn durch das Faktum der geeigneten Ergänzung erweist sie zugleich, dass der Wahrnehmungssinn richtig ist, d.h. dass wir den richtigen Begriff (bzw. Schema, Typus) angewendet haben. Die Ergänzungs-Funktion mit ihrem Erweis der Komplettierbarkeit unter Leitung des angelegten Begriffs ist der erste Aspekt der transzendentalen Funktion der Selbstaffektion.[6]

Im Hinblick auf das Gefüge der Ermöglichung von Wahrnehmung zeigt sich aber später (z.B. in Kap. 3.5) eine weitere und ebenso wichtige, transzendentale Funktion der Selbstaffektion: Sie ermöglicht es uns überhaupt erst, dasjenige zu *meinen* und damit auch zu *erwarten*, was den Gegenstand für uns darstellen sollte, und zwar *alles* und nicht nur dasjenige, was durch die besonderen Umstände der Wahrnehmung jetzt gerade sinnlich gegeben oder nicht gegeben ist. Denn, um wahrnehmen zu können, müssen wir irgendwie ‚wissen', wie der Gegenstand, den wir jetzt wahrnehmen, normalerweise für uns erscheint. Diese konkreten inhaltlichen Bestandteile eines Dinges oder Ereignisses sind für Kant in dem Schema (bei Husserl im Typus) des Gegenstandes gleichsam zusammengefasst. Oder, vom Subjekt aus charakterisiert: Wir halten sie darin zusammen (*conceptus*). Die phantasmatische Selbstaffektion, die, dem Schema bzw. Typus entsprechend, den Gegenstand gleichsam vorscheinen lässt, ist somit eine die Erkenntnis- und Gegenstandskonstitution erst ermöglichende, konzeptuell-begriffliche Funktion. Sie *vermittelt* unser Vorwissen vom Gegenstand mit der Sinnlichkeit und ermöglicht mit der Vorstellung von all dem, was mir z.B. eine Zitrone anschaulich gibt, überhaupt erst eine begründete Auswahl und Zusammenordnung der geeigneten darstellenden Elemente in der Sinnlichkeit. Hiermit haben wir den zweiten Aspekt der transzendentalen Funktion der Selbstaffektion für die Wahrnehmung benannt.

Im dritten Kapitel wird dann aufgezeigt, dass es das Phänomen der phantasmatischen Selbstaffektion in *allen* Sinnesfeldern gibt. Hierzu untersuche ich einige alltägliche Situationen, in denen man bemerken kann, dass unsere Einbildungskraft in der Lage ist, Empfindungen in die Sinnlichkeit einzuzeichnen, und zwar fast so, als ob wir sie wirklich empfinden würden. Eine Erscheinungsform, die die meisten von uns kennen, ist die „Stimme", die wir hören, wenn wir denken oder lesen. Das innerliche Reden „spricht" mit unserer eigenen Stimme, aber die Funktion dieser Leistung ist höchst rätselhaft. Es lassen sich bemerkbare Formen der Selbstaffektion in allen weiteren Sinnesfeldern aufweisen, d.h. im Sehfeld, Geruch, Geschmack, Getast sowie in Lust- und Bewegungsempfindungen. In vielen Analysen zeigt sich die Fähigkeit der Selbstaffektion, Sinnesfelder zu überschreiten, und zwar im Bestreben, immer einen Gegenstand oder ein Ereignis vollständig darzustellen. Hierfür werde ich auch auf die vielseitigen Forschungen der empirischen Psychologie über Halluzinationen bei psychologisch normalen Personen eingehen.

In diesen Beispielen wird wieder die transzendentale Funktion der Selbstaffektion ersichtlich, die bei *jeder* Wahrnehmung *alle wesentlichen* Elemente vorstellt, die den Gegenstand sinnlich darstellen können. Insbesondere sind es Beispiele, die zeigen, dass gerade bei Ereignissen, bei denen eine Dimension der Sinnlichkeit kontinuierlich gegeben ist, diese als eine Art *Leitdimension* für eine andere Dimension dienen kann, die zur gleichen Zeit und vollkommen verbildlicht in der Selbstaffektion erscheint (Kap. 3.3).

In der Näherbestimmung der Leitungsfunktion der Selbstaffektion für die typisierende Apperzeption erweist sich auch die Notwendigkeit einer Modifikation des phänomenologischen Begriffs der Intentionalität (Kap. 3.5). Die Vorstellung von Bestandteilen des wahrgenommenen Gegenstandes geschieht immer auch mit Hilfe von Phantasmata seiner gewöhnlichen Erscheinungsform und nicht nur mit diskursiven Begriffen. Dabei sind die phantasmatischen Einzeichnungen keineswegs als Bilder bewusst, sie sind also kein Bildbewusstsein.[7] Ebenso haben sie keine abweichende Setzungsqualität, d.h. sie sind nicht als imaginiert oder unwirklich vorgestellt. Sie sind Effekte der Einbildungskraft „in der Wahrnehmung", wie dies schon Kant formuliert hat. Wir können daher davon ausgehen, dass die normale Wahrnehmung *immer* von phantasmatischen Einzeichnungen begleitet wird, und dass unser typisches (bzw. schematisches) Vorwissen über die normale Erscheinungsweise von Gegenständen durch solche phantasmatischen Selbstaffektionen vermittelt wird.

Deshalb stellt das vierte Kapitel die Frage: Was geschieht, wenn bei psychologisch gesunden Personen, die durch ein langes Erfahrungsleben vollständig ausgeprägte Typen bzw. Schemata von alltäglichen Gegenständen besitzen, einzelne Sinnesfelder langsam ausfallen? Die Antwort ist naheliegend, aber etwas beunruhigend, denn die die Wahrnehmung leitenden Phantasmata erscheinen dann in diesem Sinnesfeld ohne Konkurrenz mit der wirklichen Sinnlichkeit, und daher als Halluzinationen. Diese aufgrund unserer Theorie der transzendentalen Funktion der phantasmatischen Selbstaffektion empirisch zu erwartenden Effekte zeigen sich besonders aufdringlich bei psychologisch normalen Personen, die langsam erblinden. Das Erscheinungsbild dieser Halluzinationen ist unter dem Titel des Charles-Bonnet-Syndroms heute relativ gut erforscht. Die Deutung der Funktion dieser phantasmatischen Erscheinungen, die zudem auch in Teilen unseres Gesichtsfeldes vorkommen können, z.B. bei dem blinden Fleck und sogenannten Skotomen, steckt allerdings immer noch in den Anfängen. Hier lässt sich unsere an Wahrnehmungsanalysen gewonnene Deutung der Funktion dieser Phantasmata erfolgreich zu einem besseren Verständnis verwenden und sich somit bestätigen. Dazu werde ich auf die Einzelheiten dieser Art von Füllung ganzer Sinnesfelder und auf die Deutung des Charles-Bonnet-Syndroms durch V.R. Ramachandran eingehen.

Obwohl sich die typisierende Apperzeption als das Zentralgeschehen der Konstitution darstellt, ist doch festzuhalten, dass es die Effekte der phantasmatischen Selbstaffektion zumindest auch in tieferen Schichten der Konstitution gibt. Ich werde im fünften Kapitel mit Husserl fünf Schichten der Konstitution unterscheiden: Die *Konstitution im inneren Zeitbewusstsein*, welche sinnliche Daten und ihre Dauer im hyletischen Fluss konstituiert, die *Konstitution von Abgehobenheiten in der passiven Synthesis* in Heterogenität und Homogenität von Sinnesfeldern, die *typisierende Apperzeption*, mit der die Stufe der Intentionalität erreicht ist, die *vorprädikative Erfahrung* und die *prädikative Erkenntnis*. Es soll geklärt werden, in welcher Weise die Selbstaffektion in den tieferen und höheren Schichten mitfungiert. Die Analyse wird deutlich machen, dass die beiden Konstitutionsleistungen unterhalb der Wahrnehmung (Intentionalität) schon von Leistungen der Selbstaffektion mit gefüllt werden, da Phantasmata als sinnlich gegebene Abgehobenheiten, schon im Modus von dauernden sinnlichen Gegebenheiten und mit einer rudimentären Gestaltlichkeit erscheinen.

Es lassen sich aber auch unabhängig von diesem Konstitutionsgeschehen, das aus höheren Stufen sozusagen auch Leistungen in den niedrigeren Konstitutionsstufen fordert und zugleich fördert, Leistungen der Selbstaffektion in der Schicht des inneren Zeitbewusstseins aufweisen. Vor allem Retention und Protention lassen sich als Selbstaffektion verstehen. Beide sind tiefliegende konstitutive Leistungen, die die Gegebenheit von Wahrnehmungsgegenständen ermöglichen, insbesondere die Gegebenheit von spezifischen Zeitgegenständen (Ereignisse, Melodien, Bewegungen usw.). Hierin liegt ein dritter Aspekt der transzendentalen Funktion der Selbstaffektion. Es zeigt sich zudem, dass man sowohl in der Retention als auch in der Protention verschiedene Komponenten unterscheiden kann, die zum Teil auf dem Herabsinken von Leistungen höherer Stufe beruhen. Fraglich bleibt, ob es auch eigenständige Effekte der Selbstaffektion in den Stufen der Konstitution oberhalb der Intentionalität der Wahrnehmung gibt.

Im zweiten Teil (Kap. 6-8) geht es um die Entstehung, die Funktion und die Weckung der Typen. Es läßt sich aufweisen, dass die Wahrnehmung mit Hilfe eines Typus (d.h. die intentionale Auffassung bzw. typisierende Apperzeption) ein zentrales Konstitutionsgeschehen ist, dessen Leistungen auf alle anderen Schichten der Konstitution einen Einfluss haben. Im sechsten Kapitel wird zunächst die grundlegende Frage untersucht, wie in der intentionalen Auffassung die Begriffe (bzw. Schemata oder Typen) auf Anschauung angewandt werden: Wie ermöglichen sie uns die Synthesen, die uns Gegenstände anschaulich geben? Die Wahrnehmung ist eine komplexe synthetische Leistung des Bewusstseins und sie setzt ein Vorwissen von dem wahrzunehmenden Gegenstand voraus. Wir müssen schon vor der Wahrnehmung *wissen*, was in der Sinnlichkeit diesen Gegenstand für mich darstellen kann, und was hierfür nicht dienlich sein kann.

Das klingt kompliziert, aber es ist genau das, was wir tun: Ich sehe eine Person, die auf einem Stuhl an einem Tisch sitzt, und daher ist ihr oberer Teil von dem unteren durch den Tisch getrennt. In der Sinnlichkeit allein gibt es hier keine Verbindung. Es muss also eine *gedachte* Verbindung hergestellt werden, und dazu muss ich wissen, wie ein sitzender Mensch aussehen wird. Nur mit diesem Wissen kann ich beurteilen, was zur sinnlichen Präsentation des Menschen gehört und was nicht. Denn zur selben Zeit gibt es viele andere Empfindungen in mir: Lärm von der Straße, ein leichtes Hungergefühl in meinem Magen, der Druck meiner Fußsohlen auf dem Boden, aber alle diese Empfindungen dürfen nicht zur Darstellung der Person hinzugenommen werden. Erklingt dagegen eine artikulierte Stimme aus seiner Richtung, dann darf ich sie zur Darstellung hinzunehmen. Für diese synthetische Handlung der Auswahl und Verbindung von darstellenden Elementen eines wahrgenommenen Gegenstandes muss ich also schon zuvor wissen, wie sich ein sitzender Mensch für mich sinnlich darstellen kann, und dann muss ich das in der jeweiligen Situation wirklich sinnlich Gegebene zu einer Darstellung dieses Menschen verbinden, damit ich ihn als Gegenstand haben und wahrnehmen kann.

Welche Funktionen sind es aber, die das Vorwissen um die möglichen Erscheinungsweisen des Gegenstandes in sich enthalten? Sind sie an sprachliche Begriffe gebunden? Für Kants Schemata ist dies der Fall. Kants Theorie der Schemata empirischer Begriffe und ihrer Anwendung im Prozess der Wahrnehmung gibt uns zur Lösung dieser Fragen dennoch erste wertvolle Hinweise. In der Folge lässt sich aber eine weitgehende funktionale Übereinstimmung von Kantischen Schemata und Husserlschen Typen aufzeigen. Was Kant nicht bietet, ist eine brauchbare Lösung der Frage, wie die Schemata in vorangegangener Erfahrung entstanden sind. Darin lag aber auch nicht sein Interesse. Kant war in erster Linie an den erfahrungsunabhängigen Begriffen *a priori* interessiert.

Die Behauptung, dass alle unsere Begriffe aus der Anschauung, der Erfahrung, der Abstraktion und der Reflexion auf die Aktivitäten des menschlichen Bewusstseins entspringen, verbindet die Phänomenologie und den britischen Empirismus. Was wir also suchen, ist eine genetische Theorie des Erwerbs von begriffsähnlichen Funktionen in der Erfahrung. Eine solche bietet Husserl in seiner Spätphänomenologie mit der Theorie des Typus.

Man kann den Typus als eine in meinen bisherigen gleichartigen Erfahrungen genetisch gewachsene Verbindung von Vorstellungen bestimmen. Dieser vom Subjekt geleisteten Verbindung von Vorstellungen entspricht zugleich die beschränkte Menge der Gegenstände, die ich bisher mit Hilfe dieses Typus wahrgenommen habe. Wir brauchen aber zur Bildung des Typus keine vorausgesetzten Begriffe. Nehmen wir als Beispiel den Typus eines Hundes: Es handelt sich dabei um die ungefähre Vorstellung eines vierbeinigen Tieres, das eine bestimmte Gestalt hat und ein bestimmtes Verhalten zeigen wird.

Eine grundlegende Verständnisschwierigkeit stellt die besondere Unbestimmtheit des Typus dar. Der Typus soll alle möglichen anschaulichen Präsentationen von Hunden umfassen. Seine Unbestimmtheit ist also zugleich der Grund für seine Allgemeinheit. Diese ist aber nicht die des allgemeinen Begriffs (obwohl es auch bei Typen schon eine Über- und Unterordnung gibt). Auch der Versuch, die besondere Allgemeinheit des Typus als Ähnlichkeit zwischen den Gegenständen zu verstehen, die unter ihn fallen, bringt nicht die gewünschte Klarheit. Die Beweglichkeit des Typus in der Anpassung an die jetzt gerade gegebene Sinnlichkeit bleibt eine rätselhafte Eigenschaft. Dies war auch Kant klar, wenn er über die Schematisierung sagt, es sei eine „verborgene Kunst in den Tiefen der menschlichen Seele“.[8] Das weitere Eindringen in die

Genese und die Funktionsweise des Typus scheint der einzige Weg zu sein, um dieses Rätsel zu lösen.

Husserls Theorie des Typus erweist diesen in einer wichtigen Hinsicht als an das individuelle Subjekt gebunden: Der Typus entsteht und wächst im einzelnen Subjekt, in der individuellen Person, und er enthält daher weitgehend nur dasjenige, von dem die betreffende Person bereits Erfahrungen gemacht hat. Eine Person, die noch nie den Geschmack einer Zitrone kennengelernt hat, wird auch nicht die merkwürdige Empfindung haben, die wir haben, wenn wir sehen, dass jemand hineinbeißt. Typen sind also auch keine allgemeinen Begriffe, denn sie sind von der jeweiligen Person und ihrer Erfahrung abhängig, aber für diese Person erfüllen sie jeweils die Funktion des Vorwissens über den Gegenstand. Die besondere Beweglichkeit des Typus zeigt sich dann darin, dass sich die Merkmale des Gegenstandes, die ich mit Hilfe des Typus erwarte (Geruch, Geschmack, visuelle Erscheinungsweise usw.), der jetzt gerade gebotenen Sinnlichkeit zwanglos anpassen können, z.B. in einer perspektivischen Umzeichnung. Der Typus ermöglicht uns daher, das Unbekannte im Modus des Bekannten zu apperzipieren.

Also sind Typen wohl für das einzelne menschliche oder tierische Subjekt zur Ermöglichung der Wahrnehmung von Dingen und Ereignissen sowie zur Gestaltung und Ordnung seiner jeweiligen Weltsicht hilfreich und sogar notwendig. Sie sind aber noch nicht Begriffe, die für alle anderen Personen in gleicher Weise verwendbar sind. Typen müssen daher zuerst in vielen Stufen gegenseitiger Normierung im kommunikativen Gebrauch auf eine hohe Stufe der Vergleichbarkeit gehoben werden, damit wir sie als Grundlage gemeinsamer Ansichten über die Welt verwenden können. An dieser Stelle greift sozusagen die von der Gemeinschaft geleistete intersubjektive Konstitution in die Konstitution des Einzelnen regelnd und normierend ein.

Mit dieser allgemeinen Bemerkung über den Einfluss der Gemeinschaft auf den Gebrauch und den Inhalt der Typen ist jedoch noch nicht der Übergang vom Typus zum empirischen Begriff vollständig eingesehen (vgl. Kap. 6.4). Zum Verständnis dieser Wandlung dient eine Analyse des Zusammenspiels von typisierender Apperzeption, welche uns ermöglicht, etwas als einen Hund wahrzunehmen, und der eigentlich erst erkennenden Leistung der prädikativen Subsumtion, welche sich auch in einem Urteil wie „Dies ist ein Hund" ausdrücken kann. Hiermit wird also ein Fall des genetischen Ursprungs von Vollformen logischer, d.h. prädikativer, Formen aus vorprädikativen Vorformen behandelt, wie es Husserls Projekt von *Erfahrung und Urteil* vorsieht.

Ein weiterer irritierender Aspekt der typisierenden Apperzeption ist, dass in der normalen Wahrnehmung immer zugleich viele konkurrierende Typen geweckt werden. Es findet ständig eine Art Wettbewerb statt, der von immer neu auftretenden Mitspielern bereichert wird: Von immer neu und anders in den

Blick kommenden Details aus werden neue Typen geweckt; diese versuchen dann, den Prozess der Wahrnehmung neu zu gestalten und uns anders und Anderes sehen zu lassen. Es zeigt sich, dass sich sogar unsere Sinnlichkeit nach diesen Wendungen der typisierenden Apperzeption und den entsprechenden phantasmatischen Ergänzungen richtet, so dass uns derselbe Gegenstand sogar in anderer Weise erscheinen kann.

Das siebte Kapitel versucht, der vollen Breite der genetischen Dimension von Typen, und damit ihrem transzendentalen Status, gerecht zu werden. Typen sind nicht nur in Erfahrungen einzelner Subjekte entstanden und in ihr veränderlich, sondern sie sind, systematisch betrachtet, der Anfang und Ursprungspunkt unserer Fähigkeit zur Gegenstandshabe. Das zeigt sich vor allem darin, dass sich sehr einfache, elementare Typen finden lassen. Auf diese Weise ist auch ein vermeintlich bestehender Bedingungszirkel vermeidbar (der scheinbar für Kants Annahme apriorischer Begriffe vor aller Erfahrung spricht): Für die Entstehung von Typen brauchen wir Erfahrungen von Gegenständen, aber die Konstitution von Gegenständen hängt von dem Vorliegen eines Typus ab. Dieser Zirkel wird aber durch eine genaue Beachtung des Charakters der grundlegenden, elementaren Typen hinfällig.

Ein Typus besteht in seiner minimal komplexen, sozusagen elementaren Form nur aus der synthetischen Verbindung von zwei Empfindungen, die in fest bestimmter Weise zusammen auftreten. So beginnt z.B. die nachgeburtliche Erfahrungsgeschichte jedes Menschen mit Empfindungen wie dem charakteristischen Geschmack der Muttermilch und der damit regelmäßig verbundenen Wärme dieser Milch. Die Verbindung dieser beiden Empfindungen ist noch kein Gegenstand im Sinne eines gedachten Substrats mit seinen Eigenschaften. In dem gegenseitigen Verweis beider Empfindungen aufeinander liegt jedoch bereits eine bleibende synthetische Einheit vor, auf die wir zurückkommen können. Vor allem können wir sie in der weiteren Erfahrung zum Wiedererfassen ‚desselben' Ereignisses nutzen. Diese weitergehende Verwendung ist möglich, weil beide Vorstellungen sich gegenseitig erwecken und mit Hilfe von Phantasmata eine inhaltlich bestimmte Vorstellung, und damit eine Erwartung der jeweils anderen, ermöglichen: Der bestimmte Geschmack und die Wärme. Wenn das eine auftritt, erscheint mir das andere in der Weise der phantasmatischen Selbstaffektion, d.h. fast so, als ob es schon anschaulich gegeben wäre. Tritt dann die so erwartete Empfindung sinnlich-anschaulich auf, dann ist die typische Intention auf dieses besondere Zusammen-Vorkommen, d.h. dieses bestimmte Ereignis, erfüllt. Hierin liegt ein entscheidender Beitrag der phantasmatischen Selbstaffektion für die Organisation und Ermöglichung der Erkenntnis, und zwar nicht nur der menschlichen Erkenntnis.

Diese erste Verbindung von Empfindungen kann sich in der folgenden Erfahrung erweitern und weitere Vorstellungen in die Einheit aufnehmen: die

Wärme der Haut, der sanfte Griff der Mutter, ihre Stimme usw. In dem regelmäßigen Zusammen-Erscheinen bildet sich der Typus eines bestimmten Ereignisses aus, der dann immer differenzierter wird, je mehr er weitere Vorstellungen aufnimmt. Der Typus kann aber auch Elemente *verlieren*, d.h. er kann verarmen. Typen unterliegen weiterhin den Prozessen der Verzweigung, Probabilisierung und Historisierung. Auf die mit diesen Begriffen bezeichneten Um- und Weiterbildungen des Typus werde ich ebenso eingehen wie auf die Wahrscheinlichkeits-Mitmeinungen der ‚immer', ‚öfters' oder ‚selten' zugehörigen Merkmale. Dabei zeigt sich ebenfalls eine Relevanztopologie von Ereignissen, die einen wichtigen Einfluss darauf ausübt, welche Ereignistypen sich im Kampf konkurrierender Typen immer wieder in den Vordergrund schieben. Allerdings kreuzt sich die Wahrscheinlichkeits-Ordnung mit der Relevanz-Ordnung (und auch mit anderen Ordnungsformen). Dies kann sich zum Beispiel darin äußern, dass ich, mit dem Fahrrad fahrend, auf Geräusche, die meinem Tretrhythmus genau entsprechen, besonders aufmerksam bin und dazu neige, sie der Mechanik des Rades zuzuschreiben, obwohl sie hinter einer nahen Hecke ertönen. Dies weist auf die Tatsache hin, dass sich in der Ausdifferenzierung der Typen in der Erfahrung eine persönlich gefärbte Aufruf-Ordnung von Typen herausbildet.

Wir haben bisher nur elementare Typen in dem Sinn von Ereignis-Komplexionen genannt. Ereignis-Komplexe sind jedoch noch nicht Vorstellungen von solchen Gegenständen, die auch dann vorhanden sind, wenn ich sie nicht erfahre. Es drängt sich die Frage auf: Wie gelangen wir von der anfänglichen *Ereignis-Ontologie* der elementaren Ereignistypen zu einer *Objekt-Ontologie*, in der wir uns alltäglich orientieren? Dorthin führt der folgende Schritt: Die elementaren Typen von Ereignissen gewinnen in der Erweiterung, Verarmung und Aufspaltung ein ‚Wahrscheinlichkeitsprofil'. Manche Ereignisse kommen unweigerlich zusammen vor oder lassen sich vielleicht sogar jedes Mal zuverlässig finden, gegebenenfalls lassen sie sich auch provozieren. Bei anderen gibt es nur einen geringen Grad an Wahrscheinlichkeit des Zusammen-Vorkommens. Diejenigen Ereignisse mit sehr festen Verbindungen in dauerhaften, gleichartigen Erfahrungen und verlässlicher Provozierbarkeit verknüpfen sich zu der Vorstellung eines Gegenstandes. Die nur wahrscheinlich zusammen vorkommenden Ereignisse formieren sich zugleich zum Bild der wandelbaren Eigenschaften und Begleiterscheinungen dieser Gegenstände. Gegenstände werden als sicher vorkommend oder sicher provozierbar erwartet, mit einem in der weiteren Erfahrung wandelbaren Grad der Sicherheit. Über die Probabilisierung von Ereignis-Typen hinaus können Typen also zu Normal-Typen von Dingen gewandelt werden, d.h. Dingen, die auch dann vorhanden sind, wenn sie gerade nicht für mich erscheinen. Und auch dies gilt wiederum nicht nur für Menschen, sondern auch für sehr viele Tiere, wie empirisch-psychologische Versuche zur sogenannten Objektpermanenz zeigen.

Das achte Kapitel untersucht die verschiedenen Ordnungssysteme der Weckung von Typen, z.B. die Weckung durch Details der gegebenen Sinnlichkeit, sowie das komplexe Zusammenspiel der verschiedenen, voneinander unabhängigen Prinzipien der Weckung. Die Analyse soll die Frage beantworten, wie wir von der jetzt gerade gegebenen Sinnlichkeit zu der Weckung eines bestimmten Typus gelangen, mit dessen Hilfe wir dann versuchen, den Gegenstand wahrzunehmen.

Wie werden Typen von der Sinnlichkeit geweckt bzw. aufgerufen? Auf diese Frage gibt es eine sehr allgemeine Antwort: Durch Assoziation. Aber damit ist noch keine hinreichende Erklärung gegeben, die der Vielfalt möglicher Weckungswege gerecht wird. Es lässt sich zeigen, dass es zumindest sieben verschiedene Prinzipien in dem Prozess der Weckung von Typen gibt, die sich beliebig vermischen und überlagern können: Die *Relevanz-Ordnung* von Ereignissen, die *Alltags-Topologie* von Gegenständen und Ereignissen, die *historiographische Ordnung der Typen*, die *drei sinnlichkeitsorientierten, indexikalischen Ordnungsprinzipien* (Teil / Ganzes-Zugehörigkeit, die Assoziation von regelhaft zusammen auftretenden Ereignissen und die zufällige Begleitung) und schließlich die *Ähnlichkeit.*

Außerdem gibt es Ausgangssituationen, die bestimmten Aufrufprinzipien einen natürlichen Vorrang geben. So sind die sinnlichkeitsorientierten indexikalischen Prinzipien des Aufrufs in der wachen Wahrnehmung zwar relativ bestimmend, geraten aber im Traum oder Tagtraum in den Hintergrund, denn hier wird die Sinnlichkeit in der Form von Phantasmata ganz vom Subjekt erzeugt. Hier soll versucht werden, das Zusammenspiel dieser verschiedenen Ordnungsgefüge der Typen in verschiedenen Ausgangssituationen aufzuklären und zu verstehen, wie sie in der Weckung alternativer typologischer Auffassungen miteinander konkurrieren und sich ergänzen.

Im Fortgang der Erfahrung werden immer wieder neue Typen geweckt. Es ist also keineswegs so, dass wir in dem Prozess der Wahrnehmung, d.h. wenn wir schon damit angefangen haben, einen bestimmten Begriff anzuwenden, nicht mehr irritiert werden können. Immer wieder können wir auf andere begriffliche Funktionen aufmerksam werden, die als brauchbare Alternative dienen könnten. Es werden immer wieder alternative Typen geweckt, und sie versuchen jeweils, ein gewisses Gewicht zu erlangen. Mehr noch: Sie versuchen, der bisher vorherrschenden Apperzeption ihr Recht streitig zu machen. Das heißt, jeder so ins Spiel gekommene Typus *sucht* gleichsam seine sinnliche Erfüllung. Dieses Suchen ist nicht nur ein neutrales Sich-Umschauen, ob denn das, was zur Erfüllung des typisch apperzipierten Gegenstandes gehört, auch wirklich sinnlich gegeben ist. Das *Suchen* ist ein untergründig tendenziöser Prozess, in dem die Selbstaffektion jederzeit hilfreich eingreifen kann, um das in der Anschauung aufzufüllen, was diese nicht bietet, was ich aber dennoch dringlich anzuschauen erwarte. So kann das relative Gewicht der konkurrierenden Typen fast unbemerkt durch die Stärke meiner Tendenzen und Leidenschaften verschoben werden.

In der sinnlichen Wahrnehmung scheint die Sachlage noch einfach zu sein. Typen scheinen assoziativ an Detailvorstellungen gebunden zu sein, und werden von diesen *erweckt* und damit *in Funktion gesetzt*. Ein bestimmtes Material, taktuell als rauh empfunden, weckt in mir die Vorstellung meines Pullovers, den ich dann wahrnehme. Es wäre daher theoretisch möglich, dass die Ordnung der Typen *indexikalisch* ist, d.h. dass sie nach dem Muster einer Liste geordnet ist, in der wir gleichsam nur nachsehen müssen, um den richtigen Weg des Verweises zu finden. Noch leichter wäre dieses Auffinden des richtigen Typus, wenn die Index-Listen nach Sinnesfeldern getrennt wären, so dass wir, beginnend mit einem hervorstechenden Merkmal wie krumm, gezackt, pelzig usw., in der Lage wären, schnell diejenigen Typen aufzufinden, die das Merkmal aufweisen. Durch weitere Erfahrung lässt sich dann auf dem Weg des Ausschlusses die ‚richtige' Auffassung finden, d.h. die mit dem richtigen Typus, und zwar demjenigen, der alle von diesem besonderen Gegenstand jetzt sinnlich gebotenen Merkmale in sich enthält.

Aber die Weckung der Typen ist nicht nur indexikalisch geordnet. Dies zeigt bereits folgende Einsicht in den Prozess der Auffassung: Die Details, die wir vermeintlich schon in der Sinnlichkeit als ‚Hut', ‚Hand', ‚Blatt' zu finden hoffen (das Blatt verweist auf den Baum, der Hut auf eine Person, die ihn trägt usw.), werden erst durch die Auffassung des ganzen Gegenstandes ‚als etwas' zu diesen Teilen. Erst wenn das Ganze als etwas Bestimmtes wahrgenommen wird, sind auch die erscheinenden Teile als etwas Bestimmtes interpretiert. Die vermeintlich schon unabhängig sinnlich gegebenen Details werden erst durch die typisierende Apperzeption des ganzen Gegenstandes inhaltlich genau bestimmt. Das bedeutet, dass die indexikalische Aufruf-Ordnung bereits eine typologische Apperzeption dieses Ganzen als etwas Bestimmtes voraussetzt.

Die Alltags-Topologie ist ein weiteres System der Verweisung auf typologisch erwartete Dinge oder auf Einzelheiten an diesen, sowie auf Ereignisse, die anderen Ereignissen folgen oder an bestimmte Orte gebunden sind. Dieses Verweisungssystem geht von unserem unexpliziten Wissen darüber aus, welche Gegenstände an welchen Orten, und zwar ‚sehr wahrscheinlich', bzw. ‚normalerweise', zu finden sind: Wenn wir im Bett erwachen, wissen wir, wo wir sind, und was um uns herum wo zu erwarten ist.

Ein weiteres zentrales Prinzip der Typen-Weckung ist die Relevanz-Ordnung. Sie orientiert sich an der Bedeutsamkeit eines Gegenstandes, einer Person oder eines Ereignisses für mich. So gibt es wichtige und weniger wichtige Personen, es gibt Ereignisse für mich, die auf keinen Fall passieren dürfen, und solche, die unbedingt geschehen sollen. All diese relevanzgewichteten Ereignisse sind individuell an die Ängste oder Interessen der jeweiligen Person gebunden. Wenn eine Person Angst vor Hunden hat, dann ist jede Bewegung und jedes Geräusch, das auf einen Hund hindeutet, mit Ängsten verbunden, dennoch kann dies – scheinbar paradox – dazu führen, dass sie mehr Hunde wahrnimmt als andere Personen. Denselben Effekt bemerken wir bei einem ängstlichen Gang durch einen nächtlichen dunklen Park: Wir können überall in Büschen und Bäumen gefährliche Gestalten erblicken. Zu den Faktoren der Relevanz-Ordnung gehören auch die triebhaften Neigungen, die sich je nach der körperlichen Verfassung verändern. Wenn jemand Hunger hat, empfindet er Gerüche stärker, und jeder Geruch kann als verlockender Essensgeruch erscheinen.

Auch die Relevanz-Ordnung ist individualhistorisch gebildet. Dies führt dazu, dass sie sich langsam verändern kann. Sie richtet sich zu einem gewichtigen Teil nicht nach den Personen und Ereignissen, in deren Kontext ich jetzt lebe, sondern in ihr können auch entfernt lebende oder verstorbene Personen sowie Ereignisse aus meiner Kinder- und Jugendzeit weiter wirksam sein. So können im Traum gelegentlich verstorbene Personen auftreten und im Wachen plötzliche Reminiszenzen. Das Prinzip der Relevanz-Ordnung fungiert im Traum wie im Wachen, und es gibt einen bedeutenden Bestandteil des Wachlebens, der weitgehend von der Relevanz-Ordnung dominiert ist: der Tagtraum.

Der folgende dritte Teil untersucht drei nicht-sprachliche, phantasmatische Repräsentations-Systeme im menschlichen Bewusstsein: den szenisch organisierten Tagtraum, unsere Mit-Empfindungen mit anderen Personen und unsere Gefühle. Die Aufgabe besteht zunächst darin, zu zeigen, dass diese drei Erlebnisformen auf Phantasmata beruhen. Dann ist weiter zu zeigen, dass diese phantasmatischen Elemente unseres Bewusstseinslebens höherstufige Inhalte repräsentieren können, z.B. vergangene und aktuelle Sachverhalte, unsere Pläne, unsere Präferenzen und unsere Vorstellungen von den Vorstellungen Anderer. Der Begriff des Repräsentations-Systems geht zwar von den Charakteristika unserer Sprache aus, denn diese kann auch alle diese höherstufigen Gegenstände darstellen, der Begriff ist aber nicht auf die Sprache beschränkt. Er dient hier als Oberbegriff für ein System von Vorstellungen, das einige oder alle der genannten höherstufigen Vorstellungen inhaltlich präzise darstellen kann.

Traum und Tagtraum stellen einen großen und bedeutenden Teil unseres Bewusstseinslebens dar. Sie sind nicht peripher oder unwichtig. Ihr Anschauungsmedium sind Phantasmata, und schon aus diesem Grund werden sie hier zum Thema. Im ersten Teil des neunten Kapitels werde ich die Unterscheidung starker und schwacher Phantasie noch einmal begrifflich präzisieren und die wichtigsten Gründe dafür nennen, warum ich den nächtlichen Traum nicht behandeln werde: Im Traum sind wir nicht wach. Zudem ist im nächtlichen Traum die mundane Kausalität, die Identität und die Zeitordnung manchmal nicht gewährleistet. Darüberhinaus ist die Semantik der Träume verschoben und fast bis zur Unkenntlichkeit verändert, so dass es starker und eingreifender hermeneutischer Methoden bedarf, wie z.B. dic der Freudschen Psychoanalyse, um diese Verschiebungen auch nur zum Teil wieder durchsichtig zu machen. Eine solche Behandlung habe ich jedoch nicht beabsichtigt.

Die folgenden Teile des neunten Kapitels mit ihren ausführlichen Beschreibungen des Tagtraums sollen herausstellen, dass dieser einen großen Raum in unserem Erleben einnimmt, dass er bedeutsam ist und dass sich in ihm wichtige Aspekte der Person zeigen und zum Teil auch in ihm *ausleben*. Die Themenwahl und die phantasmatische Ausschmückung des Tagtraums richten sich weitgehend nach unserer Relevanz-Ordnung der Ereignisse. Sie spiegelt unsere Wünsche und Ängste. Die beiden Grundtypen des Furcht-Tagtraums und des Wunsch-Tagtraums zeigen deutlich diesen Ursprungsort an, und auch, dass sich in ihnen vorzugsweise die Relevanz-Ordnung selbst darstellt. Das heißt, meine besonderen und alltäglichen Sorgen und Hoffnungen verbildlichen sich im Tagtraum, ohne dass ich in das Geschehen eingreifen könnte oder wollte. Wir scheinen also, obwohl wir wach sind, dennoch in gewisser Weise unseren Tagtraum-Vorstellungen gegenüber unfrei zu sein.

Doch damit ist der volle Sinn dessen, was wir Tagtraum nennen, noch nicht geklärt. Auf dem Hintergrund der *dual-mode*-Theorien über die Zusammenarbeit zweier verschiedener Systeme in der menschlichen Kognition zeigt sich, dass die phantasmatisch-szenische Darstellung ein eigenständiger, grundlegender und nicht-sprachlicher Modus des *Denkens* ist, d.h. ein Repräsentations-System. Es ist ein einfacher Modus der Darstellung von vergangenen und künftigen Sachverhalten, sowie von Ereignissen und den Absichten und Charakteren anderer Personen, den wir wahrscheinlich mit den meisten höherentwickelten Tieren gemeinsam haben. Dieses *low-level*-System des Denkens arbeitet beim Menschen mit einem zweiten, sprachlichen *high-level*-System zusammen.

Im zehnten Kapitel geht es um unseren Zugang zu Emotionen, Empfindungen, Wünschen und Absichten anderer Personen. Entsprechend unserer bisherigen Konzentration auf die schwachen Phantasmata im Prozess der typisierenden Apperzeption geht es auch in dieser Analyse um unsere besondere Weise, die Empfindungen Anderer mit Hilfe von Phantasmata mitzuempfinden (Zitrone). Auch hier geht es um die Funktion dieser Phantasmata als Repräsentations-System für die Empfindungen, die Ansichten, die leiblichen Handlungen und die damit verbundenen Absichten Anderer. Das Mitfühlen ist keine bloße Erfindung romantischer Gemüter, dies lässt sich heute mit Hilfe von neurologischen Untersuchungen belegen. Hierzu gehe ich auf die Forschung an sogenannten Spiegel-Neuronen ein.

Zugleich soll aber die phänomenologische Analyse der phantasmatischen, nicht-sprachlichen Weise der Gegebenheit der Empfindungen Anderer weitergeführt werden. Damit wird auch deutlicher konturiert, was die Phänomenologie für die Deutung der Ergebnisse der neurologischen Forschung beitragen kann. Auch für unsere Weise, die Vorstellungen Anderer vorzustellen, lassen sich die wesentlichen Charakteristika der Konstitution mit Hilfe von Phantasmata aufweisen. Wir glauben zudem, dass wir oft auch die Absichten Anderer erfassen können. Daher geht die Analyse über die Art des Mitvollzugs bei leiblichen Bewegungen hinaus und soll zeigen, dass und wie wir die mit Handlungen verbundenen Willensregungen Anderer vorstellen können. Unsere Fähigkeit, das Ganze des subjektiven Geschehens in anderen Subjekten vorstellen zu können, hängt von der Erfahrung der jeweiligen Person ab, und sie erweist sich außerdem als anfällig für Täuschungen. Dennoch zeigt sich, dass die Empfindungen und Wünsche Anderer auf vielerlei Arten in uns mitvollzogen werden und diese auf solche Weise auch in uns *leben*.

Das elfte Kapitel beschäftigt sich mit unseren Gefühlen, jedoch nur in einer sehr eingeschränkten Hinsicht. Zuerst soll geprüft werden, ob man Gefühle als phantasmatische Selbstaffektion interpretieren kann. Gefühle sind Empfindungen, die wir haben, ohne dass es für sie eine äußere Quelle gibt, die irgendeines unserer Sinnesorgane reizt.[9] Insofern handelt es sich bei ihnen um Phantasmata. Sie haben jedoch eine andere Funktion als die schwachen Phantasmata, die im Prozess der typisierenden Apperzeption von Gegenständen einen Vorschein des Wahrzunehmenden und damit eine genaue Vorstellung davon geben sollen, was uns den Gegenstand darstellen kann und was nicht. Gefühle stellen nicht Gegenstände, Sachverhalte oder Ereignisse dar, sondern deren *Bedeutsamkeit* für unser Handeln. In dieser Hinsicht kann man sie daher ebenfalls als ein Repräsentations-System betrachten, das eine entscheidende Ergänzung des szenischen Vorstellens ist, das von uns als vorsprachlicher Modus des Denkens herausgearbeitet wurde. Das Gefühl kann dabei diejenigen Elemente des Denkens darstellen, die mit den Mitteln des szenischen Arrangements allein nicht vollständig darstellbar sind: Ob ein Ereignis angenehm oder unangenehm, von uns erwünscht oder befürchtet ist usw.

In der Analyse zeigen sich in einer ersten groben Einteilung fünf verschiedene Arten von Gefühlen: die naturalen Gefühle, leiblicher Schmerz und Lust, die sozialen Gefühle, Stimmungen und das Mit-Fühlen der Emotionen Anderer. Als besonders interessant erweisen sich die sozialen Gefühle, die uns im Hinblick auf Andere so etwas wie Scham, Peinlichkeit, Stolz, verletzte Würde usw. empfinden lassen können.

Ich betrachte Gefühle als eine Funktion, die in erster Linie alltägliche Entscheidungen motivational ermöglicht. Das Gefühl kann ganz verschiedene Motive, die auch unterschiedlichen Strebenszentren des Subjekts entstammen, schnell und auf eine nicht rational-begriffsgestützte Weise miteinander verrechnen. Dies ist keineswegs eine Theorie der Rolle, die Gefühle in der Moral haben können, sondern nur ein Beitrag zur Theorie der Handlung und dem Entscheidungssystem, das es gruppenlebenden Lebewesen ermöglicht, die Strebungen aus verschiedenen Zentren – wie z.B. egoistische Motive, das altruistische Wohlwollen für nahe Verwandte, gemeinschaftsorientierte Moralvorstellungen usw. – gegeneinander abzuwägen und schnell und sicher zu einer Entscheidung zu gelangen. So zeigt sich insbesondere, dass sich in unseren sozialen Gefühlen, sozusagen in uns, d.h. in unserem Gefühl, auf rätselhafte Weise die Interessen der Gemeinschaft und deren Bewertung von Handlungen zu Wort melden.

Die Analyse der Funktion der verschiedenen phantasmatischen Darstellungs-Systeme (Tagtraum, Mit-Erleben und Gefühl) legt es dann nahe, im zwölften Kapitel eine weitreichende Folgerung zu ziehen: Wir können eine Hypothese darüber wagen, wie die nichtmenschlichen Mitglieder der höchstentwickelten und zugleich am höchsten cerebralisierten Gruppe der Tiere, d.h. die Primaten, ‚denken'. Dieses Denken kann nicht auf das Hilfsmittel der Sprache zurückgreifen und leistet – nach der Einsicht der Primatologie der letzten Jahrzehnte – dennoch fast dasselbe wie das menschliche Bewusstsein. Durch die vorangegangenen Analysen der nicht-sprachlichen, phantasmatisch organisierten Repräsentations-Systeme wird klar, dass und wie in der Zusammenarbeit der drei genannten Systeme dieses Denken geleistet werden kann.

Ich möchte auch noch einige Themen nennen, die ich nicht behandelt habe, obwohl sie zum Themenbereich der Halluzination bzw. Selbstaffektion gehören und es jeweils auch reichhaltige Forschungen zu diesen Themen gibt. Die hierfür grundlegende Entscheidung war, dass ich das Fungieren der schwachen Phantasmata bei normalen, weitgehend gesunden Personen unter alltäglichen Lebensumständen zur Grundlage meiner Analysen machen wollte. Daher fielen folgende Themen aus der Diskussion heraus: Das Krankheitsbild der Schizophrenie, das normalerweise von starken Halluzinationen vor allem gehörter Stimmen begleitet wird. Diese Krankheit stellt eine so eingreifende multifaktorielle Veränderung der Persönlichkeit dar, dass die Merkmale ihrer halluzinogenen Erscheinungen nicht oder nur in sehr kleinem Umfang auf die normale Wahrnehmung übertragen werden können. Dasselbe trifft auf die Empfindungen und Halluzinationen zu, die unter dem Begriff Phantomschmerz bekannt sind. Neuere neurologische Untersuchungen haben gezeigt, dass hierbei eine weitgehende Umstrukturierung einzelner Areale des Gehirns stattfindet, so dass auch hier der Abstand von dem normalen Fungieren der Wahrnehmung zu groß ist. Dasselbe trifft auf die Halluzinationen unter Schlafentzug, absoluter Reizarmut oder beim Aufwachen zu. Das weitläufige Thema der halluzinatorischen Synästhesien habe ich nur insofern berücksichtigt, als sie im Dienst der normalen, typisierenden Wahrnehmung stehen und fehlende Informationen in verarmte Sinnesfelder einfüllen (*filling-in*). Viele Untersuchungen der Synästhesie-Forschung (z.B. Ton-Farbe-, Geruch-Farbe-Assoziationen) lassen sich aber in diesen Kontext kaum integrieren.

Am Ende wird deutlich, dass sich durch die Analyse der phantasmatischen Selbstaffektion auch für die Phänomenologie selbst ein Gewinn ergibt. Er besteht zunächst in der Erschließung des Phänomenbereichs der schwachen Phantasie, der bisher weitgehend vernachlässigt worden ist. Mit der Beachtung von schwachen Phantasmata scheint nämlich eine Grundregel der Phänomenologie verletzt zu sein: Orientiere Deine Analysen nach den anschaulichsten und klarsten Gegebenheitsweisen des untersuchten Gegenstandes. Man könnte vermuten, dass sich diese Regel aus dem phänomenologischen „Prinzip der Prinzipien", d.h. der Orientierung an der Anschauung, zwingend ergibt. Dieser Forderung können die Phantasmata in mehreren Hinsichten nicht gerecht werden. Einerseits ist diese Selbstaffektion keine originär gebende Anschauung, sondern eher ein unwillkürlich auftauchender Vorschein des Gegenstandes. Phantasmata sind ein Produkt unseres Geistes. Andererseits sind sie eine unentbehrliche, helfende Funktion in dem Prozess der typisierenden Auffassung, wenn sie auch nur eine schwache Art der Gegebenheit besitzen. Dennoch ist phantasmatische Selbstaffektion ein gegebenes Phänomen, das demnach auch in den Schranken, in denen es sich gibt, hinzunehmen und als Gegenstand der Analyse zu akzeptieren ist. Außerdem kann man festhalten, dass es lohnenswert ist, sich auf dieses merkwürdige Phänomen einzulassen. Meine Darstellungen können hierzu jedoch nur ein erster Anfang sein.

Ein wichtiges Ergebnis der Analyse der Phantasmata liegt in der Aufklärung ihrer Funktion in allen Schichten der Konstitution. Die weitreichendsten Einsichten ergaben sich bei der Analyse der typisierenden Apperzeption, in denen sich der Typus als grundlegende begriffsähnliche Funktion erweist. Die Bildung und die Funktion des Typus ist grundlegend für die notwendige Leitung der synthetischen Verbindung von anschaulichen Gegebenheiten zu Darstellungen von Gegenständen.

Ein weiteres Ergebnis der vorliegenden Analysen besteht in der Ausarbeitung eines neuen Begriffs von Intentionalität, der auf die Funktion der Selbstaffektion zurückgreift: Jede Mitmeinung eines intentional Vermeinten muss auf eine Weise intendiert sein, dass sie mit Hilfe von Phantasmata anschaulich werden kann und so auch inhaltlich sehr genau bestimmt ist. Auf diese Weise wird eine Theorie der Leerintentionen geboten, die eine der schwierigsten Fragen löst, die mit diesem für jede Erkenntnistheorie unvermeidlichen Begriff verbunden ist: Wie sind die Sinnelemente einer noch-nicht-erfüllten Vorstellung auf ihren Gegenstand gerichtet? Und vor allem: Wie können wir auf etwas Bestimmtes gerichtet sein, ohne dass hierbei eine sprachliche, begriffliche Vorstellung mit im Spiel ist?

Auch die Theorie der phantasmatischen Intentionalität hat einen Preis zu zahlen: Die Leervorstellungen werden als eine Vorstellung verstanden, die nicht vollständig leer von anschaulichen Elementen ist. Sie sind durch das Medium der Phantasmata immer schon mit anfänglicher Erfüllung behaftet. Dennoch wird auf diese Weise verständlich, wie Leervorstellungen bereits Vorstellungen von etwas ganz Bestimmtem sein können. Denn diese Frage ist in den *Logischen Untersuchungen* wohl im diskursiven Darüber-Reden mit Begriffen dieser reflexiven Haltung beantwortbar, d.h. mit den sprachlichen Begriffen der öffentlichen Kommunikation, sie bleibt aber im Hinblick auf dieselbe Leistung *im lebendigen Vollzug* unaufgeklärt.

Die grundlegende Funktion des Typus für die Konstitution des Wahrnehmungsgegenstandes und seine Fundierung in der Selbstaffektion erweist deren transzendentale Funktion: Jede Affektion (Empfindung) *verlangt* die Fähigkeit zur entsprechenden Selbstaffektion. Und zwar aus folgendem Grund: Wären wir hierzu nicht in der Lage, dann könnten wir auch nicht diese Empfindungen als typisches Merkmal des entsprechenden Gegenstandes erwarten. Der Erweis dieser Notwendigkeit setzt bei dem Sinnbezug der Intention an, denn ich kann z.B. nicht auf eine rein begriffliche Weise die Vorstellung 'rot' von der Vorstellung ‚blau' unterscheiden. Ich muss 'rot' in der Weise einer sinnlichen Vorstellung meinen, und meiner Ansicht nach ist der Modus dieser Vorstellung die Selbstaffektion. Die erfahrungs- und gegenstandskonstitutive Funktion des Typus ist also durch die prinzipielle Fähigkeit zur phantasmatischen Selbstaffektion in ihrer Möglichkeit bedingt. Sie ist auf der Ebene der Wahrnehmung eine Bedingung der Möglichkeit, um überhaupt Gegenstände haben zu können. Auf höherer Ebene erweist sie sich als grundlegendes, nicht-sprachliches Medium des Denkens.

Am Ende bleibt noch Gelegenheit für einige Worte des Dankes. Ich danke vielen Freunden und Kollegen für fruchtbare und informative Gespräche über das Thema der schwachen Phantasie. Nennen möchte ich namentlich Robert Sokolowski, Natalie Depraz, Dan Dahlstrom, Vincenzo Costa, Shaun Gallagher, Dan Zahavi, Eduard Marbach, Hans Rainer Sepp, Mitsuhiro Okada, Tetsuya Sakakibara, Luis Silva-Satisteban, Klaus Held, Rudolf Bernet und Ullrich Melle. Ein besonderer Dank für hilfreiche Hinweise gilt Antonio Aguirre, Henning Peucker, Siegfried Rombach, Richard Kozlowski, Jagna Brudzinska und meiner Frau Ulla. In der relativ langen Zeit, in der ich dieses Buch vorbereitet habe, habe ich festgestellt, dass die meisten reflektierten Menschen auch eigene Erfahrungen mit dem unauffälligen Eigenleben der schwachen Phantasie gemacht haben und viele Beispiele und wichtige Gesichtspunkte sind auf diese Weise in meine Untersuchung hineingelangt. Für die eingehende Arbeit am Text danke ich meinem Kollegen Dr. Dirk Fonfara, Klaus Sellge und Jana Padel.

1. Methodenfragen

1.1. Zum Verhältnis von eidetischer, transzendentaler und empirischer Methode

Es wird oft beklagt, dass die Philosophie ein Tummelplatz von konkurrierenden Theorien und Ansätzen sei, die sich gegenseitig das Recht bestreiten, während sie jeweils von der Richtigkeit der eigenen Ansichten vollkommen überzeugt sind. Dies ist möglich, weil die Maßstäbe dessen, was ein Argument und was eine sachlich angemessene Begründung ist, ebenfalls von den jeweiligen Ansätzen selbst bestimmt werden. In dieser Hinsicht steht die Phänomenologie in der Konkurrenz der jeweils ausschließlich nach eigenen Maßstäben beurteilten Positionen der Philosophie nicht besser oder schlechter da als alle anderen. Allerdings strebt die Phänomenologie danach, die wirkliche vorliegende Anschauung sowie die wirklich vorgenommenen Synthesen des Bewusstseins in ihren wesentlichen Eigenschaften zu beschreiben und ihre Leistung zu bestimmen. In dieser Hinsicht versteht sie sich als eidetische Untersuchung einer „transzendentalen Erfahrung"[10], die so und nicht anders ist und deren Struktur wir herausfinden wollen. Sie hat in diesem speziellen Sinn daher auch einen ‚empirischen Kern' und sie sollte aus diesem Grund den Vergleich und die Kooperation mit der empirischen Forschung und den Naturwissenschaften anstreben. Außerdem liegt es nahe, die Empirie auch als einen sekundären Maßstab der Richtigkeit der transzendentalen Analysen zu akzeptieren. Das bedeutet nicht, dass man auf zirkuläre Weise die Physik, Psychologie oder Biologie als Grundlage der Erkenntnistheorie heranzieht. Der Maßstab der Empirie ist ein sekundärer, d.h. nachkommender Maßstab der Richtigkeit und keine primäre Begründung von phänomenologischen Einsichten, denn diese können nur durch die Anschaulichkeit der phänomenologischen Einsichten und die Evidenz der eidetischen Methode begründet werden.

Die Anerkennung dieses Maßstabs stärkt einerseits allgemein die Position von erfahrungsorientierten philosophischen Ansätzen, andererseits werden hierdurch die phänomenologischen Analysen nicht ungerechtfertigt auf naturwissenschaftlich Nachweisbares begrenzt: Phänomene wie moralisches, ästhetisches oder religiöses Empfinden und ihre objektiven Korrelate sind daher nicht von der Analyse ausgeschlossen. Dies wäre auch falsch, denn sie sind ganz im Sinne von W. James ‚wirklich', insofern sie wirksame Faktoren unseres Handelns sind und eine eigene nicht-sinnliche Weise der Erfahrbarkeit haben. Aber auch in dieser Erfahrungsregion kann und sollte man die Beiträge der empirischen Wissenschaften wie Psychologie, Neurologie usw. einbeziehen, jedoch nur als sekundären Maßstab der Richtigkeit, nicht z.B. um moralische Normen zu begründen und auch nicht um die prinzipielle Möglichkeit von Erkenntnis zu begründen. Naturwissenschaftliche Empirie hat den Status eines sekundären Maßstabs philosophischer Ansätze – von Fachleuten der Philosophie oft nicht bemerkt – in den Augen der wissenschaftlichen Öffentlichkeit bereits seit längerer Zeit erlangt.

Die Philosophie hat in der Vergangenheit bei vielen Naturwissenschaftlern den schlechten Ruf erfahrungsferner Spekulation erworben. Sehr oft setzt sie bei Leistungen wie ‚der Vernunft', ‚dem Begriff' oder auch ‚der Sprache' an, die weit über der erfahrungsnahen Ausgangsdimension der Sinnlichkeit und sinnlichkeitsnaher kognitiver Leistungen sind, d.h. sie setzt ‚viel zu hoch' an. Das Letztere gilt auch von Ansätzen, die auf der Leistungsstufe des Satzes ansetzen, und darin z.B. der propositionsfixierten, analytischen Sprachphilosophie folgen. Die vielgestaltige und schillernde Leistungsdimension der menschlichen Sprache täuscht uns leicht darüber hinweg, dass sie eventuell nur eine öffentlich kommunizierbare Darstellungs-Schicht von Leistungen ist, die bereits auf tieferer Stufe und mit wesentlich einfacheren Mitteln vollzogen worden sind. Das sollen vor allem die Analysen des dritten Teils dieses Buches zeigen, der den phantasmatischen Repräsentations-Systemen gewidmet ist. Die zum Teil berechtigten Vorurteile gegen die Philosophie lassen sich jedoch nicht hinsichtlich aller Ansätze aufrecht erhalten. Deshalb ist es besonders wichtig, herauszuarbeiten, in welchen Hinsichten ein philosophischer Ansatz mit empirischen Forschungen verträglich ist. Ich werde dies vor allem für die Phänomenologie Husserls darlegen, die bei der Anschauung und dem Erleben des Subjekts als einer genuinen Erfahrungsquelle ansetzt.

Ich will dazu auf den folgenden Seiten eine Reihe von methodischen Fragen diskutieren, die mit den hier vorgelegten Analysen verbunden sind. Es fällt z.B. sofort auf, dass die Beschreibung der Selbstaffektion fast mit der psychologischen Bestimmung der Halluzination zusammenfällt: „a sensual perception without external stimulation of the relevant sensory organ."[11] Bei Halluzinationen kommt oft noch hinzu, dass psychisch Kranke die Halluzinationen nicht als unwirklich erkennen. Es gibt aber sehr viele Fälle relativ dauerhafter Halluzinationen bei psychologisch normalen Personen, die diese auch als unwirklich erkennen können.[12] Mit der Untersuchung der Selbstaffektion als einem der Beiträge der Einbildungskraft zu unserer Wahrnehmung scheint man sich also auf dem Gebiet der Psychologie zu bewegen.

Es ist aber bereits klar geworden, dass ich in meiner Darlegung eine Situierung der Leistung der phantasmatischen Selbstaffektion aus der Perspektive der Phänomenologie versuchen will. Dabei wende ich vor allem die *Methode der phänomenologischen Deskription* an. Diese beruht auf der bewussten Reflexion und methodischen Aufmerksamkeit auf die Leistungen und Handlungen des menschlichen Bewusstseins. Die Phänomenologie versucht weiterhin, mit der

Methode der *eidetischen Variation* die wesentlichen Charakteristika dieser Bewusstseinsakte zu finden, d.h. diejenigen, die bei allen solchen Akten vorkommen müssen.

In den folgenden Untersuchungen werden außerdem eidetische, transzendentale und empirische Methoden verwendet, indem die Ergebnisse der transzendentalen Reflexion und die empirischer Wissenschaften miteinander in Beziehung gesetzt werden. Ich werde empirische (und experimentelle) Ergebnisse als sekundäre Bestätigung von transzendentalen und eidetischen Einsichten interpretieren und ebenso umgekehrt, von transzendentalen und eidetischen Einsichten ausgehend, neue Fragestellungen für die empirische Forschung formulieren. Man könnte vermuten, dass diese Mischung von Methoden unvermeidlich zu Widersprüchen führen muss, doch meiner Meinung nach können solche Unverträglichkeiten vermieden werden.

Um dies klar zu machen, werde ich kurz die Unterschiede im Verständnis der apriorischen Erkenntnis und der transzendentalen Fragestellung bei Husserl und Kant darlegen. Im Anschluss daran erörtere ich die Gründe, warum es im Rahmen der Husserlschen Phänomenologie, die hier bevorzugt werden wird, möglich ist, Ergebnisse der empirischen Naturwissenschaften mit einzubeziehen.

Die eidetische Methode Husserls beruht auf der natürlichen Fähigkeit des menschlichen Geistes, bei der Wahrnehmung von verschiedenen Dingen die dabei gleich bleibenden Elemente bemerken zu können. Wir sind in der Lage, auch bei Gegenständen, die eine große Verschiedenheit untereinander aufweisen, wie z.B. bei verschiedenen Bäumen, diese als Baum zu erfassen. So zeigt sich, dass wir ihre Gleichheiten unabhängig von ihren Verschiedenheiten bemerken können. Diese natürliche Fähigkeit versucht Husserl (in der 6. *Logischen Untersuchung*) zunächst als eine ursprüngliche Form des Erkennens zu beschreiben und sie methodisch zu verfeinern. Der wichtigste Nutzen der eidetischen Methode besteht für Husserl darin, dass er sich mit ihrer Hilfe von der empirischen Psychologie abgrenzen kann. Die empirische Psychologie (und alle anderen empirischen Methoden ebenso) beruht auf einer endlichen Zahl von untersuchten Fällen, von denen dann induktiv auf alle weiteren Fälle geschlossen wird. Ihr Anspruch auf empirisch allgemeine Geltung beruht auf der problematischen Methode der Induktion.

Husserl war in seinen ersten Schriften dagegen besonders an der Begründung von Erkenntnis in Mathematik und Logik interessiert. Es ging ihm also um Erkenntnisse, die allen empirischen Wissenschaften als notwendiges Instrumentarium der Argumentation und Formulierung zugrunde liegen, d.h. die diese erst ermöglichen. Daher lehnt Husserl eine naturwissenschaftliche, empirisch gestützte Induktion als Begründungsmethode solcher – ihrerseits für die Naturwissenschaft grundlegenden – Erkenntnisse ab, und zwar, um einen Zirkel in der Begründung zu vermeiden.

Neben diesem Zirkel-Argument steht noch ein weiteres Bedenken, das mit der psychologistischen Interpretation der logischen Prinzipien zusammenhängt: Der Psychologismus versteht die logischen Gesetze als faktische Normalgesetze des menschlichen Denkens und kann daher die besondere Notwendigkeit ihrer Geltung, die über die bloß faktische Geltung hinausgeht und eine Normierung erlaubt, nicht begründen.

Die eidetische Methode, die Husserl zunächst als Wesensschau bezeichnet, soll dagegen die Gewinnung notwendiger Erkenntnisse ermöglichen, die universale Geltung beanspruchen können, welche über die Reichweite empirischer Induktion hinausgeht. Die eidetische Methode besteht in der Durchsicht von wirklichen und möglichen Einzelfälle eines bestimmten Gegenstandes des Denkens, bei der zugleich die gleichbleibenden Züge aller einzelnen Fälle beachtet werden.[13] Auf der Grundlage dieses in allen Fällen Identischen kann man dann eine in dem Husserlschen Sinne *apriorische*, d.h. eine in *allen denkbaren* Fällen notwendig vorhandene Eigenschaft behaupten.

Husserl selbst hat die Probleme der genauen Abgrenzung dieses Verfahrens von dem induktiven Verfahren der Naturwissenschaft bemerkt, denn *de facto* betrachten wir immer nur die Gemeinsamkeiten einer endlichen Zahl von verschiedenen Varianten des Ausgangsbeispiels. Später hat Husserl daher versucht, die Methode der eidetischen Variation mit dem Gebrauch von Phantasievarianten in der Durchsicht aller möglichen Fälle zu verstärken. Der entscheidende Punkt bleibt dann, dass wir bei jeder einzelnen betrachteten Phantasievariante immer die Möglichkeit der unbegrenzten weiteren Variierbarkeit mitdenken.

In allen Verfeinerungsstufen beruht die eidetische Methode in der Phänomenologie auf der *wirklich gegebenen Anschauung* und den *wirklich vollzogenen Akten des Bewusstseins*. Sogar die denkbar weiteste Phantasievariation des Ausgangsexemples in der eidetischen Variation bleibt an vorgegebenen Grenzen orientiert: Die Grenze der Variierbarkeit ist jeweils durch das Ausgangsexempel und den in Erfahrungen gewachsenen Typus dieses Gegenstandes bestimmt. Durch die eidetische Methode werden also unsere, in jeder Wahrnehmung bereits fungierenden, vagen Begriffe (bzw. Typen) anschaulich gemacht. Eidetik bleibt also auch in dieser Hinsicht auf die *wirkliche Erfahrung* relativ und ist von dieser letztlich auch abhängig, wie z.B. die bekannten regional-eidetischen Gesetze zeigen: Jede mögliche Färbung hat eine Ausdehnung. Die Phänomenologie kann daher nicht – wie wir es bei Kant finden – von ihren apriorischen Einsichten sagen, dass sie vor und unabhängig von aller Erfahrung gelten. Sie kann aber dennoch beanspruchen, dass die von ihr herausgestellten, in allen denkbaren Varianten vorkommenden Elemente *notwendig* in *allen* Fällen vorkommen müssen. Sie wird sich daher nicht in erfahrungsferne Spekulationen begeben können, zumindest nicht, wenn sie sich richtig versteht. Dieses genuine Verhältnis zur *wirklichen Erfahrung*, lässt daher auch keine endgültige Abgrenzung von der empirischen Forschung zu. Die *sekundäre* Bestätigung transzendentaler und eidetischer Theoreme durch empirische Forschungen ist durchaus eine Bekräftigung, die zeigt: Es handelt sich um eine Theorie mit einem Fundament in der Erfahrung! Natürlich kann die Empirie nicht eine *primäre* Begründung einer transzendentalen Theorie der Erkenntnis sein. Eine solche liegt nur in der transzendental-eidetischen Analyse der Phänomene, dies ist die grundlegende Form der phänomenologischen Empirie.

Nun werde ich kurz Unterschiede und Gemeinsamkeiten im Begriff der transzendentalen Fragestellung bei Kant und Husserl nennen: Kant bestimmt eine transzendentale Reflexion als Untersuchung, die nicht auf die Gegenstände, sondern auf die notwendigen *apriorischen Bedingungen der Möglichkeit der Erkenntnis von Gegenständen* gerichtet ist. Hier sind insbesondere die reinen Verstandesbegriffe (Kategorien) zu nennen, deren Anwendung in der Synthesis von anschaulichem Material für Kant eine apriorische Bedingung dafür ist, dass wir überhaupt Gegenstände erfassen können. Dies trifft besonders auf die (bereits für den britischen Empirismus und den neuzeitlichen Rationalismus) gegenstandskonstitutiven Begriffe Substanz und Kausalität zu. Als *a priori* gelten für Kant aber nur – anders als für Husserl – die Elemente der Erkenntnis, die vor und unabhängig von aller Erfahrung gelten. Dieser Kantische Sinn von *a priori*, der sich mit einer empirischen Untersuchung welcher Art auch immer nicht harmonisieren ließe, ist in der vorliegenden Untersuchung nicht zugrunde gelegt. Hier wird der Husserlsche Sinn des *a priori* bevorzugt.

Bei Husserl wird aber auch das Kantische Verständnis einer transzendentalen Untersuchung, die auf die Bedingung der Möglichkeit einer Leistung des Bewusstseins gerichtet ist, nicht aufgegeben, sondern im Sinne einer erfahrungsgegründeten, anschauungszentrierten Methode modifiziert. Für Husserls Phänomenologie kann es also durchaus so etwas wie *transzendentale Erfahrung* geben. Das zugrunde liegende Erfahrungsfeld für die weitere eidetische Untersuchung wird durch die transzendentale Reduktion eröffnet.

Die *transzendentale Reduktion* ist also eine sinnvolle Methode der phänomenologischen Analyse, sie ist aber nur am Anfang, d.h. bei der phänomenologischen Begründung der Möglichkeit von Erkenntnis wirklich notwendig. Sie ermöglicht uns, von dem in uns immer schon vorliegenden Bewusstsein wirklicher (oder möglicher) Gegenstände auf die hyletischen Materialien und die Operationen des Geistes zurückzugehen, die uns die Gegenstandshabe erst ermöglichen. Insbesondere soll sie das Rätsel lösen, wie wir auf dem Boden recht schwacher, notwendig fragmentarischer sinnlicher Evidenzen zu der Ansicht kommen, dass die Welt und die Gegenstände in ihr 'wirklich' seien. Diese Fragestellung ist eher im Sinne einer akademischen Skepsis zu verstehen, da Husserl nicht bezweifeln will, *ob* die Welt wirklich sei oder nicht, sondern lediglich genau wissen will, *wie* und durch welche Anschauungsakte wir dazu gekommen sind, dies zu glauben. Transzendentale Analysen im Husserlschen Sinne setzen also den Vollzug der transzendentalen Reduktion voraus, d.h. sie setzen voraus, dass wir all unsere Überzeugungen hinsichtlich der Wirklichkeit oder Unwirklichkeit der wahrgenommenen Dinge und hinsichtlich der Geltung uns bereits bekannter Theorien (z.B. der Physik, Chemie und aller Naturwissenschaften) zeitweilig aussetzen und einklammern. Dies dient dazu, die Frage nach dem anschaulichen Ursprung der Wirklichkeits-Setzung (und aller anderen Modalitäten, wie möglich, zweifelhaft usw.) auf einem Erfahrungsboden zu klären, der gerade diese auf ihr Recht hin zu prüfenden, problematischen Setzungen noch nicht (oder nicht mehr) enthält. Es geht also um eine Aufklärung der Konstitution dieser Setzung, die von irreführenden Zirkeln frei ist.[14]

Dennoch ist die Methode der Analyse im Rahmen der transzendentalen Reduktion keineswegs der Erfahrung abgewandt. Im Gegenteil, eine Bezeichnung wie „transzendentale Erfahrung" ist nicht nur nicht falsch, sondern sie trifft den Kern dieser transzendentalen Untersuchungsrichtung: Das Residuum der transzendentalen Reduktion (d.h. dasjenige, was nach ihrer Anwendung übrig bleibt) ist in erster Linie ein *Erfahrungsfeld*, wobei die Bezeichnung Feld bewusst auf andere Felder der Erfahrung anspielt, wie z.B. das sinnliche Feld, das taktuelle Feld usw. Es ist ein Feld, in dem alle intentionalen Gegenstände der Wahrnehmung und der Erkenntnis zu finden sind, die auch bisher in unserer alltäglichen Welt aufgetreten sind, mit der einen Ausnahme, dass wir jetzt nicht mehr den Setzungscharakter des *wirklich*, des *geltend* (Theorien) mitmachen. Dieser Setzungscharakter wird universal außer Kraft gesetzt, sozusagen in Klammern gesetzt. Auf diese eingeklammerte Weise bleibt er zugleich noch bewusst, und zwar mit seinem problematischen Geltungsanspruch, dessen Berechtigung es zu klären gilt.

Die transzendentale Reflexion mit Gebrauch der transzendentalen Reduktion ist also ein gut motiviertes, auf die Klärung solcher grundlegenden Geltungsansprüche gerichtetes Verfahren und steht daher notwendigerweise *ganz am Anfang* des gesamten Vorhabens der Aufklärung dessen, was Wahrnehmung und Erkenntnis sind, und wie diese möglich sind. Haben wir aber mit Hilfe der transzendentalen Reduktion die grundlegenden Möglichkeitsbedingungen von Wahrnehmen und Erkennen aufgedeckt, dann hindert uns nichts daran, *im weiteren Fortgang* der Aufklärung der Einzelheiten des menschlichen Denkens auch die Ergebnisse und Hypothesen der Naturwissenschaften zu berücksichtigen. Denn in dieser fortgeschrittenen Phase der Aufklärung von Bewusstseinsleistungen können auch die empirische Psychologie, die Neurologie und die Theorien der Cognitive Science eine kritische oder sekundär bestätigende Funktion für phänomenologische Analysen erhalten. Umgekehrt kann die Phänomenologie die Interpretation von Ergebnissen der empirischen Wissenschaften leisten und auch neue Anregungen für die experimentelle Forschung geben.[15]

1.2. Die Zusammenarbeit verschiedener Methoden in den folgenden Analysen und die transzendentalen Aspekte der Phantasmata

Um die Möglichkeit des erfolgreichen Zusammenspiels transzendentaler, eidetischer und empirischer Methoden klar hervortreten zu lassen, gebe ich jetzt noch einmal einen kurzen Überblick über die folgenden Untersuchungen zum Thema der schwachen Phantasie, und zwar diesmal ausschließlich unter dem Gesichtspunkt der Zusammenarbeit der verschiedenartigen Methoden. Zugleich möchte ich dabei sieben Aspekte der transzendentalen Funktion der Phantasmata besonders hervorheben.

Bereits im zweiten Kapitel wird ein *erster Aspekt* der transzendentalen Funktion der Phantasmata herausgearbeitet, der schon von Kant festgehalten wird: Phantasmata fungieren in der normalen Wahrnehmung als Komplettierung der in der Anschauung gegebenen Gegenstände. Damit ermöglichen sie auch dann eine Wahrnehmung, wenn es die Sinnlichkeit noch nicht zulässt. Phantasmatische Selbstaffektion ist also deshalb eine transzendentale Funktion, weil sie Gegenstandshabe auch dann ermöglicht, wenn gravierend defiziente Formen der anschaulichen Gegebenheit von Gegenständen vorliegen. In der Vervollständigung der anschaulichen Gebung von Gegenständen liegt zugleich eine sublime Form des Erweises, dass die gegenständliche Intention angesichts der gegebenen Sinnlichkeit berechtigt und richtig ist: In der Komplettierbarkeit durch Phantasmata (gemäß dem von uns verwendeten Typus) zeigt sich für uns, dass wir 'das Richtige' wahrnehmen, d.h. den Gegenstand mit dem richtigen Begriff bzw. dem richtigen Typus apperzipieren. Die imaginativ-phantasmatische Komplettierbarkeit erweist somit die Berechtigung der Anwendung des Begriffs in den Fällen, in denen die Sinnlichkeit nicht alle Teilintentionen abdeckt.

An den Erweis der transzendentalen Funktion der phantasmatischen Ergänzung (d.h. ihrer transzendentalen Notwendigkeit) schließt sich eine Hypothese über die Notwendigkeit dieser Leistung im Rahmen einer empirischen Theorie an: Auch vor dem Hintergrund der Evolutionstheorie stellt die phantasmatische Ergänzung eine für alle Lebewesen hilfreiche, wahrnehmungsermöglichende und damit in diesem Rahmen *notwendige* Funktion dar, da sie erlaubt, defiziente Gegebenheitsweisen von Gegenständen zu kompensieren, von denen eine

Gefahr ausgeht (z.B. der Tiger im Dickicht), oder die eine mögliche Nahrung darstellen (z.B. die versteckte Nahrung). Die hierdurch ebenfalls ermöglichte, voreilige Täuschung über das Vorliegen einer Gefahr kann angesichts des großen Nutzens dieser Leistung durchaus in Kauf genommen werden.

Wenn man die transzendentale Funktion der Phantasmata im Sinne des *notwendigen* Vorkommens in *allen* Formen der Konstitution von Gegenständen auf der Basis von sinnlicher Anschauung als gültig annimmt, dann bedeutet dies auch, dass sich in der empirischen Untersuchung des Bewusstseins die Effekte der phantasmatischen Selbstaffektion in *allen* Sinnesfeldern nachweisen lassen müssen. Das dritte Kapitel dient dem phänomenologischen und empirischen Nachweis, dass es die phantasmatische Einzeichnung in allen Sinnesfeldern gibt bzw. geben kann.

Im Rahmen dieses Nachweises stoßen wir aber auf einen *zweiten Aspekt* der transzendentalen Funktion der phantasmatischen Selbstaffektion: Sie ermöglicht uns nämlich, alle möglichen, sinnlich anschaubaren Gegenstände, d.h. alle Gegenstände, die sich in unserer Sinnlichkeit darstellen, auch ohne erfüllende Anschauung zu *meinen*, d.h. leer zu intendieren. Diese Leistung scheint zunächst eher trivial zu sein, denn es ist eines der zentralen Anliegen der Phänomenologie Husserls, den immer nur graduellen Unterschied von erfüllten (d.h. evidenten) und leeren Intentionen zu beschreiben. Erfüllte Intentionen beruhen auf der zugleich gegebenen anschaulichen Erfüllung und leere Intentionen meinen denselben Gegenstand ohne anschauliche Erfüllung. Für den Husserl der *Logischen Untersuchungen* enthält dies auch die Untersuchung des für jede Klasse von Gegenstandsintentionen eigentümlichen Stils der Evidenzgewinnung, der sich nicht auf die anschauliche Sinnlichkeit beschränken lässt. Hinsichtlich der Beschreibung der Inhalte der leeren Intentionen verlässt sich Husserl oft auf eine sprachlich-begriffliche Beschreibung des Gemeinten, die für die kommunikative Mitteilung auch richtig und hinreichend ist. Es fragt sich jedoch, ob dies auch der ursprüngliche Modus der Leerintention im lebendigen Vollzug ist, und ob es ihr einziger Modus ist.

Im Rahmen unserer Untersuchungen zur Funktion der Phantasmata in der Wahrnehmung drängt es sich immer mehr auf, dass auch der ‘Stil’ des Intendierens in den Leerintentionen einer eigenen Untersuchung bedarf. Wir sind nämlich in der Lage, auch Gegenstände zu intendieren und zu unterscheiden, zu deren Unterscheidung die Mittel der begrifflichen Beschreibung unzulänglich sind (oder sogar dazu gar nicht geeignet sind). So können wir ein bestimmtes Rot, das wir z.B. begrifflich vage mit den Worten ‘irgendwo zwischen Zinnober- und Karminrot’ beschreiben können, aber eben nie treffend mit Begriffen werden benennen können, in der Sinnlichkeit sehr wohl sofort wiedererkennen. Hierfür müssen wir eine Leistung vermuten, die einerseits den genauen Inhalt der Sinnlichkeit gleichsam *konserviert* und andererseits es ermöglicht, diesen

Inhalt später wieder sozusagen *neben* die gerade jetzt gesehenen Inhalte der Sinnlichkeit *zu halten*. Erst damit wird die Entscheidung ermöglicht, ob es dasselbe oder ein anderes Rot ist.

Natürlich geht es nicht nur um die Fälle, in denen die mir zur Verfügung stehenden Begriffe gleichsam nur zu grob sind, um genau das Richtige meinen zu können, sondern darum, die These hinsichtlich der Medialität der phantasmatischen Selbstaffektion zu verallgemeinern: Mit ihrer Hilfe sind wir dazu in der Lage, alle Gegenstände 'leer' zu intendieren, d.h. ohne die gleichzeitige Gegebenheit von sinnlicher Anschauung. Aber diese besondere Weise der leeren Intention ist somit zugleich immer schon auf dem halben Weg zu einer Erfüllung der Intention mit Hilfe der Phantasmata.

Der Aufweis der tranzendentalen Funktion der phantasmatischen Selbstaffektion betrifft daher nicht nur die Ergänzungsfunktion und die Komplettierbarkeitsprüfung sondern auch die Funktion der Intentionalität selber, und damit erweitert sich zugleich der Bereich des phantasmatischen Vorhersehens der Elemente, die sich in der Empirie aufweisen lassen müssen: Es ist nun nicht mehr nur vorherzusagen, dass es Phantasmata in *allen* Sinnesfeldern geben muss, sondern dass es sie dort auch *immer* geben muss. Somit stellt sich die dringliche Frage: Was geschieht, wenn ein einzelnes Sinnesfeld, z.B. das visuelle Feld, allmählich schwächer wird und schließlich ganz ausfällt? Der These von der transzendentalen Funktion der Phantasmata für die Intentionalität zufolge müssten sich dann die mit Hilfe von Phantasmata intendierten Elemente der wahrgenommenen Gegenstände (denn Wahrnehmung ist auf der Basis anderer Sinne, akustisch, taktuell usw. weiterhin möglich) in dem leeren Sinnesfeld als *Halluzination* zeigen. Der *zweite Aspekt* der transzendentalen Funktion der Phantasmata hat also ebenfalls empirische Konsequenzen, die man überprüfen kann und muss.

Diesen Nachweis soll das vierte Kapitel bieten. Denn interessanterweise kennt die empirische Psychologie ein Phänomen, das genau in der soeben beschriebenen Situation auftritt: Das sogenannte Charles-Bonnet-Syndrom. Es findet sich bei psychologisch vollkommen normalen Personen und umfasst relativ dauerhafte visuelle Halluzinationen bei einem großen Prozentsatz der Personen, die aus rein physiologischen Gründen langsam erblinden. Angesichts der empirischen Erhebungen über die Häufigkeit dieses Syndroms könnte man sagen, dass es 'normal' sei, nach dem Erblinden solche Halluzinationen zu bekommen und diese als Darstellung *unwirklicher* Gegenstände auch bemerken zu können.

Für die Bestimmung der genauen Funktion dieser Halluzinationen lassen sich sogar einige experimentelle Anordnungen entwerfen (Kap. 4.1). Dies zeigt, dass die Phänomenologie durchaus in der Lage ist, aus ihren transzendentalen und eidetischen Ergebnissen Fragestellungen für die empirische und experimentelle

Analyse zu entwerfen, d.h. in die Gestaltung von Experimenten mit einzugehen. Shaun Gallagher hat diese aktive und produktive Verwendung der Phänomenologie in der gesuchten Zusammenarbeit mit den empirischen Wissenschaften und der Cognitive Science als „front-loaded Phenomenology" bezeichnet.[16]

An diese Untersuchungen schließt sich die naheliegende Frage an, ob es phantasmatische Selbstaffektion in allen Schichten der Konstitution gibt (Kap. 5). Diese Untersuchung betrifft allerdings in besonderem Maße die Schichten der Konstitution, die unterhalb der Intentionalität liegen. Intentionalität im engeren Sinn bezeichnet die Objektivierung eines bleibenden und identifizierbaren Gegenstands auf der Grundlage sinnlicher Anschauung. Es scheint so, als ob es für die höheren Schichten der Konstitution, d.h. also für die Erkenntnisakte, die auf der Basis intentionaler Gegenstandsbezüge fundiert sind, nicht zwingend ist, dass Phantasmata in ihnen vorkommen. Dennoch wird sich gerade dies in den letzten drei Kapiteln aufweisen lassen, die nicht-sprachliche, phantasmatische Repräsentations-Systeme im menschlichen Bewusstsein aufzeigen werden.

Bei der Untersuchung der tieferen Konstitutionsschichten zeigt sich ein wichtiges Betätigungsgebiet der phantasmatischen Selbstaffektion: Die Konstitution der Zeit im immanenten Zeitbewusstsein (Kap. 5.2). Auf dieser tiefsten Leistungsstufe konstituieren sich auf der Basis des kontinuierlich fließenden Stroms hyletischer Bestände (in allen Sinnesfeldern) sinnliche Daten und ihre Dauer. Der entscheidende Motor dieser Form der Konstitution ist die Retention, d.h. die Fähigkeit des Subjekts, Sinnlichkeit (‚eine Zeitlang') festhalten zu können. In dem besonderen retentionalen Modus dieses Festhaltens ist zugleich ein Hinweis auf die Tatsache enthalten, dass die aktuelle Gegebenheit dieser hyletischen Gebung bereits vorüber ist. Die Retention, die die vorangegangenen Phasen des hyletischen Flusses in ‚herabgesunkener' Weise festhält, leistet beides indem sie den Inhalt der hyletischen Gegebenheit festhält, aber mit sukzessiv abgeschwächter Intensität und Klarheit. Diese für alle höheren Konstitutionsschritte grundlegende Leistung der Retention kann man als phantasmatische Selbstaffektion interpretieren, denn die Retention hält hyletisch-sinnlich „genau dasselbe' fest (dieselbe Farbe, Ton, taktuelle Qualität usw.), und zwar, indem sie es reproduziert, aber immer in einer sukzessive abgeschwächten Intensität, bis es schließlich ganz verschwunden ist. Auf diese Weise stellt die Retention im Medium der Phantasmata die Dauer des sinnlichen Datums gleichsam perspektivisch in einem Kometenschweif von sukzessiv abgeschwächten hyletischen Erscheinungen dar. Hierin liegt ein *dritter Aspekt* der transzendentalen Funktion der Selbstaffektion.

Auch aus dem Blickwinkel der Evolutionstheorie kann man dem transzendentalen Status der Retention etwas abgewinnen. Allerdings muss man die Frage jetzt als Suche nach den notwendigen Vorbedingungen von konkreten Erkenntnisleistungen formulieren: Wie ist es möglich, Bewegungen zu erkennen? Auch aus dieser Perspektive zeigt sich die Unentbehrlichkeit einer Funktion wie der Retention, denn nur mit ihrer Hilfe kann ein wahrnehmendes Subjekt den Unterschied zwischen einem ruhenden und einem sich bewegenden (oder sich verändernden) Objekt erfassen. Es muss eine Art 'Nachbild' geben, das mit dem aktuellen Bild verglichen oder von ihm überlagert werden kann, damit Bewegungen als solche sichtbar werden können. Es gibt wohl auch physiologisch eine Art Nachfeuern der Sinneszellen in der Netzhaut, das wir z.B. beim Schwenken eines Lichts in der Dunkelheit als helle, aber sich langsam abdunkelnde Nach-Spur der Bewegung noch bemerken können. Aber diese physiologische Nachbild-Funktion lässt uns nur schnelle Bewegungen im visuellen Feld bemerken, d.h. sie kommt der retentionalen Funktion (die es in allen Sinnesfeldern gibt) nur in einem besonders wichtigen Sinnesfeld zu Hilfe.

Im Kapitel 6 wird die Funktion von Kants Schemata und Husserls Typus im Prozess der Wahrnehmung untersucht. Es lässt sich herausarbeiten, dass der Prozess der Apperzeption von einem Vorwissen über den wahrzunehmenden Gegenstand geleitet werden muss. Wir müssen wissen, was den Gegenstand in der Sinnlichkeit darstellen kann und was nicht. Erst die folgenden Untersuchungen (Kap. 7) berücksichtigen dann den Beitrag der phantasmatischen Selbstaffektion zu der Ermöglichung dieser Leistung: Die Phantasmata *vermitteln* zwischen dem Typus und der anströmenden Sinnlichkeit und ermöglichen auf diese Weise, dass das *Vorwissen*, das wir von dem Gegenstand haben, in und an die Sinnlichkeit *herangebracht* wird. Die Phantasmata zeichnen ‚fast sichtbar' dasjenige in die Sinnlichkeit ein, was zur vollen Darstellung des Gegenstandes gehört, und ermöglichen so die sukzessive Aufnahme der geeigneten Elemente der Sinnlichkeit in die anschauliche Darstellung des Gegenstandes. Dies ist der *vierte Aspekt* der transzendentalen Funktion der phantasmatischen Selbstaffektion.

Ein weiterer Aspekt der transzendentalen Leistung der Phantasmata zeigt sich in den einfachsten, elementaren Typen, die die tiefste Stufe im Stufenbau der Typen darstellen. Sie sind noch keine Vorstellungen von einem substanziellen Träger mit seinen sinnlich bemerkbaren Eigenschaften, sondern sie setzen erheblich tiefer an, d.h. auf der niedrigsten Schicht der sinnlichen Erfahrung: Es sind nur Verbindungen von Empfindungen, die in der Erfahrung eines Subjekts regelmäßig zusammen vorgekommen sind, so dass in diesem Subjekt eine Empfindung die andere in der Weise eines Phantasmas hervorruft und sie auf diese Weise *erwartet*. Wenn sich die wirkliche Empfindung dann genau so einstellt, wie sie phantasmatisch erwartet wird, dann wird dies als Sich-Zeigen desselben Ereignisses interpretiert. Die elementaren Typen bilden sich spontan und ohne dass sich vorausgegangene, mehrfache und gleichartige Erfahrung in dem Typus niedergeschlagen hat. Natürlich können sie dann in der folgenden Erfahrung weitere Vorstellungen in sich aufnehmen und so auch zu Typen von Gegenständen werden. Da die Bildung von elementaren Typen auf der Leistung der Phantasmata beruht, zeigt sich hierin ein *fünfter Aspekt* ihrer transzendentalen Funktion.

In den Analysen, die dem Tagtraum gewidmet sind, zeigt sich ein unerwartet reichhaltiges Leben des wachen Subjekts in phantasmatischen Szenen, das aber bemerkbar auf die höchst-relevanten Ereignisse (Wünsche und Ängste) der Relevanzordnung zentriert ist. Aber es zeigt sich, dass sich im Rahmen der szenischen Darstellungen des Tagtraums auch eine konstante Beschäftigung mit den Themen und Problemen des Alltags vollzieht. Die Analyse mündet in die These ein, dass dieses phantasmatisch-szenische Vorstellen ein (phylogenetisch) *alter Modus des Denkens* ist, der von dem sprachlichen Modus allenfalls überdeckt worden ist, aber immer noch spürbar unter ihm liegt. Alle entscheidenden Themen des Alltags eines gruppenlebenden Tieres lassen sich in szenischen Vorstellungen darstellen: Gegenstände und ihr Nutzen, Ereignisse in Vergangenheit und Zukunft, die Haltung und der Charakter von anderen Subjekten der Gruppe usw. Es bietet sich an, das phantasmatisch-szenische Denken als die fundierende Funktion des *Denkens* und Überlegens anzusehen. Sie wird beim Menschen (wenn er sprechen kann) von der sprachlichen Form des Denkens begleitet, aber es fragt sich natürlich, ob und wie weit das sprachliche Denken überhaupt über das phantasmatisch-szenische Denken hinausreicht. Damit zeigt sich ein *sechster Aspekt* der transzendentalen Funktion der Phantasmata, und zwar als unentbehrliches Medium nicht-sprachlichen Denkens.

Im zehnten Kapitel zeigt sich dann noch ein *siebter Aspekt* der transzendentalen Funkion der Phantasmata, denn sie sind das Medium, in dem wir die Empfindungen, Gefühle und Wollungen anderer Personen intendieren können. Es geht hierbei um eine Art Mit-Empfinden, Mit-Handeln und sogar um ein Mit-Wollen, in dem wir die entsprechenden Phänomene anderer Subjekte in uns mitvollziehen. Wir denken und verstehen Andere in einer Art Simulation ihrer Empfindungen mit unseren eigenen Mitteln, d.h. mit der phantasmatischen Verlebendigung von Empfindungen, Gefühlen, leiblichen Bewegungen und Wollungen.

Diese phänomenologische Interpretation der Leistung der sogenannten Spiegelneuronen versucht dann, die Ergebnisse der Neurologie und *Cognitive Neuroscience* als einen Beleg für die Rolle der Phantasmata im Erfassen dessen auszulegen, was Andere empfinden und wollen. Die Phänomenologie kann hier eine methodisch kontrollierte Beschreibung des Mit-Empfindens aus der Innenperspektive des selbst erlebenden Subjekts beitragen. Auf diese Weise wird die Interpretation der Ergebnisse der Neurologie auf eine solide Basis gestellt und der ererbte Behaviourismus vermieden. Auch in anderer Hinsicht können sich *Cognitive Neuroscience* und Phänomenologie ergänzen, denn phänomenologische Analysen können auch zu neuen Fragestellungen in der experimentellen Neurologie führen.

1.3. Ist phänomenologische Konstitutionstheorie noch zeitgemäß?

Die Kapitel 3 und 5 verwenden die Untersuchungsmethode der Konstitutionstheorie Edmund Husserls. Die Konstitutionstheorie will in dem komplexen Gesamtgeschehen des Bewusstseins Schichten und Felder der subjektiven Leistungen unterscheiden und zwischen diesen Fundierungsverhältnisse aufweisen. Dies führt dazu, dass oft vorwiegend die Abhängigkeitsverhältnisse der Leistungsschichten untersucht werden, die gleichsam 'von unten nach oben' führen. Man beginnt hierbei mit einer grundlegenden hyletischen Schicht von sinnlichen Daten, die dann Schritt für Schritt mehr Sinngehalt gewinnt.

Man könnte dieses Vorgehen aus verschiedenen Gründen für überholt und veraltet halten: Zunächst angesichts seiner scheinbar empiristischen Wurzeln, d.h. seinem Ausgangspunkt von vermeintlich ‚ärmlichen Sinnesdaten'. Außerdem zeigen die vielfachen Verschlingungen und Vermischungen von Sinnstiftungen höherer und niedrigerer Stufe, dass einfache und einsinnige Schichtenmodelle nicht weit führen können. In den letzten Jahrzehnten haben daher filigrane Sinnanalysen von Zwischenreichen, Zwielicht, Bruchlinien usw. im Stile von Merleau-Ponty und Waldenfels versucht, das Erbe der Phänomenologie Husserls anzutreten. Ich halte auch dies für wichtige und sinnvolle phänomenologische Analysen, dennoch möchte hier zeigen, dass die Grenzen der Konstitutionstheorie bei weitem noch nicht ausgelotet sind. Meine Analyse der schwachen Phantasmata soll auch dazu dienen, die Leistungsfähigkeit dieser Untersuchungsrichtung aufzuweisen. Insbesondere die schwachen Phantasmata zeigen deutlich und auf vielfältige Weise, dass die Konstitutionstheorie keineswegs die These der einsinnigen Fundierung 'von unten nach oben' enthält. Es lässt sich aufweisen, dass die Rückwirkung 'von oben nach unten' und der Einfluss höherer Stufen der Konstitution durchaus bis auf die tiefsten Schichten geht. Da Phantasmata uns wie Sinnlichkeit erscheinen und in Wahrnehmungen widerstandslos und fast unmerklich eingemischt auftreten können, erweist sich auf diese Weise auch, wie und warum die Schicht der Sinnlichkeit keineswegs ärmlich und ohne Sinn sein muss. Dieser Sinn kommt von höheren Schichten der Konstitution her, er ist gleichsam herabgesunken, wie dies sich z.B. in der Protention zeigt.[17] Konstitutionstheoretische Untersuchungen dieser Art lehren auch, dass man in so verwirrend vermischten Ausgangserfahrungen dennoch differenziert, analytisch und vor allem auch empirisch orientiert arbeiten kann. In diesem Verständnis phänomenologischer Aufklärung liegt auch, dass die Analyse sinntragender Akte in ihrer faktischen Verschlingung notwendig einer Fundierung in der Aktanalyse und Konstitutionstheorie bedarf, ohne die sie bodenlos und auf Oberflächenphänomene beschränkt bleiben würde.

Es geht mir in meiner Darstellung darum, einerseits Fachphilosophen auf das Phänomen und die Funktion der Phantasmata im Bewusstseinsleben aufmerksam zu machen und sie dann auf den Weg einer inneren (phänomenologisch-eidetischen) und äußeren (naturwissenschaftlichen) Empirie zu führen. Darüber hinaus möchte ich auch naturwissenschaftlich gesinnte Forscher ansprechen und zeigen, dass auch Philosophie durchaus den Charakter der Wissenschaft haben kann. Die Idee ist, durch stetige Bezugnahme auf empirische Forschungen zu zeigen, dass zwischen empirischer Forschung auf der einen Seite und transzendentalem Denken auf der Grundlage introspektiver, eidetischer Deskription auf der anderen Seite kein unüberbrückbarer Gegensatz besteht. Empirisch verantwortliche Philosophie lässt sich realisieren, ohne die hohen Ansprüche der Philosophie preiszugeben.

I. Teil: Phänomenologie der phantasmatischen Selbstaffektion in der Wahrnehmung

2. Kants Entdeckung der Selbstaffektion

2.1. Selbstaffektion in Kants vorkritischen Schriften

Kant stellt die Selbstaffektion zum ersten Mal in zwei seiner vorkritischen Schriften dar: In dem *Versuch über die Krankheiten des Kopfes* (1764) und in den *Träumen eines Geistersehers ergänzt durch die Träume der Metaphysik* (1766) diskutiert Kant dieses Phänomen unter dem Begriff der schöpferischen Dichtungsfähigkeit.[18] In der *Anthropologie in pragmatischer Hinsicht* (1798) kommt die „dichtende Einbildungskraft" und das ihr zugrunde liegende „sinnliche Dichtungsvermögen" erneut zu einer ausführlichen Darstellung.[19]

Die Bezeichnung schöpferische oder dichtende Einbildungskraft ist für uns heute etwas irreführend, denn man könnte meinen, es gehe um etwas, das nur Dichter besitzen oder in besonders ausgeprägter Weise besitzen.[20] Das ist jedoch nicht der Fall. Es geht um unsere Einbildungskraft, die in der Lage ist, in die Sinnlichkeit gleichsam etwas *einzuzeichnen*, oder wie im Fall der Zitrone *einzuschmecken*, aber eventuell auch *einzuhören*, *einzufühlen* usw. Und dasjenige, was die Einbildungskraft einzeichnet, erscheint uns fast genauso, als ob es eine Affektion *von außen* wäre, d.h. als ob es eine Empfindung wäre, die von einem realen Ding verursacht ist.

Diese empfindungsschöpferische Tätigkeit der Einbildungskraft ist für Kant kein Anzeichen von Verrücktheit oder Wahnsinn. Es geht ihm auch keineswegs nur um Erscheinungen in Fieberträumen. Die schöpferische Dichtungsfähigkeit gibt es stets auch im gesunden Menschen:[21]

> „Die Seele eines jeden Menschen ist selbst in dem gesundesten Zustande geschäftig, allerlei Bilder von Dingen, die nicht gegenwärtig sind, zu malen oder auch an der Vorstellung gegenwärtiger Dinge einige unvollkommene Ähnlichkeit zu vollenden durch [den] einen oder anderen chimärischen Zug, den die schöpferische Dichtungsfähigkeit mit in die Empfindung einzeichnet." (AA 2, 264).

Kant unterscheidet hier offenbar zwei Fälle: 1. Gegenstände, die nicht gegenwärtig sind, können in die Empfindung eingezeichnet werden (Einzeichnen). 2. Es kann eine nur unvollkommene Ähnlichkeit durch die Hinzufügung eines „chimärischen Zuges" vollendet werden (Auszeichnen). Diese zweite Art des Eingreifens kommt vor allem bei Gegenständen vor, die nur schwach präsent sind, von denen nur Teile anschaulich präsent sind oder die in einzelnen Sinnesfeldern nicht präsent sind.[22]

Kant gibt ein Beispiel, bei dem man die Aktivität der Synthesis in der Konstitution von Gegenständen sehr gut analysieren kann, indem es die Darstellung eines Gegenstandes aus chaotischem Material veranschaulicht. Darüber hinaus zeigt es, wie die Selbstaffektion in die Sinnlichkeit eingreifen kann, und dass wir die schöpferische Dichtungsfähigkeit auch bis zu einem gewissen Grad willentlich beeinflussen können:

> „Wenn wir nach dem Erwachen in einer lässigen und sanften Zerstreuung liegen, so zeichnet unsere Einbildung die unregelmäßigen Figuren etwa der Bettvorhänge, oder gewisser Flecke einer nahen Wand zu Menschengestalten aus mit einer scheinbaren Richtigkeit, welche uns auf eine nicht unangenehme Art unterhält, wovon wir aber das Blendwerk den Augenblick, wenn wir wollen, zerstreuen. Wir träumen alsdann nur zum Teil und haben die Chimäre in unserer Gewalt."[23]

Worüber spricht Kant hier? Ich glaube, jedermann kennt das, was er beschreibt, aus eigener Erfahrung, dieses Spiel der Phantasie und des Erkennens, mit dem sich Kinder gerne die Zeit bis zum Aufstehen vertreiben. Die materielle Grundlage ist fast überall vorhanden: das verschlungene Gewirr von Linien, die beweglichen Füllen und Schattierungen von Wolken, verwirrende Linienmuster auf der Tapete. Betrachten wir die verschiedenen Aspekte dieser Tätigkeit, dann fällt zuerst der Aspekt der Synthesis in den Blick, d.h. der aktiven Verbindung von sinnlichen Gegebenheiten in einem chaotischen Material. Das Resultat dieser Verbindungshandlung ist die Präsentation einer Gestalt, man könnte sagen: Das Resultat der Handlung ist die *Herstellung der Darstellung* eines Gegenstandes, z.B. eines Gesichts, aus dem Rohmaterial der Anschauung.

Diese Handlung stellt den Kern der Kantischen Theorie des menschlichen Erkennens dar. Die Handlung der Zusammensetzung wird von dem Begriff des Gegenstandes geleitet, und nur durch diese Anwendung des Begriffs auf das amorphe, sinnlich gegebene Material wird die synthetische Herstellung der Darstellung eines Gegenstandes möglich.

Der Erfolg der Handlung der Zusammensetzung ist das Kriterium für die ‚Gegenstandsfähigkeit des Gegenstandes' d.h. etwas kann nur ein Gegenstand für mich sein, wenn diese begrifflich geleitete Handlung mit der mir gegebenen Anschauung möglich ist. Kant bringt diese Einsicht in die Abhängigkeit der Gegenstandshabe von einer begriffsähnlichen Funktion und einer erfolgreich ausgeführten Handlung auf die prägnante Formel: „Wir erkennen den Gegenstand, wenn wir in dem Mannigfaltigen der Anschauung synthetische Einheit bewirkt haben" (A 105).[24] Dieses Modell der Synthesis ist hier zwar scheinbar an einen extremen Fall, d.h. die Gesichter im Bettvorhang, angeknüpft, aber prinzipiell ist die Situation in allen Wahrnehmungen eine vergleichbare. Teil-Anschauungen aus dem visuellen Feld, aber auch aus anderen Sinnesfeldern müssen miteinander ‚verbunden' werden, damit die Darstellung eines Gegenstandes hergestellt werden kann.[25]

Gehen wir auf die Besonderheiten dieses Beispiels ein: Von den Gestalten, die wir da 'sehen' können, sind die meisten Einzelzüge anschaulich gegeben, so dass es sich um ein imaginierendes Verbinden und Auszeichnen handelt. Es gibt bereits gewisse bleibende Züge in der sonst chaotischen, form- und verbindungslosen Menge von Anhaltspunkten im Gesichtsfeld. Es sind Züge, von denen ich in der Wahrnehmung bemerke, dass sie dazu geeignet sind, Teile oder Umrisslinien der ganzen Gestalt darzustellen. Man kann natürlich nicht einfach behaupten, diese Züge seien bereits Gestaltfragmente oder Teilumrisse, denn sie werden streng genommen erst zu Teildarstellungen der Gestalt, indem sie als Teil des Ganzen, d.h. des Gegenstandes, interpretiert werden.

Nun kommen wir aber zu der Besonderheit dieses Beispiels im Zusammenhang mit den chimärischen Zügen, die in dem ersten Zitat erwähnt wurden: Diese vorhandenen Züge können dann, wenn ich die Gestalt ‚wahrnehme', auf zunächst unerklärbare Weise durch weitere Züge *ergänzt* werden, so dass sie eine Gestalt darstellen.[26] Ich werde diese rätselhafte Ergänzung im Bereich der Sinnlichkeit als Phantasma (bzw. *phantasmatische Sinnlichkeit*) interpretieren, d.h. als etwas, das uns im Prozess der Wahrnehmung fast genau so erscheint wie die *äußere Sinnlichkeit*. Es handelt sich dabei um denselben Typ von phantasmatischer Sinnlichkeit, der auch die willentliche Phantasie anschaulich macht. Während jedoch die Phantasie den Setzungscharakter der Vorstellung von ‚wirklich' zu ‚unwirklich' bzw. ‚imaginiert' verändert, modifiziert die phantasmatische Sinnlichkeit in der Wahrnehmung den Setzungscharakter nicht, d.h. das durch chimärische Linien ergänzte Wahrgenommene bleibt ‚wirklich'. Die Ergänzung durch Phantasmata ist aber strikt auf den gesehenen Gegenstand bezogen, d.h. es werden nicht einfach irgendwelche Züge ergänzt, sondern genau diejenigen, die in der Sinnlichkeit fehlen, um die Darstellung des Dinges zu *vervollständigen*. Zudem werden sie auf eine Weise ergänzt, dass sie sich vollkommen und widerstandsfrei der jeweiligen perzeptiven Präsentation einfügen. Das heisst, sie erwecken gar nicht erst den Verdacht, dass sie blosse Ergänzungen seien, denn sie erscheinen genau so, wie uns das Ding selbst erscheinen würde. Im Fall der Figuren in amorphen Mustern erhalten die gestaltbaren Stücke, die noch nicht Stücke einer bestimmten Gestalt sind, z.B. eine gleichsam sichtbare, sozusagen in die Empfindung eingezeichnete Verbindung durch die verbildlichenden Phantasmata.

Zugleich, und ebenso wichtig, findet eine gedankliche Umdeutung bzw. Deutung der gestaltbaren Elemente in Teile einer ganzen Gestalt statt, durch die sie allererst zu Fragmenten eines Ganzen werden. Vorher unzusammenhängende und für die Darstellung des Gegenstandes unbedeutende Linien werden durch die Wahrnehmung des Ganzen gegenständlich *gedeutet*, und erst hierdurch werden sie „in" der Vorstellung des Gegenstandes verbunden.[27] Erst durch die inhaltliche Deutung erhalten sie eine darstellende Funktion. Um sich dies klarzumachen, kann man an die Schwierigkeit denken, in dem vielfältig grünen Blättergewirr eines Dschungels einen einzelnen Baum wahrzunehmen (oder beim Anblick eines Häusergewirrs einer Stadt das einzelne Haus usw.). Bei jedem der Teile dieses Gegenstandes stellt sich gleichsam die Frage, ob dieses Teil zu ihm gehört oder zu einem anderen Busch oder Baum, ob es ein Blatt oder eine Frucht ist usw. Erst im Rückblick kann man also von „vorgegebenen" Gestaltfragmenten des gesehenen Gegenstandes reden, die zu verbinden sind. Sie *werden* erst zu darstellungsgeeigneten Gestaltfragmenten durch die gedankliche Deutung in der Wahrnehmung, die manchmal, wie man hier sieht, auch ganz eigene Wege gehen kann.

Kant nennt die ergänzenden, ‚eingebildeten' Teilzüge der sinnlichen Darstellung ‚chimärische Züge', denn sie sind nur solange vorhanden, wie wir die Gestalten im Bettvorhang sehen. Sie verschwinden, sobald wir nur auf die amorphen Bettvorhänge achten.[28] Einmal erscheint es uns so, als ob es dort Linien gäbe, dann wieder nicht. Sie sind ein bloß zeitweilig vorhandenes Produkt der Selbstaffektion.

Kant verallgemeinert diese Situation und behauptet, dass es einen ständigen Kampf zwischen den Versuchen der Einbildungskraft, in die Sinnlichkeit etwas einzuzeichnen, und der Sinnlichkeit selbst gibt. Die dichtende Einbildungskraft hat in diesem ungleichen Kampf im Schlaf, wegen der „völligen Ruhe äußerer Sinne" (AA 2, 338, Anm.*), die besten Chancen. Man darf aber nicht daraus schließen, dass die Tätigkeit der Selbstaffektion deshalb auf den Traum beschränkt sei. Im Gegenteil, auch in der Konkurrenz zur einströmenden Sinnlichkeit versucht die Einbildungskraft *ständig*, ihre ‚Bilder' bzw. Bildlichkeiten in die Sinnesfelder einzuzeichnen.

Um zu erklären, warum dies so sein muss, geht Kant davon aus, dass unser Geist im Wachen und im Schlafen dieselben Gesetze befolgt (AA 2, 264). Die dichterische, empfindungsschöpferische Tätigkeit der Einbildungskraft ist demnach eine ständig vorhandene, unwillkürliche Aktivität des Geistes (AA 7, 105, 173). Im Traum ist lediglich durch den weitgehenden Wegfall der äußeren Sinnlichkeit das 'Gleichgewicht der Kräfte' zwischen den spontanen Einzeichnungsversuchen der dichtenden Einbildungskraft und dem sinnlich Gebotenen zugunsten der Selbstaffektion verschoben (AA 2, 343). Die Imagination versucht *immer*, Chimären in das Feld der Sinnlichkeit einzumalen, und Kant vermutet, dass im Wachen nur die „lebhaften sinnlichen Eindrücke [...] die zärteren Bilder der Chimären verdunkeln" (AA 2, 264).

2.2. Kant über den ständigen Traum

Mit seiner Behauptung der *Ständigkeit* der Einzeichnungsversuche (wachend und schlafend) nimmt Kant in einer nur scheinbar marginalen Diskussion Stellung, die sich an Descartes' Wiederbelebung von Fragen der antiken Skepsis durch das Traumargument anschließt: Wie können wir Traum und Wirklichkeit unterscheiden? Auch die von Descartes gelegentlich formulierte Konzeption, dass wir nur solange existieren, wie wir denken, d.h. Vorstellungen haben, spricht gegen die Möglichkeit traumlosen Schlafes.

Der Realist und Empirist Hobbes sucht in seiner Theorie der Empfindung nach einer mechanischen Erklärung für den Traum. Er fragt sich, woher denn die teilweise starken und aufdringlichen Vorstellungen des Traumes stammen, wenn nicht aus der Sinnlichkeit. Hobbes ist aber nicht nur Empirist, sondern auch Materialist und Realist, d.h. er akzeptiert nur Erklärungen, die auf den kausalen Einfluss von körperlichen Gegenständen zurückgehen. Er sucht daher nach den körperlichen Ursachen, die die Empfindungen und den Traum als Wirkung haben können. Die Ursache unserer Empfindungen sind körperliche Berührungen kleiner Teilchen – hier greift Hobbes auf Descartes' Korpuskulartheorie des Lichts zurück –, welche Bewegungen in unserem Körper auslösen;

und diese Bewegungen setzen sich über wiederum körperliche Zwischenglieder, z.B. Nerven usw., fort, bis sie in unserem Gehirn Bilder von Gegenständen darstellen. In vielen Aspekten seiner Theoriebildung folgt Hobbes dabei dem Vorbild von Descartes' Seelenmechanik, ohne jedoch den zweiten, geistigen Teil des Dualismus akzeptieren zu wollen. Für Hobbes gibt es nur Körper.

Nun entstehen die anschaulichen Vorstellungen nach Hobbes meistens augenblicklich (instantan), und nur die Erinnerung, die Phantasie und der Traum bedürfen einer besonderen Erklärung. Seine Lösung ist in allen drei Fällen die gleiche. Sie beruht darauf, dass durch die äußere Berührung der Sinnesorgane eine innere Bewegung (der materiell interpretierten Lebensgeister) bewirkt wird, die sozusagen im Inneren des Menschen noch eine Zeit lang weitergeht, so dass „jene Bewegung in dem Organ [...] eine Zeitlang verbleibt und das Phantasma wieder zurückzurufen gestattet."[29] Wenn diese innere animalische Bewegung im Schlaf durch das Fehlen der äußeren Sinnlichkeit ungestört weitergeht, dann entstehen Phantasmata, so dass wir anschaulich träumen.[30] Diese Theorie von Hobbes ist deutlich an Aristoteles' Konzeption einer zwischen Sinnlichkeit und der entsprechenden Phantasie vermittelnden Bewegung (*De Anima*, 3. Buch) orientiert.

Die von Hobbes dargestellte Mechanik der kausalen Folgewirkungen sinnlicher Reize im menschlichen Körper ist kompliziert, und sie berücksichtigt auch die traumbegünstigenden und -verstärkenden Faktoren wie Fieber und Krankheit. Man könnte das verwickelte Verhältnis von äußerer Bewegung (und Anstoß) und dem langandauernden Effekt der inneren Weiterbewegung mit einem See vergleichen, der eine Zeitlang von einem heftigen Wind und Regen an seiner Oberfläche (die in diesem Modell sozusagen die Sinnesorgane darstellt) bewegt wird. Unter der Oberfläche wird hierdurch eine langanhaltende Bewegung des Wassers in Gang gesetzt. Wenn Wind und Regen aufgehört haben, wenn wir also schlafen und die Sinnlichkeit ruht, dann geht die untergründige Bewegung des Wassers weiter und stößt dabei auch die Oberfläche, d.h. die Sinnesorgane bzw. die Rezeptoren im Gehirn, weiterhin an, so dass es mir erscheinen kann, als ob ich Anschauungen hätte. Auf diese Weise können auch länger zurückliegende Berührungen, die sich noch im menschlichen Körper weiterbewegen, Erinnerungsbilder und Träume bewirken. Phantasie (und Erinnerung) ist also „nichts anderes als eine wegen der Entfernung des Objekts erschlaffende oder abgeschwächte Empfindung".[31] Eine naheliegende Folgerung aus der Hobbesschen Theorie des Traums wäre dann, dass wir *ständig* – d.h. gleichgültig ob wach oder schlafend – anschauliche Vorstellungen haben.

Eine Wendung erfuhr diese Diskussion dann mit John Lockes gegenteiliger Ansicht: „Die meisten Menschen, denke ich, verbringen einen großen Teil ihres Schlafes ohne zu träumen."[32] Locke setzt sich in diesem Teil seines *Versuchs über die menschliche Natur* allerdings nicht mit Hobbes, sondern mit der These seiner neoplatonischen Gegner aus Cambridge auseinander, dass die Seele des Menschen immer denke.[33] Hieraus ergibt sich, dass die Seele auch schon im Mutterleib und sogar schon vor der Geburt Ideen hat, d.h. so, wie es von Platon gedacht worden ist. Die These, dass die Seele des Menschen immer denke, beinhaltet also auch, dass es eingeborene Ideen gibt. Dies lehnt Locke jedoch bekanntlich strikt ab.

Kant widerspricht mit seiner These von der Ständigkeit der Einzeichnungsversuche der Einbildungskraft also auch Locke, ohne damit jedoch dem Neoplatonismus Recht geben zu wollen.[34] Die Einbildungskraft befindet sich mit der Sinnlichkeit ständig in Konkurrenz. Im Traum ist lediglich das Übergewicht aufgehoben, welches die „lebhaften sinnlichen Eindrücke" über die „zärteren Bilder der Chimären" haben (AA 2, 264). Für Kant ist es daher naheliegend, dass wir schlafend *immer träumen müssen*, wenn wir uns auch nicht immer daran erinnern können.

Kant beschreibt den Traum als unwillkürliches Spiel der Einbildungskraft, welches im Schlaf an die Stelle der „animalischen Bewegungen" tritt. Er betont durch eine spekulative Überlegung, die die körperlichen Bewegungen mit dem Leben des Leibes fast gleichsetzt, die große Bedeutung der Traumtätigkeit: Ohne sie könnte „das Leben sich nicht einen Augenblick erhalten" (AA 7, 105 f.), ansonsten würde der „tiefste Schlaf zugleich den Tod mit sich führen" (AA 7, 175). Es scheint so, als ob Kant hier das Modell von Hobbes aufnimmt, der ein materiales Analogon der Vorstellungstätigkeit (wirkliche, anschauliche Wahrnehmung oder Traum) in den Bewegungen der feinsten Teile des Leibes sah.

Kant greift zur Klärung der Herkunft der chimärischen Elemente unserer Wahrnehmung, und damit indirekt auch der Herkunft der anschaulichen Traumvorstellungen, auch auf eine Theorie des körperlichen Substrates der Wahrnehmung und Imagination zurück, die er Descartes zuschreibt.[35] Alle Vorstellungen der Einbildungskraft werden von „gewissen Bewegungen in dem Nervengewebe oder Nervengeiste des Gehirns begleitet" (*ideas materiales*). Diese Bewegungen sind derjenigen Bewegung ähnlich, welche der sinnliche Eindruck hervorruft, wovon das Bild der Imagination eine „Copie" ist (AA 2, 345).[36] Der sinnliche Eindruck ist demgegenüber das Urbild dieser Kopie. Den *sensus communis*, der für Descartes seinen Sitz in der Zirbeldrüse hat, d.h. das Organ, welches die Reizungen empfängt, bezeichnet auch Kant als „Sensorium der Seele" (AA 2, 339, Anm.*). Der sinnliche Eindruck hinterlässt also *materialiter* eine bleibende Kopie in dem körperlichen Substrat der Erinnerung bzw. Einbildung, sei es auch nur in der Form einer Bewegung kleiner Teilchen. Das bleibende Substrat der anschaulichen Vorstellungen ist also wie bei Hobbes eine Bewegung von Materie, es ist aber nicht selbst Materie.[37] Diese Kopien können wir dann willentlich in der Erinnerung aktivieren. Kant nennt daher die Bilder der Einbildungskraft auch „copierte Bilder" (AA 2, 347). Er spricht auch vom „Schattenbild" (AA 2, 346) und stellt „Urbild und Schattenbild" einander gegenüber (AA 2, 343). Descartes selbst verwendet andere Metaphern, er spricht vom „Abbild der Empfindung" und „Schatten" der Wahrnehmungen, die diese hinterlassen und dann wieder aktualisierbar sind.[38] Die ganze Metaphorik ist deutlich Platons Höhlengleichnis entlehnt.

2.3. Betrachtung von Kants Lösung mit einem Seitenblick auf den empfindenden Hypochonder

Diese Interpretation stellt einen ersten Versuch dar, das Phänomen der phantasmatischen Selbstaffektion in den Kontext der Wahrnehmung einzufügen. Sie geht davon aus, dass es äußere Sinnlichkeit gibt, konzediert aber auch, dass es Selbstaffektion gibt, und nimmt weiter an, dass die Gesetze des Denkens im Wachen und Schlafen weitgehend dieselben sind. Allerdings postuliert dieser Lösungsvorschlag Kants ein nie erlahmendes ‚inneres Leben' des Geistes, der sogar dazu in der Lage ist, sich selbst so etwas wie Sinnlichkeit zu verschaffen.[39]

Man könnte dies aber auch für eine unberechtigte Verallgemeinerung einer eindrucksvollen, aber singulären Demonstration der Fähigkeiten der Einbildungskraft in einzelnen Fällen auf das Seelenleben im Ganzen halten. Kants aufmerksame Beschreibung zeigt uns jedoch das komplexe Bild eines Bewusstseinslebens mit verdeckten Schichten, die sich nur manchmal offen zeigen, z.B. im Traum und in den Fällen der Selbstaffektion. Er postuliert so ein ‚inneres Leben' des Bewusstseins, das meistens unter der Oberfläche des bewussten Lebens bleibt, also insgesamt eine duale Konzeption von sinnlichem Oberflächenleben und einem *unaufhörlich* produzierenden, untergründigen Tiefenleben der Einbildungskraft.

Man könnte nun versucht sein, diese Sichtweise der angstvollen Leib-Erfahrung eines Hypochonders zuzuschreiben. Mit den wie wirklich empfundenen, aber letztlich eingebildeten Leiden der Hypochondrie, diesen Geschöpfen der dichtenden Einbildungskraft, hat Kant sich Zeit seines Lebens herumgeschlagen und eine ausgeklügelte Diätetik als Gegenmittel ersonnen.[40] Dazu gehörte frühes Aufstehen und Sich-wecken-Lassen. Das letztere diente wohl dazu, die Phasen der bewegten Tätigkeit der Einbildungskraft zu vermeiden, von denen er in seinen vorkritischen Schriften noch berichtet hatte. Es mutet daher wie ein Ergebnis der Selbstbeobachtung an, wenn er herausstellt, dass bei Personen mit einer „ungewöhnlich großen Reizbarkeit" der Organe die Produkte der Imagination den „Schein der Empfindungen" annehmen, und hierdurch zum „Blendwerk" (AA 2, 340) werden.

Doch die Entdeckung der Selbstaffektion ist nicht so leicht als Grille überempfindlicher Personen abzutun. Jeder empfindende Mensch ist bis zu einem gewissen Grad für die Verlockungen und Befürchtungen anfällig, die bei Hypochondern zu Empfindungen führen. Hierzu möchte ich nur kurz auf ein analoges Phänomen hinweisen, das aber keine erhöhte Reizbarkeit der Sinne oder der Imagination voraussetzt: Wenn man in Gesellschaft von Flöhen spricht, kann es mich selbst nach kurzer Zeit bereits so jucken, als ob ich tatsächlich selbst welche hätte. Der Fall ist jedoch nicht so einfach, dass man hier sofort einen Eingriff der phantasmatischen Selbstaffektion behaupten könnte. Es ist naheliegender, die immer vorhandenen, aber normalerweise im Hintergrund der Aufmerksamkeit bleibenden, schwachen taktuellen Empfindungen der Haut für die Empfindungsseite der gegenständlichen Interpretation „als Flöhe" verantwortlich zu machen. Durch das Gespräch über Flöhe wird die Aufmerksamkeit auf die unspezifischen taktuellen Reize gesteigert, und schließlich führt dies zu einem Auffassungswechsel:[41] Was wir zuvor als unthematisches und unwichtiges Ziepen des Stoffes auf der Haut interpretieren, stellt dann plötzlich das Krabbeln der Flöhe anschaulich dar.

In diesem alltäglichen Wechsel der gegenständlichen Interpretation bleiben wir sozusagen noch *interpretierende Hypochonder*. Diese Erklärung scheint zwar die Plötzlichkeit der Einsicht und der gleichzeitigen Empfindung, aber nicht die gelegentlich auch gesteigerte Intensität der Empfindungen verständlich machen zu können. Wenn die Auffassung, d.h. die Interpretation von etwas sinnlich Gegebenem ‚umspringt', so kann dies sehr schnell vor sich gehen. Dennoch kann der gelegentliche Effekt wirklich stärkerer Empfindungen nicht allein auf eine gewandelte Deutung und größere Aufmerksamkeit zurückgeführt werden. Bei manchen Personen, die wir daher als *empfindungsschaffende Hypochonder* verstehen müssen, wird sicher auch phantasmatische Selbstaffektion mit im Spiel sein.

Der empfindungsschaffende Hypochonder ist daher in der Lage z.B. beim Tischgespräch über Magengeschwüre innerhalb kürzester Zeit die sichere Empfindung zu bekommen, er hätte selbst ein solches Geschwür. Diese Personen bewegen sich zwischen der geänderten Auffassung von immer vorhandenen, schwachen und unspezifischen Empfindungen aus dem Inneren unseres Körpers und selbst produzierten Empfindungen. Die phantasmatische Selbstaffektion ist dabei also ein wichtiger Faktor, aber nicht die ganze Quelle der sinnlichen Anschaulichkeit. Die selbstgewirkte Affektion ist offenbar dann besonders kräftig und eindrucksvoll, wenn Leidenschaften und Gefühle hinter ihr stehen, wie z.B. die Angst vor Krankheiten.[42]

Der große Vorzug des Kantischen Beispiels der Figuren im Bettvorhang liegt also darin, dass sie den Einfluss der schöpferischen Einbildungskraft im wachen, entspannten und gesunden Zustand zeigt und nicht im Zustand einer ängstlichen und übersteigerten Selbstbeobachtung. Bei den Figuren im Bettvorhang haben wir außerdem die Möglichkeit, im Kontrast der wechselnden Auffassungen Gesicht/Vorhang die imaginativ eingezeichneten Linien zu bemerken. Es besteht nämlich eine bemerkbare Differenz zwischen dem, was wir empfinden, d.h. gleichsam sehen, wenn wir eine Gestalt in den ungeordneten Mustern sehen, und wenn wir diese nicht sehen. Bei den Figuren im Bettvorhang haben wir die produzierten Chimären durch den willentlich beherrschbaren Wechsel der Auffassung in unserer Gewalt. Wir können unterscheiden, was Blendwerk und was wirklich sinnlich gegeben ist.

2.4. Der Faktor der Leidenschaft und alltägliche Interessen

Dennoch kann auch die alltägliche Hypochondrie einen wichtigen Beitrag zur Analyse der Selbstaffektion bieten, denn in ihr ist überaus deutlich ein Faktor beteiligt, der mit darüber entscheidet, ob die Selbstaffektion tätig wird und in welchem Maße: Furcht, Hoffnung und andere alltägliche Leidenschaften.

Kant weist so auf die Motive der Einzeichnungsaktivität und ihre inhaltlichen Vorgaben hin. Seine Interpretation läuft darauf hinaus, dass es unsere nie verstummenden Neigungen sind, die sich in der Bildersprache der Imagination und in der untergründigen Leitung der wahrnehmenden Verbindung und der wechselnden Interpretation von sinnlich gegebenen (Gestalt-) Fragmenten bemerkbar machen. Diese Neigungen sind bei jeder Person verschieden, obwohl sie einer allgemeinen Typik triebhafter Strebungen gehorchen. Über die Leitung der Verbindung und der wechselnden Deutung hinaus, die sich z.B. in verschiedenen Wahrnehmungen auf der Grundlage des gleichen amorphen Materials bei verschiedenen Personen zeigt, wirkt sich die Leidenschaft auch in der Tendenz zur Einzeichnung chimärischer Linien aus. Daher lässt sich der leitende Faktor der Neigungen nicht nur im Traum, sondern in jeder Wahrnehmung aufweisen.

Dies verdeutlicht Kant durch Beispiele der unwillkürlichen Beeinflussung unserer Deutungen und unseres schöpferischen Einzeichnens: Oft „sehen durch eine gewöhnliche Verblendung die Menschen nicht, was da ist, sondern was ihnen ihre Neigung vormalt“ (AA 2, 265). So wird unter Umständen „jene Dame durch ein Sehrohr im Monde die Schatten zweier Verliebten, ihr Pfarrer aber zwei Kirchthürme“ sehen können (AA 2, 265 f., auch AA 7, 179).[43] Auch hier besteht die Aufgabe des Erkenntnisvermögens darin, in einem chaotischen Durcheinander von Anhaltspunkten und sich abhebenden, unverbundenen Linien überhaupt etwas zu sehen. Um die gebotenen Fragmente also überhaupt zur Darstellung von Gestalten verbinden zu können, müssen wir wissen, wo und auf welche Weise die einmal angefangene Gestalt weitergeht bzw. weitergehen könnte. Hier ist die Nähe zu Kants späterer Charakterisierung der Apprehension offensichtlich, die in dem Chaos der Empfindungen erst die Elemente der sinnlichen Darstellung des Gegenstandes mühsam zusammensuchen muss.[44] Das begriffliche Werkzeug, mit dem dieses Zusammensuchen vorgenommen wird, das also die Apprehension, Reproduktion und Apperzeption in diesem Fall leitet, ist der Begriff, genauer: das dem Begriff entsprechende Schema einer bestimmten Gestalt. Bei der Dame sind es die zwei Verliebten, bei ihrem Pfarrer der Kirchturm. Der Faktor der Leidenschaft macht sich dann bei der Auswahl des angewandten Begriffs (bzw. des Schemas) bemerkbar. Er zeigt sich aber auch gelegentlich in dem Grad der Unbeirrbarkeit, mit dem ich bei einer bestimmten Deutung bleibe und dazu auch die Hilfe der Selbstaffektion in Anspruch nehme (z.B. im sogenannten Verfolgungswahn, der krankhaften Eifersucht usw.).

Das zuletzt über den Grad der Unbeirrbarkeit einer Auffassung Gesagte zeigt sich ebenso in einem Beispiel, das Kant jedoch nicht anführt. Wir sind nämlich in der Lage, kurzfristig Dinge zu ‚sehen', die gar nicht wirklich sinnlich präsent sind: Ich kann ein zusammengerolltes Seil in einem dunklen Schuppen als Schlange ‚wahrnehmen'.[45] Unsere Einbildungskraft zeichnet dabei das jeweils Fehlende durch phantasmatische Selbstaffektion (dem Schema der Schlange folgend) kurzfristig in die Sinnlichkeit ein. Hierbei handelt es sich offenbar um ein voreiliges Auszeichnen und Überzeichnen des sinnlich Gegebenen mit Hilfe der Selbstaffektion, das die (falsche) Interpretation des sinnlich Gesehenen unterstützt und so zum Wahrnehmungsirrtum führt. Es kommt also nicht nur bei ungeordnetem, chaotischem Ausgangsmaterial vor, sondern auch bei zeitlich sehr begrenzten Wahrnehmungsgelegenheiten, bei denen zudem eine gewisse Handlungsnot mit im Spiel ist. Die Handlungsnot zwingt uns dazu, in kurzer Zeit die Phase der Abwägung schnell zu beenden, die jede Wahrnehmung begleitet: Ist es eine Schlange oder ist es ein Seil? Die Interessen, die die Auswahl des Begriffes und meine Auszeichnungsaktivität leiten, können dabei sowohl abstoßend (z.B. bei Angst) wie anziehend (z.B. bei hoffnungsloser Verliebtheit) sein. Wenn mir in einem dunklen Schuppen sehr kurze Zeit ein zusammengerolltes Seil gegenwärtig ist, kann ich es als eine Schlange wahrnehmen, weil ich unwillkürlich etwas Gefährliches zu sehen befürchte. Aber genauso schnell greift auch die Selbstaffektion ein: Ich kann mir nachher sogar darüber klarwerden, dass ich z.B. die Textur einer Kreuzotter 'gesehen' habe. An ein solches Muster erinnert zwar die Oberfläche des Seils entfernt, es gibt sie aber nicht anschaulich. Sehe ich also – wie man sagt – im Halbdunkel ein Seil für eine Schlange an, so irre ich mich in der Anwendung des Begriffs, außerdem betrügt mich auch die Selbstaffektion, die diesem Begriff gemäß das sinnlich Gebotene noch um das Fehlende ergänzt.

Es geht also bei dem Faktor der Leidenschaft um einen mindestens dreifachen Einfluss, dass erstens die Auswahl der begrifflichen Funktion (Schema, Typus) beeinflusst wird, hierdurch auch zweitens die Deutung des sinnlich Gegebenen und dass drittens die Tendenz zur Einzeichnung mit Hilfe der Selbstaffektion beeinflusst wird, die die jeweilige Apperzeption dann ‚wahr macht' bzw. wahr machen kann.

Kommen wir noch einmal auf den ersten Faktor zurück:[46] Um die Deutung und Verbindung des Sinnlichen überhaupt beginnen und ausführen zu können, brauchen wir ein Wissen darüber, welcher Gegenstand es denn sein könnte oder sein sollte, den wir sehen wollen. Kant deckt auf, dass uns hierbei unsere je verschiedene Neigung lenkt, die genannte Dame hat eher romantische, ihr Pfarrer dagegen eher sakrale Interessen. Aber auch unser alltägliches Interessenleben kann für die Wahrnehmung das Erforderliche leisten. Es engt den Bereich des Erwarteten soweit ein, dass wir wissen, was wir, ausgehend z.B. von einem charakteristischen Detail, ‚wahrnehmen' und gegebenenfalls auch auszeichnen wollen. Auf dem Umweg über die Fälle des sehr stark ausgeprägten Neigungslebens wird uns daher einsichtig, dass die Leitfunktion für die verbindende Tätigkeit der apprehendierenden Einbildungskraft ihre synthesisleitenden Begriffe immer aus einem bereits vorangehenden *Leben* in einer Welt von Gegenständen, (befürchteten oder erhofften) Ereignissen und Interessen, hernehmen muss.

Damit ergibt sich aber auch eine erhebliche Gewichtsverschiebung im Verhältnis von jetzt betätigter, einzelner Erkenntnis und ihrer Anschauung und der habituell gewordenen Zielsetzung eines immer schon vorgängigen Interessenlebens innerhalb einer Relevanzstruktur.[47] In diesem alltäglichen Rahmen steht auch der fast triebhafte Impuls, sich wahrnehmend in einer Situation zu orientieren. Meine Erwartung äußert sich in einer konkreten Alltagssituation darin, dass ich bereits eine Art Landkarte aller Alltagsgegenstände besitze, d.h. dass ich an einem bestimmten Ort und zu einer bestimmten Zeit etwas ganz Bestimmtes erwarte, z.B. einen bestimmten Gegenstand oder ein bestimmtes Ereignis zu sehen, hören, schmecken usw. Die neigungsregierte Relevanzstruktur kann sich auch in der Eingrenzung des erwarteten Gegenstandsbereichs auswirken. Natürlich ist das Interessenleben immer nur ein Faktor unter anderen.

Ein weiterer wichtiger Faktor für die inhaltliche Bestimmung dessen, was ich zu sehen versuche, ist die assoziative Weckung der Schemata, die von einem sinnlich gebotenen, charakteristischen Detail ausgeht.[48] Es besteht jedoch ein äußerst flexibles Verhältnis der vielfältigen Kräfte, die diese Weckung leiten.[49] Wenn wir durch das Schema des Gegenstandes dann ungefähr wissen, was wir suchen bzw. was wir erwarten, und das sinnlich Präsente ist zugleich sehr amorph, dann zeigt sich die dichtende Einbildungskraft im Dienst des Interessenlebens in ihrer ganzen Stärke. Wenn wir z.B. in einem dunklen und unaufgeräumten Speicher eine schwarze Katze suchen, dann können wir sie fast überall sehen. Oder bei einem nächtlichen Spaziergang im Park kann es einem schnell so vorkommen, als ob hinter jedem Busch gefährliche Gestalten lauern usw.

2.5. Warum es besser sein kann, etwas Falsches zu erkennen, als gar nichts zu erkennen

Einen weiteren irritierenden Zug erhält Kants Theorie der schöpferischen Einbildungskraft durch die Behauptung, dass die selbstaffizierende Tätigkeit der Einbildungskraft *notwendig* ist. Das heißt, die Selbsttäuschung ist nicht nur möglich, sondern sie soll auch geschehen. Kant betont mehrfach, dass es sich um eine Tätigkeit handelt, die „gewöhnlicher Weise bei gesunden Menschen geschieht und auch geschehen soll" (AA 2, 340, vgl. auch 344). Mit dem Hinweis, dass es ‚gewöhnlicherweise' oder ‚normalerweise' geschieht, wird zwar verständlich, dass der durch sie ermöglichte „Selbstbetrug in den Empfindungen" (AA 2, 265) weit verbreitet ist. Es ist aber noch nicht klar, warum dieser Selbstbetrug „geschehen soll". Moralische Überlegungen können hier offenbar nicht ins Feld geführt werden, denn Selbstbetrug, auch wenn er nur die Sinne betrifft, könnte Irrtümer des moralischen Urteils begünstigen und ist in moralischer Hinsicht eher als eine Gefahr zu bewerten. Es könnte also nur eine Forderung („soll sein") sein, die erkenntnistheoretisch begründet ist. Die Begründung liegt dann darin, dass es für ein Erkenntniswesen wie den Menschen überlebenswichtig ist, auch unter ungünstigen Wahrnehmungsbedingungen etwas erkennen zu können.

Das Problem lässt sich mit folgender Frage ausdrücken: „Wie kann man etwas wahrnehmen, was nur teilweise gegenwärtig ist?" In alltäglichen Wahrnehmungssituationen gibt es verschiedene Klassen *empirischer Defizienzen* der Gegebenheit von Gegenständen: Ein Teil einer Gestalt kann durch die Umstände der Wahrnehmung verdeckt sein, sie kann durch meine Stellung zu dem Gegenstand perspektivisch verzerrt sein, der Umriss kann durch die eigene Haltung z.B. des beweglichen Körpers verändert sein. Ein weiterer Fall defizienter Gegebenheit ist die Wahrnehmung von körperlichen Gegenständen, die nicht gegenwärtig sind, wie z.B. von den Figuren im Bettvorhang. Wie ist das Erkenntnisvermögen in der Lage, alle diese defizienten Gegebenheitsweisen zu 'kompensieren' und einen Gegenstand auch in ungünstigen Lagen als solchen wahrzunehmen?

Die möglichen Formen von Defizienz werden aber verschieden bewertet: Kant betrachtet sie als bloß empirisch-faktische Faktoren, die er nicht weiter zu berücksichtigen braucht. Husserl legt dagegen größten Wert auf die verschiedenen Grade (und Erfüllungsstile) der anschaulichen Gegebenheit von Gegenständen, d.h. auf ihre Evidenz. Aus der Sicht der Phänomenologie Husserls ist also schon die prinzipielle Fähigkeit des wahrnehmenden und erkennenden Subjekts, mögliche Formen der Defizienz zu überwinden, eine transzendentale Funktion, die in allen Fällen von Gegenstandsbezug notwendig gewährleistet sein muss. Sie ist in der Sicht der Husserlschen Phänomenologie *apriorisch* und *notwendig*, weil sie in allen denkbaren Fällen der Wahrnehmung empirischer Dinge (z.B. hinsichtlich der Rückseite) und Ereignisse (hinsichtlich der mitvorgestellten Zukunft und Vergangenheit) gefordert ist. Die Ergänzung des Gegebenen und der Aufweis der prinzipiellen Möglichkeit sinnlicher Komplettierbarkeit ist die *erste transzendentale Funktion der Phantasmata* in der Wahrnehmung.

Kant erkennt zwar bereits verbal die Notwendigkeit der chimärischen Einzeichnungen an („geschehen soll"), doch auch für seine Position lässt sich das Argument noch verschärfen. Das Problem verliert den Anschein bloß empirischer Kasuistik und gewinnt an systematischer Schärfe, wenn wir uns klarmachen, was für die rechtmäßige Subsumtion unter einen bestimmten Begriff von der Anschauung gefordert ist. Betrachten wir dazu die Erkenntnis unter dem Gesichtspunkt einer Merkmalstheorie: Zu einer rechtmäßigen Subsumtion unter einen Begriff müssen alle im Begriff enthaltenen Merkmale auch in der Anschauung irgendwie enthalten sein.[50] Die Gestalt gehört zu den wesentlichen Merkmalen von Gegenständen der äußeren Wahrnehmung. Ich erkenne z.B. einen Menschen in erster Linie an seiner unverwechselbaren Gestalt und unterscheide ihn von allen möglichen tierischen Gestalten. Ist die Gestalt zum Teil verdeckt, dürfte daher eigentlich keine Subsumtion stattfinden. Die Wahrnehmung *als etwas* ist daher nur möglich und berechtigt, wenn die produktive Einbildungskraft mich in spielerischer Prüfung und perspektivischer Umzeichnung der *Vollendbarkeit* der Gestalt versichert (dasselbe gilt für ein Ereignis). Und dass die Gestalt vollendbar ist, zeigt sich durch die Möglichkeit der phantasmatischen Ausfüllung des nicht Sichtbaren.

Schemata der Begriffe sind für Kant in einer Hinsicht also eine Art Anwendungsbedingung für diese Begriffe auf gegebene Anschauungen. Auf der grundlegendsten Schicht der Gegenstandskonstitution geben sie nach Kant die Bedingungen an, die erfüllt sein müssen, damit die Anwendung und auch das *Hineinlegen* von Begriffen (zuoberst den reinen Verstandesbegriffen) in die Sinnlichkeit berechtigt ist.

Gegen den guten Sinn einer Funktion, die es ermöglicht, etwas wahrzunehmen, was gar nicht gegeben ist, kann man einwenden, dass damit die Möglichkeit des Irrtums begünstigt wird, z.B. in der Anwendung eines nicht zutreffenden empirischen Begriffs. Aufgrund der fast endogenen Übereilung menschlichen Erkennens kann es jederzeit geschehen, dass ich eine Schlange sehe, wo gar keine ist.

Für Kant gibt es jedoch, über die Kasuistik der in seinen Augen empirisch-zufälligen Defizienzen in der Anschauung hinaus, auch noch eine prinzipielle Dimension der Defizienz der Anschauung. Wenn es etwa um die Anwendung der reinen Verstandesbegriffe (der Kategorien) geht, so kann die Anschauung prinzipiell nicht das bieten, was diese Anwendung im Sinne einer empirisch ausweisbaren Bedingung verlangt: Betrachte ich den Übergang von Eis zu flüssigem Wasser und zu Dampf, dann kann ich diese drei Erscheinungsformen nur als solche desselben Gegenstandes verstehen, wenn ich die Vorstellung einer selbst eigenschaftslosen *Substanz* als Träger all dieser verschiedenen Eigenschaften annehme. Ich lege sozusagen den Begriff der Substanz in die Anschauung hinein und muss dies tun, um überhaupt einen Gegenstand in diesen so verschiedenen Erscheinungsformen erfassen zu können. Im Hinblick auf die Unentbehrlichkeit der grundlegenden gegenstandskonstitutiven Begriffe wie Substanz und Kausalität befindet sich Kant also in Übereinstimmung mit seinen empiristischen Vorgängern Locke und Hume: Wir *müssen* diese Begriffe anwenden, um hier überhaupt Gegenstände wahrnehmen oder denken zu können, obwohl uns die Sinnlichkeit manchmal nicht den geringsten Hinweis darauf gibt, dass sich etwas gleichbleibendes Verharrendes „hinter" den verschiedenen Erscheinungsformen befindet. Diese prinzipiell unüberwindlichen Formen der Defizienz der Anschauung müssen wir dennoch immer schon überwunden haben.

Man könnte für die Notwendigkeit des selbstaffizierenden Eingriffs auch mit Hilfe der Evolutionstheorie argumentieren: In vielen Situationen ist es immer noch besser, sich gelegentlich zu irren, als gar nichts wahrzunehmen. Der Selbstbetrug der Sinnlichkeit wäre demnach eine Funktion, die langfristig das Überleben des Menschen und vieler anderer Lebewesen sichert. Die Fähigkeit der Einbildungskraft zu einer Art sinnlichen Selbstbetrugs ist somit oft durchaus hilfreich. Wir sind in der Lage, auch dann, wenn das sinnlich Gebotene sich eigentlich nicht dazu eignet, etwas zu sehen, z.B. die Schlange im dunklen Schuppen. Um dies gewährleisten zu können, müssen die Anwendungsbedingungen des Begriffs – die eine Art von Kriterium darstellen, ob etwas als eine Schlange wahrgenommen werden darf oder nicht – durch die Selbstaffektion gemäß dem anzuwendenden Begriff von der produktiven Einbildungskraft ergänzt und erfüllt werden können.[51]

Von dieser Überlegung ausgehend ergibt sich eine naheliegende Verallgemeinerung: Wenn z.B. die Gestalt eines empirischen Gegenstandes zum Teil verdeckt oder perspektivisch verzerrt ist, muss es dennoch möglich sein, den Begriff anzuwenden. Der evolutionäre Nutzen dieser Möglichkeit ist einsichtig, denn man kann aus der Sicht der Evolutionstheorie die Selbstaffektion als eine überlebens-wichtige Funktion verstehen. Sie erlaubt es, dass Fluchttiere einen Angreifer schon aus unscheinbaren und kleinsten Anzeichen heraus wahrnehmen können. Man kann mit Hilfe der Selbstaffektion aus dem kleinsten sichtbaren Flecken des Tigerfells – aber auch aus einem Rascheln im Gebüsch – den ganzen Tiger wahrnehmen und demnach die Flucht ergreifen. Auf lange Sicht ist es auch ökonomisch akzeptabel, wenn es auf diese Weise oft zu einem falschen Alarm kommt, bei dem das Fluchttier davonrennt, obwohl gar kein Tiger in der Nähe war. Entscheidend ist, dass es in dem einen Fall die Flucht ergreift, in dem sein Leben durch einen kaum sichtbaren Tiger bedroht wird. Diese Sichtweise enthüllt aber auch die Schattenseiten jener Fähigkeit, denn die Selbstaffektion kann mir ebensogut die erfundenen Krankheiten der Hypochonder, überall Verfolger, Gespenster in der Nacht und Stimmen aus dem Jenseits vorgaukeln.

2.6. Die Selbstaffektion als reine Synthesis von Raum und Zeit in der *Kritik der reinen Vernunft* – Kants Theorie der geometrischen Erkenntnis

Das Thema der Selbstaffektion hat Kant auch in der *Kritik der reinen Vernunft* weiter verfolgt, jedoch untersucht er dort die Selbstaffektion in einer viel abstrakteren und allgemeineren Form. Der Gegensatz zu der lebensvollen, empirischen, materialen Selbstaffektion der vorkritischen Schriften ist offensichtlich, aber es ist auch deutlich, dass diese materiale Selbstaffektion das Erfahrungsmotiv der Verallgemeinerungen bildet. Kant benennt z.B. die universal vorgreifende Synthesis der Einbildungskraft, die die anschauliche Vorstellung eines einheitlichen, homogenen, unendlich ausgedehnten, Euklidischen Raumes und einer ebensolchen, unendlichen Zeit entwirft, als Selbstaffektion. In diesen beiden Formen der Anschauung werden dann alle sinnlichen Gegebenheiten eingeordnet (bzw. ‚eingezeitet').

Raum und Zeit sind für Kant bekanntlich Formen der Anschauung, d.h. die Formen, in die das von der Sinnlichkeit gegebene Material ‚hinein' geformt wird. Die entscheidende Bestimmung bei dieser Formung, d.h. bei der synthetischen Aktivität, die Sinnliches in die Formen von Raum und Zeit bringt, ist die sogenannte *Einschränkbarkeit*: Der im voraus entworfene unendliche homogene Raum wird durch das anschaulich gebotene Mannigfaltige lediglich eingeschränkt, d.h. es nimmt immer nur einen Teilraum im einigen unendlichen Raum ein.[52]

Man könnte hier einwenden, dass durch diese Formung die Sinnlichkeit ihre Unabhängigkeit vom Vermögen des Verstandes verliert. Für Kant sind Anschauung und Begriff die zwei notwendigen Elemente der Erkenntnis. Ihre Vermögen, Sinnlichkeit und Verstand, sind die beiden voneinander unabhängigen Stämme der Erkenntnis. Die Unabhängigkeit der Anschauung vom Denken wird aber nicht dadurch gefährdet, dass das sinnlich gegebene Mannigfaltige geformt wird. Dasjenige Material, das dank unseres Vermögens der Sinnlichkeit unaufhörlich anströmt, d.h. was die Sinnlichkeit konkret inhaltlich gibt, kann der Verstand nicht bestimmen. Hierin bleibt die Sinnlichkeit vom Verstand unabhängig. Aber ihre Formen Raum und Zeit sind für Kant (in gewisser Übereinstimmung mit Berkeley und im Gegensatz zu Locke) apriorische Vorstellungen, die nicht aus der Anschauung entnommen werden können.

Raum und Zeit sind aber darüber hinaus zugleich bereits selbst so etwas wie Anschauung. Hierfür bietet Kant in der ‚transzendentalen Ästhetik' der *Kritik* jeweils vier Argumente auf, von denen ich hier lediglich die vier Argumente für den Raum nennen will. Eine eingehende Diskussion dieser Argumente würde eine eigene Darstellung erfordern, hier soll es aber um das Vermögen der Selbstaffektion gehen.

Der Raum ist kein empirischer Begriff. Er ist eine notwendige Vorstellung apriori, denn er ist eine Bedingung der Möglichkeit der Erscheinung von Gegenständen. Er bildet ein nicht wegzudenkendes Substrat für alle möglichen anschaulich gegebenen Gegenstände. Er ist, als Gegenstand betrachtet, eine einheitliche, unendlich ausgedehnte gegebene Anschauung, sozusagen ein Individuum. Damit ist er kein Begriff, sondern reine Anschauung.

Das bedeutet: Betrachten wir Raum und Zeit selbst als Gegenstand, so erscheinen sie uns in der reinen Anschauung als etwas Anschauliches, das Kant gelegentlich auch als „formale Anschauung" bezeichnet (B 161, Anm.*). Die Argumente der transzendentalen Ästhetik bleiben jedoch auf einem sehr hohen Abstraktionsniveau und geben uns zunächst keine einfache Auskunft darüber, was denn jene reine Anschauung wirklich ist. Eine Auflösung dieser Schwierigkeit bieten erst die Gestalten der Geometrie, die uns ebenfalls in der Weise der reinen Anschauung erscheinen.

Was reine Anschauung ist, bestimmt man am besten in Abgrenzung zur empirischen Anschauung. In der empirischen Anschauung sind uns zugleich mit dem Gegenstand immer auch unsere Sinnesorgane in Empfindungen mitgegeben.[53] Es gibt hier bezüglich der fünf Sinne des Menschen eine Abstufung: Der Tastsinn lässt uns immer zugleich mit dem Ding auch das Tastorgan selbst empfinden. Der Sehsinn und Hörsinn kommen der Vorstellung einer reinen Anschauung schon näher, aber die Empfindungen der Augenbewegung und des Akkomodierens (Scharfstellen) lassen uns unsere Sinnesorgane immer noch empfinden. Mit reiner Anschauung ist also eine Form der Anschauung gemeint, in der keines unserer Sinnesorgane in der Weise der empirischen Empfindung affiziert wird, und bei der dennoch etwas anschaulich erscheint.

Kants Darstellung nach sind die Gegenstände und die beweisenden Konstruktionen in der Geometrie geeignete Beispiele für die Funktion der reinen Anschauung. Ich versuche also jetzt, mit Kant zu zeigen, dass in der geometrischen Konstruktion die Selbstaffektion in der Form der reinen Anschauung fungiert. Dieser Versuch Kants steht im Kontext des allgemeinen Problems des Charakters der Erkenntnis in Formalwissenschaften. Kant will mit seiner These vom Anschauungscharakter von Raum und Zeit ein Problem lösen, das für jeden Versuch einer Theorie der Erkenntnis einen entscheidenden Prüfstein darstellt: Die Erkenntnis in den Formalwissenschaften, Mathematik und Logik, muss als ein Fall von ‚Erkenntnis überhaupt' verständlich gemacht werden, d.h. sie muss denselben Mustern der notwendigen Voraussetzungen und Operationen des Geistes folgen wie die empirische Erkenntnis. Für Kant sind Anschauung und Begriff die notwendigen Elemente der Erkenntnis. Im Fall der Formalwissenschaften ist die Seite der Anschauung allerdings problematisch, da sehr oft nur Zeichen die gemeinten Gegenstände bezeichnen, über diese Zeichen hinaus aber keine Anschauung geboten wird. Kant versucht daher zu zeigen, dass es Anschauung in der Mathematik gibt, und zwar mit Hilfe der reinen Anschauung.

Kant interpretiert die Konstruktion in reiner Anschauung als das Erkenntnismedium der reinen Mathematik: Der Raum für die Geometrie, die Zeit für die Arithmetik. Ich werde das Argument hier nur für den Raum durchführen, d.h. für die Geometrie. Damit geometrische Erkenntnis möglich ist, muss es einen Begriff geben, wie z.B. den der Streckenhalbierung, und es muss etwas Anschauliches gegeben sein, das diesen Begriff in der Anschauung darstellt. Denn: Nur Anschauung und Begriff zusammen ermöglichen Erkenntnis.

Dieses anschaulich Gegebene kann aber nicht die real ausgeführte, empirische Konstruktion mit Bleistift und Kreide sein. Diese real ausgeführte Konstruktion ist auch in der empirischen Anschauung sichtbar. Aber wir wissen natürlich, dass die Striche, die wir mit einem solchen Zeichenmittel zeichnen, nie ganz gerade werden und viel zu dick sind, um den richtigen Punkt am Dreieck zu treffen.

Geometrisches Beweisen beruht daher nicht auf einer empirischen Konstruktion, sondern auf der Konstruktion in der reinen Anschauung. Diese Konstruktion in reiner Anschauung, die sich an einem Begriff orientiert, z.B. demjenigen des Dreiecks, ermöglicht erst die konkret ausgeführte, empirische Konstruktion mit Zirkel, Lineal und Kreide und geht dieser notwendigerweise vorher. Wir denken uns also die empirisch anschaulichen Striche jeweils als unvollkommene Verkörperungen von unendlich feinen Linien, die selbst keine Breite mehr besitzen. Dennoch haben wir beim Zeichnen oft den Eindruck, wir könnten diese ‚gedachten Linien' fast schon sehen. Denn bei geometrischen Konstruktionen müssen wir immer genau wissen, in welche Richtung und mit welchem Zeichenhilfsmittel wir weiter konstruieren wollen. Das bedeutet, in einer zeiträumlichen Metapher gesprochen: *Vor* der ausgeführten Zeichnung mit unserem realen Zeichenmittel geht sozusagen eine gedachte Linie vorher, der unser Stift nur folgt. Und diese gedachte Linie ist in der reinen Anschauung nicht nur inhaltsleer gedacht, sondern sie ist im Medium der Selbstaffektion bereits *fast sichtbar*. Die gedachte Linie befindet sich sozusagen im Übergang zur Sichtbarkeit, und sie ist bereits als Phantasma anschaulich.

Diese Analyse zeigt uns deutlich, dass es die chimärischen Linien der dichterischen Einbildungskraft sind, die hier als Werkzeug der reinen geometrischen Konstruktion fungieren. Erinnern wir uns kurz an die Gestalten im Bettvorhang. Die chimärischen Linien sind ein Produkt der Einbildungskraft, das den gedachten Gegenstand vervollständigt, der in der Sinnlichkeit noch nicht vollständig gegeben ist, und zwar gemäß dem Begriff (bzw. Schema), mit dem er gedacht wird. Das Schema des Begriffs jener Gestalt im Bettvorhang ist die Regel (Begriff), nach der die gebotene Sinnlichkeit verbunden und ergänzt wird. Ebenso vervollständigt die phantasmatisch gegebene gedachte Linie die noch nicht fertig ausgeführte geometrische Konstruktion, so dass die empirische Konstruktion ihr folgen kann. Für Kant ist es also die Konstruktion in reiner Anschauung, die die geometrische Erkenntnis ermöglicht. Meiner Ansicht nach nutzt er in dieser Theorie seine Erfahrung mit der materialen Selbstaffektion in der Form der dichterischen Einbildungskraft. Auch der Alltagsgeometer kennt die scheinbar schon anschaulichen vorlaufenden Linien, die z.B. beim Billardspiel den geplanten Lauflinien vorwegzulaufen scheinen.

Dennoch ist Kants gefällige und anschauungsnahe Konzeption dieser bedeutsamen Hilfsfunktion bei der empirischen geometrischen Konstruktion noch keine Lösung der Frage nach der entscheidenden, erkenntnisermöglichenden Funktion im geometrischen Beweisen. Die empirisch ausgeführte Konstruktion ist lediglich eine Gedächtnisstütze für die bisher durchgeführten Konstruktionsschritte, sie ist sozusagen eine empirische Anschauungshilfe. Es kann durchaus vorkommen, dass die empirische Konstruktion mit Kreide oder Bleistift so ungenau ist, dass Linien, die sich in einem Punkt schneiden sollen, dies *de facto* nicht tun. Dies ist aber kein Problem für die geometrische Erkenntnis, denn wir wissen, dass eigentlich die gedachten Linien gemeint sind, und von diesen wissen wir, dass sie sich in einem Punkt schneiden. Aber auch die phantasmatischen Linien haben eine bemerkbare Breite, und dies ändert sich auch nicht dadurch, dass sie sich sozusagen jederzeit unseren Konstruktionszielen fügen und sich wie gewünscht in demselben Punkt schneiden. Dass sich die gedachten Linien im gleichen Punkt schneiden, dies wissen wir nicht aus der empirischen Konstruktion und auch nicht aus der phantasmatischen Konstruktion in der reinen Anschauung. Dass sie sich in einem Punkt schneiden, das lässt sich nur mit algebraischen Argumenten zeigen, die dem geometrischen Beweis zugrundeliegen. Die Möglichkeit des Beweises hängt also nicht von dem faktischen Erfolg oder Misserfolg der empirischen oder der reinen Konstruktion ab, sondern von der Schlüssigkeit der algebraischen Argumentation.[54]

Im Gegensatz zur speziellen Anwendung bei der geometrischen Konstruktion in reiner Anschauung gilt bei Kant allgemein, dass auch der Raum selbst, als Gegenstand betrachtet, eine anschauliche Vorstellung ist. Es ist eine unendliche, homogene und zusammenhängende Struktur, die jeder Anschauung (und jeder geometrischen Konstruktion) vorangeht. Der anschauliche Raum ist das Produkt einer Synthesis unserer Einbildungskraft, die in der transzendentalen Deduktion eine „reine Synthesis der Apprehension" (A 99 f.) genannt wird. Es ist eine synthetische Aktivität, die in einer vorgreifenden Synthesis unserer Einbildungskraft die anschauliche Vorstellung des unendlichen Raumes entwirft. Dasselbe gilt für die Zeit. Alles, was sich dann in der empirischen Anschauung durch Empfindung zeigen kann, nimmt immer wieder nur ‚ein kleines Stück' dieser unendlichen homogenen Struktur ein. Der unendliche Raum und die unendliche Zeit werden auf diese Weise sozusagen von einem konkret empirisch erscheinenden Gegenstand nur eingeschränkt, d.h. gleichsam durch sinnliche Füllen ‚besetzt'.

3. Phantasmatische Selbstaffektion in allen Sinnesfeldern

3.1. Schwäche oder Ausfall einzelner Sinnesfelder

Wir haben schon in dem Kapitel über Kant einige Beispiele für Selbstaffektion kennengelernt. Ich will in diesem Kapitel vor allem zeigen, dass es dieses Phänomen in allen Sinnesfeldern gibt bzw. geben kann. Hier greifen der Nachweis der transzendentalen Notwendigkeit einer Leistung und der deskriptiv-phänomenologische Nachweis ineinander: Wenn die Funktion der *Ergänzung*[55] transzendental notwendig (im Sinne einer Bedingung der Möglichkeit) für die Gegebenheit von Objekten ist (zumindest in den Fällen defizienter Gegebenheit), dann *muss* die phantasmatische Selbstaffektion in *allen* Sinnesfeldern eingreifen können. Dies will ich im Folgenden vorwiegend deskriptiv-phänomenologisch, d.h. durch den Aufweis von Phänomenen, die jeder aus eigener Anschauung kennt, aber zum Teil auch empirisch-psychologisch nachweisen.

Hierzu empfiehlt sich ein Blick auf die Umstände, die die phantasmatische Selbstaffektion begünstigen und provozieren können. Solange wir noch von der äußeren Sinnlichkeit affiziert werden, sind wir auf anschaulich gegebene Anhaltspunkte für die imaginierende Aktivität der phantasmatischen Selbstaffektion angewiesen. Das bedeutet, dass die gegebene Sinnlichkeit weitgehend selbst bestimmt, mit der Hilfe welches Typus (bzw. Schemas) wir sie zu der Darstellung eines bestimmten Gegenstandes zusammensetzen, weil der größte Teil dessen, was jenen in der Sinnlichkeit darstellt, auch in der Anschauung gegeben ist, aber eben nicht alles. So zeigen Kants Gestalten im Bettvorhang, dass einzelne Elemente des wahrgenommenen Gegenstandes, wenn alle anderen weitgehend gegeben zu sein scheinen, sozusagen dem Sinn des Typus gemäß ergänzt werden können.

Es kann aber auch vorkommen, dass bei der Wahrnehmung eines Gegenstandes einzelne Sinnesfelder ganz ausfallen. Dies ist z.B. bei der Zitrone der Fall, die wir zwar sehen, aber nicht wirklich schmecken, so dass sich die Empfindung des Sauren in ein weitgehend unbesetztes Sinnesfeld einzeichnet. Viele der Beispiele, die in diesem Kapitel vorgestellt werden, beruhen darauf, dass Gegenstände in einem Sinnesfeld gegeben werden, aber in anderen Sinnesfeldern nicht, obwohl diese eigentlich zu der anschaulichen Gegebenheit des Gegenstandes oder Ereignisses dazugehören. So könnte man hier auch von einem *Übergriff* der Selbstaffektion auf ein anderes Sinnesfeld sprechen. Meiner Ansicht nach greift die phantasmatische Selbstaffektion bei der typisierenden Konstitution in die Sinnlichkeit (in verschiedenen Sinnesfeldern) ein, und zwar immer orientiert an der Vorstellung, die wir vom ganzen Gegenstand haben. Auf diese Weise lässt sich zeigen, dass es Selbstaffektion in allen Sinnesfeldern gibt bzw. geben kann.

Ich setze zweierlei voraus: Erstens, dass ich im großen und ganzen eine normal starke Phantasie besitze und meistens über Effekte der Selbstaffektion berichte, die jede andere normale Person leicht nachvollziehen kann. Zweitens, dass der Leser den Mut besitzt, sich diejenigen Elemente der Wahrnehmung, die nicht auf sinnlicher Anschauung beruhen, als solche vor Augen zu führen und sich auf die notwendigen Denkexperimente auch einzulassen.

Ein Problem könnte darin liegen, dass das Hören von Stimmen oder das Sehen von Dingen, die nicht sinnlich anschaulich sind, in der Überzeugung des Alltags etwas mit Geisteskrankheiten, insbesondere mit der Schizophrenie, zu tun haben. Das Vorkommen von Halluzinationen – auch dies gehört zu den Effekten der Selbstaffektion – wird auch heute noch von vielen psychologischen Lehrbüchern als Kennzeichen einer geistigen Störung genannt. Aufgrund einer Vielzahl von Untersuchungen über Halluzinationen bei normalen Personen rückte man heute jedoch immer mehr von dieser Gleichsetzung ab. Heute geht man von einem *Kontinuum* der Fähigkeit zur Halluzination (ich bevorzuge hier, von selbstaffektiven Vorstellungen zu sprechen) aus, welches mit phantasiearmen Personen am Anfang der Skala beginnt, dann die etwa um die statistische Mitte liegende Personen als ‚normal' verzeichnet und bis zu stark halluzinierenden Geisteskranken (z.B. Schizophrenen) reicht.[56]

Die empirische Psychologie hat gezeigt, dass auch normale Personen die Fähigkeit zur Selbstaffektion besitzen. Was ich in meiner Darstellung zeigen möchte, ist jedoch nicht nur, dass wir *de facto* diese Fähigkeit besitzen, sondern ich will auch begründen, warum wir diese Funktion besitzen müssen: Selbstaffektion ist eine transzendentale Bedingung unserer Wahrnehmung.

Ich beginne zunächst mit den klassischen fünf Sinnen, obwohl diese nicht alle Sinnesbereiche umfassen. Es gibt noch weitere Sinnesfelder, wie z.B. die Lustempfindungen und die Bewegungs- und Bewegtheitsempfindungen, die nicht unter Sehen, Hören, Tasten, Schmecken und Riechen unterzuordnen sind. Doch zunächst zu den Beispielen, in denen sich zeigt, dass unsere Einbildungskraft in allen diesen Feldern der Sinnlichkeit eingreifen kann. Wir werden sehen, dass diese Eingriffe in der Regel von der Konstitution eines Gegenstandes oder Ereignisses in einem anderen Sinnesfeld induziert wird, so dass man hier auch von einem Übergriff bzw. von Synästhesie sprechen könnte. Synästhesien werde ich aber nur berücksichtigen, wenn sie im Dienst der normalen, typisierenden Wahrnehmung stehen und fehlende Informationen in verarmte Sinnesfelder einfüllt („filling in").[57] Viele Untersuchungen der Synästhesie-Forschung (z.B. Ton-Farbe-, Geruch-Farbe-Assoziationen) gehen über diese Begrenzung hinaus. Nun zu den Beispielen. Wir haben bereits im 1.Kapitel den merkwürdigen Geschmack genannt, den wir haben können, wenn wir sehen, dass jemand anderes in eine Zitrone beißt. Einzeichnungen in das visuelle Feld haben wir bisher nur anhand von Kants Beispiel der Gestalten im Bettvorhang kennengelernt, deshalb werde ich für dieses Feld noch ein aufschlussreiches Beispiel anführen. Was weiter nachzutragen wäre, sind Fälle von akustischen, taktuellen und olfaktorischen Selbstaffektionen, danach werde ich noch kurz auf die beiden Sinnesfelder der Lustempfindung und der Bewegungsempfindung eingehen.

3.2. Das akustische Feld

3.2.a. Akustische Halluzinationen bei Normalen und das innere Reden

Es gibt einige alltägliche Situationen, in denen wir Formen von Selbstaffektion selbst bemerken können: So können wir unsere eigene Stimme hören, wenn wir denken. Dieses *innere Reden* ist eine gewöhnliche Begleitung des Denkens. Diese *innere Stimme* darf keineswegs mit dem Hören der eigenen Stimme beim wirklichen Reden verwechselt werden, dies nennt Derrida gelegentlich Selbstaffektion und die hier vorgelegte Untersuchung hat damit nichts zu tun.

Allerdings ist dieses innerliche Reden nicht jeder Person aus eigener Erfahrung bekannt. Wenn Sie der Ansicht sind, dass es dieses innerliche Reden nicht gibt, weil Sie selbst es noch nicht erlebt haben, dann könnten Sie im Hinblick auf die Beschreibung ihres eigenen Erlebens durchaus Recht haben. Dennoch ist das innerliche Reden bei einem großen Prozentsatz aller normalen Personen vorhanden und zum Teil auch bewusst. Schon 1983 untersuchten Thomas B. Posey und Mary E. Losch 375 College-Studenten auf alltägliche Formen der Halluzination.[58] Die Frage, ob sie gelegentlich (oder immer) die eigenen Gedanken laut ausgesprochen hörten, bejahten 39 % der Befragten. Ähnlich hohe Zahlen der Zustimmung fanden Fragen wie: Haben Sie schon einmal im Garten eine Stimme gehört, die Ihren Namen rief, und als Sie ins Haus gingen, um festzustellen, wer gerufen hat, stellte sich heraus, dass Sie von niemandem gerufen worden waren (bejaht von 39 %)? Ist es Ihnen schon einmal passiert, dass Sie im Geschäft an einer Gruppe von Personen vorbeigegangen sind und dabei deutlich Ihren Namen gehört haben, obwohl Sie niemand wirklich gerufen hatte (bejaht von 57 %)? Fast dieselben Resultate wies eine empirische Studie von Terry R. Barrett und Jane B. Etheridge an insgesamt 586 College-Studenten im Jahr 1992 auf. Insgesamt 37,2 % der befragten Studenten und Studentinnen hörten ihr eigenes Denken als innere Stimme.[59]

Welche Funktion hat aber dieses innerliche Reden? In dem komplexen Prozess, in dem aus unseren Wahrnehmungen und subjektiven Erkenntnissen eine mitteilbare Erkenntnis wird, stellt die Formulierung im Medium der Sprache nur einen kleinen Teilprozess dar. Zur Sprache kommen aber nur Überzeugungen und Urteile, die wir auch ausdrücklich vollziehen, d.h. nur Urteile, die wir wirklich meinen, zu denen wir uns entschlossen haben und die wir festhalten wollen.[60] Wir wollen uns künftig an diese Meinungen halten, erwarten auch die Zustimmung Anderer und sind daher bereit, sie öffentlich auszusprechen. Es muss hier aber nicht unbedingt die ausgesprochene Sprache sein, sondern es kann auch die innerliche Rede sein, die anzeigt, dass ich mich zu einer Stellungnahme entschlossen habe und sie auch mitteilen will. Ebenso das, was ich nur denkend als Möglichkeit erwäge, wird innerlich als Möglichkeit verlautet „Es könnte auch sein, dass der Gärtner der Mörder ist ..." (d.h. ich sage nicht, das er es ist). Unsere innere Rede richtet sich genau nach dem, was wir meinen, was wir als wirklich, als möglich, als zweifelhaft oder nichtgeltend erkannt haben.

Wenn wir innerlich reden, dann fügt dieses Phänomen dem Erkennen den Schritt des sprachlichen Ausdrucks hinzu, und zwar des kommunikativen Ausdrucks (selbst wenn niemand außer mir zuhört). Ich meine etwas, zu dem ich weiterhin stehen werde, zu dem ich mich entschlossen habe, das ich auch anderen gegenüber zu vertreten bereit bin. Zu diesem Akt gehört auch der öffentliche sprachliche Ausdruck, den ich daher wiederum höre.[61] Man kann also behaupten, dass *ein* Sinn des innerlichen Redens in der Vervollständigung (d.h. einer Ergänzung) der normalen Erscheinungsform des Aktes einer öffentlichen Stellungnahme liegt. Dies ist die erste These hinsichtlich des inneren Redens. Es gibt aber noch einen weiteren Aspekt des inneren Redens: Es erfüllt sozusagen eine kritische Funktion gegenüber dem Gesagten.

Das Erkennen geht der Versprachlichung voraus, und diese richtet sich nach dem Erkannten. Husserls Analyse der Besonderheiten des Erkenntnisaktes zeigt, dass es auch für das Erkennen eine eigene und eigenständige Quelle der Anschauung gibt, und dieser Nachweis berechtigt dazu, Erkenntnis in der phänomenologischen Erkenntnistheorie als kategoriale Anschauung zu verstehen.[62] Der sprachliche Ausdruck muss sich dann nach dem in dieser Anschauung Gegebenen „richten", damit er das Erkannte auch treffend ausdrückt. Die gesprochene Sprache ist also keineswegs ein distanzloses Fluidum des Wahrnehmens und Erkennens. Wir behalten immer die bemerkbare Distanz zwischen dem Erkannten und dem Versprachlichten im Auge. Diese beobachtbare Distanz (Differenz) bemerken wir, wenn wir unsere gesprochene Rede gelegentlich selbst korrigieren und sagen: „Das ist nicht ganz richtig ausgedrückt, es müsste besser heißen ..." oder „Das könnte man missverstehen, besser sage ich ..."

Was zeigt uns das? Es gibt in jedem normalen Reden sozusagen immer zwei verschiedene Rollen, die wir beide zugleich einnehmen: Der Redende, der einen ‚ersten Entwurf' redet, und der Hörende, der bemerkt, wenn das Gesagte und das Gemeinte (d.h. das schon vor dem sprachlichen Ausdruck Gemeinte oder Erkannte) übereinstimmen oder nicht. Diese unthematische Prüfung des Gesagten an dem Erkannten, genauer, an der Anschauung, die dem Erkannten entspricht, d.h. der kategorialen Anschauung, findet auch bei der inneren Rede statt. Aber warum müssen wir hören, was wir sagen, damit wir den vollen Sinn des Gesagten erfassen und eventuell auch auf die Undeutlichkeit oder Doppeldeutigkeit der Rede aufmerksam werden?

Husserl hat einen eigenen Begriff von „Wahrheit" an dieser bemerkbaren Differenz orientiert: Die Wahrheit eines Urteils im Sinne seiner ‚Richtigkeit'.[63] Gemeint ist damit Folgendes: Wir erkennen einen Sachverhalt in dem Aktkomplex der kategorialen Anschauung, aber der sprachliche Ausdruck, mit dem wir versuchen, diesen Sachverhalt auszudrücken, muss deshalb noch nicht dem Erkannten vollkommen angepasst sein. Es kann sein, dass wir aufgrund von sprachlichen Doppelsinnen etwas anderes sagen als wir meinen oder einfach den Sachverhalt nicht voll treffen. Drücken wir daher unsere Überzeugung in Sprache aus (in öffentlicher oder quasi-öffentlich, d.h. im inneren Reden), dann wird zugleich unbemerkt eine Art Vergleich zwischen dem Ausgesagten und dem Erkannten vollzogen. Die Rede vom ‚unbemerkten Vergleich' ist jedoch nur ein Versuch, unsere Fähigkeit zu bezeichnen, dass wir normalerweise bemerken können, dass unser sprachlicher Ausdruck falsch oder unvollständig war. Der sprachliche Ausdruck *richtet* sich sozusagen nach der Erkenntnis des Sachverhaltes, und dieses *Sich-Richten* ist, wenn es vollständig ist, die *Richtigkeit* der Aussage. Ob dies aber so ist oder nicht, das bemerken wir, wenn wir die Aussage ausgesagt hören.

Es scheint so, als ob die spontan gesprochene Sprache sich nur an den zentralen Intentionen orientiert, die im Gemeinten oder Erkannten enthalten sind, und dass uns dabei oft die Mitbedeutungen, Unschärfen und Doppeldeutigkeiten entgehen. Die Sprachproduktion ist aber nur ein Teil unserer Sprachkompetenz, sie setzt das Gemeinte aktiv in sprachlichen Sinn um. Dazu kommt aber noch eine andere Fähigkeit, nämlich das passiv-hörende Sprachverstehen, das die Meinung des Gesprochenen passiv auffasst. Jeder von uns kennt bei einer Fremdsprache den großen Unterschied zwischen der aktiven Fähigkeit zu sprechen und der passiven Fähigkeit zu verstehen. Die passive Fähigkeit ist in der Regel weit leistungsfähiger als die aktive, d.h. wir verstehen z.B. viel mehr Vokabeln, als wir aktiv verwenden können. Dieser Unterschied scheint sich auch in unserer Muttersprache bemerkbar zu machen. Das Erfassen des vollen Sinnes unserer versprachlichten Meinung setzt die passive Weckung der Indikationen voraus, die durch die gehörte Sprache geweckt werden.[64] Um die passive Fähigkeit zu wecken, muss aber die Sprache irgendwie ‚erklingen', und sei es auch innerlich. Die zweite These bezüglich der Funktion des innerlichen Redens ist also: Seine Funktion liegt auch darin, die Aussage erklingen zu lassen, damit ich die Richtigkeit der sprachlichen Aussage an der anschaulichen Erkenntnis prüfen kann.

Dennoch trifft auf die innere Rede auch das zu, was wir bei den Gesichtern im Bettvorhang bereits als ihre Funktion erkannt haben. Das innere Erklingen-Lassen der Rede vervollständigt auch das Ereignis der Stellungnahme durch mich, bei dem normalerweise auch meine Stimme zu hören ist. Hierdurch ist aber die Leistung des inneren Redens noch nicht erschöpft. Wir werden im Rahmen der Diskussion des folgenden Beispiels noch einmal darauf zurückkommen müssen.

3.2.b. Stimmen anderer Personen hören

Wir können nämlich auch in bestimmten Situationen Stimmen von Personen hören, die gar nicht anwesend sind. Gemeint ist hiermit Folgendes: Wenn wir einen Text eines uns gut bekannten Menschen lesen, z.B. den Text unseres akademischen Lehrers oder den Brief eines Freundes, so können wir dabei seine individuelle Stimme ‚reden' hören, und zwar mit seiner individuellen Klangfarbe und seinem spezifischen Temperament intoniert. Dies müssen Sie selbst ausprobieren.

Die Funktion dieser Stimme, die in uns phantasmatisch produziert wird, steht, ebenso wie in den vorigen Beispielen, im Dienst der Vervollständigung der Gegebenheit eines Ereignisses, das nicht in allen Sinnesfeldern gegeben ist. Dieses innerliche Artikulieren stellt die Vervollständigung der typischen Erscheinungsweise eines Ereignisses dar, nämlich das der Stellungnahme einer *anderen* Person. Ich verstehe die Stimme des Anderen und erfasse in ihrem Ton den Ernst und die Gefühlsbewegung während des Sprechens.

Nun zeigt sich der Nutzen dieser neuen Beispiele für die Präzisierung der Funktion meines eigenen innerlichen Redens. Was für uns zunächst nur wie „irgendeine Stimme" klingt, die unser eigenes Denken begleitet, stellt sich bei genauer Betrachtung als *genau meine Simme* heraus. Es ist meine eigene Stimme, die genauso erklingt, wie ich sie selbst höre, wenn ich wirklich rede. Dies wird mir klar, indem ich bemerke, dass ich auch andere Stimmen reproduzieren kann, und zwar genau so wie ich sie höre.

Hier muss ich auf einige Thesen vorgreifen, die erst später im vollen Umfang dargestellt werden, und zwar weil sich dem verständigen Leser hier unmittelbar ein Verdacht aufdrängt: Eventuell ist der Kantische Gedanke, dass das „ich denke" alle meine Vorstellungen begleiten können muss, unter anderem deshalb so überzeugend, weil es doch wirklich *meine* Stimme ist, die innerlich mein Denken ausdrückt. Ich „höre" doch unmittelbar, dass *ich* es bin, der da spricht, denkend die Vorstellungen verbindet und diese Stellungnahme vertritt. Vielleicht besteht die wichtigste Funktion des inneren Redens darin, die Stellungnahme, die Entscheidung, die Meinung, die ich zunächst nur in mir erlebe, an einen Aspekt meines mundanen Ego – gemeint ist der Klang meiner eigenen Stimme – zu binden und auf diese Weise auszudrücken: Ich bin es, der dies will und so handeln wird. Der Chor der *anderen* Stimmen in mir hat auch sein Gewicht,[65] aber *meine* Stimme erklärt, was ich glaube und was ich tun werde. *Meine* innere Stimme verleiblicht meinen Willen und meine Entscheidungen.

Auf diese Weise gewinnt das Vollzugs-Ich, das nie mit dem mundanen Ich gleichgesetzt werden kann, weil es immer nur als Vollzieher (und zugleich als Beobachter) meiner Akte fungiert, einen weiteren Aspekt seiner Leiblichkeit und Weltlichkeit. Das transzendentale Ego mundanisiert sich nicht nur durch die leibliche Deutung seiner kinästhetischen Empfindungen, sondern auch durch die Produktion der eigenen inneren Stimme; hierin liegt eine dritte Funktion des inneren Redens.[66]

Doch nun kehren wir zu dem irritierenden Beispiel des innerlichen Hörens der Stimmen Anderer zurück. Es wird mir klar, dass ich im Prinzip alle Stimmen, die ich etwas besser kenne, phantasmatisch produzieren kann. Außerdem sehe ich ein, dass die Angleichung von Stimmfarbe, Rhythmus und Temperament der Aussage, von eventuell vorhandenen Sprachfehlern (wie Lispeln und Stottern) usw. *zur gleichen Zeit* und *vollkommen angepasst* an die Stimme des Freundes erfolgt. Die Verlautlichung ist sozusagen zeitkoordiniert. Wenn wir dies in der Sprache der Computer-Animation formulieren wollen, so könnten wir sagen, sie gehe *in Echtzeit* vor sich, d.h. vollkommen gleichzeitig und perfekt synchron. Zur Verlautlichung einer Mitteilung stehen mir also jederzeit viele Stimmen zur Verfügung, aber dennoch ist es genau die Stimme des Briefschreibers, die sich hier zeigt.

Es gibt einen weiteren bemerkenswerten Aspekt an dieser phantasmatischen Verlautlichung. Ich konstituiere das Ereignis Mein-Freund-spricht-zu-Mir mit dem Wortlaut des gelesenen Briefes in seiner Stimme. Es ist mein Freund und es ist dieser Wortlaut. Betrachten wir das, was hier konstituiert wird, aus der Perspektive der objektiven Zeit und des objektiven Raumes, dann findet dieses konstituierte Ereignis eigentlich *nicht jetzt* statt und auch *nicht hier*, es findet in der objektivierenden Perspektive eigentlich gar nicht statt. Es muss also Phantasie oder Erinnerung sein. Da ich jedoch dieses Ereignis noch niemals selbst wahrgenommen habe, kann es sich nicht um eine Wiedererinnerung handeln, die ich sozusagen mit Hilfe von Phantasmata ausschmücke. Es ergibt sich daraus scheinbar zwingend, dass es eine willentliche Phantasie sein muss, doch gerade als solche erleben wir die Stimme des Freundes nicht, denn sie stellt sich unwillkürlich als Begleitung einer einfachen Handlung ein und sie setzt nichts Unwirkliches. Die verobjektivierende Perspektive ist hier also vollkommen irreführend. Ich konstituiere die Sinnlichkeit, die Zeitlichkeit und die Räumlichkeit des Ereignisses vollkommen selbst mit der Hilfe von Phantasmata, aber es ist nicht unwirklich, nicht imaginiert. Das Ereignis des Mein-Freund-spricht-zu-Mir geschieht jetzt, indem ich seinen Brief lese, und ich kann dieses Ereignis jederzeit wieder in Aktualität aufleben lassen. Das Ereignis hat nicht den Index der Vergangenheit, den vergegenwärtigte Ereignisse haben, und auch nicht den der Unwirklichkeit der Phantasie. Man könnte es daher auch eine Quasi-Gegenwärtigung nennen. Man kann in dieser Herbeiholung der Person (zumindest in einigen ihrer Aspekte) auch ein psycho-dynamisches Element sehen: Ich hole den Freund herbei, dessen Anwesenheit gewünscht wird.

Ich könnte allerdings noch einen Schritt weiter gehen: Wenn ich den Wortlaut eines Satzes oder Teile des Briefes auswendig lerne, kann ich beim Rezitieren die Augen schließen und mir das Gesicht des Freundes vorstellen, das zu diesem Ereignis und zu diesen Reden gehört. Gesicht und Stimme erscheinen mir dann mit Hilfe von Phantasmata, und ich vollziehe dann eine willentliche Phantasie. Dies leitet schon zum nächsten Beispiel über.

3.3. Noch einmal das visuelle Feld: Die Stimme am Telefon

Auch das Folgende können Sie selbst ausprobieren: Höre ich jetzt die Stimme einer mir wohlbekannten Person am Telefon und schließe die Augen, hierdurch wird das visuelle Feld abgedunkelt, dann kann ich die betreffende Person gleichsam *sehen*. Dabei ist ihr Gestus und ihr Ausdruck perfekt dem gleichzeitig Gehörten angepasst. Bei diesem Beispiel ist die besondere Beweglichkeit und Anpassungsfähigkeit des Schemas eines Gegenstandes besonders deutlich zu bemerken (wie wir auch schon bei der erklingenden Stimme feststellten). Hier wird ganz klar, dass es sich bei der Selbstaffektion nicht um eine Vergegenwärtigung von vergangenen Ereignissen oder um eine willentliche Phantasie handeln kann, denn dasjenige, das erscheint, ist als gleichzeitig und wirklich vorgestellt (Quasi-Gegenwärtigung), nicht als vergangen oder unwirklich.

Wir bemerken hier, dass wir uns auch gleichzeitige Ereignisse verbildlichen können. Die Mimik, die Gestik und der Ausdruck des Gesichts ist an die gehörte Rede perfekt angeglichen, und zwar wiederum absolut gleichzeitig. Allerdings gibt es hier eine andere Weise der Abwesenheit des konstituierten Ereignisses: Es findet zwar jetzt gerade statt, aber nicht hier. Ich situiere das Ereignis an einem vage vorgestellten, anderen Ort. Im Zeitalter des mobilen Telefonierens gibt es hierfür eine große Bandbreite von Möglichkeiten. Derjenige, mit dem ich spreche, kann sich überall befinden, denn ich höre nur seine Stimme.

Die Ortlosigkeit des konstituierten Ereignisses ist nicht unwichtig, denn sie ist zugleich eine der Bedingungen dafür, dass das Schließen der Augen nicht die Realitätssetzung dieses Ereignisses beeinträchtigt. Das Fungieren des Leibes in der kinästhetisch mitkonstituierten Wahrnehmung hat einen bestimmten Normalstil, der sich z.B. darin zeigt, dass sich das visuelle Feld nach links verschiebt, wenn ich den Kopf nach rechts bewege, dass es dunkel wird, wenn ich die Augen schließe usw. Wenn die Bedingungen dieses Normalstils verletzt werden (z.B. im Kino), dann fällt es uns schwer, das, was wir sehen und wahrnehmen, wirklich für real zu halten. Dieser Normalstil ist eine der Bedingungen für Realitätssetzungen. Das Sinnelement ‚am anderen Ort' lässt das Schließen der Augen in unserem Fall zu, ohne dass die Normalitätsbedingungen für die Konstitution von etwas, das jetzt und wirklich stattfindet, verletzt werden.[67]

3.4. Selbstaffektion in Geruch, Geschmack, Getast, Bewegung und Bewegtheit

Die meisten von uns kennen die Situation, dass eine uns bekannte Person starken Körpergeruch (oder Mundgeruch) hat oder immer ein starkes Parfum verwendet: Wenn wir diese Person schon von weitem sehen, glauben wir manchmal schon, sie bereits riechen zu können. Die Bilder von schmackhaften Speisen in schönen Kochbüchern lassen uns den verlockenden Duft von Braten und Kuchen schon riechen und gelegentlich sogar schmecken. Auch das Beispiel von der Zitrone, in die jemand anderes hineinbeißt, gehört hierhin.

Es gibt in der empirischen Psychologie Untersuchungen zur taktuellen Selbstaffektion (bzw. Halluzination). Allerdings beschäftigen sich viele Untersuchungen mit den sogenannten Phantomgliedern, die sich oft nach einer Amputation einstellen. Ich habe diese Art von Untersuchungen nicht berücksichtigt, weil sich herausgestellt hat, dass es infolge der Amputation oft eine Umstrukturierung der Aufgabenverteilung im Gehirn gibt, so dass die Empfindungen an Phantomgliedern nicht mehr in die von mir bevorzugte Kategorie der Selbstaffektion bei normalen und gesunden Personen gehören.[68]

Die bekannte Größe-Gewicht-Illusion zeigt, dass die meisten Personen, wenn sie zwei Gegenstände mit gleichem Gewicht aber unterschiedlicher Größe anheben, das größere Objekt auch als schwerer empfinden.[69] Eine Untersuchung von Biocca, Kim und Choi analysierte die Phantasmata, die durch virtuelle Darstellungen einer Spiralfeder erweckt werden, auf die physische Kräfte einwirken, die z.B. erst zusammengedrückt wurde und daraufhin wieder auseinandersprang. 15 % der Teilnehmer berichteten dabei immer oder fast immer über die haptische Empfindung eines physischen Widerstandes, 14,9 % zumindest in einigen Fällen. Darüberhinaus bemerkten 8 % dabei manchmal auch das akustische Phantasma eines „Pop"-Geräuschs.[70] Beide Arten von Phantasma füllen lediglich ‚fehlende' Empfindungen der typischen Erscheinungsweise dieses Ereignisses ein (filling-in).

Es gibt weiterhin eine interessante Klasse von empirischen Untersuchungen über taktuelle Halluzinationen bei normalen Personen, die mit Hilfe von naturgetreu nachgebildeten Gummihänden durchgeführt wurden. Ein charakteristisches Experiment dieser Art wurde von M. Botvinck und J. Cohen unternommen.[71] Sie arrangierten bei gesunden Personen eine Gummihand so, dass sie glaubwürdig die durch einen Schirm verdeckte wirkliche Hand darstellen konnte. Dann streichelten sie sowohl die Gummihand als auch die richtige Hand (hinter dem Schirm) im gleichen Rhythmus, d.h. synchron mit einem Pinsel. Der Effekt war nach einiger Zeit die vollkommene Illusion, dass die Gummihand von den Versuchspersonen als die richtige Hand angesehen wurde. Dies spricht für eine gewisse Dominanz des visuellen Systems bei der Bestimmung der Lage eines Körpergliedes.[72]

Eine andere Studie ging von der weithin akzeptierten Anweisung aus, dass neurologische Untersuchungen an Patienten, die nach einem Schlaganfall zum Teil empfindungslose Glieder haben, nur bei geschlossenen Augen durchgeführt werden sollten. Diese Anweisung zur neurologischen Untersuchung der sinnlich-taktuellen Empfindung in diesen Gliedern geht offenbar davon aus, dass es bei gleichzeitigem Sehen der (taktuellen) Untersuchung durch eine Art von „visueller Suggestion" zu falschen positiven Meldungen kommen könnte. Diesen Effekt wollten F.W. Halligan, J.C. Marshall, M. Hunt und D.T. Wade überprüfen und testeten deshalb eine Gruppe von 20 Schlaganfall-Patienten auf die Möglichkeit visueller Suggestion von taktuellen Empfindungen. Sie untersuchten aber zugleich eine Kontrollgruppe von 20 psychisch und physiologisch vollkommen gesunden Personen, nur deshalb ist diese Studie auch für unser Thema aussagekräftig.

Aufgezeichnet wurde jeweils die Zahl der von den Versuchspersonen richtig gemeldeten Empfindungen mit geöffneten Augen und mit geschlossenen Augen (bei insgesamt 18 sehr leichten Berührungen). Die Auswertung der Ergebnisse des Experiments ist jedoch sehr zurückhaltend und stellt lediglich fest: „there is a tendency for more reports of feeling touch in the eyes open condition in both groups."[73] Die absoluten Zahlen sprechen jedoch in beiden Gruppen eindeutig für die Möglichkeit visueller Suggestion von taktuellen Empfindungen: Bei den Patienten mit geschlossenen Augen ergaben sich insgesamt 50 gemeldete Berührungen, mit geöffneten Augen dagegen 136 (Steigerung: 172 %). Bei der gesunden Kontrollgruppe wurden mit geschlossenen Augen 48 und mit geöffneten Augen insgesamt 80 Berührungen verzeichnet (Steigerung: 67 %). So zeigen diese Werte auch, dass die getestete „visuelle Suggestibilität" bei den Schlaganfall-Patienten deutlich höher ist als bei der vom Ergebnis der Untersuchung weitgehend unbetroffenen Kontrollgruppe. Es ist offensichtlich, dass der Faktor der emotionalen Beteiligung bzw. der persönlichen Relevanz bei dieser Art der Untersuchung stärker beachtet werden muss.[74]

Es gibt noch weitere Arten des Übergriffs der Selbstaffektion auf andere Sinnesfelder, die wir im Alltag bemerken können. Die sogenannten 3-D Kinos sind Kuppeln, in denen fast auf 360 Grad rundum ein realistisches Kinoprogramm projiziert wird. Das Publikum steht auf glattem, ebenen Boden in dieser Kuppel. Dennoch ist die Vorstellung nicht ganz ungefährlich, denn die Veranstalter weisen ausdrücklich darauf hin, dass die Vorstellung auf eigene Gefahr betreten wird. Der Inhalt der gezeigten Filme ist jedoch keineswegs so spektakulär, dass direkt klar wäre, worin die Gefahr besteht, denn es handelt sich um subjektiv gefilmte Fahrten in einer Achterbahn, mit einem Feuerwehrauto, auf der Wasserrutsche, Hubschrauber- oder Flugzeugflüge. Dennoch geschieht es immer wieder, dass Personen bei der Vorstellung auf den Boden stürzen. Dies liegt daran, dass bei der subjektiven Projektion einer Achterbahnfahrt im Modus typisierender Apperzeption Ereignisse immer mit den sie begleitenden Empfindungen und den zu erwartenden Folgen verbunden werden. So wissen wir aus eigener Erfahrung, dass eine plötzliche Rechtskurve unseren Körper nach links bewegen bzw. ziehen wird – und genau diese Empfindung wird dann mit Hilfe von phantasmatischen Empfindungen der Bewegtheit (für die es eigene Sinneszentren gibt) produziert. Die naheliegende Reaktion eines normalen Menschen ist eine Gegenbewegung, die ohne reale Gegenkraft zum Sturz führen kann, d.h. die Zuschauer taumeln scheinbar unmotiviert im Raum umher.

3.5. Zur transzendentalen Funktion der Selbstaffektion für die Intentionalität: Mit ihrer Hilfe können wir alles meinen

Bisher haben unsere Beispiele von Selbstaffektion vor allem gezeigt, dass die Funktion der Selbstaffektion im Rahmen der Konstitution eines Gegenstandes in der Komplettierung der Vorstellung eines Gegenstandes oder Ereignisses liegt, bei dem ein wichtiger sinnlicher Aspekt nicht in der Anschauung gegeben ist. Diese Komplettierung haben wir aber bislang eher als eine Auffüllung der fehlenden Sinnlichkeit verstanden. Dabei gibt es oft eine sinnliche Dimension, die als *Leitdimension* eine andere entsprechend weckt und zugleich mittels Phantasmata diese *Folgedimension* füllt, wie z.B. die Stimme beim Lesen eines Briefes oder der gesehenen Person beim Telefonieren. Die Komplettierung ist aber auch noch in einer anderen Hinsicht wichtig, denn die phantasmatisch angereicherte Vorstellung sorgt nicht nur dafür, dass alle wichtigen Bestandteile einer gegenständlich gerichteten Intention *erfüllt* (oder quasi-erfüllt) erscheinen, sondern auch dafür, dass sie alle leer *gemeint* werden können. Zu dieser Einsicht wird uns die folgende Überlegung und ein Denkexperiment führen.

Die Selbstaffektion spielt auch bei der Konstitution von vermeintlich ganz einfachen, unproblematisch gegebenen Wahrnehmungsgegenständen eine entscheidende Rolle. Wenn wir einen Gegenstand denken, dann müssen wir uns alles vorstellen, was zu diesem Gegenstand gehört. Wir müssen jeden Teilaspekt des Gegenstandes intendieren, d.h. erfüllt, aber auch nicht-erfüllt *meinen* können. Dieses *Meinen* ist in den meisten Fällen der Wahrnehmung realer Gegenstände nur zum Teil anschaulich erfüllt. Zu den Teilen der Intentionen, die oft nicht erfüllt sind, obwohl sie immer mit gemeint werden müssen, gehört die Rückseite von räumlichen Gegenständen. Sie entzieht sich uns prinzipiell, denn selbst wenn wir um den Gegenstand herumgehen, um die Rückseite sehen zu können, verschwindet wieder ein anderer Teil aus unserem Gesichtsfeld.

Wenn wir nun den Anteil der sinnlich gegebenen Teile und Eigenschaften eines Gegenstandes im Denkexperiment verringern, müsste sich ein Teil der intendierten Teile oder Eigenschaften durch die phantasmatische Selbstaffektion für uns zeigen. Das heißt: Das Meinen von nicht anschaulich erfüllten Partialintentionen geschieht im Modus der phantasmatischen Selbstaffektion. Das Denkexperiment, das man dafür vornehmen muss, ist einfach, denn wir brauchen nur zu versuchen, allein mit Hilfe eines Wortes bzw. eines Begriffs an eine Sache zu denken.

Es gibt einen beliebten Versuch unter Psychologen, der darin besteht, die Versuchsperson aufzufordern: „Denken Sie jetzt nicht an ein Krokodil!" Sie bemerken, dass es sich kaum verhindern lässt, sich kurzfristig ein Krokodil vorzustellen. Aber versuchen wir auch, noch andere Sinnesfelder mit solchen kurzfristigen Selbstaffektion zu füllen: Denken sie an 'das strahlende Gelb der Sonnenblumenfelder', denken Sie an 'das dunkle Rot der Tomate', denken sie an 'das Kreischen des Bohrers beim Zahnarzt'. Sie bemerken selbst: In jedem Fall erscheint kurzzeitig vor Ihrem 'geistigen Auge' oder Ihrem 'geistigen Ohr' ein Phantasma, das diese Empfindung verbildlicht. Man kann also die hiermit vertretene These noch etwas zuspitzen, indem man sagt: Wer ein bestimmtes Rot ‚meint', muss dieses Rot mit Hilfe der Selbstaffektion in der Sinnlichkeit 'gleichsam' sehen können.

Selbstaffektion ist also eine transzendentale Funktion der Wahrnehmung, und zwar in dem Sinne, dass sie gewährleistet sein muss, damit eine inhaltlich bestimmte Intention auf Gegenstände überhaupt möglich ist. Der Erweis dieser Notwendigkeit setzt bei dem Sinnbezug der Intention an, denn ich kann z.B. nicht auf eine rein begriffliche Weise ein ganz bestimmtes Rot denken. Ich muss diese Rotnuance in der Weise einer sinnlichen Vorstellung meinen, und meiner Ansicht nach ist der Modus dieser Vorstellung die phantasmatische Selbstaffektion. Ich muss demnach *alle* Aspekte jedes typisiert vorgestellten Gegenstandes und sogar den ganzen Gegenstand mit Hilfe der Selbstaffektion präsent haben können.

In einer weiteren Hinsicht sind diese lebensvollen Phantasmata der einzelnen Aspekte eines Gegenstandes auch die Bedingung der typisierenden Apperzeption, d.h. seiner wahrnehmenden Konstitution. Wie wir schon in der kurzen Darstellung der Kantischen Theorie gesehen haben (Kap. 2), brauchen wir für den Prozess der Wahrnehmung ein Wissen darüber, was einen Gegenstand in der Sinnlichkeit darstellen kann und was nicht. Der Prozess, in dem die Elemente der sinnlichen Darstellung eines Gegenstandes aufgesammelt werden, muss von diesem Wissen geleitet werden. Nur so weiß ich, dass ein leichter fruchtiger Geruch zu einer Zitrone gehören kann, die ich zugleich als gelb gefärbte Fläche mit charakteristischem Umriss sehe. Nur auf diese Weise weiß ich, dass ein gleichzeitig gehörtes Geräusch nicht zu dieser Zitrone gehören kann, obwohl es z.B. zu einem vorbeifahrenden Auto gehören könnte. Genau dieses Wissen um die inhaltlich notwendigen Teilintentionen trägt die phantasmatische Selbstaffektion in dem Prozess der typisierenden Apperzeption an die Sinnlichkeit gleichsam heran, sozusagen um „nachzusehen", ob diese inhaltlich präzise bestimmte Intention auch von der Anschauung erfüllt werden kann. Dafür muss aber jedes Element dieser Erwartung nicht nur inhaltlich genau bestimmt sein (dieses Hellrot und nicht ein dunkles Krapprot), sondern bei aller inhaltlichen Bestimmtheit dennoch sehr beweglich bleiben und sich sozusagen bereitwillig an die gegebene Anschauungssituation anpassen.

Ich erinnere daher noch einmal an die kurzfristig vorschwebenden Bilder, die die vorhin genannten Begriffe in Ihnen hervorgerufen haben. Auf den ersten Blick scheint es sich dabei um individuelle Erinnerungsbilder zu handeln. Dies würde aber bedeuten, dass, wenn ich das Bild der blühenden Sonnenblumenfelder, welches mir oder Ihnen vorschwebte, genauer untersuche, es sich als etwas herausstellen würde, was ich wirklich schon früher gesehen habe. Aber das muss nicht unbedingt so sein. Das Gesicht bei der Stimme am Telefon zeigt uns deutlich, dass ich den verbildlichten Gegenstand zwar kennen muss, d.h. dass ich ihn schon bei verschiedenen Gelegenheiten wahrgenommen haben muss, um überhaupt einen Typus von ihm zu besitzen, aber das Phantasma stellt nicht nur die erinnerten Bilder des Gegenstandes dar, sondern es zeigt sich in unserer Fähigkeit, alle möglichen Ansichten und Verhaltensweisen der am Telefon gehörten Person phantasmatisch darzustellen.

Unsere Fähigkeit, solche Vorstellungen mit Hilfe der Selbstaffektion zu produzieren, hängt von unserer Erfahrung ab. So könnte ich von dem dunklen Violett der Lavendelfelder sprechen, und einige von Ihnen hätten hierzu kein entsprechendes Phantasma aufzuweisen, weil Sie noch nie diese Wahrnehmung selbst gemacht haben. Selbstaffektion beruht also auf selbst gemachten Erfahrungen (evtl. auch auf gesehenen Bildern), aber die „Bilder" bzw. die Phantasmata, die sich bei solchen unspezifischen Intentionen auf allgemeine Vorstellungen einstellen, scheinen doch „Bilder" von bestimmten individuellen Gegenständen zu sein. Somit zeigt sich der genetische Ursprung dieser „Bilder" in meiner Erfahrung. Wie verhalten sich aber die Produkte der Selbstaffektion, wenn sie in einem Prozess der Wahrnehmung eingesetzt werden, in dem bereits Teile des Gegenstandes oder einzelne Eigenschaften von ihm sichtbar bzw. wahrnehmbar sind?

Die phantasmatischen Produkte der Selbstaffektion passen sich vollkommen an die jetzt vorliegenden Umstände der Wahrnehmung an, so dass sie genau das ausfüllen, und zwar zeitgleich an die jetzt vorliegenden Umstände der Wahrnehmung angepasst, was in der Sinnlichkeit noch fehlt. Wir sind dazu in der Lage, ein Gesicht, das wir vorher noch nie gesehen haben, in einem Gewirr von Linien zu erblicken und dabei auch noch fehlende Linien zu dieser Zeichnung hinzuzufügen. Wir können zu einem gelesenen Text die Stimme des Autors zur gleichen Zeit mit Hilfe der Selbstaffektion in die Sinnlichkeit einfügen. Ebenso können wir uns während eines Telefongesprächs Gesicht und Gestik des Gegenüber synchron visuell vorstellen.

Im Rahmen der genetisch-phänomenologischen Analyse der typisierenden Auffassung wird also verständlich, dass wir irgendwie 'wissen' müssen, was wir zu sehen erwarten, wenn wir etwas Bestimmtes als Fall eines Typus, z.B. einen Hund, sehen (d.h. zu sehen versuchen).[75] Um überhaupt beurteilen zu können, ob die gegebene Gestalt (bzw. Farbe) auch diejenige des erwarteten Hundes ist, müssen wir eine inhaltlich bestimmte Vorstellung von dieser Gestalt (bzw. dieser Farbe) haben. Die Wahrnehmung als synthetische Verbindung des Anschaulichen zu einer Darstellung des Wahrgenommenen setzt dieses Wissen voraus. Diese bestimmte Vorstellung davon, was wir zu sehen erwarten, muss anschaulich sein. Sie muss sich beim Fehlen der entsprechenden Wahrnehmung in die ‚Lücke' der sinnlichen Gegebenheit einfügen lassen. Sie beruht zwar auf vorangegangener Erfahrung, sie bleibt aber nicht auf Erinnerungsbilder beschränkt, sondern ist beweglich und muss beweglich sein. Sie lässt sich in alle möglichen neuen Vorkommnisse in der Wahrnehmung widerstandslos einfügen und hierfür sozusagen passend umzeichnen. Dieses Umzeichnen erfolgt sehr schnell, in der gleichen Zeit und mit dem gleichen Rhythmus, in dem die gegebene Sinnlichkeit in der Leitdimension wechselt, wie in dem Beispiel der am Telefon gehörten Sprache und dem gleichzeitig gesehenen Gesicht.

In diesem Kapitel haben wir gesehen, dass sich die phantasmatische Selbstaffektion in jedem unserer Sinnesfelder auswirken kann, und dass sie sich daher auch auf eine zweite Weise als eine transzendental notwendige Funktion bei der Leistung der Intentionalität interpretieren lässt. Methodisch ist dieses Kapitel jedoch uneinheitlich, denn einige Nachweise dafür, dass sich in allen Sinnesfeldern Eingriffe der Selbstaffektion aufweisen lassen, mussten mit der Hilfe der empirischen Psychologie geführt werden. Dies war vor allem deshalb notwendig, weil die Fähigkeit zu deutlich bemerkbarer Selbstaffektion von Mensch zu Mensch unterschiedlich ist und man nicht bei jeder Person z.B. ein klares Bewusstsein über das Vorkommen des innerlichen Redens erwarten kann. Dennoch ließ sich zeigen, dass die Funktion der Selbstaffektion gemäß dem Typus in jedem Fall der Konstitution eines Gegenstandes vorkommen muss, weil sie eine Bedingung der Möglichkeit der typisierenden Apperzeption ist. Obwohl es also interpersonal große Unterschiede bezüglich der Stärke und Bewusstheit des

Phänomens der Selbstaffektion gibt, glaube ich, dass sich seine Funktion als transzendental notwendig erweisen lässt.

Der Nachweis der Transzendentalität der Funktion ist jedoch bislang nur für die Selbstaffektion im Rahmen der typisierenden Apperzeption geführt worden, und hieran schließen sich deshalb unausweichlich zwei weitere systematische Untersuchungen an. Die erste betrifft die Analyse der Art und Weise, wie die Selbstaffektion sich in den niedrigeren Stufen der Konstitution auswirkt, d.h. den Schichten[76] der Konstitution *unterhalb* der Leistung der Intentionalität. Denn wenn die Selbstaffektion in der Lage ist, auf der Ebene der Intentionalität im phantasmatischen Modus der Quasi-Sinnlichkeit einzugreifen, dann bedeutet dies, dass sie auch in die *Materialgrundlage* der Leistung der intentionalen Auffassung, d.h. die Konstitution der Abgehobenheiten in der sog. passiven Synthesis, eingreifen kann. Darüber hinaus muss sie aber auch schon auf der darunter liegenden Schicht der Konstitution der dauernden Daten im sogenannten immanenten Zeitbewusstsein eingreifen können, denn ihr Resultat ist in der Sinnlichkeit bemerkbar, d.h. es erscheint so, als ob es in einem äußeren Sinn gegeben wäre. Daher muss man auch nach den Leistungen der Selbstaffektion auf der Stufe des inneren Zeitbewusstseins fragen und deren Möglichkeit verständlich machen. Ich werde diese Themen im Kapitel 5 behandeln. Zuvor möchte ich jedoch eine andere Frage aufwerfen.

Wir haben die Unentbehrlichkeit der Funktion der Selbstaffektion für die Konstitution von Gegenständen und Ereignissen bemerkt. Daher lässt sich fragen: Was geschieht eigentlich, wenn einzelne Sinnesfelder ganz ausfallen, wenn z.B. das visuelle Feld keine Sinnesdaten mehr bietet? Nach unserer These von der transzendentalen Funktion der Selbstaffektion müssten die schwachen Phantasmata, die bei der Konstitution von alltäglichen Gegenständen in der normalen Verfassung der Sinnlichkeit immer mitfungieren, auch dann noch weiter fungieren. Nur müssten sie dann in einem vollkommen leeren Sinnesfeld auftreten, und dies ist nicht anders denkbar als in der Form von Halluzinationen. Diese überraschende Konsequenz aus der transzendentalen Funktion der Selbstaffektion muss sich auch empirisch überprüfen lassen. Unsere Vermutung findet sich in einem bemerkenswerten Syndrom bei psychisch gesunden und normalen Personen bestätigt, das Thema des folgenden Kapitels sein wird: Dem sogenannten Charles Bonnet Syndrom, welches bei Personen vorkommt, die langsam erblinden.

Man kann die oben genannte Frage aber auch noch etwas einschränken, indem man sich auf die Fälle konzentriert, in denen kleine Partien einzelner Sinnesfelder nicht gefüllt sind. Dies ist z.B. der Fall bei dem bekannten „blinden Fleck" auf der Netzhaut und bei sogenannten Skotomen, bei denen Teile des visuellen Feldes nichts darstellen können.

4. Das Charles Bonnet Syndrom und vergleichbare Eingriffe der Selbstaffektion im visuellen Feld

4.1. Das Charles Bonnet Syndrom

Die am häufigsten berichteten Fälle von Halluzinationen bei normalen Menschen finden sich bei Personen, die langsam erblinden. Charles Bonnet[77] (1720-1793), ein Schweizer Naturforscher und Philosoph, beschrieb zum ersten Mal das Vorkommen komplexer visueller Halluzinationen bei psychologisch normalen Personen. Bei seinem Großvater traten infolge des langsamen Verlusts seiner Sehkraft unwillkürliche, komplexe Halluzinationen auf, z.B. erschienen in seinem visuellen Feld plötzlich Menschen, Tiere, Gebäude, Dinge und Szenen, sowohl statische als auch bewegte, die ebenso plötzlich wieder verschwanden.

Lange Zeit glaubte man, dass das Charles Bonnet Syndrom sehr selten sei, so wurden noch 1989 in einer Literaturstudie nur 46 berichtete Fälle genannt.[78] Die Patienten haben komplexe visuelle Halluzinationen, die sich nicht mit einer physischen oder psychischen Störung in einen Zusammenhang bringen lassen. Die meisten Betroffenen erfahren das von ihnen Halluzinierte als unwirklich. Die Mehrheit der untersuchten Patienten war verhältnismäßig alt, so dass auch altersbedingte Störungen der Gehirnfunktion als Ursache zu vermuten waren.[79] Das Syndrom ist mittlerweile aber auch an Kindern ausführlich beschrieben worden.[80] Alle Betroffenen leiden an mehr oder weniger stark ausgeprägten Sehstörungen. Es schien außerdem naheliegend, dass optische Deprivation, Reizarmut der Umgebung und ein niedriges Niveau der Erregbarkeit (low value of arousal) die Halluzinationen begünstigen und mit provozieren.

Es gibt inzwischen viele empirische Untersuchungen zum Charles Bonnet Syndrom, die zeigen, dass dies Syndrom sehr verlässlich bei einem großen Prozentsatz der Betroffenen auftritt, die Zahlen schwanken zwischen 10 und 30 %.[81] Es ist also ein Problem, das bei jedem normalen Menschen auftreten kann und mit relativ großer Wahrscheinlichkeit dem Erblinden folgen wird. Auch Menschen, die aus anderen Gründen plötzlich einer Situation mit völliger Reizarmut ausgesetzt sind, bekommen visuelle und akustische Halluzinationen.[82]

Heute weiß man, dass es bei entsprechender Erkrankung des Gehörs auch verbale und musikalische Halluzinationen bei normalen Personen gibt, so dass es – wie im Falle Beethovens – auch erstaunliche Kompositionen ertaubter Komponisten geben kann.[83]

Es wurde aber auch deutlich, dass sehr viele der befragten Patienten Bedenken hatten, anderen Personen mitzuteilen, dass sie visuelle Halluzinationen erlebten. Der Grund hierfür lag darin, dass sie befürchten mussten, für verrückt gehalten zu werden.[84] In einer umfangreichen Studie gaben 73% der Patienten an, dass sie ihre Erfahrungen aus diesem Grund auch nicht einem Arzt mitgeteilt hatten. Einige der Patienten, die sich dennoch einem Arzt anvertrauten, berichteten, dass sich ihre diesbezüglichen Befürchtungen erfüllt hätten.[85]

Alle Studien, die sich zu dem Charles Bonnet Syndrom (CBS) finden, stellen eindeutig fest, dass die diagnostizierten Personen keine Anzeichen von psychischen Krankheiten aufwiesen.[86] In diesem Punkt gibt es aber auch bei Ärzten ein großes Informationsdefizit, so dass es für die Betroffenen vor allem wichtig ist, dass nicht nur sie selbst, sondern auch ihre Mitmenschen und Ärzte über die Normalität des Syndroms aufgeklärt werden.

Ich gebe kurz einen Einblick in die Charakteristika und den Umfang der Halluzinationen bei CBS anhand einer Studie von 60 Patienten durch Robert J. Teunisse und Johan R. Cruysberg et al. aus dem Jahr 1996:[87] Bei dem CBS kommen sowohl mundane als auch nicht-mundane Halluzinationen vor. Mundane Halluzinationen sind Personen, Tiere, Pflanzen, unbelebte Dinge und auch Ereignisse, die Wahrnehmungen von wirklichen Dingen sein könnten, da sie eine normale Größe und Erscheinungsweise in plausiblen Umständen aufweisen. Nicht-mundane Dinge sind z.B. sehr kleine Personen, geisterhafte, durchsichtige Figuren, Drachen, Personen mit Blüten als Kopf, leuchtende Engel usw. Die mundanen Halluzinationen überwiegen der Zahl nach deutlich.[88] Meistens gibt es bei jedem CBS-Patienten eine Vielzahl von Halluzinationen, die sich auch immer wieder verändern; ganz selten sind stereotype Halluzinationen.[89] Die Halluzinationen können bekannte oder unbekannte Gegenstände zeigen, schwarz-weiß oder farbig sein, klar oder unscharf, bewegt oder unbewegt. Häufigkeit und Dauer wechseln ebenfalls stark.[90] Die Halluzinationen dauern unterschiedlich lange, häufig aber mehrere Minuten lang.

Die Vermutung liegt natürlich nahe, dass es sich bei den auftauchenden ‚Bildern' um Erinnerungsfragmente handelt, die auf unbekannte Weise geweckt worden sind. Dagegen spricht, dass bei der überwiegenden Zahl der Ereignisse die befragten Patienten der Ansicht waren, die halluzinierten Personen und Dinge noch nie gesehen zu haben.[91]

Bezüglich der emotionalen Komponente der plötzlich auftretenden Halluzinationen könnte man vermuten, dass alle betroffenen Personen ängstlich oder unsicher reagieren. Oft ist dies aber nicht der Fall, die Halluzinationen werden manchmal als erfreulich und positiv erfahren (13 %), die meisten Betroffenen reagieren neutral (37 %) mit Neugier oder Erstaunen. Andere reagieren mit gemischten Emotionen (18 %) oder ängstlich (32 %).[92] In der überwiegenden Zahl der Fälle hatten die phantasierten Dinge oder Ereignisse keine persönliche Beziehung zum Patienten.[93]

Bemerkenswert ist, dass der weitaus größte Teil der Patienten (ca. 80-90 %) sich über die Unwirklichkeit des Gesehenen vollkommen im Klaren war.[94] Die

Patienten lassen sich daher von anderen Personen leicht berichtigen, und sie sind meistens selbst vorsichtig genug, nicht ohne eine zusätzliche Realitätsprüfung – zum Beispiel durch den Versuch, den gesehenen Gegenstand anzufassen – über ein plötzlich visuell auftauchendes Ding oder Ereignis zu sprechen.

Viele Personen mit CBS haben herausgefunden, dass sie die Halluzinationen willentlich beenden konnten, z.B. indem sie das Licht anmachten, die Gegenstände fixierten, wegsahen oder die Augen schlossen. Allerdings wusste niemand, wie man die Halluzinationen bewusst herbeiführen konnte. Begünstigend auf die Entstehung der Halluzinationen wirkte eine abendliche Müdigkeit, schwache Beleuchtung, heimische Umgebung und Untätigkeit. Die überwiegende Zahl von visuellen Halluzinationen trat bei geöffneten Augen auf. Sehr viele Patienten berichteten, dass sie mit dem Schließen der Augen die Halluzinationen verschwinden lassen können.[95]

Wie lassen sich die Befunde beim Charles Bonnet Syndrom mit der hier vorgestellten Theorie der phantasmatischen Selbstaffektion verbinden? Durch eine phänomenologische Analyse normaler Wahrnehmung haben wir gezeigt, dass der menschliche Geist im normalen Zustand in der Lage ist, in allen Sinnesfeldern kurzfristig Phantasmata einzuzeichnen. Man kann sehr genau die unabdingbare wahrnehmungsermöglichende Funktion der phantasmatischen Selbstaffektion beschreiben, die darin besteht, die vollständige Erscheinung eines typisierend apperzipierten Gegenstandes „vorscheinen" zu lassen. Dieser quasisinnliche phantasmatische Vorschein ermöglicht es dann, diejenigen Elemente der Sinnlichkeit gezielt aufzusuchen, die die Wahrnehmung erfüllen und berechtigen kann. Was wir hierbei tun, ist sozusagen „nachzusehen", ob das erwartete Element da, wo wir es erwarten, wirklich sinnlich gegeben ist, also dort vorliegt. Auf dieser Grundlage lassen sich phantasmatische Einzeichnungen als eine normale und notwendige Funktion in der Wahrnehmung verstehen, die bei intakten Sinnesorganen von den sinnlichen Eindrücken immer überzeichnet wird, weil sie wesentlich schwächer ist als die Sinnlichkeit. Die phantasmatische Selbstaffektion stellt uns sozusagen im Vorgriff auf die Sinnlichkeit dasjenige schon dar, was sich typischerweise in der Sinnlichkeit an dem Gegenstand zeigen sollte.

Fehlt durch die Umstände der Wahrnehmung in der Sinnlichkeit eine besondere, sicher erwartete, sinnliche Komponente des wahrgenommenen Gegenstandes, dann wird die vorgreifende Selbstaffektion (der Vorschein) auch im normalen Wachleben bemerkbar. Dies sahen wir in den Fällen, in denen chimärische Linien eine Gestalt vollenden, wie es schon Kant anhand der Gesichter im Bettvorhang beschrieben hat. Fällt ein ganzes Sinnesfeld aus oder lässt es langsam in der Intensität nach, wie bei dem CBS, dann kann die vorgreifende Funktion der phantasmatischen Selbstaffektion ganz an die Stelle der Sinnlichkeit treten, und sie erscheint in der Form der Halluzination.[96]

Nun wird auch verständlich, warum die Produkte der phantasmatischen Selbstaffektion bei CBS-Patienten so häufig und so deutlich als unwirkliche Halluzinationen bewusst werden, denn es sind *normale* Personen, die langsam erblinden. Es gibt dabei drei wichtige Aspekte:

1. Es handelt sich um Personen, die aus ihrer bisherigen Erfahrung den Typus bzw. die Typen aller mundaner Gegenstände und Ereignisse besitzen. Deshalb liegt es nahe, dass von Geburt an blinde Personen keine mundanen Gegenstände halluzinieren können. 2. Durch den allmählichen Verlust des Visus verlieren die visuellen Eindrücke an Intensität, so dass sie dann an die Intensität der durch phantasmatische Selbstaffektion erzeugten Phantasmata herankommen. Auf diese Weise wird es für die Betroffenen fast unmöglich, allein anhand der Intensität und Lebendigkeit zwischen ihren Empfindungen und ihren schwachen[97] und unwillkürlichen Phantasmata zu unterscheiden. 3. Die Betroffenen verschaffen sich dennoch, und zwar weil sie normal sind und auch weiter als normal gelten wollen, auf andere Weise Gewissheit über den Unwirklichkeitscharakter des Halluzinierten, z.B. durch taktuelle Kontrolle oder den Versuch der Kontaktaufnahme mit den gesehenen Personen. Mit der Zeit wissen die Betroffenen, wie ihre Einbildungskraft mit ihnen zu spielen versucht und ignorieren die unwirklichen Erscheinungen oder betrachten sie nur noch als willkommene Abwechslung. Die Unterscheidung ist jedoch nicht immer einfach, da es sich bei den halluzinierten Gegenständen vorwiegend um mundane Gegenstände und Ereignisse handelt, d.h. um Personen, Tiere, Dinge und Ereignisse, die in normalen Größenverhältnissen erscheinen und daher in alltäglichen Kontexten tatsächlich auftreten könnten.

Es gibt aber auch viele Berichte über Halluzinationen, die absurd verkleinerte, vergrößerte, leuchtende oder durchsichtige Dinge und Personen darstellen. Auch diese Variante der Halluzinationen gehört noch in den Umkreis der normalen phantasmatischen Vorleistungen für die typisierende Apperzeption, denn wir sehen auch weit entfernte, sehr nahe, sowie leuchtende und durchsichtige Dinge auf die gleiche typisierende Weise, welche daher auch von den angepassten Phantasmata eine fast beliebige Vergrößerung, Verkleinerung, Modifikation der Erscheinungsweise und Gestaltumzeichnung verlangen. So können wir etwa auch in den Wolken Gestalten erkennen, z.B. ein Pferd.

Es ist daher auch lohnend, über folgende Möglichkeiten einer empirisch-experimentellen Bestätigung der Hypothese des phantasmatischen Vorscheins nachzudenken, für die sich CBS-Patienten offenbar besonders eignen. Dabei bietet sich die inhaltliche Verknüpfung zwischen dem Weckenden in der Sinnlichkeit und den geweckten Typen bzw. der entsprechenden vorscheinenden Halluzination als Instrument der Analyse an. In den bisher vorliegenden Untersuchungen wurde z.B. das Wechselspiel zwischen der noch bleibenden visuellen Sinnlichkeit und den geweckten Bildern noch nicht behandelt. Dabei wäre in erster Linie der Restvisus als Quelle der Weckung von Typen zu untersuchen. Kann man durch bestimmte Gestaltfragmente, z.B. von menschlichen oder tierischen Gestalten, die „noch gerade so“ bemerkt werden können, das Auftreten von halluzinierten Bildern verlässlich provozieren?

Folgende Experimente wären ebenfalls sinnvoll und naheliegend: Typen werden nicht nur durch die visuelle Sinnlichkeit geweckt, sondern auch durch Geräusche, taktuelle Empfindungen und Gerüche. Wenn man das Geräusch eines gehenden Menschen oder eines Hundes oder einer sich öffnenden Tür durch ein Tonband vorspielt, müssten sich entsprechend den dadurch geweckten Typen auch Phantasmata einstellen. Förderlich ist dabei die stereophone Darstellung, um einen möglichst hohen Realitätsgrad der akustischen Präsentation zu erreichen.

Als dritte Gruppe von Experimenten bietet sich die Weckung von typeninduzierten Phantasmata durch begriffliche Induktion an, d.h. indem man Begriffe laut oder leise nennt. Wir hatten bereits gesehen, dass auch dieser Weg funktioniert: Denken Sie jetzt nicht an ein Krokodil! Daraufhin stellt sich bei uns kurzfristig das Phantasma eines Krokodils ein und wird von der wachen Sinnlichkeit sofort verdrängt.

4.2. Die Deutung des Charles Bonnet Syndroms durch V.R. Ramachandran. Ist es eine Bottom-up oder eine Top-down Leistung?

Auch V.R. Ramachandran behandelt das Charles Bonnet Syndrom und er berichtet detailliert über zwei Fälle von solchen Halluzinationen bei normalen Menschen.[98] Er verbindet die komplexen Halluzinationen bei CBS mit der von ihm als *begriffliche Ergänzung* verstandenen Funktion und grenzt sie gegen die *bloße Wahrnehmungsergänzung* (von gleichförmigen Flächen und Mustern) ab.[99] Seine Vermutung besagt, dass die Ergänzung mit Hilfe von Phantasmata in diesen Fällen irgendwie von höheren, vermutlich, begrifflichen‘ Leistungen oder vom Gedächtnis geleitet und inhaltlich gespeist wird.

Dies wirft ein interessantes Licht auf eine Diskussion in der Theorie des Sehens, die innerhalb der Physiologie, Neurologie und auch in der KI-Forschung geführt worden ist. Die sogenannte Bottom-up-Theorie geht davon aus, dass der Aufbau eines Wahrnehmungsbildes mit ganz niedrigen Leistungen auf der Ebene sinnlicher Rezeptoren beginnt und dann auf immer höheren, cerebralen Ebenen weiter verarbeitet wird, bis sich schließlich eine wahrgenommene Gestalt zeigt. Da man anatomisch und in neurologischen Experimenten auch viele Hinweise auf die umgekehrte Richtung der Einflussmöglichkeit gefunden hatte, formierte sich – zunächst nur auf der Ebene der Theorie – die Vorstellung einer von oben nach unten verlaufenden Richtung des Einflusses, d.h. eine Top-down-Theorie.

Ramachandran bedient sich zur Erklärung der Halluzinationen bei CBS-Patienten einer Theorie der Wahrnehmung, die beide Richtungen des Einflusses zulässt.[100] Er beginnt mit der Beschreibung unserer Wahrnehmung einer Katze, die von dem Netzhautbild zu der primären Sehrinde übertragen wird und von da aus begrifflich erfasst werden kann, d.h. sozusagen als Fall der Katze allgemein verstanden wird. Wenn wir uns dagegen die Katze willentlich in der Phantasie vorstellen, dann „spricht einiges dafür, dass wir unseren visuellen Apparat einfach rückwärts ablaufen lassen!"[101] Die Informationen fließen jetzt „von oben nach unten – von den höheren Regionen zur primären Sehrinde", d.h. sie fließen top-down. Diese Aktualisierung bekannter Informationen führt dann zu einer Visualisierung vor dem ‚geistigen Auge', bei der uns die Katze fast so deutlich wie bei der Wahrnehmung erscheinen kann. Diese Möglichkeit besteht natürlich nur deswegen, weil die primäre Sehrinde nicht nur eine „reine Sichtungsinstanz für Informationen, die von der Netzhaut eintreffen, sondern viel eher eine Kommandozentrale" (a.a.O.) ist, in der ständig sowohl von höheren als auch von niedrigeren Leistungen Informationen und Anweisungen eintreffen. Es liegt also eine Wechselwirkung vor: „Zwischen den so genannten frühen visuellen Feldern und den höheren Zentren des Gehirns findet eine dynamische Wechselwirkung statt, die eine Art virtuelle Realität, eine Simulation der Katze, hervorbringt." (a.a.O.). Man könnte sie als visuelle Darstellung der Katze im Allgemeinen verstehen.

Auch die Halluzinationen der CBS-Patienten versteht Ramachandran daher als ein Fall der begrifflichen Ergänzung, d.h. als eine Top-down-Leistung. Nun sind die CBS-Patienten von einer eindrucksvollen und bewussten Normalität, was zu der Verallgemeinerung führt, dass auch bei intakter Sinnlichkeit und intakter primärer Sehrinde, d.h. bei jedem gesunden und normalen Menschen, solche Halluzinationen vorkommen.

Ramachandran stellt daher die naheliegende Frage: „Warum halluzinieren dann nicht auch Sie und ich fortwährend?"[102] Ohne diese Frage direkt zu beantworten, führt er zuerst einige Argumente gegen diese Vermutung an. Wenn wir unsere Augen schließen, dann sind immer noch einige Rezeptoren auf der Netzhaut aktiv und produzieren ein gleichmäßiges Grundsignal, eine Art ‚Rauschen' (vergleichbar mit der Braun'schen Bewegung der Atome). Dieses Signal wird aber von den höheren Sehzentren als ein Beleg dafür interpretiert, „dass kein Objekt [...] auf Ihre Netzhaut einwirkt"; zu bemerkbaren Halluzinationen kann es daher erst kommen, „wenn die frühen Sehbahnen geschädigt sind" und dieses Grundsignal unterdrückt wird.[103]

Ein weiteres Argument gegen das fortwährende Vorkommen von Halluzinationen greift auf die evolutionäre Kosten-Nutzen-Rechnung zurück: Kein Vorstellungsbild, so realistisch es auch sein mag, darf die Wirklichkeit ersetzen können. Ein Wesen mit einer so lebhaften Phantasie wäre untauglich, die entscheidenden Züge der Wirklichkeit zuverlässig zu erkennen. - Ramachandran neigt aber entgegen diesen Einwänden zu der Ansicht, dass „die bizarren Gesichthalluzinationen [bei CBS] einfach übertriebene Spielarten jener Prozesse [sind], die jedes Mal in Ihrem und meinem Gehirn stattfinden, wenn wir unserem Vorstellungsvermögen freien Lauf lassen."[104]

Schließlich kommt er zu der Vermutung, unsere normale Wahrnehmung sei „in Wirklichkeit das Endergebnis einer dynamischen Wechselbeziehung [...] zwischen sensorischen Signalen und Informationen über visuelle Bilder aus der Vergangenheit, die in höheren Hirngebieten gespeichert sind". Unsere Wahrnehmung beginnt dann, ausgehend von bruchstückhaften Anhaltspunkten, mit einer Vermutung: „Ist es vielleicht eine Katze?" Aus den höheren Sehzentren werden daraufhin „Teilantworten" auf die unteren visuellen Zentren und die primäre Sehrinde „projiziert", die „nach dem jeweiligen Stand der Dinge am besten passen", diese fungieren dann gleichsam als *Fragen* nach einer weiteren Präzisierung dessen, was gesehen wird. Das zunächst provisorische Bild wird somit verbessert, und gegebenenfalls werden auch die Lücken ausgefüllt. Ramachandran fasst seine Vermutung wie folgt zusammen: „Überspitzt ließe sich sagen, dass wir ständig halluzinieren und dass wir das, was wir Wahrnehmung nennen, herstellen, indem wir einfach bestimmen, welche Halluzination sich am ehesten mit dem aktuellen sensorischen Input deckt."[105]

Wenn auch nicht alle Fragen im Zusammenhang mit dem CBS von Ramachandran in der gleichen Weise beantwortet werden wie von uns, so können wir doch eine weitgehende Annäherung an unsere Theorie der Funktion der Selbstaffektion in der Wahrnehmung festhalten. Denn Ramachandrans Frage, ob wir nicht fortwährend halluzinieren, wird von der Theorie der phantasmatischen Selbstaffektion auch positiv beantwortet, wobei mit dem Hinweis auf die geringere Stärke der Selbstaffektion im Vergleich zur Wahrnehmung zugleich die Möglichkeit der Überschreibung und Verdrängung solcher phantasmatischer Anteile durch die wache Wahrnehmung verständlich wird. Es gibt also eine Art Konkurrenz zwischen Phantasma und Sinnlichkeit, allerdings ist die Sinnlichkeit in diesem Kampf wesentlich stärker.

Ramachandrans Interpretation bietet zudem Argumente dafür, dass die phantasmatische Selbstaffektion eine Top-down Leistung ist, die deswegen möglich ist, weil die primäre Sehrinde auch von höheren Sehleistungen beeinflusst werden kann. Das Modell der *Kommandozentrale*, die sowohl von unten als auch von oben her Informationen und Befehle zur Darstellung erhalten kann, scheint mir aus Sicht der phänomenologischen Analyse durchaus angebracht.

Allerdings verhält es sich nicht so wie im alltäglichen Leben, in dem die Befehle ‚von oben' größeres Gewicht haben als die ‚von unten'. In diesem Fall ist es vielmehr genau umgekehrt: Die Befehle zur Darstellung, die ‚von oben', also von eher begrifflichen Funktionen kommen, sind wesentlich schwächer als die Anweisungen zur Darstellung, die ‚von unten' kommen, und sie werden leicht durch diese verdrängt.

4.3. Die Poesie des blinden Flecks und die Ausfüllung von Skotomen

Wir werden jetzt einen weiteren Fall der Selbstaffektion kennenlernen, der sich in einer Situation einstellt, in der kleine Partien einzelner Sinnesfelder nicht gefüllt sind. Dies ist z.B. bei jedem gesunden Menschen bei dem bekannten „blinden Fleck" der Netzhaut der Fall. Es gibt aber auch spezielle Krankheitsbilder, sogenannte Skotome, bei denen größere oder kleinere Teile der Netzhaut aus physiologischen Gründen, z.B. wegen einer Störung einzelner Teile des Gehirns, keine korrekte Informationen weitergeben und deshalb eigentlich nichts darstellen können. In beiden Fällen gibt es interessanterweise Korrekturen des visuellen Feldes durch Leistungen unseres Gehirns. Es fällt allerdings schwer, hierbei von einer Leistung des Bewusstseins zu sprechen, da der Vorgang vollkommen unbewusst abläuft und sich weitgehend der Kontrolle unseres Willens entzieht.

Die Ausfüllung des blinden Flecks unserer Netzhaut geschieht durch sozusagen *sinngemäße* Produkte der Einbildungskraft, dies könnte man zumindest aus dem Gesichtspunkt unserer bisherigen Theorie der Selbstaffektion vermuten. Der blinde Fleck ist die Stelle der Netzhaut, an der die Nervenbahnen der Sehzellen die Netzhaut verlassen. An dieser Stelle kann es, dem Aufbau der Netzhaut gemäß, keine Sehzellen geben. Ramachandran bietet einige einfache und anschauliche Experimente, mit denen man selbst seinen blinden Fleck finden und die Effekte ausprobieren kann, die bei der Ausfüllung (filling in) des blinden Flecks entstehen.[106] Die erste Erfahrung besteht darin, dass man den blinden Fleck normalerweise nicht bemerken kann, d.h. dass er im normalen Wahrnehmen nicht auffällt. Unser Gehirn hat hierfür immer schon eine Ausfüllung geleistet, also das ‚Sehsystem' ergänzt die fehlenden Informationen gleichsam von selbst. Man kann aber mit einem einfachen Selbstversuch diese Ausfüllungsleistung in der eigenen Wahrnehmung feststellen.[107] Die Ausfüllung z.B. einer grauen Hintergrundfläche geschieht ohne Schwierigkeiten. Selbst die Ausfüllung eines durch den blinden Fleck unterbrochenen schwarzen Balkens gelingt. Sogar bei einem Balken, der oben weiß und unter dem blinden Fleck schwarz ist, gelingt sie; der erscheinende Balken ist dann in der oberen Hälfte weiß, unten schwarz. Es lohnt sich aber auch, die Grenzen dieses selbsttätigen Ausfüllens festzuhalten. Ein menschliches Gesicht, das vom blinden Fleck verdeckt wird, kann ich nicht ausfüllen, die Ecken eines Quadrats ebenfalls nicht.[108] Ein Kreuz, bei dem der Mittelpunkt vom blinden Fleck verdeckt wird und alle Achsen verschoben sind, wird zwar in der Vertikalen zu einem ‚geraden' Balken korrigiert, aber nicht in der Horizontalen.[109] Offenbar kann der neuronale Mechanismus, der für diese Art des Ausfüllens zuständig ist, vor allem sehr gut gleichmäßige Hintergrundmuster, z.B. Texturen, reproduzieren und auch einfache geometrische Formen, aber keine komplexen Gebilde wie z.B. Gesichter.

Ramachandran bietet dann noch einige Ergänzungen zur Ausfüllung von Hintergrundtexturen und einfachen geometrischen Gebilden bei Personen, bei denen sich durch Krankheit oder Unfall größere Lücken im Gesichtsfeld gebildet haben, sogenannte Skotome.[110] Diese großflächigen Ausfälle im Gesichtsfeld werden meist durch eine physische Verletzung der Sehrinde (also eines Teils des Gehirns) hervorgerufen. Manchmal entstehen zeitweilige Ausfälle auch durch die Verkrampfung einzelner Blutgefäße, die für die Versorgung der Sehrinde zuständig sind, z.B. während eines starken Migräneanfalls.[111] Ein Skotom macht sich dadurch bemerkbar, dass die Objekte, die in diesem Teil des Gesichtsfeldes erscheinen müssten, z.B. ein Bild oder eine Uhr an der Wand, nicht da zu sein scheinen, und an ihrer Stelle erstreckt sich scheinbar die völlig normal aussehende Wand oder die Tapete. Man sieht also, dass das Gehirn dazu in der Lage ist, nicht nur in den kleinen, fest umgrenzten Arealen des blinden Flecks das Fehlende zu ergänzen, sondern diese Fähigkeit erstreckt sich vielmehr über das ganze visuelle Feld.

Die Ergänzungsleistungen eines Patienten mit einem ausgedehnten Skotom werden von Ramachandran ausführlich beschrieben und diskutiert. Sie sind etwa dieselben wie die unseren hinsichtlich der Ausfüllung des blinden Flecks. Bei der Versuchsanordnung des senkrechten Balkens, der durch das Skotom unterbrochen wird, zeigten sich zuerst nur zwei getrennte Stücke, die dann aber nach einer kurzen Zeit gleichsam aufeinander zuwuchsen und sich verbanden, auch seitlich verschobene Linien wachsen zu einem ganzen, durchgehenden Balken zusammen, der Vorgang dauert in beiden Fällen etwa 5 Sekunden.[112] Kompliziertere Strukturen, wie z.B. eine Reihe von x-en oder Zahlen, waren schwieriger auszufüllen, Gesichter gar nicht.

Die Fähigkeit des Gehirns bzw. des Geistes zur Ausfüllung solcher Lücken muss wohl als Element der Ökonomie des Sehens im Ganzen verstanden werden.[113] Auch ohne eine Schädigung der Sehrinde oder der Netzhaut ist es sinnvoll und erspart höheren Aufwand, wenn die Teile des Gesichtsfeldes, die mit einer gleichartigen Textur ausgefüllt sind, dennoch uns nicht dazu nötigen, mit dem Auge jeden Quadratzentimeter anzusehen, damit sich ein Wahrnehmungsbild von ihnen einstellt. Der Geist füllt das gleichartige Terrain mit demselben Muster aus, das auch an den bereits gesehenen Stellen vorkommt, mit Ausnahme der deutlich hervorstechenden, anders aussehenden Stellen, die eine eigene Zuwendung verlangen. Das Sehsystem nimmt eine Art konservativer Flächeninterpolation vor, die sich an der sichtbaren Fläche orientiert, aber nicht auf begriffliche Vorstellungen oder Erinnerungen zurückgreift.[114]

Die Einsicht in die beschränkten Fähigkeiten zur Produktion komplexerer Gestalten führt Ramachandran dazu, die gleichsam konservative, gleichartige Ausfüllung des visuellen Feldes als eine bloße Wahrnehmungsergänzung zu interpretieren. Diese Art der Ergänzung stellt er der begrifflichen Ergänzung gegenüber, die, ebenso wie die willkürliche Phantasie, auch komplexe Gegenstände verbildlichen kann. Die Leistung der begrifflichen Ergänzung sieht er daher eher bei dem Charles Bonnet Syndrom am Werk.[115]

Für unsere bisherige Interpretation der Einfügungen und Ergänzungen durch die Fähigkeit der Selbstaffektion zeigt sich damit, dass es zumindest zwei verschiedene Typen von Selbstaffektion gibt. Bei den bisher untersuchten Fällen – z.B. den Gesichtern im Bettvorhang, der inneren Stimme, der Person am Telefon und auch den Halluzinationen der Charles Bonnet Patienten – handelt es sich offenbar vorwiegend um die zweite Klasse von Selbstaffektion, die ihren Inhalt aus Begriffen oder Typen nimmt, die mir *aus der Erfahrung* bekannt sind, d.h. um eine typische Ausfüllung.

In den Ergebnissen zur Ausfüllung von Lücken und blinden Flecken im Sehfeld zeigt sich meiner Meinung nach darüberhinaus die Fähigkeit der Selbstaffektion, in allen Teilen des visuellen Feldes eine ‚konservative Ausfüllung' anhand von inhaltlichen Vorgaben zu leisten, die *jetzt gerade in der Sinnlichkeit* gegeben sind, z.B. in Nachbarregionen des visuellen Feldes. Man könnte darin eine Art von *räumlicher* (flächiger) Interpolation desselben in der Selbstaffektion sehen. Daher lässt sich vermuten, dass es eine ähnliche Funktion auch bei einer *zeitlichen* Fortschreibung z.B. einer Bewegung geben könnte.[116] Allerdings ist diese wahrnehmungsökonomische, konservative Ausfüllung von Farben und Texturen nicht mit der komplexen Leistung der Selbstaffektion im Rahmen der typisierenden Auffassung gleichzusetzen. Zudem liegt bei der Ausfüllung des blinden Flecks und von Skotomen eine relativ starke Form der Ausfüllung vor, denn sie erscheint uns genauso wie Sinnlichkeit. Diese relative Stärke könnte auch aus dem Fehlen einer sinnlichen Konkurrenz verständlich werden, weil die Sinnlichkeit in den blinden Flecken nicht mit den Produkten der phantasmatischen Selbstaffektion konkurriert.

4.4. Korrektur und Umschreibung des Gesehenen im visuellen Feld

Es gibt eine weitere Erscheinungsweise der Selbstaffektion, die man am ehesten als eine Korrektur der Wahrnehmung bezeichnen kann. Ein erstes Beispiel kann uns direkt in diese Tätigkeit des Bewusstseins einführen. Betrachten Sie die abgebildete Figur, dann werden Sie schnell feststellen, dass es sich um eine Art Vexierbild handelt, und zwar sogar in verschiedener Hinsicht.

Figur 1

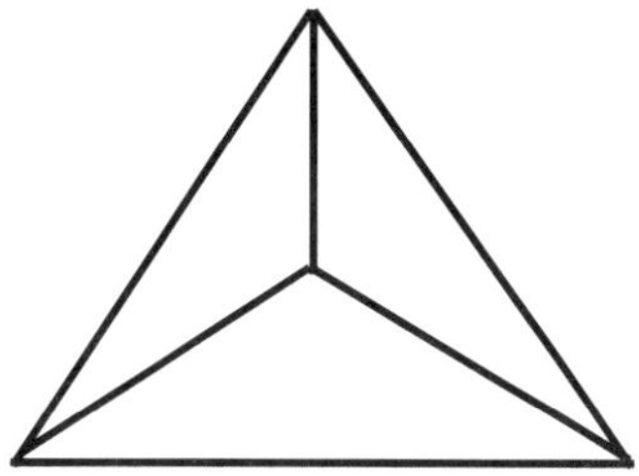

Es scheint sich zunächst um eine Zeichnung auf dem Papier zu handeln, also eine flache Konstruktion, die wir etwa ausführen würden, um den Innenkreis eines Dreiecks zu konstruieren. Aber manchmal erscheint es uns wie das Drahtmodell eines räumlichen Körpers, d.h. so, als ob es sich um die Zeichnung einer aus der Bildebene herausragenden Pyramide handelt; dann ragt die Spitze in der Mitte auf uns zu. Manchmal erscheint es uns aber auch so, als ob es eine tetraederförmige Vertiefung der Bildebene sei, dann ist der ganze Körper in die Bildebene hineingedrückt. Offenbar haben wir hier die Möglichkeit des Auffassungswechsels in verschiedener Hinsicht: Wir können die Zeichnung als Darstellung einer flachen Konstruktion interpretieren, wir können sie aber auch als perspektivische Abbildung eines räumlichen Körpers deuten, in diesem Fall haben wir dann noch die Alternative zwischen einer herausragenden und einer hineingedrückten Pyramide. Ich werde mich zunächst auf die Untersuchung der letzteren Alternative beschränken.

Betrachten Sie die Zeichnung und versuchen Sie, zwischen der herausragenden Pyramide und der hineingedrückten Pyramide zu wechseln. Es gelingt nach einiger Zeit recht gut, und man kann den Wechsel schnell und willentlich vollziehen. Interessanterweise hat man aber den Eindruck, als ob sich an dem *Anblick* der Pyramide bei diesem Wechsel irgendetwas verändert. Die herausragende Pyramide sieht irgendwie anders aus als die hineingedrückte, aber es ist schwer, nahezu unmöglich, den Unterschied zu beschreiben. Außerdem dauert der Wechsel immer noch eine gewisse Zeit lang, etwa eine Sekunde. Diese Zeitspanne zeigt uns, dass es sich um einen komplexen Prozess der Uminterpretation aller darstellenden Elemente handelt, den wir aktiv vollziehen müssen: Die Seitenlinien gehen jetzt nicht mehr hinauf, sondern hinab, die Ebene ist jetzt nicht mehr hinter der Spitze, sondern vor ihr usw. Das Endergebnis des Umdeutungsprozesses ist aber einheitlich und gibt jedem Element einen angemessenen Sinn.

Wir können dieses Rätsel des Verschieden-Aussehens der Pyramiden methodisch auf verschiedene Weisen angehen. Die für die Phänomenologie naheliegende Weise ist die Beschreibung der mit dem Wechsel der Auffassung verbundenen Intentionen: Die Auffassungsalternative besteht zwischen einer in die Ebene hineingehenden, leeren tetraederförmigen Aussparung und einer herausstehenden, massiven Pyramide. Da wir zunächst keine weiteren Anhaltspunkte haben, kann es scheinbar nur die ‚begriffliche Auszeichnung' des Unterschiedes sein, d.h. Spitze nach oben / Spitze nach unten, die die relative Lage der Spitze zu den übrigen Punkten eindeutig macht. Diese eher begriffliche Bestimmung hat aber auch einen leibvermittelten und kinästhetischen Aspekt: Wenn ich eine herausragende Pyramide sehe, so spüre ich ihre Spitze gleichsam schon unter meinem tastenden Finger. Wenn ich dagegen eine pyramidenförmige Aussparung sehe, dann bemerke ich gleichsam bereits die Aussparung im Gleiten meiner Finger über die Oberfläche. Man könnte sagen, dass die Spitze erst als solche leibhaft ‚begriffen' werden muss, damit sie ihren Ort, relativ zu den Orten der anderen Ecken, erlangt.

Wir haben aber auch die Möglichkeit, das Rätsel ganz anders anzugehen, nämlich mit einer physikalisch-geometrischen Analyse dessen, was sich für unser Auge hier eigentlich bietet, und worin die Unterschiede liegen, wenn wir eine herausragende bzw. wenn wir eine hineingedrückte Pyramide sehen. Betrachten wir also jetzt die beiden Fälle unter diesem Gesichtspunkt, d.h. so, als ob sich für uns eine wirkliche, reale massive Pyramide oder eine wirkliche pyramidenförmige Aussparung zeigen würde, auf die wir von oben herabsehen. Da wir mit zwei Augen sehen und dies eine der wesentlichen Bedingungen des räumlichen Sehens ist, erscheint eine aus der Ebene herausragende Pyramide in meinen zwei Netzhautbildern auf andere Weise als eine in die Ebene hineingedrückte. Bei der herausragenden Pyramide ergeben sich folgende visuelle Bilder (schematisch und etwas übertrieben), die Spitze müsste nämlich in beiden Netzhautbildern nach innen verschoben erscheinen, d.h. auf meine Nase hin:[117]

Figur 2: Netzhautbild der Pyramide

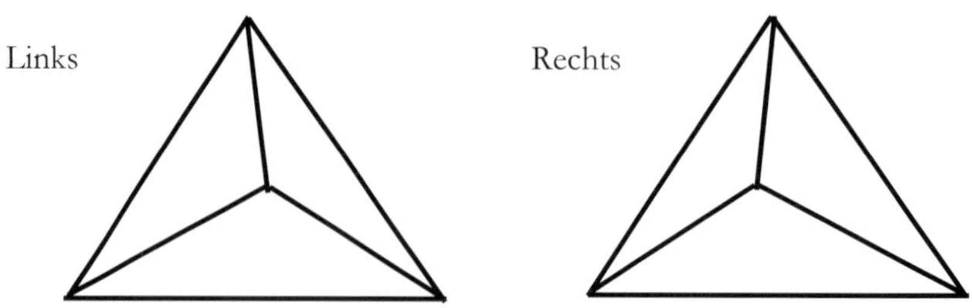

Bei der „hineingedrückten Pyramide" bzw. der pyramidenförmigen Aussparung sieht die perspektivische Ansicht dagegen anders aus, die Spitze müsste in beiden Fällen nach außen hin verschoben sein, d.h. von meiner Nase weg:

Figur 3: Netzhautbild der Ausspaarung

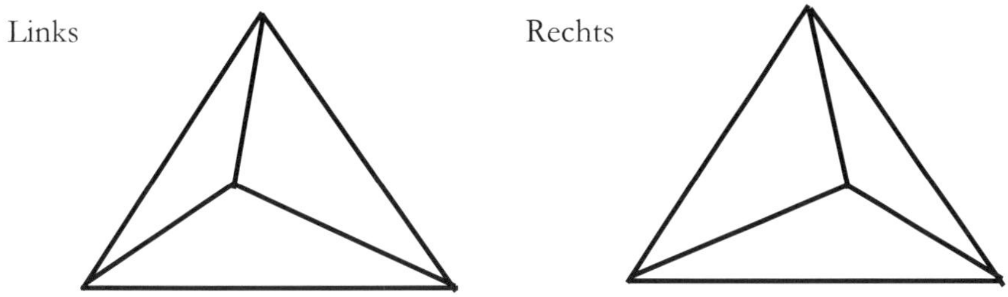

In beiden Fällen der wirklichen Ansicht einer massiven herausragenden Pyramide oder einer pyramidenförmigen Aussparung muss aber die im rechten und linken Netzhautbild verschiedene Erscheinung korrigiert werden. Heute bevorzugt man hierfür einen Ausdruck aus der numerischen Transformation von Grafiken: Beide Bilder müssen vom Gehirn irgendwie zu einem einzigen *verrechnet* werden. Dasjenige, was wir in beiden Fällen ‚wahrnehmen', d.h. was sich als Darstellung der realen Pyramide (bzw. der realen pyramidenförmigen Aussparung) in unserem Geist darbietet, ist keine unveränderte Überlagerung der beiden Netzhautbilder, denn so etwas Widersprüchliches sehen wir nicht, sondern wir nehmen eine Art Kompromiss wahr, bei dem die herausragende Spitze der Pyramide (bzw. der hineinragende, tiefste Punkt der pyramidenförmigen Aussparung) sich jeweils „in der Mitte" befindet. Die Herstellung dieses geometrischen Kompromisses verlangt von unserem Gehirn eine Verrechnung der beiden Netzhautbilder zu einem einzigen nicht mehr widersprüchlichen Gebilde. Das neue Wahrnehmungsbild ist sozusagen eine durch den aktiven Eingriff der Einbildungskraft in das Wahrnehmungsbild erzeugte Darstellung des Gegenstandes. Der Herstellungsprozess der Darstellung wird von uns normalerweise nicht bemerkt, und er wird an jedem realen Gegenstand vollzogen, der sich notwendigerweise perspektivisch für uns darbietet. Dennoch erscheinen uns die Dinge unserer Umgebung in unserer Wahrnehmung ganz normal und auch nicht verändert.

Die Einbildungskraft ist also immer in unserer Wahrnehmung tätig, und sie schafft aus den gebotenen Bildern des Sehapparates neue, durch Verschiebung und Verrechnung entstandene Darstellungen des Gegenstandes, die uns als reale Gegenstände erscheinen.

Bei der flachen schematischen Zeichnung (Figur 1), die wir sowohl als Pyramide als auch als Aussparung interpretieren, gleichsam sehen können, geht der mit dem Sehen beschäftigte Teil des Gehirns[118] also von einer Interpretation des Gegenstandes als Ganzem aus, d.h. von einer bestimmten Lage im Raum, von bestimmten Eigenschaften (z.B. spitz) usw., somit von dem Ende und Ziel der Gegenstandskonstitution, und von da aus bestimmt er die Art der Interpretation der Netzhautbilder neu. Bei unserer schematischen Zeichnung ist nun irritierend, dass keine Korrektur und keine Verrechnung zu einem Kompromiss notwendig ist, das Netzhautbild also schon so aussieht wie das Wahrnehmungsbild. Es zeigt aber, dass unser Gehirn auch mit solchen irritierenden Fällen zurechtkommt und wir auch hier räumliche Dinge sehen können.

Im folgenden Kapitel werden wir wieder mit einer phänomenologischen Analyse aufzuklären versuchen, in welchen verschiedenen Schichten der Konstitution es Effekte der Selbstaffektion gibt.

5. Gibt es Selbstaffektion in allen Schichten der Konstitution?

5.1. Die Schichten der Konstitution - das ABC der Konstitution

In diesem Kapitel werde ich im Rahmen der phänomenologischen Theorie der Konstitution untersuchen, wie weit die Selbstaffektion in den fundierenden konstitutiven Leistungen „hinunter" und wie weit sie „hinauf" reicht. Die bildhafte Metapher vom Unten und Oben der Konstitution soll dahingehend präzisiert werden, dass es zumindest fünf Schichten der Konstitution gibt, bei denen die jeweils niedrigere eine fundierende Grundlage für die jeweils höhere bildet. Es handelt sich hierbei also um so etwas wie das ABC der Konstitution, wie es Husserl einmal bezeichnet hat.[119]

Ich gehe mit den Analysen von Husserl davon aus, dass die niedrigste Schicht der Konstitution im inneren Zeitbewusstsein liegt. Hier werden aus dem hyletischen Fluss in allen Sinnesfeldern sinnliche Daten und ihre Dauer konstituiert.

Diese Daten bilden dann die fundierende materiale Grundlage auf der nächst höheren Schicht, d.h. der Konstitution der sinnlichen Abgehobenheiten in den sogenannten passiven Synthesen. Diese passiven Synthesen beruhen auf der Gegebenheit von sinnlichen Daten, und sie gehen auf der Grundlage von sinnlicher Homogenität und Heterogenität in einer gleichsam instinktiven Aktivität weitgehend passiv vor sich. Ihr Konstitutionsprodukt sind die sog. Abgehobenheiten, das sind sinnlich erscheinende Elemente wie Kanten, Umrisslinien, Anfang und Ende von sinnlichen Gegebenheiten, Töne usw., die allein für sich betrachtet noch keine Gegenstände darstellen, aber dennoch schon bleibende Gegebenheiten z.B. im visuellen Feld ergeben. Ihre Konstitution bedarf noch keiner erfahrungsgegründeten, begriffsähnlichen Funktion wie des Typus (bzw. Schema), formal gesehen entstehen sie allein im Fluss und anhand der Vorgaben des sinnlich Gegebenen. Daher heißen sie auch passive Synthesen.

Auf der Grundlage der Vorgegebenheiten baut sich dann die typisierende Apperzeption auf, die auf bleibende, in der Anschauung gegebene Gegenstände gerichtet ist, d.h. die Stufe der Intentionalität. Hier lässt sich das Grundmodell der Konstitution als Synthesis von vorgegebenem Material am besten erläutern. Schon die britischen Empiristen und in ihrer Folge auch Kant und Husserl sind zu der Einsicht gelangt, dass der Motor der Wahrnehmung und der Erkenntnis die Synthesen des Bewusstseins sind. Man muss hierzu das Modell der Synthesis in einer sehr allgemeinen Fassung verstehen: Synthesis besteht darin, dass das Bewusstsein eine Menge vorgegebener, verschiedener Vorstellungen zu einer neuen Vorstellung vereinigt. Dieses ganz allgemeine Modell der Synthesis ist auf allen Stufen der Konstitution zu finden.

Das beste Beispiel ist die Wahrnehmung, die verschiedene Anschauungen (in verschiedenen Sinnesfeldern) zu der Darstellung eines Gegenstandes vereinigt. Ich sehe etwas Gelbes mit der Form einer Zitrone, und rieche einen fruchtigen Geruch, beides verbinde ich zu der Darstellung der Zitrone in der Sinnlichkeit. Bei dieser Verbindung in der Wahrnehmung brauchen wir als Hilfsmittel der Synthesis eine Vorstellung desjenigen Gegenstandes, der sich zeigen ‚soll', und zwar verwenden wir diese Vorstellung als Leitfaden für das Aufsuchen, die Auswahl, die Interpretation und die Verbindung der Anschauungen, die für eine anschauliche Darstellung dieses Gegenstandes zu vereinen sind.[120] Für Kant ist dieses Hilfsmittel der Begriff. Mit Hilfe des Begriffs (bzw. seines Schemas) werden die gegebenen Anschauungen zu einer anschaulichen Darstellung des Gegenstandes vereinigt. Der Begriff ist dabei das Mittel, mit dessen Hilfe die Zusammengehörigkeit der Anschauungen (d.h. ihre ‚Einheit' im Gegenstand) gedacht wird. Bei Husserl ist dieses Mittel der erfahrungsgegründete Typus.[121]

Dasjenige, was der Synthesis als verbindbares, anschauliches ‚Material' zugrundeliegt, muss immer ‚vorgegeben' sein.[122] Dieses Vorgegebensein hat verschiedene Aspekte. Einerseits muss das Material *dasselbe* bleiben, also als Identisches erfahrbar sein. Weiterhin ist das vorgegebene Material dasjenige, nach dem sich die Wahrnehmung richten muss. Die Möglichkeit der Wahrnehmung eines Gegenstandes bleibt für uns immer von der gegebenen Anschauung abhängig. Wir können nicht willentlich aus beliebig uns vorgegebenem Material dasjenige synthetisch ‚machen', was wir gerade erkennen wollen. So muss die Kante eines Tisches, die Umrisslinie eines Gesichts, einer menschlichen Gestalt usw. vorgegeben sein. Im Verhältnis zur Synthesis der Wahrnehmung hat die Anschauung in der Form von sinnlichen Abgehobenheiten also den Charakter der Unveränderlichkeit, d.h. des in dieser Stufe der Synthesis gerade nicht Synthetisierten. Das schließt natürlich nicht aus, dass dieses Vorgegebene wiederum als Produkt einer Synthesis zu betrachten ist, und somit aus einer tieferen Stufe der Synthesis stammt.

Man kann vermuten, dass diese vorhergehende Synthesis der Abgehobenheiten ihrerseits nicht von dem Begriff (bzw. dem Schema oder Typus) abhängt, der in der Wahrnehmung verwendet wird. Wir können zwar aus dem Hasen-Enten-Kopf einen Hasen und eine Ente wahrnehmen, wir verwenden dabei aber dieselben, sich abhebenden Linien. Im Gegensatz dazu haben unsere bisherigen Untersuchungen zur Selbstaffektion gezeigt, dass dies für die chimärischen Linien und phantasmatischen Empfindungen gerade zutrifft: Sie sind von der Vorstellung des wahrgenommenen Dinges, d.h. vom Schema bzw. Typus des Gegenstandes abhängig.

Kant ist in diesem Punkt, nämlich dass das Material der Synthesis vorgegeben ist, scheinbar anderer Ansicht. An einer Stelle der Transzendentalen Deduktion der 2.Auflage der *Kritik* behauptet er, dass wir nicht einmal eine Linie sehen können, ohne dass diese Linie durch unsere Synthesis vorher erzeugt wird: (B 154): „Wir können uns keine Linie denken, ohne sie in Gedanken zu ziehen, keinen Zirkel [Kreis] denken, ohne ihn zu beschreiben [...]" Allerdings bezieht sich diese Stelle offensichtlich auf die Konstruktion einer geometrischen Geraden und nicht auf die in der Erfahrung vorgegebenen unregelmäßigen Linien. Selbst wenn wir einsehen, dass wir im Falle der geometrischen Konstruktion von einem Begriff und einer Konstruktionsvorschrift ausgehen müssen, so heißt dies nicht, dass sich die Linien, die sich in der Anschauung zeigen, nur deshalb zeigen, weil wir einen Begriff (oder ein Schema) haben, der ihre Konstruktion erlaubt. Dies trifft nur auf die von der Einbildungskraft eingezeichneten Produkte der Selbstaffektion zu. Die sinnlich gegebenen Umrisslinien eines zerknüllten Papiers oder eines zerklüfteten Steins sind nicht begrifflich festgelegt. Hier muss sich die Konstitution der sinnlichen Abgehobenheiten von der Sinnlichkeit leiten lassen. Auch dies ist in der Rede von der Vorgegebenheit des Materials der Anschauung mitgemeint.

In diesem Punkt ist Kant dennoch nicht ganz entschieden. Einerseits kennt er die dichterische Einbildungskraft, d.h. er weiß, dass es durchaus Synthesen geben kann, bei denen Elemente des Gegebenen gerade gemäß der vollzogenen Synthese und zu ihrer Erfüllung erst produziert werden, und zwar abhängig von dem jeweiligen Begriff. Man kann sagen, das anschauliche Material wird zum Teil sicher ‚bei' und ‚während', eventuell sogar ‚durch' diese Synthese hergestellt. Kant belässt in der 2. Auflage der *Kritik* den Begriff der *synthesis speciosa* (eine Art täuschender Synthesis)[123]: Die *synthesis speciosa* kommt der Wahrnehmung in den Fällen zu Hilfe, in denen das vorgegebene Material für die anschauliche Präsentation des gemeinten Gegenstandes nicht ausreicht. Andererseits ist die Anschauung das entscheidende Korrektiv des Wahrnehmens und Erkennens, das verhindert, dass wir uns auf einen Gebrauch der Begriffe einlassen, der die Grenzen des möglichen, wahrheitsfähigen Sinnes überschreitet. Es darf daher auch für Kant keine Selbst-Erfüllung der Begriffe durch eine den Begriffen entsprechende, selbstgemachte Sinnlichkeit geben.[124]

Die Materialien der Wahrnehmung sind aber noch keine Gegenstände, sondern lediglich so etwas wie ‚Kanten' oder ‚Flächen', die mit bestimmten Formen oder Gestalten begrenzt werden. Husserl nennt dies Abgehobenheiten. Sie sind sozusagen das Baumaterial der Wahrnehmung, das z.B. unser Gesichtsfeld füllt. Es gibt dieses Material aber auch in anderen Sinnesfeldern: Anfang und Ende von Tönen, Geschmäckern, Gerüchen, Tastempfindungen. Aber unter dem anschaulichen Baumaterial der Wahrnehmung (in der Form von Abgehobenheiten) gibt es noch keine eigentliche Verbindung zu einem Gegenstand. In dieser Hinsicht hat Kant Recht, wenn er behauptet, dass sich in diesem vorgegebenen Baumaterial der Anschauung noch keine Ordnung und auch keine Verbindung findet: „Allein die Verbindung (conjunctio) eines Mannigfaltigen überhaupt, kann niemals durch Sinne in uns kommen." (B 129) Die Verbindung zur Darstellung eines Objekts leistet erst der Verstand, indem er mit Hilfe des Begriffs (bzw. Schemas) die Fragmente in der Anschauung als ‚Darstellung eines einheitlichen Gegenstandes' deutet. Von sich aus besitzen sie eine solche Verbindung nicht. Kant formuliert dies so deutlich, damit wir uns bewusst bleiben: „dass wir uns nichts als im Objekte verbunden, vorstellen können, ohne es vorher selbst verbunden zu haben." (B 130).

Allerdings ist aus der Sicht der Phänomenologie die Richtigkeit dieser Aussage auf die synthetische Verbindung der sinnlichen Abgehobenheiten zu der Darstellung von wahrgenommenen Gegenständen beschränkt. Die Konstitution der Abgehobenheiten selbst, die auf tieferer Stufe stattfinden muss, gehorcht nicht dem Begriff. Sie ordnet sich in formaler Weise nach der vorgegebenen Homogenität und Heterogenität der sinnlich anschaulichen Daten.

Was unsere synthetische Vereinheitlichung in der Wahrnehmung dann aus dem Baumaterial der Abgehobenheiten herstellt, ist nicht nur eine Verbindung, sondern zugleich eine Deutung, d.h. eine Interpretation des sinnlich Gegebenen, das auf verschiedene Sinnesfelder verteilt ist, ‚als Darstellung' von etwas Einheitlichem, z.B. eines Tisches, eines Menschen oder einer Zitrone, einer tönenden Geige usw. Was wir also in der Wahrnehmung leisten, ist die Herstellung einer Darstellung des Gegenstandes, den wir mit Hilfe eines Begriffes denken, und zwar aus den anschaulich vorgegebenen Abgehobenheiten in unseren Sinnesfeldern.

Es ist aber zu beachten, dass sich das Baumaterial der typisierenden Apperzeption (d.h. die Abgehobenheiten) selbst einer tieferliegenden, passiven Synthesis verdanken muss, einer Synthesis, die im normalen Fall nicht von einem Begriff, wie z.B. Tisch oder Mensch, geleitet wird. Es liegen Kanten, Knicke, Anfänge, unregelmäßige Begrenzungslinien usw. in der Sinnlichkeit vor. Dies sind allesamt Gegebenheiten, die nicht mit Hilfe von Begriffen synthetisch vereinheitlicht werden. Kanten und Gestaltfragmente benennen wir zwar im Nachhinein mit Begriffen, aber wir verbinden ihre Darstellungsbestandteile nicht mit Hilfe des Begriffs ‚Kante' oder ‚unregelmäßig geformte Umrisslinie'.

Die Umrisslinie eines Blattes kann abgerundete Zacken haben, ausgefranste oder sägezahnartige. Sie kann aber auch ganz unregelmäßig geformt sein. Die Gestalt der Begrenzungslinien und Zacken wählen wir jedoch nicht mit der Hilfe dieser Begriffe aus dem Material der Sinnlichkeit aus, d.h. wir konstituieren sie nicht mit Hilfe eines Begriffs. Auf der nächsthöheren Schicht der Konstitution stellt die Auswahl des darstellenden sinnlichen Materials im Rahmen der Wahrnehmung dagegen eine Funktion des Begriffes dar (bzw. des Schemas). Der Begriff hilft auszuwählen, was in der Sinnlichkeit den Gegenstand darstellt und was nicht, er leitet die Handlung der Herstellung einer Darstellung. Diese „Auswahl" des Darstellenden wird auf der tieferen Stufe der Konstitution der unregelmäßig geformten Blattränder selbst – die wir hier nur als sinnliche Abgehobenheiten betrachten, und noch nicht als Teile eines Gegenstandes – dagegen ganz von der Sinnlichkeit selbst geleitet, z.B. indem das Blatt eine andere Farbe hat und sich in der einheitlichen Helligkeit vom Hintergrund abhebt.

Diese Art der passiven Synthesis, die für das Baumaterial der Wahrnehmungen charakteristisch ist, nennt Husserl eine Synthesis von sinnlichen Abgehobenheiten. Die Zusammenfügung der Elemente der Sinnlichkeit erfolgt in Synthesen der Homogenität (z.B. gleiche Farbe, Helligkeit) und Heterogenität (ungleiche Farbe, Helligkeit, Anfang, Ende von Tönen). Das Resultat dieser Synthesis sind die oben genannten unregelmäßigen Kanten, Anfänge, Enden und die unregelmäßig geformten Begrenzungslinien (Gestalt-Fragmente). Aber die Abgehobenheiten sind gleichsam immer nur Töne, noch keine Melodie, hierzu müssen sie erst auf der Stufe der intentionalen typisierenden Apperzeption zusammengefügt werden. Das heißt, erst auf der Stufe der Wahrnehmung werden abgehobene ‚Linien' zu Umrisslinien von Gegenständen umgedeutet.

Die eben vorgetragene Folgerung – d.h. die Notwendigkeit, sinnlich vorgegebene Abgehobenheiten im Sinne von Gestalt-Fragmenten anzunehmen – kann man eventuell mit systematischen Argumenten noch innerhalb eines sinngemäß modifizierten Kantischen Ansatzes nachvollziehen. Die folgenden zwei Thesen über ‚noch tiefere' und ‚noch höhere' Stufen der Synthesis gehen jedoch über den Gesichtskreis der Kantischen Philosophie hinaus, obwohl auch hier das Grundmodell der synthetischen Vereinheitlichung verwendet wird. Ich gehe hierzu kurz auf Husserls Analysen über die Konstitution von dauernden Daten im inneren Zeitbewusstsein und auf seine These von der kategorialen Anschauung ein. Zuvor werfen wir jedoch noch einen Blick auf einige Ergebnisse der Wahrnehmungsphysiologie.

Die Wahrnehmungsphysiologie hat es scheinbar auch mit Effekten der Selbstaffektion zu tun, die sich auf der Leistungsebene der sinnlichen Abgehobenheiten zeigen, z. B. beim sogenannten Kanisza-Dreieck.

Abbildung 4: Kanisza-Dreick

Es gibt auch Formen der konservativen Gestalt- oder Bewegungs-Auszeichnung auf der Ebene der Abgehobenheiten. Husserl erwähnt z.B. den Anblick von nacheinander aufflammenden Lichtern im Rheintal. Auch hierin liegt eine Richtungshaftigkeit der Vorzeichnung, sozusagen eine induktive Tendenz in den Synthesen des inneren Zeitbewusstseins und der Abgehobenheiten.

Jetzt könnte man daran zweifeln, ob die Gestaltergänzung durch die chimärischen Linien der Selbstaffektion schon auf der relativ niedrigen Ebene der Konstitution von Abgehobenheiten wirklich Schemata (bzw. Typen) von Gegenständen braucht. Z.B. bei sinnlich angedeuteten Kanten könnte man eine eigenständige Dynamik der Fortsetzung solcher Linien vermuten. Diese Fortsetzung kann aber in verschiedenen Richtungen vor sich gehen (vgl. Abb. 5). Das heißt: Erst der konstituierte Gegenstand als Ganzer (und damit der Typus) entscheidet über die Richtung der phantasmatischen Verlängerung durch die imaginären Linien.

Abbildung 5:

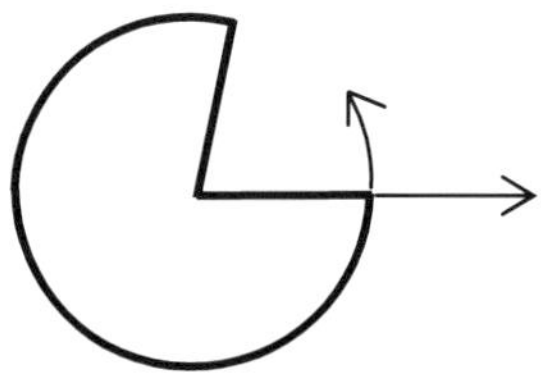

Auch die Wahrnehmungsphysiologie hat diesen Effekt zum Thema gemacht und interpretiert das Phänomen mit der Hypothese von Synergie-Effekten: Die Sinneszellen auf der Netzhaut reagieren so, als ob es eine fortgesetzte Linie wäre.[125] Aber welche Fortsetzungsmöglichkeit wird dann bevorzugt werden? Die Entscheidung zugunsten des weißen Kanisza-Dreiecks weist hier deutlich auf einen Top-down-Effekt der typisierenden Wahrnehmung hin.

Wenn man jetzt auf die Möglichkeit der Selbstaffektion blickt, dann wird das systematische Problem, das die chimärischen Linien aufwerfen, sofort deutlich. Die fehlende Linie der Gestalten im Bettvorhang, der nicht ertönende Klang der Stimme beim Lesen des Briefs, das nicht gesehene Gesicht des Sprechenden beim Hören am Telefon erscheinen für uns „wie sinnlich gegeben", aber sie können nicht ein Produkt der passiven Synthesen sein, wie es bei solchen Abgehobenheiten normalerweise der Fall ist. Die Leitung ihrer Konstitution ist auch nicht passiv (in Heterogenität und Homogenität), sondern ihre Sichtbarkeit bzw. Hörbarkeit verdankt sie einer produktiven Leistung der Einbildungskraft, die vom Schema (bzw. Typus) des wahrgenommenen Gegenstandes bzw. Ereignisses geleitet ist.

Wie soll man dies verstehen und mit den bisherigen Ansätzen in Einklang bringen? Man könnte sagen, die chimärischen Linien kehren die normalen

Konstitutionswege um. Oder man könnte sich der Sprache der Neurologie bedienen und von einer Top-down-Leistung sprechen, d.h. von einer Leistung, bei der höherstufige Konstitutionsleistungen auf niedrigerer Stufe der fundierenden Leistungen Effekte zeigen. Aus Sicht der phänomenologischen Analyse der Konstitution muss man hier von einer *Rückwirkung* von höherstufigen und erfahrungsgegründeten Leistungen auf niederstufige Leistungen sprechen. Die Eingriffe der phantasmatischen Selbstaffektion zeigen, dass auch die umgekehrte Richtung der Beeinflussung möglich ist.

5.2. Die Konstitution von Sinnesdaten im inneren Zeitbewusstsein

Man könnte nun vermuten, dass das Hinuntersinken bzw. Rückwirken der typisierenden Apperzeption auf jeweils tiefere Schichten nur bis zu den sinnlich gegebenen Abgehobenheiten geht, d.h. dass das Heruntersinken nicht weiter nach unten, in noch tiefere Schichten der Konstitution, möglich wäre. Doch diese Vermutung ist wohl nicht zutreffend. Wie wir im Folgenden bei der Untersuchung der Konstitution im sogenannten inneren Zeitbewusstsein sehen werden, gibt es wohl auch Eingriffe der Selbstaffektion im inneren Zeitbewusstsein, und zwar in verschiedenen Formen.

Unterhalb der Konstitution von Abgehobenheiten, die in Synthesen der Homogenität (z.B. gleiche Farbe, Helligkeit) und der Heterogenität (ungleiche Farbe, Helligkeit, Anfang, Ende von Reizen) ablaufen, muss man so etwas wie Sinnesdaten voraussetzen, z.B. ‚Gründaten'. Husserl ist nun der Ansicht, dass auch diese Daten bereits das Ergebnis einer Synthesis sind, und dass in dieser tiefsten Stufe der Synthesis auch die Zeitlichkeit dieser Daten mitkonstituiert wird. Wie geht das vor sich?

Eine grundlegende Voraussetzung der Synthesis im inneren Zeitbewusstsein ist die Fähigkeit des menschlichen Geistes zur *Retention*, d.h. die Fähigkeit, auftretende Sinnesreize eine Zeitlang ‚festhalten' zu können. Die sinnlichen Gegebenheiten verschwinden nicht einfach, sondern sie bleiben dank der retinierenden Aktivität kurzfristig lebendig. Gemeint ist mit Retention – die Husserl auch ‚primäre Erinnerung' nennt[126] – nicht das physikalische Nachklingen bestimmter sinnlicher Gegebenheiten, z.B. der Klang einer Glocke, deren Ton allmählich immer leiser wird. Gemeint ist auch nicht ein physiologischer Nachklang. Retention ist eine intentionale Leistung. Gemeint ist z.B. unsere Fähigkeit, ein Wort solange anschaulich lebendig zu erhalten, bis seine Bedeutung im Rahmen eines Satzes durch das Verb bestimmt ist; oder unsere Fähigkeit, den objektiv zeitlich vergangenen Ton in einer Melodie dennoch so lange lebendig zu halten, damit wir feststellen können, auf welche Weise er sich mit den folgenden Tönen zusammenfügt, ob es einen harmonischen Dreiklang gibt oder nicht, usw. Charakteristisch ist für Retentionen, das diese schnell schwächer und undifferenziert werden und schließlich ganz verschwinden.

In den *Vorlesungen zur Phänomenologie des inneren Zeitbewusstseins (1904/05)* arbeitet Husserl heraus, wie sich auf dem Erfahrungsboden eines gegebenen hyletischen Flusses, d.h. einer in sich fließenden sinnlichen Gegebenheit in allen Sinnesfeldern, Daten mit ihrer Dauer konstituieren: In dem Zusammenspiel von Urhyle und den ablaufenden, sozusagen heruntersinkenden retentionalen Beständen können sich Sinnesdaten und ihre Dauer ‚zeigen'. Dieses Sich-Zeigen ist die grundlegende Art der Konstitution von Zeit. Der hier zugrundegelegte Erfahrungsboden besteht einerseits aus dem hyletischen Strom und andererseits aus den absinkenden Retentionen verschiedener Stufe. Retentionen bleiben also in modifizierter Weise noch anschaulich gegeben, obgleich sich die Art der Gegebenheit auf charakteristische Weise graduell immer mehr abschwächt.

Man könnte auch von einer, für das Versinken in die Vergangenheit charakteristischen ‚Zeitperspektive' sprechen. Husserl nennt sie ausdrücklich „eine Art zeitlicher Perspektive (innerhalb der originären zeitlichen Erscheinung) als Analogon zur räumlichen Perspektive".[127] Zwischen diesen verschiedenen Gegebenheiten, d.h. der Urpräsenz und den retentionalen Gegebenheiten in verschiedener Stufe des Absinkens, stellen sich dann Deckungssynthesen ein, auf die ich noch eingehen werde. Durch diese stellen sich einerseits die Daten dar (Sich-Darstellen ist eine der Bedeutungen von ‚konstituieren'), und in ihnen konstituiert sich andererseits zugleich die zeitliche Erstreckung der Daten.[128]

Die folgenden Darstellungen beziehen sich weitgehend auf das unten abgebildete Diagramm der Zeitkonstitution. Die Deckungssynthesen, die hier als Auffassungsgrundlage für die Daten und ihre Dauer dienen, entstehen in dem Zusammenspiel von ständig anströmender und sich gelegentlich auch verändernder, sinnlicher Urpräsentation (angedeutet durch die horizontale Linie der aaabbbbcccc) und retentionalen Beständen (angedeutet durch die schräg nach rechts unten herabsinkenden retinierten Bestände b^1, b^2, b^3, ..., wobei der Index die Sinktiefe andeutet bzw. den Grad des Verblassens).[129] Natürlich liegt hierin die begründete Beschränkung auf den denkbar einfachsten Fall, d.h., dass nur in einem einzigen Sinnesbereich, der zudem noch auf eine eindimensionale Betrachtung beschränkt werden kann, wie z.B. ein einzelner sich modifizierender Ton, der Konstitutionsprozess betrachtet wird. In der Darstellung ist die aktuell erlebte Phase des Bewusstseinsstromes durch die Reihe fettgedruckter Buchstaben markiert. Die Richtung der Aufmerksamkeit bei der Konstitution von Daten und ihrer Dauer (und der sie erfüllenden Deckungssynthesen) ist *quer* zur horizontalen Achse der neu anströmenden Daten, so dass die durch sie hindurchgehende Intentionalität *Querintentionalität* genannt werden kann (angedeutet durch den vertikal nach unten durchgehenden Pfeil). In dieser Betrachtungsweise, gleichsam quer zur Richtung der neu anströmenden Daten, ist die Aufmerksamkeit in der Jetzt-Phase auf die zugleich erlebten und damit ‚übereinander' liegenden und zudem intuitiv gegebenen Elemente des Bewusstseins gerichtet. Ich bemerke also, dass die ‚gerade zuvor' erlebte sinnliche Gegebenheit noch retentional präsent ist, und zwar nicht nur in einer einzigen Stufe retentionaler Versunkenheit, sondern bereits in mehreren Stufen unterschiedlicher ‚Sinktiefe': b^1, b^2, b^3, ...

Aber ich bemerke auch, dass es *dieselbe* hyletische Gegebenheit ist (angedeutet durch die Verwendung desselben Buchstabens b), z.B. der Ton b oder ein plötzlich aufgeflammtes rotes Lämpchen auf einem dunklen Hintergrund. Dieses ‚Bemerken' – nämlich, dass es sinnlich *dieselbe* Gegebenheit geblieben ist, die also als dieselbe erfasst wird, weil die retentionalen Bestände noch lebendig sind, d.h. weil sie sinnlich dieselben geblieben sind – nennt Husserl *Deckungssynthesis*. Hier handelt es sich um eine erlebte sinnliche Gleichartigkeit zwischen den jetzt aktuell sinnlich gegebenen b und seinen retentionalen Modifikationen verschiedener Sinktiefe.

Wir bemerken aber das *Absinken* und das *Unlebendig-Werden* derselben Gegebenheit mit, d.h. wir haben damit anschaulich gegeben, dass die sinnliche Gegebenheit ‚eine kurze Zeit lang' dieselbe blieb. Diese Rede von Zeit und Dauer ist aber noch unangemessen objektivierend und daher nur metaphorisch, denn es geht gerade darum, wie sich Dauer in einer vor- und unzeitlichen hyletischen Dimension *für uns zeigt*. Die Deutung der bemerkten Deckungssynthesen als Dauer ist möglich und auch berechtigt auf der im Jetzt gegebenen sinnlich-hyletischen Grundlage zusammen mit den retentionalen Beständen. Denn: Wir sehen nicht nur die jetzt gerade gegebene sinnlich-hyletische Fülle (b), sondern wir sehen ‚durch' die sinnliche Urpräsenz ‚hindurch' (wie bei übereinander liegenden, durchsichtigen Folien) die abgeflossenen Phasen (b^1, b^2 usw.) und bemerken deren sinnlich-hyletische Gleichheit im Modus sich abschwächender Retentionen. Diese Besonderheit der Deckungssynthesen als Bemerken des sinnlich Gleichbleibenden im *Hindurchsehen* durch die übereinander liegenden, aber hyletisch-sinnlich-material gleichbleibenden Schichten von Gegebenheiten ist der Kern von Husserls Konzeption der Zeitkonstitution.[130]

Abbildung 6: Diagramm der Zeitkonstitution

a	**a**	**a**	**b**	**b**	**b**	**b**	**b**	**c**	**c**	**c**
a^1	a^1	a^1	b^1	b^1	b^1					
	a^2	a^2	a^2	b^2	b^2					
		a^3	a^3	a^3	b^3					
			a^4	a^4	a^4					

In der Überdeckung und dem Durchscheinen der gleichartigen sinnlichen Gegebenheiten bietet sich ein Anhalt (Inhalt) für die Auffassung als ein bleibendes und dauerndes Gründatum, ein dauerndes, gleichartiges Tondatum usw. Wir bemerken, dass das, was ‚jetzt' gegeben ist, auch dasselbe ist, das ‚zuvor' gegeben war, weil es retentional präsent bleibt. Dies ist auch dann zu bemerken, wenn es schon, aus der Sicht der physikalischen Zeitmessung, d.h. objektiv zeitlich, vergangen ist.

In unserem Beispiel sind die anströmenden hyletischen Daten in der horizontalen Urpräsenzlinie zuerst von der sinnlichen Qualität a, dann verändern sie sich in b und schließlich zu c. Das retentionale Herabsinken ist mit hochgestellten Zahlen signiert, so dass die Zeile unter der Urpräsenzlinie überall die gleiche Stufe des Herabgesunkenseins hat, die weiteren Zeilen ebenso. Die retentionale Präsenz ist aber begrenzt, d.h. irgendwann verblasst die Retention so weit, dass ab dieser Grenze die retentionale Präsenz endet. Es ist wahrscheinlich, dass man durch größere Aufmerksamkeit die Grenze der Präsenz für einzelne Gegebenheiten erweitern kann, z.B. indem wir die einzelnen Worte im Satz zusammenhalten, damit sich der Sinn zusammenschließt.

Aus unserem besonderen Gesichtspunkt der Suche nach den verschiedenen Funktionen der phantasmatischen Selbstaffektion ist natürlich die These naheliegend, dass Retention selbst eine Form der Selbstaffektion ist. Die phantasmatische Dimension des Bewusstseinslebens erweist sich daher hier auf eine dritte Weise als transzendentale Funktion: Ihre festhaltende, somit reproduktive und zugleich abschwächende Leistung ist eine Bedingung der Möglichkeit der Erfahrung des Zeitaspekts von sinnlichen Empfindungen, Gegenständen und der Konstitution von spezifischen Zeitgegenständen, wie z.B. Ereignissen.

Natürlich hat die Retention ihre Besonderheiten, und sie ist eher ein Fall der einfachen, konservativen, strikt an sinnlichen Vorgaben orientierten Form der Selbstaffektion, wie wir sie bereits bei der Ausfüllung des blinden Flecks und bei Skotomen fanden. Sie erhält aber nicht einfach dasjenige immer weiter lebendig, was jetzt gegeben ist, sondern in ihrer phantasmatischen Produktion erhält sie das zuvor Gegebene *stetig schwächer werdend* in derselben sinnlichen Qualität. Dieses starre Herabsinken des Gleichen ist sozusagen eine Spezialität der Retention. Ein großes Rätsel der Retention ließe sich einfach lösen, indem man sie als Produkt der phantasmatischen Selbstaffektion deutet, nämlich die Frage danach, was für ihre Anschaulichkeit verantwortlich ist: Phantasmata. Husserl hat in vielen Manuskripten untersucht, ob eine Modifikation der Urpräsenz für die Erfüllung der Retention ausreichend sein könne, denn die unter Umständen jetzt schon wieder veränderte Urpräsenz selbst kann es offensichtlich nicht sein. Aber: Die Vorstellung von einer Modifikation verlangt, ebenso wie im Fall der Erinnerungs- oder der Phantasie-Modifikation, nach einer anderen, neuen Quelle der Anschaulichkeit, auch hier kann es nicht die unmittelbar, jetzt gegebene Sinnlichkeit sein.

Diese Frage müssen wir uns in einer anderen Hinsicht noch einmal stellen, denn Husserl beschreibt auf der Stufe des inneren Zeitbewusstseins nicht nur die Retention, die für die Konstitution der Dauer von Daten entscheidend ist. Er weist auch darauf hin, dass es eine vergleichbare Funktion gibt, die eine Art *Erwartung* des Kommenden vorstellt: Die Protention. Der Inhalt der Protentionen greift dem jetzt Gegebenen irgendwie vor, doch auf welche Weise kann das erfolgen, wonach richten sich diese künftig kommenden Gegebenheiten?

Die Frage, welche Inhalte die Retentionen festhalten, ist demgegenüber einfacher zu beantworten: Retentionen halten die anströmenden hyletischen Gehalte, z.B. einen Ton oder eine Farbe, in gewisser Hinsicht eine Zeitlang lebendig und sogar in intuitiver Weise. Retention ist ein gebendes Bewusstsein, aber in ihr bleibt immer eine Modifikation vorausliegender Impression. Der retinierte Inhalt ist strikt und starr an den gerade abgeflossenen hyletischen Beständen orientiert. Auch die Art und Intensität des Lebendig-Erhaltens durch die Retention folgt starren Gesetzen: Jede weitere Phase bedeutet eine weitere kontinuierliche Abschwächung der Lebendigkeit der retentionalen Gegebenheit. Es kann keine plötzliche Umkehrung des retentionalen Absinkens geben. Wir dürfen und müssen daher von der Retention als einer „starren", fast mechanischen Gesetzmäßigkeit sprechen.[131]

Die Bezeichnung der Protention (und des Protendierens) hat Husserl zunächst ganz parallel zu dem Retinieren der Retention gewählt. Sie ist ebenfalls in einer gewollten Analogie zum ‚Intendieren' erfolgt, denn sowohl Retention als auch Protention besitzen eine inhaltliche Bestimmtheit, d.h. eine Bestimmung dessen, was sie erwarten und was sie festhalten, obwohl dies noch keine Eigenschaften von Gegenständen sind. Neben dieser inhaltlichen Gerichtetheit gibt es aber auch eine Mannigfaltigkeit von aktuell gegebenen hyletischen Beständen, in denen sich dieser Inhalt jeweils darstellt. Insofern zeigt dieser Aspekt des ‚sich Darstellens in Mannigfaltigkeiten' ebenfalls eine Parallele zur Intentionalität im vollen Sinne, die z.B. auf reale Gegenstände gerichtet sein kann, welche sich für uns in verschiedenen perspektivischen Darstellungen zeigen.

Bei all diesen ähnlich erscheinenden Eigenschaften darf man aber nicht vergessen, dass der Sinn von Intentionalität bei der Wahrnehmung auf der einen Seite und der Retention bzw. Protention auf der anderen Seite ganz verschieden ist. Es gibt mindestens zwei Konstitutionsschichten, die beides voneinander trennt: Die Konstitution von dauernden Daten im inneren Zeitbewusstsein und die Konstitution von sinnlichen Abgehobenheiten in verschiedenen Sinnesfeldern, die dann erst als das Ausgangsmaterial für die Wahrnehmung von Gegenständen dienen können.

Wenden wir uns jetzt wieder der zweiten Grundrichtung der Erzeugung im inneren Zeitbewusstsein zu, d.h. der Protention. Es ist deutlich, dass die Frage, welche Inhalte sie denn erwarten oder *protinieren*, schwieriger zu beantworten ist als bei der Retention. Wir gehen zunächst davon aus, dass die Protention ähnlich funktioniert wie die Retention. Sie ist aber im Gegensatz zur Retention nicht auf das Abfließende gerichtet ist, sondern auf das, was kommen wird. Aber anders als bei der Retention mit ihrer starren Gesetzmäßigkeit der Abschwächung desselben gibt es in der Protention wenigstens zwei Komponenten (oder Arten), die man unterscheiden muss.[132]

Es gibt einen Teil der Protentionen, die das weitere Geschehen der Retentionen betreffen: Sie protinieren, dass die retentionalen Bestände weiter absinken werden. Ich nenne sie *Retentions-Protentionen* (*R-Protentionen*). Ein anderer Teil der Protentionen ist auf das künftige Eintreten von neuen hyletischen Gegebenheiten gerichtet. Ich nenne sie deshalb *Hyle-Protentionen* (*H-Protentionen*).

Allgemein gilt für die R-Protentionen, dass ihr Inhalt von dem Inhalt der Urpräsenz und den gerade abgeflossenen Retentionen abhängt. Husserl schreibt: „Der Verlauf der retentionalen Zweige bzw. der jeweilige intentionale Gehalt des eben auftretenden retentionalen Zweiges wirkt auf die Protention inhaltsbestimmend ein und zeichnet ihren Sinn mit vor.“[133] Diese Abhängigkeit ist allgemein auch naheliegend: Retention als ein starrer mechanischer Vorgang könnte durchaus lediglich von den hereinströmenden hyletischen Beständen abhängen. Für die R-Protention wird diese Bestimmung wohl auch zutreffen, wobei hier noch die Abhängigkeit von den Retentionen hinzukommt, die in den unmittelbar zuvor abgelaufenen Phasen vorliegen. Es ist sehr unwahrscheinlich, dass R-Protentionen jemals enttäuscht werden können, denn diese Retentionen werden sukzessiv vom Bewusstsein selbst erzeugt.

Für die H-Protentionen gibt es keine so präzise Vordeutung wie bei den R-Protentionen, aber auch für diese Protentionen gilt, dass ihr Inhalt von der urpräsenten Hyle und den Retentionen mitbestimmt wird. Es gilt: „Diese Antizipation ist aber durch das Kontinuum vorangegangener Retentionen als fortschreitendes Kontinuum motiviert“, wir erwarten ein „künftiges Fortgehen im gleichen Stil“.[134] Die inhaltliche Bestimmung und die Differenziertheit der H-Protentionen, die auf künftig eintretende hyletische Gehalte gerichtet sind, hängt auch von dem Fortschritt der Retentionen ab: „Je weiter ein Ereignis fortschreitet, umso mehr bietet es in sich selbst für differenzierte Protentionen, ‚der Stil der Vergangenheit wird in die Zukunft projiziert‘“.[135]

Wenn wir aber H-Protentionen nur auf diese Weise interpretieren, d.h. so, als ob ihr Inhalt bereits vollständig von der jetzt gegebenen Hyle und den gerade abgelaufenen Phasen der Retention im Sinne einer einsinnigen Projektion auf die Zukunft bestimmt ist, dann stellt sich die Frage, ob wir auf der Ebene der

Protention überhaupt etwas erwarten können, das sich in dem jetzt ablaufenden Kontext sinnlicher Gegebenheiten *noch nicht* gezeigt hat. Gerade das ist doch der Sinn von *Erwartung*.

Was geschieht aber mit den Erwartungen künftiger Ereignisse, die von der Ebene der Intentionalität auf die des immanenten Zeitbewusstseins ‚herabgesunken' sind? Aufgrund vorangegangener Erfahrung wissen wir doch, dass bestimmte Ereignisse anderen Ereignissen folgen werden: Bei der Verkehrsampel folgt gelb auf rot. Man muss also zwei Arten von H-Protentionen unterscheiden:

1. Es gibt in den H-Protentionen einen Anteil an aus höheren Stufen der Konstitution *herabgesunkenen Erwartungen*, der Inhalte erwartet, die in dem jetzigen Erfahrungskontext noch nicht gegeben waren. Man könnte diesen Anteil *H-Protentionen-auf-der-Basis-vorangegangener-Erfahrung* nennen.
2. Es gibt daneben einen Anteil von konservativ-induktiv weitergeführten Inhalten, deren inhaltliche Bestimmung sich nur nach der jetzt gegenwärtigen Hyle und den gerade abgelaufenen Phasen der Retention richtet: Die *starren H-Protentionen*.

Beispiele für die erste Art von Protentionen lassen sich leicht angeben: Wenn wir eine Melodie hören, dann kann es sein, dass wir wissen, wie diese Melodie weitergeht, und dass unsere phantasmatische Einbildungskraft die Melodie auch dann weiterführt, wenn sie bereits aufgehört hat. Die Anfangstakte von Beethovens Fünfter Synphonie erwecken in uns die ganze Folge der Töne in ihrer richtigen Ordnung und in der Spielweise, die uns vertraut ist. Wir hören, wie die Melodie und ganze Sätze der Partitur mittels der Selbstaffektion weitergehen. Die phantasmatische Selbstaffektion führt die Melodie fort, sie vervollständigt den gehörten Gegenstand auf diese Weise um die Teile, die wir typisierend erwarten. Das, was auf diese Weise verbildlicht bzw. vertont wird, sind Phasen eines Ereignisses, die in der Zukunft liegen. Nun gibt es solche zukünftigen Phasen, die wir immer nur aus der Erfahrung kennen, auch in anderen Fällen. Nicht immer ist dabei der Effekt der phantasmatischen Selbstaffektion so leicht zu sehen wie bei der Melodie. Wenn die Dame, die immer so stark parfümiert ist, den Raum betritt, riechen wir schon ihr Parfüm. Wie Kant in einem schönen Beispiel schreibt, glauben wir schon fast das Klirren zu hören, wenn wir das Glas fallen sehen, aber wir bemerken dies vor allem dann, wenn es zufällig nicht zerbricht. Wir müssen schon lachen, wenn sich die Finger noch nähern, die uns kitzeln wollen usw.

Bezüglich des Inhalts der starren H-Protentionen können wir uns an den Eigenheiten der Retention orientieren. Retention behält die gerade vergangenen sinnlichen Gegebenheiten in einer stetig abgeschwächten Modifikation derselben Gegebenheit bei. Ebenso protiniert die starre Protention die kommende

Hyle in Form einer phantasmatischen Modifikation des gerade jetzt vorliegenden sinnlichen Inhalts: Die Ampel ist rot, und ich erwarte in der starren Protention immer weiter Rot. – Aber auch die Protentionen auf der Basis von Erwartungen präsentieren ihren Inhalt in Form einer Modifikation von hyletischen Daten, jedoch ist in diesem Fall der protinierte Inhalt nicht in dem aktuellen Kontext sinnlich gegeben, sondern war zuvor in anderen, gleichartigen Erfahrungssituationen gegeben, wird jetzt phantasmatisch produziert und auf diese Weise in dem Medium der phantasmatischen Selbstaffektion protiniert. Ich höre gleichsam schon die Fortsetzung der Melodie in meinem inneren Ohr, ich sehe fast schon das Gelb der Ampel aufleuchten.

Die Art und Weise, in der die H-Protentionen-auf-der-Basis-von-Erfahrungen ihre Inhalte erwarten, muss im Prinzip derjenigen ähnlich sein, in der hyletische Inhalte *erscheinen*. Erwartung muss in der Lage sein, das erwartete Ereignis oder das Datum, in dem sich dieses Ereignis präsentiert, intuitiv darzustellen. Andererseits kann es aber nicht eine einfache inhaltsgleiche Modifikation des gerade abgeflossenen hyletischen Bestandes sein, durch die das neue Kommende erwartet wird. Die Protention-auf-der-Basis-von-Erfahrungen erwartet Inhalte, die im aktuellen Kontext noch nicht präsent waren (z.B. Gelb, wenn die Ampel noch Rot zeigt, einen weiteren, aber anderen Ton der Melodie). Wenn also Phantasmata der Modus sind, in dem intentionale Erwartungen auf der Ebene des immanenten Zeitbewusstseins erscheinen, dann muss man sich der Tatsache stellen, dass Sinnlichkeit und Phantasmata hier auf demselben Feld miteinander um die Vorherrschaft streiten. Daher darf die Art, in der intentionale Erwartungen auf der Ebene des inneren Zeitbewusstseins erscheinen, nicht lebhafter sein als die Sinnlichkeit. Sie muss erscheinen, aber sie muss immer deutlich schwächer sein als Sinnlichkeit, andernfalls würden unsere Erwartungen unsere Wahrnehmung ständig stören und irritieren. Diese Anforderungen an die Art und Weise der Erscheinung von Erwartungen auf dieser Stufe der Konstitution werden alle von der phantasmatischen Selbstaffektion erfüllt.

5.3. Ein evolutionärer Blick auf die Retention

In unserer Interpretation ist die grundlegendste Form der phantasmatischen Selbstaffektion die Art und Weise, in der die strömenden sinnlichen Gegebenheiten im immanenten Zeitbewusstsein retentional festgehalten werden. Das Bewusstsein ist in der Lage, sinnliche Gegebenheiten ‚eine kurze Zeitlang'[136] festzuhalten. Die Funktion dieser Leistung ist aber nicht nur die Konstitution eines unmateriellen Aspekts an sinnlichen Gegebenheiten, d.h. der Dauer, oder auf noch höherer Stufe, der Zeitlichkeit. Betrachten wir diese Leistung von dem

Gesichtspunkt ihres Nutzens für das Überleben von Naturwesen, dann geht es um das Erfassen und Bemerken von *Veränderungen* an einem Ding und von *Bewegungen* in unserer unmittelbaren und ferneren Umgebung. Diese Fähigkeit ist ein elementares Erfordernis für das Sich-selbst-Erhalten von Lebewesen, - und die natürliche Selektion lässt nur solche Lebewesen überleben, die diese Anforderung erfüllen. Wir bemerken also neben der transzendentalen Notwendigkeit der Retention für die Konstitution des Zeitaspekts an Gegenständen (und von Ereignissen) auch eine evolutionäre Notwendigkeit einer solchen kurzfristig festhaltenden Leistung.

Um eine Bewegung als solche registrieren zu können, kommt man mit dem jetzt aktuell sinnlich Gegebenen aber nicht aus, denn dieses ändert sich von Moment zu Moment, und wenn man wirklich auf das jetzt sinnlich Gegebene allein angewiesen bliebe, wäre kein Lebewesen in der Lage, die kleinste Bewegung zu bemerken.[137] Betrachtet man dieses systematische Problem aus einem sehr allgemeinen Gesichtspunkt, dann muss man folgern: Es muss eine Art „Bild", ein Nachbild oder eine andere anschauliche Vorstellung der kurz zuvor gewesenen „Ansicht" (in allen Sinnesfeldern) der Umwelt erhalten bleiben, damit wir diese Ansicht mit der jetzt gerade sich neu einstellenden „vergleichen" können, um eine Veränderung zu bemerken. Dieses Nachbild muss natürlich auch eine Anzeige darauf enthalten, dass es bereits vergangen ist, und darauf, dass es noch keine bereits länger verflossene Vergangenheit ist. Es muss also schon im Empfinden anzeigen, dass es „jetzt gerade" verflossen ist. Aus diesen systematischen Erwägungen heraus sehen wir ein, dass es eine solche Nachbild-Funktion bei allen Lebewesen geben muss. Für uns Menschen wird sie in Form der Retention bemerkbar. Da wir das einzige Tier sind, das wir aus der Perspektive des eigenen Erlebens kennen, liegt die Vermutung nahe, dass sie in dieser Form auch von vielen anderen Lebewesen erfahren wird.

Die Redeweise vom *Vergleichen* eines aktuell Gegebenen mit einem Nachbild kann hier natürlich nur metaphorisch gemeint sein, denn der Vergleich, um den es hier geht, verlangt nur, dass wir *bemerken* können, dass sich z.B. ein Teil unseres visuellen Feldes verändert hat, und zwar dass es sich dabei um die Veränderung eines Teils im Sinne einer „Bewegung" eines einzelnen Elements handelt. Die Funktion des Die-jetzt-gegebene-Sinnlichkeit-für-kurze-Zeit-Festhaltens muss demnach für die meisten Lebewesen gewährleistet sein. Allerdings verlangt auch der elementarste Vergleich zwischen dem Soeben-gegeben-Gewesenen und dem Jetzt-aktuell-Gegebenen eine Art intentionaler Auffassung von den bemerkten Differenzen. Wir müssen das „Wandern" einer bestimmten sinnlichen Gegebenheit in unserem Sinnesfeld als die Bewegung eines Objekts auffassen, d.h. sie als solche interpretieren können. Wenn ich meinen Kopf wende, dann bewegen sich alle Gegebenheiten in meinem Gesichtsfeld auch zu einer Seite. Solche geregelten Abhängigkeiten müssen ebenfalls als normale

Folgen unserer Leibbewegungen bekannt sein und dürfen auch nicht als Bewegung von Objekten interpretiert werden. Wir müssen sie sozusagen von den zugleich bemerkten Bewegungen der Sinnlichkeit (die z.B. durch eigene Kopfbewegungen entstehen) gleichsam subtrahieren können.[138]

Das menschliche Bewusstsein leistet dieses grundlegende *Festhalten* mit Hilfe von Retentionen, d.h. mit der schon beschriebenen Fähigkeit, das gerade Gesehene, Gehörte oder Gespürte ‚eine kurze Zeitlang' in einem sukzessive schwächeren Modus festhalten zu können. Diese Fähigkeit ist nicht auf eine einzige Stufe des Herabsinkens beschränkt, sondern sie umfasst gleich mehrere Phasen des retentionalen Herabsinkens, so dass sich in der Gegebenheitsweise der retentionalen Bestände zugleich so etwas wie eine ‚Zeitperspektive' in der herabsinkenden Intensität, Lebendigkeit und Fülle der retentionalen Bestände zeigt. Die Retentionen sinken in einem starren, fast mechanischen Prozess in Intensität und Lebendigkeit herab. Auf diese Weise ist zunächst einmal jede einzelne Empfindung selbst festgehalten, und in der Überdeckung von einigen herabgesunkenen Phasen in inhaltlicher Hinsicht zeigt sich eine Empfindung für uns als etwas Dauerndes, das zumindest ‚eine kurze Zeitlang' bleibt. Hierin liegt das Hauptinteresse von Husserls Zeittheorie, nämlich zu verstehen, wie sich die sinnlichen Daten zusammen mit ihrer Dauer in dem Fluss der Sinnlichkeit und den synthetischen Leistungen des Bewusstseins konstituieren. Das ist erkenntnistheoretisch grundlegend für alle weiteren Erkenntnisleistungen, die auf der Gegebenheit von sinnlichen Daten aufbauen und im Besonderen auch für die Erfassung von Bewegungen.

Aber hierzu benutzen wir prinzipiell die gleichen Mittel wie bei der Konstitution von Daten mit ihrer Dauer, d.h. wir verwenden die retentionalen Bestände als einen Anhaltspunkt dafür, was sich und in welcher Weise es sich bewegt. Das bedeutet, dass sich ein bewegendes Ding für uns nur zeigt, wenn wir nicht nur registrieren können, wo es sich in unserem visuellen Feld jetzt befindet, sondern dass die vorhergehenden Lagen auch in der jetzigen und den folgenden Lagen noch mit enthalten sind, d.h. noch mit-gemeint bleiben. Die Bewegung ist sozusagen mit einem Kometenschweif vorangegangener Lagen versehen.[139]

Aber die Konstitution von Bewegungen wird nicht nur durch das retentionale Festhalten in der Art eines Festhaltens und Weiter-Produzierens geleistet, welches bereits auf niedriger Stufe intentional genannt werden muss. Auch rein *physiologische* Mechanismen unterstützen diese Funktion. Wir bemerken diese Fähigkeiten unserer Sinnlichkeit, wenn wir eine Lichtquelle, z.B. eine Taschenlampe, im Dunkeln geschwungen oder bewegt sehen. Die Bewegungen, und sogar Buchstaben, kann man sehen, wenn man die bewegte Spur der hell erleuchteten Fläche verfolgt. Sie bleibt sozusagen *physiologisch* erhalten. Daher könnte man zu der Ansicht neigen, dass Retention keine rein intentionale (d.h. letztlich vom Bewusstsein geleistete) Spur der versunkenen Bestände ist, sondern dass hier auch physiologische Leistungen mit im Spiel sind, z.B. ein Nachfeuern der Sinneszellen im Auge und ein Nachfeuern der Neuronen auf dem Weg der Informationen ins Gehirn. Dies könnte man den physiologischen Nachklang nennen, im Unterschied zum physikalischen Nachklang, der z.B. beim Erklingen einer Glocke zu bemerken ist.

Diese hinzukommenden physiologischen Leistungen sollen hier nicht bestritten werden. Aber Retention ist gegenüber diesen physiologischen Leistungen etwas Anderes, nämlich eine eigenständige *intentionale* Funktion. Wir können die Arbeit der Retention vielleicht am besten da verfolgen, wo wir einem langen Satz zu folgen versuchen. In Sprachen, in denen das Verb, das dem Ganzen des Satzes erst seinen bestimmten Sinn gibt, erst am Ende steht, sind wir gezwungen, die ganze Folge der Satzteile irgendwie lebendig zu erhalten. In diesem Fall kann man den intentionalen Charakter der Retention deutlich bemerken, denn hier hängt er nicht von einem mechanischen Herabsinken der Aktivität des Nachfeuerns ab, sondern richtet sich nach dem konstituierten Ding, d.h. nach dem Satz, und die Retention muss die bereits verstrichene Sinnlichkeit deutlich länger lebendig erhalten, als dies bei der unmittelbaren Bewegung notwendig ist.

Diese retentionale Verlebendigung (oder Lebendig-Erhaltung) ist aber sehr viel leistungsfähiger als die eher konservativ fortschreibenden Formen des physiologischen Nachklingens. Das sieht man auch an einem der Standardfälle (bzw. Testfragen) der Halluzinationen bei normalen Personen.[140] Es kann vorkommen, dass ich mich im Garten befinde und plötzlich glaube, dass eine deutlich artikulierte Stimme meinen Namen gerufen hat. Laufe ich aber ins Haus, um herauszufinden, wer mich gerufen hat, so stellt sich heraus, dass mich in Wirklichkeit niemand gerufen hat. Hier ist wahrscheinlich Folgendes geschehen: Ich habe in der Tat ein eher unspezifisches Geräusch gehört, diesem aber auf intentionaler Ebene einen sehr spezifischen Sinn gegeben: „Ich werde bei meinem Namen gerufen", und die auch in die Retention (nicht nur, wie wir sahen, in die Protention) eingreifende phantasmatische Selbstaffektion hat dieses unspezifische Geräusch zu dem retentionalen Nachklang meines von jemand anderem gerufenen Namens ausgestaltet. Das heißt, es handelt sich bei diesem Typ von Halluzinationen wohl um eine rückgreifende phanstasmatische Bereicherung der Retention.

Alle drei Formen des Nachklanges wirken zusammen: der physikalische, der physiologische und der retentionale Nachklang. Alle drei Formen können sich überlagern und eventuell auch mischen. Hier gibt es ebenfalls einen Normalstil, der einer der Anhaltspunkte für die Wirklichkeitssetzung ist. Aber allein die intentionale Form des Nach- und Vorklangs ist dazu in der Lage, mit Hilfe von Phantasmata in die Sinnlichkeit einzugreifen, die uns dann fast so erscheinen, als ob sie wahrgenommen wären.

5.4. Beeinflusst die phantasmatische Selbstaffektion in der Wahrnehmung höhere Stufen der Synthesis?

Husserl unterscheidet zwischen der *Wahrnehmung* als einem schlichten synthetischen Akt und der *Erkenntnis*, die sich auf die Wahrnehmung aufbaut. Die Erkenntnis ‚Die Tafel ist grün' ist für die phänomenologische Aktanalyse eine höherstufigere und komplexere Leistung als die schlichte Wahrnehmung. Erkenntnis beruht aber nur in den einfachsten Fällen auf schlichten Wahrnehmungen, z.B. der Tafel und der grünen Farbe. Auf diesen schlichten Akten baut sich ein komplexerer, höherstufiger Akt auf, der erst ein Erkenntnisakt im eigentlichen Sinn ist. Er ist in der Wahrnehmung fundiert bzw. auf ihr aufgebaut, und das heißt zunächst nur, dass ohne den Vollzug der grundlegenden Wahrnehmungsakte die Erkenntnis nicht stattfinden kann. Husserl sagt, die schlichte Wahrnehmung ‚fundiert' die Erkenntnisakte, in denen die Gegenstände der schlichten Akte weiter bestimmt oder zueinander in Beziehung gesetzt werden. Es gibt also einen grundlegenden Unterschied zwischen der Wahrnehmung, die Gegenstände gibt, und der Erkenntnis, die Sachverhalte gibt, d.h. die Bestimmungen einfacher Gegenstände festhält oder Folgebeziehungen zwischen Ereignissen. In diesen höherstufigen Fällen sind es auch andere und nicht mehr sinnliche Inhalte, die die Erfüllungsfunktion tragen.[141] Dass die kategoriale Anschauung nur in den einfachsten Fällen direkt in der sinnlichen Wahrnehmung fundiert ist, und dass die höheren Stufen von Einsichten nur noch sehr vermittelt mit der Sinnlichkeit zu tun haben, dies hat aber auch zur Folge, dass die eigentlich erfüllenden Inhalte nur in ganz einfachen Fällen von Wahrnehmungsirrtümern beeinflusst werden können, die auf der Grundlage von phantasmatischer Selbstaffektion entstehen. Im Prinzip gilt aber: Wenn fundierte Akte unter dem Einfluss der Selbstaffektion stehen, und das trifft auf die typisierende Apperzeption zu, dann kann es zumindest phantasmatisch erfüllte Erkenntnisirrtümer aufgrund der falschen, selbsttäuschenden Wahrnehmung geben, auch wenn es keine eigene, höherstufige Form der Selbstaffektion gibt.

Umfangreiche Irrtumsmöglichkeiten bieten dann erst wieder die noch höherstufigeren Intentionen, die auf die Absichten von anderen Personen gerichtet sind: Kant erwähnt die Heimtücke und den Hass, den er in den Augen der Anderen liest (AA7, 179). Auch die bis zu krankhaften Dimensionen sich ausweitenden Formen der sich-selbst-bestätigenden Eifersucht oder des unbelehrbaren Verfolgungswahns zeigen uns, dass unsere Art, die Absichten anderer Personen zu intendieren, sehr anfällig für Selbstaffektion ist. Zu unserer Einsicht in Absichten und Empfindungen Anderer komme ich noch in einem eigenen Kapitel.[142]

II. Teil: Genesis, Funktion und Ordnung der Typen

6. Husserls Typen und Kants Schemata

6.1. Die Funktion von Schema und Typus

In diesem Kapitel will ich zeigen, dass die gegenstandskonstitutiven Funktionen von Kants Schema und Husserls Typus vergleichbar und fast identisch sind.[143] Die gleichartige Funktion ist die Leitung der synthetischen Vereinheitlichung anschaulicher Gegebenheiten in der Wahrnehmung von Gegenständen.

Dazu will ich zuerst den systematischen Ort der Funktion von Schema und Typus kurz umreißen. Dieser Ort ist die Wahrnehmung, genauer: der Prozess der Auffassung von sinnlich gegebenen Anschauungen als Darstellung von Gegenständen. Beginnen wir mit einem einfachen Beispiel: Ich sehe eine gelbe Blume im Gras. Ich sehe ihren Stengel und ihre Blätter. Die zunächst recht einfach klingende Frage lautet hier: Woher weiß ich, dass dieser Stengel und diese Blätter zu dieser Blume gehören, dass sie mit ihr eine gegenständliche Einheit bilden? Nun scheint diese Frage allzu einfach zu sein, weil die Antwort allzu einfach ist: Das sieht man doch! Der Stengel beginnt direkt unter der Blüte, die Blätter befinden sich direkt am Stengel, so dass schon die räumliche Berührung den Zusammenhang deutlich zeigt. Aber ist es wirklich so einfach? Wir bemerken jetzt die vielen anderen Grashalme um die Blume herum und müssen zugeben, dass auch diese Halme die gelbe Blüte berühren, so dass sie, wenn es nur auf die räumliche Nähe ankäme, ebenfalls als Teil der Blume, vielleicht auch als Stengel, in Frage kämen. Woher wissen wir denn überhaupt, dass nicht alle Grashalme in einem kleinen Umkreis auch Blätter der Blume sind? Woher wissen wir, dass der Stengel an einer Blume normalerweise von unten ansetzt und nicht von der Seite? Irgendwie wissen wir es, aber es wird uns hierdurch zumindest klar, dass wir nicht wissen, auf welche Weise wir es wissen.

Offenbar wissen wir es irgendwie *aus der Erfahrung*, denn im Hinblick auf die Art, wie sich uns die Blume in der Wiese zeigt, genügt es nicht, einfach genau hinzusehen, um die entscheidende, systematische Frage zu beantworten: Was in der Sinnlichkeit *gehört* zu einem gesehenen Gegenstand und was nicht? Genauer sollte man fragen: Was könnte in der Fülle anschaulicher Gegebenheiten zur Darstellung des Gegenstandes gehören? Dies ist die zentrale systematische Frage bei der Wahrnehmung, bzw. bei dem Prozess, in dem wir aus dem uns sinnlich Gegebenen dasjenige auswählen, umdeuten und zusammensetzen, was uns den Gegenstand dann *repräsentiert* bzw. was ihn für uns sinnlich *darstellt*.

Doch selbst mit dem Auswählen ist noch nicht die ganze Tätigkeit benannt, denn indem wir wahrnehmen, behaupten wir gleichsam etwas: Indem wir einen gegenständlichen Sinn konstituieren, behaupten wir, dass bestimmte 'Teile', die sich in der Sinnlichkeit ganz unterschiedlich zeigen (evtl. auch in verschiedenenen Sinnesfeldern), dennoch im Gegenstand zusammengehören. So gehört die gelbe Farbe der Blüte zu einem grünen Stengel, der süßliche Duft zur gelben Blume. Wieder zeigt sich, dass diese Aktivität, die man wohl treffend ein Zusammen-Setzen (Synthesis) nennen muss, einer Erfahrungsgrundlage bedarf, d.h. dass sie eine Art von Wissen verlangt, damit sie überhaupt möglich ist.

Kants These, dass eine solche zielgerichtete Zusammensetzung (Synthesis), notwendig ist, um überhaupt Gegenstände zu haben, ist in den Augen vieler Phänomenologen eher Kants Neigung zur Konstruktion entsprungen, die er nach der Meinung Husserls hatte.[144] Ist mit dieser These nicht bereits Kants Behauptung eng verbunden, unsere Sinnlichkeit böte nur ein Chaos der Empfindungen, ein unzusammenhängendes Gewühl von Daten? Widerspricht das nicht unserer Erfahrung einer im Großen und Ganzen geordneten, uns erscheinenden Welt? Doch prüfen wir einmal aus der Sichtweise der Phänomenologie, welche Aktivitäten notwendig sind, um einen einfachen Gegenstand anschaulich zu haben.

Hierzu müssen wir den Prozess der Auffassung (Apperzeption) analysieren. Husserl selbst hat einige wichtige Aspekte der Auffassung von sinnlichen Daten *als etwas* in der 5. *Logischen Untersuchung* untersucht. Dort nennt er die Aktivität, in der die sinnlich gegebenen reellen Inhalte *interpretiert* bzw. *gedeutet* werden, und zwar als Darstellung von einem Gegenstand, eine *Auffassung* von sinnlichen Inhalten. In vielen seiner späten Schriften nennt er diesen Prozess dann *Apperzeption*. Die reell im Bewusstsein enthaltenen Inhalte sind dabei dasjenige, das den Sinnen unmittelbar anschaulich gegeben ist. Die reellen Inhalte stehen den intentionalen Inhalten gegenüber, die dasjenige inhaltlich erfüllen können, was als Gegenstand im fließenden Wechsel seiner sinnlichen Gegebenheit intendiert ist.

In einer ersten Annäherung könnte man anstatt von reellen Inhalten auch von Sinnesdaten sprechen, wobei man sich jedoch bewusst bleiben sollte, dass man damit Missverständnisse begünstigt. Man könnte z.B. vermuten, dass reelle Inhalte schon so etwas wie fertige Gegenstände sind, die dann im Prozess der Auffassung noch einmal einer *Deutung* bzw. *Interpretation* unterworfen werden. Wohl um diesem Missverständnis vorzubeugen, hat Husserl in der 2. Auflage der *Logischen Untersuchungen* fast alle Verwendungen der Worte *Deuten* und *Interpretieren* entfernt.[145] Ein Verständnis der reellen Inhalte im Sinne von vorgegebenen, eigenständigen Gegenständen wäre verfehlt, denn reelle Inhalte sind ein unselbständiges Moment am vollen intentionalen Akt. Sie sind damit etwas, das man allenfalls in der Reflexion zum Gegenstand machen kann. Wir haben reelle Inhalte immer nur als darstellende Momente von intentionalen Gegenständen, d.h., wie Husserl es ausdrückt: Wir sehen niemals Rot-Daten, sondern wir sehen immer schon eine rote Rose, wir hören keine Töne, sondern das Lied der Sängerin.[146] Das bedeutet, dass wir immer schon ein 'Phänomen' im Sinne eines intentionalen Gegenstandes haben, der sich in reellen Inhalten für uns in einem bestimmten Auffassungsmodus und mit einer bestimmten Setzungsqualität darstellt.

Husserl hat in der 5. *Logischen Untersuchung* auch einige wichtige Aspekte der synthetischen Aktivität untersucht, die in der Leistung der intentionalen Auffassung enthalten sind. Insbesondere stellte er heraus, dass es vom Subjekt und seinen Leistungen abhängt, *als was* es eine bestimmte Konstellation von reellen Inhalten auffasst. Husserl arbeitet dazu die Möglichkeit des *Auffassungswechsels*, d.h. des Wechsels der Materie der intentionalen Auffassung bei gleichbleibenden reellen Inhalten, als ein wichtiges Merkmal des Auffassungsprozesses heraus.[147] Das Beispiel der winkenden Dame im Panoptikum zeigt dies: In einem eventuell sogar hin- und herschwankenden Prozess der Deutung wird sie einmal als wirklicher Mensch, dann als bewegte Puppe aufgefasst. Umgekehrt ist es möglich, den gleichen Gegenstand auch bei einem Wechsel des reellen Inhalts wahrzunehmen, z.B. dann, wenn wir um einen wahrgenommenen Gegenstand herumgehen.

Auch der Wechsel des Auffassungsmodus wäre hier zu erwähnen. Indem Husserl die grundlegenden Alternativen der intuitiven, der bildlichen und der symbolischen Auffassung vorstellt, zeigt er zugleich auf, dass nicht nur der aufgefasste Gegenstand wechseln kann, sondern dass sich auch die Art und Weise der Auffassung bei gleichbleibendem reellen Inhalt noch verändern kann. Das abgebildete 'A' kann *intuitiv* als schwarze Figur auf dem Papier, *bildlich* als eine bildliche Darstellung eines Hauses, eines Zeltes oder eines Daches aufgefasst werden, aber auch *signitiv* als das Zeichen 'A'.

Dennoch hat Husserls Analyse des Prozesses der Auffassung in den *Logischen Untersuchungen* noch schwerwiegende Begrenzungen. Er zeigt z.B. nicht, wodurch die synthetische Zusammenfassung von Elementen in der Anschauung *geleitet* wird. Er zeigt nicht, auf welche Weise wir *wissen*, was zum wahrgenommenen Gegenstand gehört und was nicht. In beiden Hinsichten schafft erst die genetische Theorie des Typus Abhilfe.[148] In der 5. *Logischen Untersuchung* standen wesentliche Strukturmerkmale des intentionalen Aktes und des Prozesses der Auffassung im Vordergrund. Der Aspekt der notwendigen Synthesis blieb weitgehend unbeachtet, ebenso wie der Aspekt der erfahrungsgegründeten Leitung dieser Synthesen. Dies ändert sich erst mit der genetisch-phänomenologischen Ausarbeitung des Typus. An den Anfang einer tiefergehenden Untersuchung sollte daher eine Analyse der Auffassung in genau diesen Hinsichten stehen.

Ich sehe z.B. einen Studenten in der zweiten Reihe des Hörsaals. Was kann nun Kants Behauptung besagen, in der Anschauung liege nur eine ungeordnete und zusammenhangslose Anhäufung von anschaulichen Vorstellungen vor, ein

'Chaos der Empfindungen'? Kant ist der Ansicht, dass unsere synthetische Aktivität in diesem Chaos mit Hilfe des Begriffs Zusammenhang, Ordnung und Einheit schaffen muss. Das scheint zunächst abwegig zu sein. Schon wenn wir *etwas* sehen, dann haben wir kein Chaos der Empfindungen mehr. Und genau das will Kant sagen: *Wenn* wir Gegenstände sehen, *dann* muss die Zusammenordnung der anschaulichen Gegebenheiten bereits geleistet worden sein. Wir haben Gegenstände und nicht ein Chaos der Empfindungen, weil wir bereits eingreifende synthetische Verbindungen vorgenommen haben. Daher müssen wir erneut fragen, was heißt das: Ich sehe einen Studenten? Genauer: Was muss ich hierfür bereits *getan* haben?

Bei der Wahrnehmung bewegen sich meine Augen hin und her, mein Blick bewegt sich in meinem Gesichtsfeld. Einmal sehe ich den Kopf, dann den Arm, noch einen Arm, die Hände, dann den Tisch. Aber nun zeigen sich die bekannten Schwierigkeiten: Es gibt weitere Arme rechts und links, von denen ich glaube, dass sie anderen Studenten gehören, dann noch mehr Köpfe, Hände, Tische usw. Wir müssen uns fragen: Woher weiß ich, dass dieser Kopf und diese Arme zusammengehören? Man könnte, wie im Fall der Blume, behaupten: Ich sehe doch, dass beides zusammengehört. Es liegt sehr nahe beieinander. Was sagt mir aber dann, dass der Tisch nicht dazugehört, der sich ebenfalls in der Nähe befindet? Woher weiß ich weiterhin, dass die Füße, die unter dem Tisch auftauchen, auch zu derselben Person gehören? Woher weiß ich, dass die Stimme, die ich höre, zu diesem bewegten Mund gehört, der fruchtige Geruch zur Zitrone? Um alle diese Probleme lösen zu können, benötige ich also eine Funktion, die mir sozusagen *sagt*, wie ein Mensch, der hinter einem Tisch sitzt, ungefähr aussieht, und was zu ihm gehört bzw. gehören könnte. Dieses notwendige *Wissen* kann ich nur auf Grund vorangegangener Erfahrung besitzen, d.h. es ist nicht apriori im Sinne Kants.

An dieser Stelle muss man eine methodische Reflexion einschieben, die eine gewisse Naivität der Beschreibung nennt und zugleich problematisiert. Wir können nämlich nicht einfach davon ausgehen, dass so etwas wie Arme, Beine oder Köpfe in der Sinnlichkeit bereitliegen wie die Teile eines Puzzles, die nur darauf warten, zusammengesetzt zu werden. Man kann davon ausgehen, dass erst dadurch, dass ich ein Ganzes *als etwas* auffasse, z.B. das sinnlich Gegebene als Mensch, ich auch die es zusammensetzenden Teile *als etwas Bestimmtes*, z.B. als Kopf oder Bein, auffassen kann. Dasselbe gilt dann ebenso auf der nächst niedrigeren Ebene: Augen, Nase, Haare und Mund liegen nicht in der Sinnlichkeit bereit, um zum Gesicht zusammengesetzt zu werden. Dies trifft wiederum für jede der Teilvorstellungen von Auge, Nase usw. zu. Die Iteration des Synthesisproblems auf immer niedrigeren Stufen der Synthesen zeigt einerseits, dass die Auffassung-von-etwas-Anschaulichem-als-Etwas ein *einheitlicher*

Prozess ist. Nur die nachträgliche, reflektierende Analyse kann solche künstlichen Stufen auffinden, die im lebendigen Vollzug nicht bemerkbar sind.

Andererseits ist es gerade eine besondere Leistung der phänomenologischen Analyse, diese Stufen der Synthese thematisieren zu können. Man kann sich beispielsweise fragen, ob die hier begonnene Suche nach einem *Anfang* der Stufenleiter der Synthesen nicht prinzipiell unbegrenzt auf Synthesen immer niedrigerer Stufe verweist, so dass ein unabschließbarer Regress droht.[149] Man könnte aber auch aufzuweisen versuchen, dass es zwar eine Stufenreihe von notwendigen Synthesen 'nach unten hin' gibt, aber auch Elemente in der Sinnlichkeit, die sich in einem bestimmten Sinne *von selbst* vereinheitlichen. Dieses *von selbst* ist natürlich nicht wörtlich zu verstehen, denn es kann nur darum gehen, dass das *Subjekt* vereinheitlichende Synthesen vollzieht. Das Besondere ist hierbei, dass es sich um Synthesen handelt, deren *Leitung* von dem Material der Sinnlichkeit selbst geleistet wird. Sie sind nicht durch Begriffe oder Typen geleitet. Husserl hat mit der Analyse der Vereinheitlichung von sinnlichen Abgehobenheiten in den sogenannten *passiven Synthesen* in dieser Richtung von nicht begrifflich geleiteten Synthesen argumentiert.[150] Z.B. hebt sich eine Umrisslinie in dem Kontrast von verschiedenen einheitlichen Färbungen ab, ihre Synthese wird durch sinnlich vorgegebene Homogenität und Heterogenität geleitet, nicht mehr durch Begriffe.

Kant sieht hier – im Gegensatz zu Husserl – jedoch keine Möglichkeit, die notwendigen begrifflichen Synthesisleistungen 'nach unten' hin zu begrenzen. Selbst eine Linie oder der Teil eines Umrisses zeigt sich für Kant nur, weil wir zuvor Anschauliches synthetisch vereinheitlicht haben, und zwar mit Hilfe von Begriffen. So heißt es in der *Kritik der reinen Vernunft*: „Wir können uns keine Linie denken, ohne sie in Gedanken zu ziehen, keinen Zirkel denken, ohne ihn zu beschreiben, ..." (B 154). Also alles, was sich zur Zusammenstellung eines sinnlich sich zeigenden Dinges in der Sinnlichkeit bieten kann, z.B. ein Stück seines Umrisses, muss für Kant zuvor unter Leitung des Begriffs vom Verstand in der Sinnlichkeit zusammengesetzt werden. Der Verstand findet nach Kant in der Sinnlichkeit „nicht etwa schon eine dergleichen Verbindung des Mannigfaltigen, sondern bringt sie hervor" (B 155). Kant und Husserl sind, bei aller Nähe hinsichtlich der Frage der Funktion von Schema bzw. Typus, bezüglich des 'Ordnungsgrades' der sinnlichen Vorgegebenheiten offenbar unterschiedlicher Meinung.[151]

6.2 Kants Theorie des Schemas empirischer Begriffe

Die Funktion der Leitung der Synthesis in der Wahrnehmung übernimmt nach Kant der Begriff. Der Begriff fungiert in diesem Fall aber in einer Form, die es uns ermöglicht, die Handlung des Zusammensetzens eines Gegenstandes aus den Elementen der Sinnlichkeit wirklich erfolgreich durchzuführen. Mit der rein diskursiven Form des Begriffs Student, z.B. „Lebewesen der Gattung *homo sapiens sapiens*, männlich, etwa 20 Jahre alt, mittellanges Haar, Brille, usw.", käme man hierbei niemals zum Ziel. Dagegen sprechen zwei Argumente: Einerseits lassen alle diese Begriffe wiederum eine Auflösung in diskursive Teilbegriffe zu, und wir geraten in einen unabschließbaren Regress. Andererseits ist schwerlich einzusehen, wie ein rein diskursiver Begriff, der immer nur wieder in Begriffsworte aufzulösen ist, jemals eine sinnvolle Beziehung zur sinnlichen Anschauung erhalten kann. Gerade diese Schwierigkeit der Anwendung von diskursiven Begriffen ist Kant besonders klar bewusst. Seine Theorie des Schemas eines Begriffs ist der Versuch, dieses Problem sachangemessen zu lösen.

Kant sieht, dass wir etwas brauchen, was den Anschauungen in gewisser Weise *näher* steht als die Sammlung rein diskursiver, sprachlich fassbarer Merkmale, die den Begriff Student bestimmen. Er bietet für diese Schwierigkeit eine Lösung, indem er die These aufstellt, dass wir z.B. über den Begriff Mensch nicht nur in der diskursiven Form verfügen, sondern dass wir diesen Begriff auch in der Form eines *Schemas* besitzen. Ein Schema ist nach Kant der „sinnliche Begriff eines Gegenstandes" (A 146 / B 186). Doch die paradoxe Rede vom sinnlichen Begriff bezeichnet lediglich das Ziel der Theorie des Schemas, sie gibt aber noch keine Auskunft darüber, wie dieses Ziel zu erreichen ist.

Eine andere Charakterisierung ist für das Verständnis hilfreicher: Das Schema ist eine *Regel*, nach der wir alle möglichen Bilder und Ansichten eines Gegenstandes herstellen können (A 141/B 180). Man könnte es mit der Vorstellung einer Gestalt (oder der eines Umrisses) vergleichen. Wenn ich etwa von der Gestalt eines Menschen spreche, dann meine ich etwas Allgemeines, das nicht auf einen sitzenden oder stehenden Menschen beschränkt werden kann, sondern das für die Leitung der Wahrnehmung aller möglichen Haltungen und aller möglichen Menschen geeignet ist. Das Schema ist ein Medium, mit dessen Hilfe ich *weiß*, dass zu diesem Studenten dort nur ein Kopf, ein rechter und ein linker Arm gehören, und in welchem Winkel sie an welcher Stelle an seinem Rumpf ansetzen müssen, dass der Tisch nicht zu dem Studenten gehört, wohl aber seine Füße usw. Dasselbe gilt wiederum für die Teile der Gestalt; das Schema des Gesichts ist die Regel, mit deren Hilfe ich die zum Gesicht gehörigen Elemente in der Sinnlichkeit finden und zusammenstellen kann.

Kant war der Ansicht, dass das Schema eines Begriffs in gewisser Hinsicht gleichwertig mit dem Begriff selbst ist, beides ineinander übergeführt werden kann. Er spricht z.B. auch davon, dass man Begriffe *schematisieren* kann. Der 'Schematismus des reinen Verstandes' ist die Art und Weise, wie der Begriff, der nur eine Sammlung von diskursiven Merkmalen ist, zu einem Schema werden kann. Die Rede von der Schematisierung des Begriffs zeigt aber auch deutlich, dass für Kant der Begriff sowohl der Sache nach als auch zeitlich dem Schema vorangeht. Die Bewegung der Schematisierung geht lediglich vom bereits vorliegenden Begriff zum Schema (Erst durch Husserls Typus wird die umgekehrte Bewegung etabliert). Nach Kant können nur schematisierte Begriffe auf Anschauungen angewendet werden. Das gilt nicht nur für die reinen Verstandesbegriffe, sondern auch für die reinen mathematischen und geometrischen Begriffe und sogar auch für empirische Begriffe. Da Kant in erster Linie an den apriorischen Bedingungen der Konstitution von objektiven Gegenständen interessiert war, hat er sich nur marginal und gelegentlich für die Schemata empirischer Begriffe wie z.B. Hund interessiert. Die Verbindung von Begriff und Schema ist für Kant eines der dunklen Geheimnisse der menschlichen Natur („eine verborgene Kunst in den Tiefen der menschlichen Seele", B 180), das wir immer nur stückweise aufdecken können. Der Begriff des Schemas bleibt daher bei Kant in vielen Hinsichten dunkel und unerläutert.

Es gibt bei Kant nur einige verstreute Hinweise, wie das Schema eines empirischen Begriffs, z.B. das Schema eines Menschen oder eines Hundes, in einer Reihe von Erfahrungen zustande kommt, in der wir Menschen oder Hunde anschaulich gegeben haben. Die empirisch-genetische Seite seiner Entdeckung der Schemata, d.h. die Entstehung der Schemata in gleichartigen Erfahrungen, hat Kant nicht sehr interessiert. Er wollte lediglich die nicht-empirischen, apriorischen Bedingungen des Erkennens aufdecken, die vor aller Erfahrung gelten müssen. Kant war der Meinung, dass die empirisch-genetische Dimension des Problems in die Psychologie gehört.

In der einschlägigen Kant-Literatur gibt es zahlreiche kommentierende Darstellungen des Begriffs Schema. Daher ist es wichtig, auf den besonderen Gesichtspunkt meiner Analyse hinzuweisen. Kant hat seine Theorie der Schemata in erster Linie für die Beantwortung einer speziellen Frage entworfen: Wie sind reine Verstandesbegriffe auf Anschauungen anwendbar? Sein Hauptinteresse galt den in seinem Verständnis apriorischen Bedingungen der Erkenntnis, d.h. den reinen Verstandesbegriffen. Reine Verstandesbegriffe, wie z.B. der Begriff der Kausalität oder der Substanz, können jedoch nicht aus der Sinnlichkeit stammen, weil sie Elemente enthalten, die prinzipiell nicht in der Erfahrung erfüllt werden können. Solche Elemente sind z.B. die Vorstellung von einer *notwendigen* Verbindung von Ereignissen, die der Begriff der Kausalität mitdenkt. Die Notwendigkeit einer Verbindung, d.h. die Tatsache, dass sie *immer* vorliegt und vorliegen muss, können wir wohl in vielen Fällen, aber niemals in allen Fällen erfahren haben. Weil Kategorien nicht aus der Anschauung stammen können, ist es in ihrem Fall für Kant besonders wichtig, aber zugleich auch besonders schwer zu zeigen, wie sie sich überhaupt auf Anschauungen anwenden lassen.

Da es in Husserls Phänomenologie – anders als bei Kant – nur um Begriffe gehen kann, die sich aus der Erfahrung und der Anschauung und gegebenenfalls einer hinzukommenden Idealisierung ergeben, kann der Vergleich der Funktion von Schema und Typus nicht mit den reinen Verstandesbegriffen vorgenommen werden. Um die Funktion der Kantischen Schemata und des Husserlschen Typus miteinander vergleichen zu können, müssen wir uns auf den Bereich empirischer Begriffe beschränken. Dies wiederum verlangt, dass wir Kants Theorie der Schemata mit ganz anderen Interessen lesen und interpretieren, als dies normalerweise geschieht, nämlich mit dem Blick darauf, was Schemata empirischer Begriffe sind und wie sie angewendet werden. Natürlich führt ein solches Vorgehen zu Schwierigkeiten, denn wir wenden uns einer Leistung Kants zu, auf die er es nicht in erster Linie abgesehen hatte. Dennoch wird sich zeigen lassen, dass Kants Beschreibung der Funktion der Schemata in vielen Hinsichten auch an dem Fall der empirischen Begriffe orientiert war.

Im ersten Satz des Schematismuskapitels der *Kritik der reinen Vernunft* formuliert Kant, worauf es bei der rechtmäßigen Subsumtion eines Gegenstandes unter einen Begriff ankommt: Der Begriff muss mit dem vorgestellten Gegenstand „gleichartig" sein, und zwar in dem Sinne, dass der Begriff alle die Merkmale in sich enthalten muss, die wir auch in dem Gegenstand vorstellen.[152] Dieses 'Vorstellen' besagt zunächst lediglich, dass wir uns den Gegenstand auch ohne die entsprechende sinnliche Anschauung vorstellen. Für Kant ist auch in solchen Fällen Erkennen möglich, wie z.B. die analytischen Urteile zeigen, in denen wir nur den Begriff genau kennen müssen, um von dem Gegenstand prädizieren zu können ('Ein Schimmel ist weiß'). Die Prädikation aufgrund einer anschaulichen Gegebenheit ist aber in der Formulierung („gleichartig") mitgemeint, d.h. ich darf einen Begriff p auf einen anschaulich gegebenen Gegenstand S dann rechtmäßig anwenden, wenn alle Merkmale, die p (begrifflich) umfasst, auch in der Anschauung von S gegeben sind.[153] Jedoch: Wir haben oben schon diskutiert, dass die Art, wie solche Merkmale bzw. Teilbegriffe *in der Anschauung* enthalten sein können, ein systematisches Problem darstellt.

Bei den reinen Verstandesbegriffen stellt die Anwendung auf Anschauungen eine besondere Schwierigkeit dar. Die Kategorien enthalten Sinnelemente, die sich in der Anschauung und Erfahrung prinzipiell nicht finden lassen, z.B. die Vorstellung der Notwendigkeit einer Verbindung von Ereignissen. Zumindest für reine Verstandesbegriffe muss es also schon aus diesem Grund eine Art Vermittlung geben, d.h. eine Modifikation des Begriffs, die dann auf Anschauungen angewandt werden kann. Kant nennt diese vermittelnde Vorstellung das Schema. Sie stellte ein *Drittes* zwischen reinen Verstandesbegriffen und Anschauung dar, das „einerseits mit der Kategorie, andererseits mit der Erscheinung in Gleichartigkeit stehen muss" (A 138 / B 177), damit die Anwendung auf Anschauungen möglich ist. Schemata müssen daher einerseits aus dem Verstandesvermögen stammen, d.h. sie müssen „intellektuell" sein (A 138 / B 177), andererseits müssen sie „sinnlich" (a.a.O.) sein, d.h. mit der Sinnlichkeit gleichartig sein.[154] Da reine Verstandesbegriffe in allen Gegenständen angewandt werden müssen, weil sie transzendentale Bedingungen der Gegenständlichkeit überhaupt sind, dürfen die Schemata der Kategorien nur zeitliche Bestimmungen (transzendentale Zeitbestimmungen) enthalten.

Kant versucht auch, die Beziehung von Schema und Bild darzustellen. Einerseits ist das Schema ein „allgemeines Verfahren der Einbildungskraft, einem Begriff sein Bild zu verschaffen" (A 140 / B 179 f.), andererseits grenzt Kant Schema und Bild sorgfältig gegeneinander ab. Schemata sind „Regeln der Synthesis" (A 141 / B 180), „Regeln der Bestimmung unserer Anschauung" (A 141 / B 180), „Methoden, um einen Begriff im Bild vorzustellen" (B 179 / A 140).[155] Während jedoch das Bild ein Produkt des „empirischen Vermögens der produktiven Einbildungskraft" (A 141 / B 181) darstellt, ist das Schema ein Produkt der „reinen Einbildungskraft a priori" (A 142 / B 181). Dem Verständnismodell der geometrischen Konstruktion (Dreieck) gemäß wäre das Schema, z.B. die Konstruktionsvorschrift eines Dreiecks, eine Regel zur Herstellung einer anschaulichen Darstellung des Begriffs. Eine solche Regel ist nicht auf ein bestimmtes Bild mit bestimmten Maßen und Inhalten eingeschränkt. Die Allgemeinheit des Begriffs bleibt auch im Schema erhalten, d.h. in der schematisierten Form des Begriffs. Schemata sind Regeln für die synthetische Tätigkeit der Einbildungskraft mit anschaulichem Material. Mit ihrer Hilfe *könnte* man alle möglichen darstellenden Bilder eines Gegenstandes unbegrenzt weiter produzieren.

Kant erläutert den Charakter der Schemata als Regeln einer synthetischen Handlung vorzugsweise durch rein geometrische Begriffe. Das Schema eines Dreiecks lässt sich als Regel zur Herstellung eines Bildes von allen möglichen Einzelfällen dieses Begriffes mit der Konstruktionsvorschrift eines Dreiecks gleichsetzen. Zu jeder möglichen Anschauung eines Dreiecks gehört eine Konstruktionshandlung, durch die die reine, produktive Einbildungskraft uns eine anschauliche Darstellung herstellt. Die Einbildungskraft verbindet dabei das Mannigfaltige in reiner Anschauung, und zwar gemäß der Konstruktionsvorschrift.

Obwohl die Sachlage bei der geometrischen Konstruktion im Vergleich mit dem Wahrnehmen von Hunden, Kühen oder Menschen sehr vereinfacht ist, ist das Modell von der geometrischen Konstruktion auch in diesen Fällen hilfreich. Kant will zeigen, dass in der geometrischen Konstruktion dieselbe 'bildende Synthesis' am Werk ist, die uns auch die Wahrnehmung eines alltäglichen Gegenstandes mit Hilfe eines empirischen Begriffs ermöglicht.[156] Sowohl bei der Konstruktion von geometrischen Gegenständen als auch bei der Wahrnehmung von anschaulich gegebenen Gegenständen müssen wir z.B. *wissen*, wo der Gegenstand weitergeht bzw. weitergehen könnte, mit welchen anderen sinnlichen Elementen er zusammenhängt usw.

Natürlich hat das Modell der geometrischen Konstruktion (wie alle Modelle) Grenzen, deren Überschreitung in die Irre führt, d.h. es hat Eigenarten, die man nicht bei allen Schemata und auch nicht bei empirischen Begriffen finden kann. So besteht bei der geometrischen Konstruktion z.B. nicht (wie bei dem empirischen Begriff Kuh) die Notwendigkeit, die apprehensionsleitende Funktion der Schemata an das jeweils sinnlich Gebotene anzupassen. Wir müssen z.B. das Schema einer stehenden Kuh an eine liegende Kuh anpassen, denn die zu erwartenden Umrisse der Gestalt sind jeweils andere. Wir müssen also jeweils die Gesamtheit unserer Erwartungen an die anschauliche Teilgegebenheit, d.h. an die konkreten Umstände anpassen. Bei geometrischen Konstruktionen wird die Anschauungsseite aber frei erzeugt. Durch diesen Seitenblick auf die Schemata empirischer Begriffe wird einerseits der empirische Kern der Leitungsfunktion durch Schemata deutlich, andererseits zeigt sich, dass wir die Schemata empirischer Begriffe von Dingen (z.B. Kuh) manchmal in geeigneter Weise perspektivisch umzeichnen müssen, damit sie auf die gegebene Anschauung anwendbar wird. Die Tätigkeit der Einbildungskraft muss bei ihrer Vermittlungstätigkeit zwischen Anschauung und Begriff also auch auf der *begrifflichen* Seite eingreifen, d.h. auf der Seite des Schemas.

Schemata empirischer Begriffe sind daher Regeln, mit deren Hilfe wir verschiedene Gestalten des begrifflich Gemeinten „zeichnen" können. So ist der Begriff Hund „eine Regel, nach welcher meine Einbildungskraft die Gestalt eines vierfüßigen Tieres allgemein verzeichnen kann, ohne auf irgendeine einzige besondere Gestalt [...] eingeschränkt zu sein" (A 141 / B 180). Wir sahen aber, dass die Regeln, die hier gemeint sind, nicht apriorisch in Kants Sinne (d.h. vor aller Erfahrung gültig) sein können. Als Regeln für das Zeichnen von Gestalten empirischer Begriffe (Hund, Pferd) müssen sie auf Leistungen der empirischen, reproduktiven Einbildungskraft zurückgreifen.

Wie haben wir uns nun die konkrete Verwendung der *regelhaften* Schemata im Wahrnehmungsprozess vorzustellen? Hierzu ist eine Passage der transzendentalen Deduktion (A 120 f.) aufschlussreich: Schemata leiten die Zusammensetzung (Synthesis) der 'zerstreuten' und 'einzelnen' von der Sinnlichkeit gebotenen Anschauungen zu einer Darstellung des einheitlichen Gegenstandes. Bei dieser Synthesis handelt es sich um eine „unmittelbar an den Wahrnehmungen ausgeübte Handlung" (A 120). Das lässt sich an unserem Beispiel der Blume erläutern: Diese Blume hat eine Blüte, einen Stengel und Blätter. Jede Wahrnehmung eines Gegenstandes enthält Bestandstücke, welche bei separater Zuwendung als Teilwahrnehmung gelten könnten. Diese Bestandstücke erhalten erst durch die Synthesis der Einbildungskraft eine Verbindung untereinander, und zwar eine Verbindung, welche sie in der Sinnlichkeit nicht haben können (vgl. A 120). Ganz deutlich wird dies bei der synthetischen Zusammensetzung von Anschauungen aus verschiedenen Sinnesfeldern, wie z.B. dem Duft der Blume, der mit ihrem visuellen Anblick verbunden werden kann. In der Apprehension soll die Einbildungskraft „das Mannigfaltige der Anschauung in ein Bild bringen“ (A 120), d.h. sie muss sämtliche Elemente der Anschauung verbinden, die einen Aspekt des Gegenstandes für uns darstellen können.

Die Notwendigkeit synthetischer Zusammensetzung zeigt sich auch bei folgendem Beispiel: Sehen wir aus dem Fenster mit einem Fensterkreuz heraus auf einen Baum, dann haben wir in der Sinnlichkeit getrennte Gestaltfragmente gegeben, z.B. einen Ast, der durch das Fensterkreuz vom zugehörigen Stamm getrennt erscheint, und wir können nicht sagen, ob beides zusammengehört, solange wir nicht wissen, was für ein Gegenstand es ist, den wir da sehen wollen. Der Ast muss in Bezug auf den Stamm (und umgekehrt) begriffen werden. Ich interpretiere den einen als Fortsetzung des anderen, obwohl die räumliche Verbindung in der Sinnlichkeit unterbrochen ist (durch das Fensterkreuz). Ich prüfe wahrnehmend sozusagen, ob ich den Ast mit Hilfe des Schemas eines Baumes als mögliche Fortsetzung des Baumstammes imaginieren kann, und wenn dies möglich ist, dann nehme ich den Ast *mit Berechtigung* als wirkliche Fortsetzung des Stammes wahr. Man könnte also mit Kant sagen, die Funktion der Apprehension besteht darin, die Eindrücke, die von der Anschauung mehr oder weniger ungeordnet geboten werden, zu „Bildern“ von Dingen und Ereignissen zusammenzusetzen.[157] Die Metapher von der Herstellung eines Bildes bedeutet hier dann soviel wie die Herstellung einer Darstellung des Gegenstandes aus der gegebenen Anschauungsvielfalt.

Manchmal muss die Zusammensetzung des Gegenstandes gemäß einem Schema auch das sinnlich Gegebene überschreiten und etwas hinzudenken, das in der Sinnlichkeit nie gegeben sein kann. Dies trifft z.B. auf die grundlegende Kategorie der Substanz zu, als eines bleibenden, selbst eigenschaftslosen Trägers von Eigenschaften, aber auch auf die alltägliche Apperzeption eines Menschen, dem wir eine subjektive Dimension des Erlebens, d.h. ein Bewusstsein und einen Willen, zusprechen, obwohl sein Erleben in unserer eigenen Sinnlichkeit und unserem eigenen Erleben nie gegeben sein kann. Die Verbindung des Gebotenen mit dem nicht Anschaulichen bedarf auch bei solchen Hineinlegungen bzw. Einlegungen einer leitenden Regel. Das Grundmodell der Apperzeption ist eine durch Schemata geregelte Synthesis.

Exemplarisch dafür, wie die zeitlich nacheinander stattfindenden synthetischen Handlungen dennoch ein gleichbleibendes Objekt konstituieren können, ist Kants Beispiel von der Wahrnehmung eines Hauses.[158] In dem Prozess, in dem ich mit den Augen den wahrgenommenen Gegenstand *durchlaufe*, werden sinnlich präsente Elemente durch gedankliche Verbindung zu einer Gestalt verbunden. Erst durch diese Synthesis erhalten die sinnlichen Vorgegebenheiten den Charakter von Gestaltfragmenten. Wenn ich ein Haus wahrnehme, kann die „Ordnung in der Folge der Wahrnehmungen in der Apprehension" (A 192 / B 237) jeweils verschieden sein. Ich kann zum Beispiel „bei der Spitze anfangen, und beim Boden endigen, aber auch von unten anfangen und oben endigen, imgleichen rechts und links das Mannigfaltige der empirischen Anschauung apprehendieren" (A 192 f. / B 237 f.). Kant umgeht hier den Gebrauch von empirischen Begriffen (Dach, Fußboden, Fenster, Türe usw.), die die Stücke eines Hauses benennen. Damit vermeidet er den naheliegenden, aber falschen Eindruck, diese Stücke würden uns bereits als *fertige* Gegenstände von der Anschauung geboten. Dies ist nicht der Fall, denn die Gestaltfragmente werden erst durch die Aufnahme in die Apprehension von Etwas-Bestimmtem zu diesen Teilen-von-Etwas-Bestimmtem. Sie werden dabei als diese Teile gedeutet bzw. interpretiert. Im Prozess der Apprehension sind sie gleichsam nur Anhaltspunkte, die oben, unten, rechts oder links liegen können. Erst dadurch, dass ich dasjenige in der Sinnlichkeit, das ich im reflektierenden Rückblick Dach, Tür, Fenster usw. nennen kann, als darstellendes Element in die Apprehension des Hauses aufnehme, erhalten diese Elemente den Charakter von Teilen des Hauses. Das Ganze und alle seine Teile erhalten in einem einheitlichen Aktvollzug ihren gegenständlichen Sinn. In der *aufsammelnden* Apprehension eines Hauses geschieht zugleich Verbindung und begriffliche Bestimmung. Zur Charakterisierung der durch das Schema geleiteten Aktivität im Wahrnehmungsprozess, durch die der Gegenstand der Wahrnehmung – wie in einer Collage – aus vorgegebenen anschaulichen Elementen zusammengesetzt wird, greift Kant erneut auf den metaphorischen Begriff des Bildes zurück: „Ich zeichne gleichsam seine Gestalt" (B 162).

Wir müssen noch einmal auf die Veränderlichkeit der Schemata zurückkommen, die uns vorhin bei dem Beispiel der liegenden Kuh aufgefallen war. Selbst wenn wir in der Weise eines Schemas *wissen*, was für einen Gegenstand wir sehen wollen, benötigen wir noch so etwas wie 'eine an die speziellen Umstände der Wahrnehmungsgelegenheit angepasste Regel' bzw. ein angepasstes Schema, das uns erlaubt, alle möglichen Haltungen und Stellungen (zu unseren Sinnen) desjenigen zu zeichnen, was wir zu sehen erwarten. Es geht hierbei hauptsächlich um eine perspektivische Anpassung an unseren Standpunkt und die Haltung des Gesehenen. Das heißt, wir brauchen nicht nur eine idealtypische Umrisslinie einer von der Seite sichtbaren Kuh, sondern auch eine Methode der perspektivischen Umzeichnung der Umrisslinien in alle möglichen Haltungen der Kuh und in alle Wahrnehmungslagen, in denen wir uns selbst zur Kuh befinden können. Wenn wir einen Ausgangspunkt haben, müssen wir z.B. wissen, in welche Richtung und mit welcher Krümmung eine Umrisslinie weitergeht oder weitergehen könnte. Andernfalls könnten wir nicht in der Anschauung verbinden, was wir doch als verbunden erwarten. Mit anderen Worten: Wir könnten nicht sehen, was wir mit Hilfe des Schemas zu sehen erwarten.

Die perspektivische Verzerrung und die Gestaltänderung durch die Veränderung der Haltung des Gegenstandes selbst muss durch das angewandte Schema *kompensiert* werden können. Gegenstände der äußeren Wahrnehmung sind durch ihre verschiedenen Lagen zu unseren Sinnen (A 45 f. / B 63) immer perspektivisch gegeben. Dennoch können wir z.B. ein Haus auch von der Seite erkennen, einen sitzenden Menschen und eine liegende Kuh sehen. Wenn ein beweglicher Körper seine Haltung verändert, ändert sich auch seine Erscheinungsweise, z.B. sein Umriss. Ein sitzender Mensch zeigt einen anderen Umriss als ein stehender. Nehme ich ihn dennoch als Mensch wahr, so muss ich ihn als sitzenden Menschen sehen. Ich muss also *wissen*, wie eine sitzende menschliche Gestalt aussieht, damit ich dieses Wissen in der Wahrnehmung anwenden kann.

Bei der Leitungs-Funktion der Schemata ist zu beachten, dass die Veränderung des Schemas, die die Wahrnehmung eines sitzenden Menschen ermöglicht, nicht nur eine Veränderung der tatsächlichen Wege enthält, die mein 'wandernder Blick' auf der Seite der Sinnlichkeit geht. Die Anpassung des Schemas an die sinnliche Gegebenheit bedeutet auch: Mein wandernder Blick richtet sich gleichsam nach einer anderen Wanderkarte, die der anders erwarteten Gestalt entspricht. Oder im Vergleich mit der geometrischen Konstruktion betrachtet: Meine Konstruktionshandlung muss sich nach den teilweise schon festgelegten Parametern richten. Es kann z.B. die Länge einer Seite oder ein Winkel des Dreiecks schon festgelegt sein. Das heißt, die Einbildungskraft hat auch die Aufgabe, die mit Hilfe des Schemas erwartete Gestalt perspektivisch zu ver- bzw. zu entzerren, und zwar in jede beliebige Perspektive und Haltung. Nur auf der Grundlage eines so flexibel Erwarteten kann erfolgreich geprüft werden, ob die anschaulich gegebenen Elemente als irgendeine Haltung oder perspektivische Ansicht des erwarteten Dinges gesehen (zusammengesetzt) werden können. Diese Leistung der Einbildungskraft greift nicht auf der Seite der Sinnlichkeit an, sondern auf der Seite des Erwarteten, d.h. auf der Seite des Schemas eines Begriffs. Es handelt sich um ein Verfahren zur perspektivischen Umzeichnung und Haltungsveränderung der erwarteten Gestalt.

Bei einer perspektivischen Umzeichnung einer Gestalt bleibt das Verhältnis der einzelnen Glieder und ihr Winkel zueinander bestehen. Geometrisch gesprochen: Es handelt sich um eine gestalterhaltende Ähnlichkeitstransformation, wie wir sie z.B. in der Geometrie mit Hilfe der Operationen der Drehung und Streckung geometrischer Gegenstände vornehmen. Alle möglichen gestalterhaltenden Umzeichnungen gehören zu derselben Ähnlichkeitsklasse. Aber diese enthält nicht nur alle möglichen perspektivischen Ansichten desselben Gegenstandes, sondern auch alle möglichen Haltungen, die solche Gegenstände einnehmen können. Auch diese Richtung der Variation ließe sich noch geometrisch interpretieren, aber hierfür gibt es Grenzen, denn in das Wissen um mögliche Haltungen, etwa des menschlichen Körpers, gehen auch viele empirische Informationen ein, z.B. welche Gelenke sich wie beugen und drehen lassen und auf welche Weise nicht.

Hier könnte man einwenden, dass wir zumindest nicht wissen, dass wir ein solches komplexes Wissen über mögliche und nicht-mögliche Bewegungen von Körpergliedern haben. Es dürfte deshalb schwer sein, uns davon zu überzeugen, dass wir ein solches Wissen besitzen. Genausogut könnte man doch behaupten, wir alle wären geniale Künstler, die mit Hilfe dieses Wissens, das in unseren Schemata schlummert, alle möglichen Gestalten und Haltungen eines Menschen zeichnen könnten. Nun wissen die meisten von uns allerdings, dass sie das nicht können.

Doch interessanterweise ist der Nachweis, dass wir *im Prinzip* das nötige Wissen hierzu haben, erstaunlich einfach. Man muss dazu lediglich zwischen der 'Fähigkeit zum wirklichen malerischen Zeichnen einer Gestalt' (mit Bleistift oder Farbe) und der 'Fähigkeit zur Beurteilung der Zeichnung einer Gestalt' unterscheiden, d.h. zwischen der *Herstellungs-Fähigkeit* und der *Beurteilungs-Fähigkeit*. Die Beurteilungsfähigkeit beinhaltet, dass wir wissen, wie sich eine menschliche Gestalt in allen möglichen Haltungen und Perspektiven zeigt, und dass wir dies bei einer beliebigen Zeichnung auch beurteilen können. Diese Beurteilungsfähigkeit besitzen wir alle. Wenn wir z.B. einem Maler über die Schulter schauen, dann bemerken wir sofort, wenn eine Umrisslinie zu viel Fülle andeutet, ein Arm oder ein Bein zu lang ist oder das gezeichnete Glied in einem 'unmöglichen' Winkel zum Körper steht. Wir können sofort sagen, wenn etwas bezüglich der Proportionen und der Stellung der Glieder zueinander in der Zeichnung 'nicht stimmt'. Das, was uns als durchschnittlich begabten Menschen fehlt, ist die geübte Fähigkeit, eine imaginierte oder gesehene Gestalt wie ein Zeichner malen zu können. Zur künstlerischen Herstellungs-Fähigkeit gehört Begabung und Übung, aber zu der Beurteilungs-Fähigkeit, um die es uns hier geht, gehört nur der Besitz und die Anwendung der Schemata.

Unser Wissen um die verschiedenen Haltungen des Menschen, einer Kuh, eines Hundes usw. hat einen empirischen Kern. Diese empirische Seite der Schemata hat Kant wenig untersucht. Dennoch kann die Abhängigkeit der Schemata empirischer Begriffe von unserer vorangegangenen Erfahrung auch im Rahmen der Analysen Kants genauer herausgearbeitet werden. Dazu werde ich einige seiner eher zaghaften Ansätze zur Charakterisierung der Schemata empirischer Begriffe analysieren. Kant bestimmt das Schema eines empirischen Begriffs, z.B. eines Hundes, zunächst als „eine Regel, nach welcher meine Einbildungskraft die Gestalt eines vierfüßigen Tieres allgemein verzeichnen kann" (A 141 / B 180). Dies lässt sich auf alle empirischen Begriffe von Gegenständen äußerer Sinnlichkeit übertragen: Das Schema des empirischen Begriffs Terrier ist demnach eine Regel, mit deren Hilfe wir alle möglichen Varianten, Haltungen und Perspektiven eines Terriers zeichnen können. Hierin besteht die Allgemeinheit des Schemas. Das 'Verfahren des Verstandes mit diesen Schemata' umfasst daher eigentlich *zwei verschiedene Arten von Regeln*: 1. Regeln zur Erzeugung von bestimmten Gestalten (z.B. der eines Terriers) und 2. Regeln zur gestalterhaltenden Umzeichnung von Gestalten, z.B. in eine andere Perspektive oder eine andere Haltung. Ich bin mit einem Schema also nicht „auf irgend eine einzige besondere Gestalt, die mir die Erfahrung darbietet, oder auch ein jedes mögliche Bild, was ich in concreto darstellen kann, eingeschränkt" (A 141 / B 180). Weil eine Regel zur Erzeugung bestimmter Gestalten als Regel allgemein ist, kann sie nicht mit einem bestimmten Bild identifiziert werden. Sie bleibt in einem vor-bildlichen Status, der sich nur in der Lenkung unserer Verbindungstätigkeit bemerkbar macht.

Wie gelangen wir nun in den Besitz von Schemata? Die Schemata apriorischer Begriffe müssen apriorisch sein, d.h. allein aus dem Verstandesvermögen stammen. Bezüglich der empirischen Begriffe und ihrer Schemata wird jedoch auch Kant zugeben müssen, dass sie aus der Erfahrung stammen. Ich kann einen Hund und eine Kuh nur aufgrund vorangegangener Erfahrung unterscheiden. Die Schemata empirischer Begriffe müssen daher irgendwie unsere Erfahrungen mit wirklich gegebenen Fällen widerspiegeln.

Eine weitere Eigenart von Schemata hätte Kant daher ebenfalls eher irritiert: Wenn wir Schemata empirischer Begriffe durch Erfahrung erwerben, dann sind und bleiben diese abhängig von der Erfahrung, und daher können sie sich auch im Verlauf der weiteren Erfahrung verändern. Ein einfaches Beispiel ist der Begriff Hund, der auch eine bestimmte Vorstellung von der zu erwartenden Größe des vierbeinigen Tieres enthält. Wenn wir in einem Land wohnen, in dem es nur große und keine kleinen Hunde gibt, dann wird unser Schema sich ändern müssen, sobald wir zum ersten Mal sehr kleine Hunde sehen.[159] – Aber wir sollten von Kant dort keine Theorien erwarten, wo seine Interessen nicht lagen.

Ein Verständnismodell dafür, auf welche Weise die Schemata empirischer Begriffe von der Empirie abhängen, könnte man in Kants Darstellung der Genese einer Normalidee in der *Kritik der Urteilskraft* finden. Um die Normalidee eines schönen Mannes zu finden, lässt die Einbildungskraft eine größere Zahl von Bildern aufeinander fallen, und an der jeweils dunkelsten Stelle, d.h. dort, wo die meisten Züge aufeinanderfallen, sind die Züge des schönen Mannes zu finden. Dieses Verständnismodell hätte auch die Veränderung des Schemas in weiterer Erfahrung berücksichtigen können. Kant hat es jedoch nicht für eine solche Lösung genutzt.

Schemata haben auch für die zeitliche Zusammenordnung von Ereignissen eine wichtige Funktion, z.B. ist die Kausalität ein solches grundlegendes Schema. Für Kant waren die reinen Verstandesbegriffe (bzw. Kategorien) von besonderem Interesse, da sie für ihn apriorische Bedingungen der Objektivität darstellen. Hier zeigt sich eine gewisse Übereinstimmung zwischen dem Rationalismus von Leibniz und dem Empirismus von Locke, Berkeley und Hume, denn auch für die Empiristen bleiben, bei aller Kritik an der Erkennbarkeit und Begründbarkeit dieser Prinzipien, die Vorstellungen von Substanz und Kausalität für die Gegenstandskonstitution unentbehrlich. Kant bestimmt z.B. das Schema der Kausalität als eine Regel, die Zeitverhältnisse von Ereignissen objektiv bestimmt. Das Schema der Kausalität ist eine Regel, nach der auf etwas Reales, „wenn es nach Belieben gesetzt wird, jederzeit etwas anderes folgt" (A 144 / B 183). Das 'jederzeit' ist hierbei ein Synonym für die Notwendigkeit, die wir mitdenken, wenn wir bestimmte Ereignisse als kausal verbunden denken. Ein Apfel, wenn er vom Ast gelöst wird, fällt nach unten, und zwar mit Notwendigkeit, jederzeit, in allen Fällen.

Dieselbe besondere Notwendigkeit, die nach Kant alle objektive Erkenntnis charakterisiert, entspringt auch dem Gebrauch der Kategorie der Substanz, die schematisiert „Beharrlichkeit des Realen in der Zeit" und eine bleibende oder sich verändernde (z.B. bei Wasser, Eis, Dampf) Verbindung eines beharrenden, substanziellen Trägers mit bestimmten Eigenschaften besagt. Auch hier meint *beharrlich* dasselbe wie *jederzeit*, nämlich, dass die hier vorgestellte Verbindung objektiv und in gewisser Hinsicht *notwendig* ist, d.h. die Substanz muss so gedacht werden, dass sie das gerade jetzt anschauliche Zusammensein von Eigenschaften überdauert.

Gehen wir zusammenfassend noch einmal auf die Verhältnisse bei der Wahrnehmung von Gegenständen zurück, die entsprechend auf Ereignisfolgen übertragbar sind. Die Bedingung der berechtigten Anwendung eines empirischen Begriffs ist mit der positiven Beantwortung der Frage gegeben: Könnte ich eine Darstellung des Gegenstandes, den ich wahrnehmen will, aus der Anschauung herstellen? Oder: Erreiche ich durch irgendeine, den Regeln des Zeichnens gemäße Darstellung des erwarteten Gegenstandes, die von den präsenten Gestaltfragmenten zugleich angeregt und begrenzt wird, eine Darstellung seiner Gestalt? Kant schreibt: Wenn ich „die empirische Anschauung eines Hauses durch Apprehension des Mannigfaltigen derselben zur Wahrnehmung mache", dann geschieht Folgendes: „ich zeichne gleichsam seine Gestalt" (B 162). Dieses Zeichnen bzw. Nachzeichnen der Gestalt eines Hauses ist an einem empirischen Begriff orientiert. Ich zeichne dabei nicht wirklich, denn in der normalen Wahrnehmung verbinden wir nur das vorgegebene Material der anschaulichen Abgehobenheiten.

Die rechtmäßige Subsumtion eines Gegenstandes unter einen Begriff verlangt, dass der Begriff diejenigen Merkmale enthält, die in dem darunter zu subsumierenden Gegenstand sinnlich-anschaulich gegeben sind. Man kann dies als inhaltliche Übereinstimmung der Merkmale des Begriffs mit dem der Anschauung verstehen. Dieses Modell einer schlichten Kongruenz ist aber zu einfach, um der tatsächlichen Sachlage gerecht zu werden. Es *gibt* die Gestalt des Dinges in der Sinnlichkeit nicht *vor* dem regelgeleiteten Eingriff der Einbildungskraft. Ihre Fragmente müssen gedeutet, gesammelt und zusammengesetzt werden, und erst in der erfolgreichen Zusammensetzung werden sie zu Gestaltfragmenten von Etwas. Ich muss also mit Hilfe des Schemas *prüfen*, ob aus den gegebenen anschaulichen Elementen die Darstellung (bzw. das Bild) eines ganz bestimmten Dinges in einer bestimmten Haltung und Perspektive hergestellt werden kann. Wenn diese Handlung bzw. dieser Handlungsversuch gelingt, sind wir berechtigt, den Gegenstand wahrzunehmen.

Um jedoch zu einer sachgerechten Theorie über die Entstehung und genaue Funktion der Schemata zu gelangen, müssen wir wieder bei den empirischen Begriffen ansetzen und untersuchen, wie durch die gleichartige Erfahrung von Gegenständen, die einander irgendwie *ähnlich* sind, ein Schema entstehen kann. Dies ist jedoch unter den Vorgaben der Kantischen Transzendentalphilosophie nicht möglich, zumindest dann nicht, wenn man Kants kritische Philosophie dogmatisch für eine perfekt vorliegende, d.h. nicht mit ihren eigenen Mitteln methodisch weiter zu verbessernde Lehre hält. Die Möglichkeit einer sachgerechteren Theorie der Entstehung und Anwendung von so etwas wie Schemata zeigt sich erst, wenn man Kants Kritizismus als eine Methode versteht. So verstanden, lässt sie sich durchaus mit anderen Theorien des Bewusstseins fruchtbar verbinden. Historisch gesehen wird es erst mit der Phänomenologie Husserls, und insbesondere erst mit der Entwicklung der genetischen Phänomenologie, möglich, den Fragen der Genese von Schemata und Typen nachzugehen.

6.3. Husserls Theorie des Typus

Husserl hat Kants Begriff des Schemas nicht produktiv aufgenommen, obwohl er für eine phänomenologische Konzeption der Dingkonstitution sicher von großem Nutzen gewesen wäre. Husserl hat jedoch in seiner späten, genetischen Phänomenologie mit dem Konzept des *Typus* eine Vorform des Begriffs thematisiert, die dasselbe leistet wie die Schemata bei Kant. Allerdings wäre es falsch zu sagen, Husserl habe hier einfach, ohne es zu wissen, 'das Rad noch einmal erfunden', denn die Analyse der Funktion des Typus steht bei Husserl in einem ganz anderen methodischen und systematischen Kontext. Außerdem bietet der Typus in vielen Hinsichten etwas, was Kants Schema nicht bieten kann, d.h. die Veränderlichkeit in weiterer Erfahrung. Ein grundlegender Ausgangspunkt der genetischen Phänomenologie ist, dass unsere Begriffe in vorangegangenen Erfahrungen entstehen und sich darin weiter ausbilden.

Ein wichtiger Gegensatz zwischen den Ansätzen von Kant und Husserl liegt in der unterschiedlichen Verwendung des Begriffs *apriori*. Kant bestimmt apriorische Erkenntnis als gültig vor und unabhängig von aller Erfahrung. Daher kann für Kant eine in der Erfahrung entstandene und sich verändernde Funktion nicht eine transzendentale Bedingung von Objektivität sein. Die transzendentalen Bedingungen der Möglichkeit von Gegenstandshabe sind für ihn alle apriorisch. Sie entstammen dem Verstandesvermögen, sind aber nicht schon bei der Geburt aktuell ausgeprägt, sondern lediglich präfiguriert und entfalten sich erst bei der Begegnung mit Sinnlichkeit. Insofern vertritt Kant, ebenso wie Leibniz und der späte Descartes, eine Präformationstheorie derjenigen Begriffe, die im älteren Rationalismus noch als *eingeborene Ideen* verstanden wurden. Alle empirischen Erkenntnisse und alle genetischen Fragen sind aber aposteriorisch und gehören für Kant in die Psychologie.

Husserl versteht dagegen den Begriff des Apriori im Sinne seiner Methode der 'Wesensschau' bzw. der 'ideierenden Abstraktion', die er später methodisch als 'eidetische Variation' präzisiert.[160] Daher kann er auch – allerdings erst in seiner genetischen Phänomenologie – eine in Erfahrungen gebildete Funktion wie den Typus als ein apriorisches Element der Konstitution aufnehmen. Ein Typus bildet sich in einer Reihe von gleichartigen Erfahrungen und ist dann dazu geeignet, unsere synthetische Verbindung der einzelnen anschaulich gegebenen Elemente eines Gegenstandes zu leiten. Der Typus ist eine Bedingung für die Möglichkeit der Konstitution von Gegenständen. Es lässt sich somit in dieser Hinsicht – auch unter Berücksichtigung der unterschiedlichen Auffassungen von Apriori – eine weitgehende Analogie zwischen der Funktion der Schemata Kants und des Typus bei Husserl aufweisen.

Der Typus von Gegenständen der Erfahrung fungiert vor allem in der typisierenden Apperzeption. Er ist hierfür eine unentbehrliche und ständig fungierende Leistung, die auf den Erfahrungsniederschlägen des Subjekts beruht.[161] Alles, was uns affiziert, interpretieren wir, wenn wir es als Gegenstand auffassen, im voraus als etwas Bestimmtes, und zwar nicht nur als prinzipiell bestimmbar, sondern bereits als bestimmt, und diese Bestimmung hat den Sinn des Im-Voraus-bekannt-Seins. Wir apperzipieren – so formuliert es Husserl an zahlreichen Stellen – das Unbekannte stets im Modus des Bekannten, das Unvertraute im Modus des bereits Vertrauten.[162] Die Funktion des Typus eines empirischen Begriffs, wie z.B. Hund, bei der Apperzeption besteht in einem intentionalen Vorgriff, der uns etwas Bestimmtes (z.B. einen Teil, das weitere Verhalten oder die Eigenschaft eines Gegenstandes) in einer flüssigen Variabilität erwarten lässt. Die Erwartung ist also einerseits inhaltlich schon bestimmt, aber sie bleibt andererseits zugleich flexibel, so dass sie sich der jeweiligen Anschauung sozusagen anpassen kann, z.B. durch perspektivische Umzeichnung.

Ich werde nun die These von der funktionalen Gleichheit von Schema und Typus weiter ausarbeiten, indem ich eine Charakterisierung des Typus aus verschiedenen Gesichtspunkten darlege. Die besondere Allgemeinheit des Typus, die noch keine begriffliche Allgemeinheit ist, und die Abstufungen dieser Allgemeinheit werde ich zuerst darstellen. Dann werde ich auf die Genese des Typus eingehen und schließlich auf den Vorgang der Weckung bestimmter Typen sowie auf die ständige Konkurrenz zwischen typisierenden Apperzeptionen. Weiterhin muss detailliert untersucht werden, auf welche Weise der Typus im Prozess der Apperzeption fungiert. Dabei wird sich herausstellen, dass er, und zwar in vergleichbarer Weise wie Kants Schemata, die Aufgabe hat, den Prozess der Zusammenstellung einer anschaulichen Darstellung (aus dem 'Material', das uns die Sinne bieten) zu leiten. Erst durch diese Leitung ist es möglich, einen einheitlichen Gegenstand wahrzunehmen und die Teile, die ihn darstellen, in einen Zusammenhang zu bringen. Die Funktion des Typus erweist sich auf diese Weise als Möglichkeitsgrund der Apperzeption. Außerdem muss der Typus von den empirischen Allgemeinbegriffen abgegrenzt werden, die in der prädikativen Subsumtion angewandt werden.

Der Grad der Allgemeinheit der Typen ist verschieden. Es gibt sehr allgemeine typisierende Antizipationen, die einen großen Bereich verschiedenartiger Gegenstände umfassen: So hat der Typus Lebewesen einen großen Umfang an verschiedenen Unterarten. Es gibt aber auch das Umgekehrte, d.h. eine sukzessive Begrenzung typisierender Erwartungen. Ich kann z.B. ein Tier sehen, dann bemerke ich bei genauerem Hinsehen, dass es ein Hund ist oder, noch genauer bestimmt, ein Schäferhund. Vielleicht nehme ich dann sogar ein bestimmtes, mir individuell bekanntes Tier wahr (auch das ist noch typisierende Antizipation). Es kann also den Typus eines individuellen Dinges geben. In der anderen Richtung, d.h. der Vergrößerung der Allgemeinheit des Typus, ist der allgemeinste Typus dadurch bestimmt, dass er einen Gegenstand als Substrat von Bestimmungen erwartet, als Explizierbares-überhaupt, Etwas-überhaupt.[163] Diese allgemeinste Typik verengt sich dann zu Sondertypen: Lebewesen zu Mensch, Ding zu Artefakt usw.

Diese Abstufungen vom Typus des Etwas-überhaupt bis zum Typus eines individuellen Dinges beginnen bei einer „Totalitätstypik" (EU, 33), die zum gesamten Welthorizont gehört, und differenzieren sich dann immer weiter in verschiedene Sondertypen. Der Begriff Nadelbaum hat einen größeren Umfang als Tanne. Auch bei einem Typus kann man im übertragenen Sinne von einem Umfang von Gegenständen, die unter ihn fallen, und von einem Grad der Allgemeinheit sprechen, obwohl der Typus noch kein Allgemeinbegriff ist.[164] Im Hinblick auf diese Allgemeinheit ist das *unterste Allgemeine* das sich in der Wiederholung völlig gleiche Individuum, das Dies-da, das individuelle Konkretum. Sobald wir diesen Grenzfall der völligen Gleichheit aller Gegenstände, die unter einen Typus fallen (abgesehen von der Veränderung der Haltung und der perspektivischen Gegebenheit für uns) verlassen, stellen wir fest, dass sich zwischen den Individuen eines Typus jeweils eine größere oder geringere Ähnlichkeit bemerken lässt: „Bei Übergang von Ähnlichem zu Ähnlichem stellt sich eine Deckung ein, die doch keine volle Deckung ist. Die überschobenen Ähnlichkeitsglieder haben einen Abstand." (EU, 404 f.). Die Grade der Ähnlichkeit sind bedingt durch die nur sehr schwer auf andere Merkmale zurückzuführende Qualität der Ähnlichkeit selbst[165], d.h. durch den Grad der Ähnlichkeit eines jeden einzelnen Merkmals, und auch durch die Zahl der ähnlichen Merkmale (EU, 405).

In dem Prozess der Explikation eines Wahrnehmungsgegenstandes, die sich an eine erste Gesamtwahrnehmung anschließt, werden die unbestimmt allgemeinen Leerantizipationen sukzessive ausgefüllt (EU, 34). Man könnte daher vermuten, dass die erste Gesamtwahrnehmung mit dem allgemeinsten Typus beginnt, den das sinnlich Gegebene zulässt. Mit jedem Schritt der Explikation *verengt* sich dann die typische Erwartung, bis sie schließlich zu einem bestimmten Sondertypus gelangt. Ausgehend von einem sehr allgemeinen Typus – wie Etwas-überhaupt, Substrat von Bestimmungen oder reales Ding – verändern sich mit der sukzessiven Verengung des Typus in der Explikation auch die typisierenden Antizipationen. Aber auch die umgekehrte Bewegung des Aufweitens ist möglich: Ich beginne die Apperzeption mit dem Typus eines Individuums und stelle dann fest, dass es nur ein Fall einer allgemeinen Klasse ist. Dies liegt dann vor, wenn ich z.B. glaube, meinen Freund Peter in einer Menge von Personen zu sehen, und sich herausstellt, dass es jemand anderes ist, d.h. nur irgendein Mensch. Der Horizont der typisierenden Antizipationen „ist ständig in Bewegung; mit jedem neuen Schritt anschaulicher Erfassung erfolgen neue Einzeichnungen in ihn, Näherbestimmung und Korrektur des Antizipierten" (EU, 137). Der Typus ist bei der Auffassung als etwas in zweierlei Hinsicht hilfreich: Er 'sagt' uns, was in der Sinnlichkeit zu einem Gegenstand gehört bzw. gehören kann und was nicht, und er lenkt unsere Aufmerksamkeit auf immer neue Eigenarten, die ein Fall eines solchen Typus haben wird. So bestimmt der Typus auch unsere Erwartungen. Ich erwarte beispielsweise den Geruch einer Blume, auch wenn ich sie nur aus der Ferne sehe.

Das typisierend Antizipierte ist jedoch immer nur „unbestimmt allgemein" bestimmt (EU, 32). Es gibt in der Erwartung stets einen gewissen „Spielraum von Möglichkeiten" (a.a.O.), d.h. es können verschiedene Anschauungen dieselbe typische Erwartung erfüllen. So können z.B. verschiedene Farben die typische Erwartung einer Oberflächenfärbung erfüllen und verschiedene Schattierungen einer Farbe die Erwartung einer gleichbleibenden Färbung.[166] Diese besondere Unbestimmtheit des Typus lässt sich auch als „'Umfang' der unbestimmten Allgemeinheit der Antizipation" (EU, 32) verstehen. In gewisser Weise muss der Typus, ebenso wie Kants Schemata, einen solchen Spielraum haben. Mit Hilfe des Typus können verschiedene individuelle Gegenstände als Fälle desselben Typus erfasst werden.

Außerdem ermöglicht die besondere Unbestimmtheit des Typus, dass wir verschiedene Darstellungsweisen (Abschattungen, perspektivische Darstellungen) desselben Gegenstandes typisch umfassen können. Daher muss auch der Typus eines individuellen Dinges noch eine vage, unbestimmte Allgemeinheit aufweisen, die für eine Ähnlichkeitsumformung des Unbekannten ins Bekannte Raum lässt.[167] Ebenso wie das Schema eines empirischen Begriffs muss der Typus die verschiedenen perspektivischen Darstellungen eines Gegenstandes umfassen können. Der Typus hat daher nie einen vollbestimmten Sinn, er bildet in seiner Anpassungsfähigkeit vielmehr einen „leeren Sinnesrahmen" (EU, 141).

Die Wahrnehmung eines mir bislang unbekannten Gegenstandes, die in der allgemeinsten Typik begonnen wird und die sich in der Explikation von konkret gegebenen Gegenständen immer weiter verengt, führt zur Konstitution eines neuen Gegenstandstypus: „Mit jedem neuartigen, (genetisch gesprochen) erstmalig konstituierten Gegenstand ist ein neuer Gegenstandstypus bleibend vorgezeichnet, nach dem von vornherein andere ihm ähnliche Gegenstände aufgefasst werden" (EU, 35). Die Konstitution eines neuen Typus ist nicht nur für Kinder, sondern auch für Erwachsene eine alltägliche Situation. Auch Erwachsene erwerben täglich neue Typen von Einzelgegenständen (z.B. von Personen). Mit dem neuen Typus können dann „andere ihm ähnliche Gegenstände aufgefasst werden" (EU, 35), und zwar als Gegenstände dieses Typus (EU, 140). Die Konstitution eines neuen Typus stiftet zugleich eine neue Handlungsmöglichkeit: Ich kann andere Gegenstände als eine Ähnlichkeitsabwandlung des mir bekannten Gegenstandes auffassen. Durch neue Erfahrung erweitert sich diese Habitualität.

Ich kann einen Gegenstand nun als Variante einer durch Ähnlichkeitsdeckung verbundenen Gegenstandsgruppe auffassen. So lässt sich ein Typus auch als Verbindung einer Vielheit von einander ähnlichen Gegenständen interpretieren. Man könnte dann den Typus als Verbindung einer Gruppe von Darstellungen ähnlicher Gegenstände (Ähnlichkeitsgruppe) verstehen, die sich durch *Ähnlichkeitstransformationen* ineinander überführen lassen.[168] Die Ähnlichkeit ist der Erfahrungsgrund der Zusammenordnung der bekannten Fälle in eine Gruppe.[169] Ähnlichkeit ist aber viel mehr eine Bestimmung des Subjekts als eine des Objekts, denn sie hängt von dem Gesichtspunkt des Vergleichs ab. Es gibt unbegrenzt viele Gesichtspunkte, unter denen Gegenstände als untereinander ähnlich betrachtet werden können, z.B. junge Pferde und Heuschrecken, weil sie auf ähnliche Weise springen, eine Galois-Gruppe und ein Küchenmixer, weil beide nur einen Teil der Gegenstände bewegen, auf die sie angewandt werden usw.

Zugleich erweitert jedes individuelle Ding der Gruppe den Bereich desjenigen, was wir in der typisierenden Apperzeption erwarten. So schreibt Husserl, dass die typisierende Apperzeption eines Hundes auf dem beruht, was wir an einer bestimmten Gruppe von (ähnlichen) Individuen bisher gesehen haben, d.h. auf dem, was wir „an 'dergleichen' Tieren, 'Hunden', schon längst und oft erfahren haben" (EU, 399). Hiermit wird wieder betont, dass die Erfahrungsgrundlage der Stiftung eines neuen Typus sowie der Erweiterung und Konsolidierung des Typus in weiteren Anwendungsfällen immer nur endlich viele Ereignisse unserer Erfahrung mit Gegenständen umfasst. Mit Blick auf diese endliche Gruppe von Erfahrungen mit Gegenständen könnte man den Typus auch eine Familienähnlichkeit nennen.

Wo 'liegt' aber diese Verbindung der Gegenstände einer Ähnlichkeitsgruppe, wo 'befindet sie sich'? Allgemein, und ohne schon auf die besondere Art des Darin-Liegens dieser Verbindung einzugehen, können wir sagen: *Sie liegt im jeweiligen Subjekt*. Das erfahrende Subjekt leistet die Verbindung, es hält sie auf Dauer aufrecht und modifiziert sie auch gemäß weiterer Erfahrung. Der Typus bleibt also subjektiv-relativ, d.h. an das individuelle erfahrende Subjekt und seine Erfahrungsgeschichte gebunden. Eine weitere Fragerichtung schließt sich hier an, denn mit der Metapher des Darin-Liegens ist noch nicht genau bestimmt, *wie* die Verbindung zwischen einer Reihe von Gegenstandserfahrungen vom Subjekt geleistet wird, und in gewisser Weise auch in ihm.

Bevor wir aber auf die Frage nach dem Wie eingehen können, muss noch deutlich gemacht werden, dass der Sinnbezug des Typus auf endlich viele Erfahrungen von individuellen Gegenständen grundsätzlich von anderer Art ist als die unbeschränkte Allgemeinheit eines Allgemeinbegriffs. Seinem in Erfahrungen erworbenen Sinn nach weist der Typus nicht auf eine universale, begriffliche Allgemeinheit hin. Der Typus ist kein Allgemeinbegriff, auch kein empirischer Begriff. Im Typus wird noch nicht auf einen generellen Kern Bezug genommen, denn der individuelle Gegenstand wird als Mitglied einer (endlichen) Ähnlichkeitsgruppe gedacht. Ein Bezug auf einen generellen Kern geschieht erst im Gebrauch eines Allgemeinbegriffs.[170]

6.4. Vom Typus zum empirischen Begriff

Dennoch gibt es einen Erfahrungsweg vom Typus zum Allgemeinbegriff. Husserl vertritt die Ansicht, dass die Konstitution von empirischen Allgemeinbegriffen auf der typisierenden Apperzeption aufbaut. Sie erfordert jedoch über die Gegebenheit von individuellen Gegenständen (oder Gruppen solcher Gegenstände) hinaus den Bezug auf ein Allgemeines.[171] Die typisierende Apperzeption ist nicht nur genetisch grundlegender als der Allgemeinbegriff, sie ist der Fundierungsgrund des Begriffs: „jederzeit können wir auf ihrem Grunde einen Allgemeinbegriff 'Hund' bilden." (EU, 400). Typen sind passiv in einer Reihe von Wahrnehmungserfahrungen vorkonstituiert. In ihrem Gebrauch bemerken wir eine „Bekanntheitsvorzeichnung", die sich in konkret inhaltlich bestimmten Erwartungen ausprägt. Wenn wir einen Hund sehen, „so sehen wir sofort sein weiteres Gehaben voraus, seine typische Art zu fressen, zu spielen, zu laufen, zu springen usw." (EU, 399). Diese Erwartungen werden in der typisierenden Apperzeption auf den jetzt anschaulichen Gegenstand übertragen. Wir sehen die anschauliche Erscheinung dieser typischen Erwartungen gleichsam schon im Voraus: „Wir sehen es voraus, und wirkliche Erfahrung kann es bestätigen, oder auch nicht." (EU, 399). Jedes typisiert aufgefasste Ding kann uns dann zu dem zugehörigen Allgemeinbegriff leiten. Typisierend ist immer ein Einzelnes als ein einzelnes Element einer Gruppe ähnlicher Gegenstände gemeint, *begrifflich* meine ich ein Einzelnes als Element einer unbegrenzten Vielzahl (in bestimmter Hinsicht gleicher) Gegenstände.

Husserls Ansatz läuft auf die These hinaus, dass wir auf dem Grund der typisierenden Auffassung einen Allgemeinbegriff bilden können.[172] Die Voraussetzung dafür ist ein Einstellungswechsel. Wenn wir auf das Allgemeine eingestellt sind, das der Begriff meint, dann wird jedes typische Merkmal, „jeder Teil, jedes einzelne Moment an einem Gegenstand ein begrifflich allgemein zu Fassendes." (EU, 400). Die Typik des Hundes zeichnet weitere Erfahrungen inhaltlich vor, und wenn wir im Gedankenexperiment zu immer neuen Fällen weitergehen, dann erwächst die präsumtive Idee des „Hundes überhaupt" (EU, 401). Der Ausgangspunkt ist die typisierende Apperzeption eines Gegenstandes als Hund. Husserl nennt sie in diesem Kontext sogar – mit Blick darauf, dass die typischen Merkmale in wirklicher Erfahrung gewonnen wurden und sie sich mit der Erweiterung der Erfahrung auch noch ändern können – einen 'wirklichen jeweiligen Begriff': „So erwächst, über den wirklichen und durch wirkliche Erfahrung gewonnenen jeweiligen Begriff hinausgehend, eine präsumtive Idee, die Idee eines Allgemeinen." (EU, 401).

Der theoretische Weg, den Husserl vom Typus bis zum Allgemeinbegriff aufweist, ist hier nur skizzenhaft angedeutet; vielleicht sollte man sogar nur von einem Plan oder Entwurf einer solchen Theorie sprechen, der noch viele Analysen zu seiner wirklichen Ausführung verlangt. Insbesondere bezieht Husserl die elementaren Typen in seine Überlegungen nicht mit ein.[173]

In einem Manuskript, das zum Teil zur Herstellung der Druckvorlage von *Erfahrung und Urteil* gedient hat, finden sich einige nicht verwendete, aber dennoch aufschlussreiche Passagen über das Verhältnis von Typus, „konkretem Wesen"[174] und Allgemeinbegriff, der hier als „allgemeines Wesen" bezeichnet wird. Sowohl die konkreten als auch die allgemeinen Wesen, die Husserl hier als Begriffe anspricht, verdanken ihre Anschaulichkeit der Methode der Wesensschau. Konkrete Wesen lassen sich weitgehend mit den wesentlichen Bestimmungen von individuellen Gegenständen gleichsetzen, sie wären also in dieser Deutung das begriffliche Gegenstück zum Typus individueller Gegenstände. Husserl sieht zwischen konkreten und allgemeinen Wesen ein Fundierungsverhältnis:[175] „Somit setzt das Erfassen der allgemeinen Gegenstände (allgemeinen Wesen) das Erfassen von konkreten Wesen schon voraus, deutlicher: konkrete Wesen müssen ausgesondert sein, damit aus ihnen ein allgemeines Wesen herausgeschaut werden kann." Ausserdem gilt: „konkrete Wesen sind keine Spezies."[176]

In der typisierenden Apperzeption sind individuelle Gegenstände intendiert, und zwar als konkret Einzelne und zugleich als Einzelne, die zu einer endlichen Gruppe ähnlicher Gegenstände gehören. Auf dieser ‚typischen Ähnlichkeit' kann sich dann erst das Bewusstsein des identischen Allgemeinen (der Spezies) in den vielen ähnlichen Gegenständen aufbauen: „Erst muss Ähnlichkeit – oder Gleichheit – (das ist nicht Identität) bewusst sein, und darauf kann sich eine Identifikation höherer Stufe bauen: Das *ens simil<itudinis>*, das Identische im Ähnlichen als solchem, z.B. das Allgemeine Farbe."[177] Beide Gegebenheiten unterscheiden sich durch ihre Intention: Einmal achte ich auf das Konkrete und sondere das Einzigartige gleichsam aus dem individuellen Gegenstand aus, indem ich typisierend lediglich seine Ähnlichkeit mit anderen Gegenständen bemerke.[178] Das andere Mal achte ich auf das in verschiedenen Individuen gemeinsame Identische, d.h. auf das Allgemeine.

In den Typen und den durch sie geweckten Vorzeichnungen schlägt sich ein Teil der Erfahrung nieder, die ich in der Explikation erworben habe. Durch die explikative Deckung ergeben sich in erster Linie Bereicherungen des Sinnes dieses konkreten, individuellen Gegenstandes. Zugleich bereichert und wandelt sich aber auch der Typus dieses Gegenstandes: „neue typische Bestimmtheiten und Vertrautheiten werden gestiftet" (EU, 140). Dasselbe gilt auf höherer Stufe für die empirischen Begriffe. Indem ich immer neue Fälle von Gegenständen erfahre, auf die empirische Begriffe angewandt werden, „wandeln sich die empirischen Begriffe durch fortgesetzte Aufnahme neuer Merkmale" (EU, 401).

In den Prozess der Präzisierung und Korrektur von Begriffen gelangen auch Elemente hinein, die nur intersubjektiv konstituiert werden können, z.B. wissenschaftliche Theorien und Kenntnisse anderer Menschen. Ich lerne von meinen Lehrern, dass ein Walfisch, obwohl er aussieht wie ein Fisch, dennoch ein Säugetier ist und mit Lungen atmet (EU, 402). Die Begriffe der Wissenschaft sind gemeinschaftlich konstituiert. Es entsteht hierdurch die Frage, wie weit dieser Einfluss intersubjektiver Konstitution *nach unten* in die Typisierung hinein reicht. Insbesondere wäre zu fragen, ob die grundlegenden Typen in ihrer auf anschaulicher Gegebenheit gegründeten Veränderung und Wandlung nicht ganz unbeeinflusst von solchen sprachlich vermittelbaren Korrekturen bleiben.

Gilt für die typisierende Auffassung nicht immer nur die sinnlich-anschauliche „äußere Analogie“ (EU, 402), d.h. bleibt der Wal auf der Ebene der typisierenden Apperzeption nicht immer ein Fisch?

Die alltägliche Erfahrung bietet ein weites Gebiet von vage bestimmten Typen wie Gras, Strauch, Baum usw. Dabei greift sie oft zu den eher augenfälligen Merkmalen, um Ähnlichkeitsbeziehungen und Typen zu formen. So kann ein Tier Walfisch genannt werden, obwohl es zur Klasse der Säugetiere und Lungenatmer gehört. Die „äußere Analogie“ von Gestalt, Bewegung und Lebensweise genügt für alltägliche Zwecke. Husserl nennt diese Typen „vorwissenschaftliche“ bzw. „außerwesentliche Typen“ im Gegensatz zu den wesentlichen Typen der naturwissenschaftlichen Forschung.[179]

Kommen wir nun wieder auf die systematische Frage zurück, wie die Inhalte des Typus *in* ihm und *im* Subjekt enthalten sind. Dazu untersuchen wir zunächst, wie sich der Inhalt des Typus für uns zeigt. Husserl geht hierbei auf das diffizile Ineinander von typisch geweckten Erwartungen und deren Erfüllung in der Anschauung ein, die dann den typisierenden Vorgriff nachträglich als berechtigt erweisen kann.[180] Die typisierende Apperzeption zeichnet uns einerseits einen unbestimmt-allgemeinen „Stil zu vollziehender Explikation mit Explikaten entsprechenden Stils“ vor (EU, 35); im einfachsten Fall nehmen wir den Gegenstand in demselben Modus weiterhin wahr. Andererseits lässt uns die typisierende Apperzeption auch schon bestimmte Eigenheiten des Gegenstandes erwarten, wenn auch im Modus der flüssigen Beweglichkeit oder im Rahmen vager Ähnlichkeit.[181] In dem antizipierenden Vorgriff kann jedoch auch eine klar vorweisende, inhaltlich konkret bestimmte Erwartung liegen. Wenn wir einen Hund sehen, „so sehen wir sofort sein weiteres Gehabe voraus, seine typische Art zu fressen, zu spielen, zu laufen, zu springen usw.“ (EU, 399). Das typisierend Apperzipierte lässt uns gleichsam *im Voraus* etwas *sehen*, was wir faktisch noch gar nicht sehen können: „Wir sehen jetzt nicht sein Gebiss, aber obschon wir diesen Hund noch nie gesehen hatten, wissen wir im voraus, wie sein Gebiss aussehen wird“ (EU, 399). Diese Vorzeichnung wird von der Ähnlichkeitsgruppe der Gegenstände, die den Typus mit gebildet haben, analogisch auf den neuen, typisierend apperzipierten Gegenstand übertragen. Das gleichsam im voraus Gesehene kann sich dann in der weiteren Erfahrung zeigen oder nicht, d.h. die typisierende Apperzeption kann sich bestätigen oder nicht.[182] In der sukzessiven anschaulichen Bestätigung (d.h. durch die Erfüllung der Erwartungsintentionen) und der bruchlosen Verengung des Typus in Sondertypen gewinnt die typisierende Antizipation ein *vorprädikatives Recht*.[183] Indem die typische Erwartung apperzeptiv auf etwas vorgreift, das zu sehen, zu hören, zu tasten usw. erwartet wird, leitet der Typus den wahrnehmenden Blick der Apperzeption auf die Momente des Gegebenen, die den gegebenen Gegenstand zu einem Fall dieses Typus machen. Um die typischen Erwartungen zu bestätigen oder zu enttäuschen, müssen wir sozusagen entsprechend der *voraussehenden* Erwartung *nachsehen*, ob das als Hund Aufgefasste 'läuft wie ein Hund', 'frisst wie ein Hund', und ob es die Gestalt eines Hundes hat usw.[184]

Es wird hier deutlich, dass die Analyse der Art und Weise des typisierenden Vorgreifens auf das, was zu sehen, hören, tasten usw. sein wird, mit Hilfe der Funktion der Selbstaffektion noch eine wesentliche Vertiefung erfahren kann, doch in diesem Kapitel werden wir diese Dimension zugunsten der allgemeinen Charakterisierung des Typus zurückstellen.

An die typisierende Apperzeption kann sich eine prädikative Subsumtion anschließen. Dazu muss die durch den Typus in der Apperzeption ermöglichte, wahrnehmende Zusammensetzung der anschaulichen Darstellung des Gegenstandes in einer aktiv vollzogenen Explikation noch einmal willentlich durchlaufen werden. Bei dieser willentlichen Wiederholung der typisierenden Apperzeption sind wir auf das Allgemeine gerichtet, d.h. dieses tritt in den Vordergrund des Interesses, und das Resultat der Synthese kann dann auch prädikativ mit Hilfe einer Bezeichnung des Allgemeinen ausgesagt werden. Die kategoriale Intention geht aber jetzt *durch* das einzelne Gegebene *hindurch* auf einen generellen Gegenstand und urteilt: Dies ist ein Hund. Dabei decken sich die vom Begriff geweckten Erwartungsintentionen mit den anschaulich erfüllten Intentionen. Die im Begriff enthaltenen begrifflichen Partialintentionen (Sonderbegriffe)[185] zeigen sich auf diese Weise in der typisierenden Anschauung als im Gegenstand *vorhanden*. Auf der Grundlage dieser Deckungssynthesen zwischen den Erwartungsintention und ihrer anschaulichen Erfüllung wird dann prädikativ geurteilt.

Eine weitere systematische Frage bei der Analyse der Funktion der Typen in der Wahrnehmung ist: Wie wird von einem anschaulich Gegebenen ausgehend ein ganz bestimmter Typus *geweckt* und zur Funktion gebracht, d.h. zur Anwendung in der Wahrnehmung? Dieses *Wie?* verweist auf ein verzweigtes Feld verschiedenartiger Weckungswege, auf das wir später noch im Einzelnen eingehen werden (Kap. 8). Allgemein kann man sagen: Die Weckung der Typen geschieht assoziativ, aber dieses „etwas erinnert an Etwas“ (EU, 78) ist eine besondere Art der Assoziation. Die *Weckungs-Assoziation* verbindet nicht intentionale Gegenstände mit anderen Gegenständen, sondern sie weckt bestimmte Typen. Sie setzt Typen in Funktion, die uns dann ein bestimmtes wahrnehmendes Handeln ermöglichen. Sie ermöglichen uns den Versuch, das anschaulich Gegebene als Gegenstand dieses Typus aufzufassen.

Die Anwendung eines Typus ist durchaus mit einer Handlung zu vergleichen. Auch Handlungen müssen wir lernen, und im Alltag lernen wir jeden Tag neue Fertigkeiten hinzu, obwohl dieser Erwerb unbemerkt vor sich geht. Wir werden unseren Freunden nicht stolz erzählen, dass wir jetzt wissen, wie man Spaghetti kocht, wo bei meinem Wagen der Ersatzreifen ist oder wie man eine neue Patrone in den Drucker einsetzt. Aber alle diese Handlungen stiften bleibende Habitualitäten des Handelns, die z.B. durch Details dieser ersten Erfahrung wieder zum wachen Bewusstsein und zur handelnden Auswirkung kommen können. Die ganze Fähigkeit, die ganze Kette von Teilhandlungen kann durch ein winziges Detail dieses Zusammenhanges wieder im Modus eines Verweisungszusammenhanges (erst ist dies zu tun, dann jenes ...) erinnert werden. Unsere Fähigkeit, mittels eines Typus Gegenstände wahrnehmen zu können, ist unter diesem Gesichtspunkt ebenfalls eine Handlungshabitualität. Allerdings liegt das *Ich kann* der passiv konstituierten typisierenden Apperzeption auf einer weit tieferen Konstitutions- und Aktivitätsstufe als die bewusste Handlung.

Die *Entstehung von Typen* durch bestimmte anschauliche Gegebenheiten ist von unserer Wahrnehmungserfahrung abhängig. Daher hängt auch die Möglichkeit der *Weckung eines Typus* von unserer Erfahrung ab. Typen bilden sich, und sie verändern sich im Verlauf der Erfahrung des jeweiligen Subjekts. Jede Näherbestimmung und Korrektur einer typisierenden Apperzeption hinterlässt einen „habituellen Besitz“, ein „habituelles Wissen“ (EU, 137). Erst nachdem ein Subjekt eine bestimmte Anschauungskonstellation erfolgreich zu einem typisiert aufgefassten Gegenstand gemacht hat, d.h. erst nachdem es eine bestimmte Wahrnehmungserfahrung gemacht hat, die ja auch immer eine gewisse Bereicherung und Modifikation bekannter Typen einschließt, *sieht*, d.h. apperzipiert das erfahrende Subjekt einerseits diesen konkreten Gegenstand immer *mit* seiner Bereicherung. Es weiß aber auch fortan, dass diese Art der Anschauungskonstellation (z.B. ein Blitz, eine Nebelbank oder das Rascheln einer Maus im Gras) ein Fall eines solchen Typus sein kann. Die Bereicherung manifestiert sich dabei im Modus der Erwartung bestimmter Elemente, die das Wahrnehmungsinteresse dann auch zur Anschauung bringen *will*.[186] Mit der Konstitution eines neuen Typus oder der Korrektur eines bereits bekannten Typus ist bleibende Erfahrung erworben, aber auch eine bleibende Verbindung zwischen bestimmten Anschauungskonstellationen (z.B. dem Rascheln im Gras) und bestimmten Typen etabliert, die für die weitere Weckung bereitliegt. Im erfahrungsfundierten Wandel der Typen erkennen wir also eine der Formen der *Aufbewahrung* der vorprädikativen Erfahrung.[187] Ein einmal gestifteter und in Erfahrungen bestimmter Typus, z.B. der einer Blume, erlaubt, dass „eine neu auftretende Blume auf Grund der assoziativen Weckung des einmal gestifteten Typus ‘Blume’ als solche wiedererkannt“ wird, und zwar „ohne dass anschauliche Wiedererinnerung an die früheren Fälle der Vergleichung notwendig wäre.“ (EU, 395).

6.5. Die ständige Weckung konkurrierender Typen

Der Fall der offensichtlichen Konkurrenz verschiedener Typen im Prozess der Auffassung ist für die Funktion der Typen in der Wahrnehmung besonders aufschlussreich. Im Verlauf der Erfahrung können auch konkurrierende Typen geweckt werden, denn die Weckung der Typen geschieht assoziativ, und zwar vom Detail aus zur typischen Vorstellung eines Ganzen.[188] Die Weckung verschiedener Typen, und zwar von der gleichen sinnlichen Konstellation aus, ist daher eher die Regel als die Ausnahme. Die geweckten Typen stehen dann in einer Art Konkurrenz zueinander. Das bekannte Husserlsche Beispiel der Puppe im Panoptikum[189], die man einmal als eine bewegte Puppe und das andere Mal als eine winkende Dame wahrnehmen kann, zeigt in dieser Hinsicht nur die Anomalie, dass die Alternative in der weiteren Wahrnehmung nicht entschieden werden kann. Aber im Hinblick darauf, dass in *jeder* Wahrnehmung konkurrierende Typen miteinander ringen, ist es ein Normalfall.

Auch im Fortgang einer einstimmigen Wahrnehmung werden immer wieder neue Typen geweckt. Ein neuer Typus kommt „auf Grund der assoziativ geweckten Gleichheitsbeziehung eines Gegenstandes mit anderen Gegenständen" ins Spiel.[190] Ein Wechsel des Typus oder eine bemerkbare Konkurrenz verschiedener Typen kann daher auch durch zunächst nebensächlich erscheinende Details hervorgerufen werden. Diese Details wecken assoziativ einen anderen Typus, in dem sie als Element vorkommen (oder den sie zufällig begleitet haben). Das bereits erwähnte Modell der *Verengung* der typisierenden Apperzeption in der fortschreitenden Explikation, bis hin zu immer genauer an die Anschauung angemessenen Sondertypen, darf also nicht zu einsinnig und keineswegs als zwangsläufiges Geschehen verstanden werden. Eine scheinbar einsinnige Verengung kann sich durch Näherbestimmung im Erfahrungsverlauf selbst (wie z.B. bei der roten Kugel, die auf der Rückseite grün ist) oder durch assoziative Weckung anderer Typen (z.B. bei dem Auffassungswechsel im Beispiel von ‘Puppe' zu ‘Dame') wieder auffächern. Dann stehen sich wieder mehrere konkurrierende Auffassungen gegenüber.

Bei der Konkurrenz von verschiedenen typisierenden Apperzeptionen wird die Funktion der Leitung des explizierenden Blicks durch den Typus besonders deutlich. Husserl stellt dies so dar, dass, in Abhängigkeit von der jeweils vorherrschenden Typik, „der Blick [...] auf besonders einprägsame Beschaffenheiten gelenkt" wird, und zwar auf diejenigen, „durch die sich der Gegenstand gerade dieser bestimmten Typik oder dieser individuelle Gegenstand von anderen Gegenständen gleichen oder ähnlichen Typus unterscheidet." (EU, 139). Das bedeutet, wir sehen z.B. die typische Gestalt eines Hundes, seine typischen Bewegungen usw. und achten auf das, was ihn als Collie oder als Schäferhund besonders auszeichnet:[191] Die schmale Form des Kopfes, die langen Haare, die charakteristische Färbung des Collie rücken in den Vordergrund des Interesses und werden durch den Gebrauch des Typus zu der bevorzugten Weise der Darstellung in meinem wandernden Blick.

Auf diese Weise gelingt es mir auch zeitweilig, einen Mischling von Collie und Schäferhund als einen Collie wahrzunehmen. Ich bevorzuge dabei dasjenige in der Anschauung, was ihn als Collie darstellt. Natürlich wird sich in dieser einseitigen Auswahl der Darstellung immer wieder der ebenfalls vorhandene Anteil an Merkmalen des Schäferhundes durchsetzen und dessen Typus aufs Neue wecken. Beide Arten der typisierenden Apperzeption stehen in einer unauflöslichen Konkurrenz.

In der 5. *Logischen Untersuchung* untersucht Husserl das bekannte Beispiel einer Wachspuppe im Panoptikum, die eine Dame darstellen soll, welche mir freundlich zuwinkt. Zunächst sehen wir eine Dame, dann erkennen wir die Täuschung und bemerken, dass es bloß eine Puppe ist. Es „durchdringen sich" hier „zwei perzeptive Auffassungen", d.h. es streiten sich zwei intuitiv erfüllte Wahrnehmungsakte mit unterschiedlicher Materie, d.h. mit unterschiedlichem gegenständlichen Sinn.[192] Eine solche Durchdringung von Akten mit verschiedener Materie aufgrund der gleichen sinnlichen Präsenz (d.h. ein aktuell motivierter Auffassungswechsel) ist nur möglich „in der Weise des Widerstreits", obwohl sich die Intentionen zugleich „nach einem gewissen Erscheinungsgehalt" decken.[193] Der intentionale Inhalt 'wirkliche Dame' streitet mit demjenigen 'wirkliche Puppe'. Naturgetreue Farben und Bewegungen sprechen für die 'winkende Dame', eine gewisse mechanische, z.B. rüttelnde Bewegung spricht dagegen für die 'bewegte Puppe' usw. Erst wenn dieser Streit durch eine eindeutig überwiegende „Wahrnehmungstendenz (Glaubenstendenz)" entschieden wird, kann ich urteilen: Es ist keine Dame, sondern nur eine Puppe.[194]

Die Aufmerksamkeit wird von den Erwartungen geleitet, welche im Typus enthalten sind. Der wahrnehmende Blick *wandert* bei der schwankenden Auffassung von einer Anschauungsquelle zur anderen. Dieses Wandern des Blickes folgt der jeweiligen Auffassung. Wenn ich z.B. eine Puppe sehe, dann beachte ich den starren Blick, bemerke das leichte Rütteln der mechanischen Bewegung, warte gleichsam auf die nächsten Rucke in den Bewegungen und registriere aufmerksam das stereotype Bewegungsbild. Mein Blick geht z.B. immer wieder und mit zunehmender Aufmerksamkeit auf eine Stelle des Ärmels, die durch die wiederkehrende Bewegung so unnatürlich verengt wird, dass sich eigentlich kein menschlicher Arm mehr darin befinden kann. – Wenn ich jedoch keine Puppe sondern eine Dame sehe, dann sehe ich immer wieder die Augen, *die mich ansehen*, die *Lebhaftigkeit* der Bewegung, die *Natürlichkeit* der Haltung, die *Reaktion* auf veränderte Umstände usw. Je nach der Richtung der Auffassung beachte ich also Details, die nur einen belebten Leib auszeichnen können oder eben einen unbelebten Gegenstand.[195]

Alle im Verlauf der Erfahrungsgeschichte erworbenen Kenntnisse über ähnliche Eigenheiten konkreter Gegenstände dieses Typus sind habitueller Besitz von individuellen Personen. Sie erzeugen im aktuellen Prozess der typisierenden Apperzeption jeweils verschiedene Erwartungen, und zwar von Person zu Person verschiedene, die von der Erfahrung der jeweiligen Person abhängen. Das heißt: Der Inhalt des Typus und die daraus resultierenden Erwartungen unterscheiden sich von Person zu Person. So erwartet ein erfahrener Mensch von einem Ofen auch brennende Hitze (ebenso ein erfahrener Hund), ein unerfahrenes Kind jedoch nicht. Das diesem Typus zugehörige Wahrnehmungsinteresse versucht dann, genau diese inhaltlich konkreten Erwartungen anschaulich zu erfüllen. Aus dem sinnlich Präsenten wird im Prozess der Auffassung nach Maßgabe des Typus eine Darstellung des typisch erwarteten Gegenstandes zusammengestellt – soweit es das anschaulich Präsente zulässt.

In diesen zentralen Punkten befindet sich Husserls Beschreibung der Funktion eines Typus also in bemerkenswerter Nähe zu Kants Darstellung der Leistung des Schemas empirischer Begriffe im Prozess der Apprehension (und der Subsumtion eines in Anschauungen gegebenen Gegenstandes unter einen empirischen Begriff).[196] Was Husserl jedoch nicht so zentral hervorhebt wie Kant, gleichwohl implizit voraussetzt, ist die Notwendigkeit der zusammensetzenden Synthesis.

7. Das Problem des 'Anfangs der Erfahrung' und die Genese von Typen

7.1. Der Anschein eines Bedingungszirkels und die Genese der elementaren Typen: Erweiterung, Verarmung, Verzweigung, Probabilisierung und Historisierung

Gehen wir davon aus, dass die leitende Funktion der Schemata (bei Kant) und die Leitung des Blicks der typisierenden Apperzeption durch den Typus (bei Husserl) weitgehend analog ist. Nun entsteht bei der Betrachtung des Bedingungsgefüges der Wahrnehmung der Anschein eines Zirkels, der zwar Husserls Typus, aber nicht Kants Schemata trifft: Die typisierende Apperzeption beruht auf vorangegangener Erfahrung bereits konstituierter Gegenstände, diese aber beruht ihrerseits auf der gegenstandskonstituierenden Leistung des Typus. Eine methodensichere Phänomenologie wird diesem Problem mit Gelassenheit begegnen können, denn eine derartige, scheinbar unauflösliche Vermengung von genetisch späteren und früheren Leistungen ist der genetisch-phänomenologischen Analyse durchaus zugänglich. Ein solches Bedingungsgefüge könnte jedoch in den Augen des Kantianismus zirkulär und aporetisch erscheinen. Kant entgeht diesem Problem durch die Voraussetzung der vom Verstand *a priori* (d.h. für Kant: vor aller Erfahrung) immer schon mitgebrachten reinen Verstandesbegriffe.

Verschärfen wir zunächst den Zirkelverdacht im Sinne des Kantianismus. Er richtet sich gegen die Behauptung, dass mit der Aufdeckung der gegenstandskonstituierenden Funktion des Typus (bzw. des Schemas) schon der letzte Ermöglichungsgrund von Wahrnehmung und Erkenntnis gefunden sei. Demnach setzt jeder erfahrungsgewirkte Typus vorangegangene Erfahrung voraus, und da der Typus zugleich als gegenstandskonstitutiv erwiesen werden soll, muss er auch schon in dieser vorangegangenen Erfahrung konstitutiv mitgewirkt haben. Wenn man diesen Zirkel vermeiden will, dann bleibt scheinbar nur ein Ausweg: Man muss für die Möglichkeit von Erfahrung immer schon Begriffe voraussetzen, die uns, wie z.B. die Kantischen Verstandeskategorien, bereits vor aller Erfahrung zur Verfügung stehen.

Ich werde nun zeigen, dass dieser Einwand voreilig ist, und zwar aus zwei Gründen: Einerseits wird hier die grundlegende begriffliche Funktion *zu hoch* angesetzt, nämlich bereits als solcher Begriff eines Gegenstandes, welcher schon die Sinnelemente von Akzidens und Substanz – und eventuell auch von Kausalität – enthält. Gäbe es nur Typen dieser Art von Gegenständen, dann wäre der Einwand schwerlich zu entkräften. Die Genese des Typus beginnt jedoch mit sehr einfachen, *elementaren Typen*, die zu ihrer Konstitution lediglich auf das Nacheinander oder Zugleich zweier Empfindungen angewiesen sind. Diese sind Ereignistypen und noch keine Gegenstandstypen. Für diese elementaren Ereignistypen gilt daher der genannte Zirkel-Einwand nicht. Andererseits verkennt der Einwand des Kantianismus die Wandelbarkeit des Typus, d.h. er übersieht die wichtige Rolle der Erweiterung und Verarmung der Typen in der Erfahrung (und in intersubjektiver Korrektur).

Wir werden sehen, dass es äußerst rudimentäre, aber zugleich grundlegende Ereignistypen gibt, in denen Substanz und Eigenschaft noch nicht mitgedacht sind. Da es sich hierbei um ein Problem des Anfangs handelt, darf man die grundlegenden konstitutiven Typen nicht *zu hoch* ansetzen. Ein Typus besteht in seiner minimal komplexen, sozusagen elementaren Form aus der synthetischen Verbindung von einfachen Eindrücken, z.B. von zwei Empfindungen, die einmalig oder mehrfach in geregelter Weise in meiner Erfahrung zusammen aufgetreten sind und dadurch eine assoziative Verbindung eingegangen sind. Um den Anschein zu vermeiden, dass es sich bei diesem ‚Ereignis' um ein objektiv zeitliches Ereignis in einer Kausalkette handelt, sollte man besser von einer Empfindungskomplexion bzw. einer Empfindungseinheit sprechen.

Die Konzeption der elementaren Ereignistypen beruht auf der Fähigkeit der gegenseitigen assoziativen Weckung aller bei diesem Ereignis vorkommenden Empfindungen, und zwar in der Form einer inhaltlich präzise bestimmten phantasmatischen Vorstellung. Damit haben wir eine Grundlage gefunden, die den Aufbau aller weiteren gegenstandskonstitutiven Typen zu rekonstruieren erlaubt. Diese Basis ist nicht der Gefahr ausgesetzt, dem genannten Zirkel zu unterliegen. Hiermit erweist sich die phantasmatische Selbstaffektion in einem fünften Sinne als transzendentale Funktion.

Betrachten wir ein Beispiel: Die Erfahrungsgeschichte fast jedes Menschen beginnt mit verbundenen Empfindungen, wie dem charakteristischen Geschmack der Muttermilch und der damit regelmäßig verbundenen Wärme dieser Milch.[197] Man kann nicht behaupten, dass sich in der Verbindung dieser beiden Empfindungen schon ein Gegenstand im Sinne eines gedachten Substrats mit seinen Eigenschaften konstituiert. Dennoch bilden diese Empfindungen in ihrem Verweis aufeinander eine bleibende synthetische Einheit. Auf diese Einheit können wir in der weiteren Erfahrung zurückkommen, indem wir mit ihrer Hilfe dasselbe Erlebnis typisierend auffassen. Beide Vorstellungen können einander als Erwartung inhaltlich präzise bestimmt erwecken, und zwar mit der Hilfe der Selbstaffektion, und so die Konstitution desselben, erneut sich ereignenden Ereignisses aufgrund von phantasmatisch gegebenen Empfindungen leiten.

Der elementare Typus kann aber immer weitere Vorstellungen in seine synthetische Verbindung aufnehmen, so z.B. die Wärme der Haut, den Griff der

Mutter, ihre Stimme usw. In dem regelmäßigen Zusammenerscheinen bildet sich der Typus eines bestimmten Ereignisses aus. Ereignis ist natürlich hier im Sinne einer synthetischen Einheit von Empfindungen zu verstehen, nicht als Element in einer möglicherweise kausal miteinander verbundenen Kette weiterer Ereignisse. Dieser elementare Typus wird immer weiter differenziert und inhaltsreicher, je mehr weitere Vorstellungen er aufnimmt. Andererseits verliert er aber auch manche Elemente im Vorgang der *Verarmung*, den wir gleich noch behandeln werden. In dieser Differenzierung ergibt sich an irgendeiner Stelle auch der Übergang von den grundlegenden Ereignistypen zum Typus eines von meinem Erleben ablösbaren Gegenstandes. Es wird auf diese Weise deutlich, dass derjenige Typus, der einen von meinem Erleben ablösbaren Gegenstand konstituieren kann, keineswegs die grundlegendste Form des Typus ist. Hier eröffnen sich zahlreiche Fragen der genetischen Analyse, die noch geklärt werden müssen.

Die Gewinnung solcher Typen, die bleibende Objekte mit bleibenden Eigenschaften einschließt, ist aber kein Privileg des ‚vernünftigen' Menschen. Die experimentelle Tierpsychologie zeigt mit sprachunabhängigen Tests (z.B. Erwartungsenttäuschung, *eyetracking*), dass auch viele Tiere eine Vorstellung von Objektkonstanz besitzen.[198]

Wenn wir davon ausgehen dürfen, dass die einfachsten, elementaren Typen in der Aufeinanderbeziehung zweier Empfindungen bestehen, dann ergibt sich die Frage, auf welche Weise wir von hier aus zu komplexen Begriffen bzw. zu dem Typus von Hund oder Mensch kommen können. Diese Frage stellt jedoch ein breites Untersuchungsgebiet dar, das mit verschiedenen Methoden und in unterschiedlichen Hinsichten bearbeitet werden muss. Ich beginne hiermit, indem ich die bereits genannten zwei verschiedenen Richtungen der Veränderung von Typen untersuche: Die *Erweiterung* und die *Verarmung*, später kommen dann noch *Verzweigung*, *Probabilisierung* und *Historisierung* als weitere Differenzierungen hinzu.

In der *Erweiterung* nimmt der Typus immer neue Merkmale auf, d.h. natürlich nur diejenigen, die sich in Empfindungen zeigen, die jeweils bei der zugrundeliegenden Verbindung zugegen sind. Insofern betrachten wir Typen, und auch die Erweiterung von Typen, als in Erfahrungen entstanden (gestiftet). So lernen wir z.B. Wein kennen, d.h. seine Flüssigkeit, sein Gewicht, und wir erfreuen uns an seinem Geruch, seinem Geschmack und seiner roten Farbe. Diese drei Empfindungen werden in unserem Subjekt assoziativ mit den anderen zusammengebunden. Wenn wir die ersten beiden Empfindungen gegeben haben, so erwarten wir auch die dritte, d.h. die rote Farbe. Nun wissen erfahrene Personen, dass nicht jeder Wein rot ist. Damit zeigt sich der Erweiterungsprozess des Typus einerseits unter Umständen als *voreilig* und andererseits als ganz radikal auf das Erleben der jeweiligen Person bezogen.

Wie lassen sich solche voreiligen Erweiterungen korrigieren? Die Subjektivität des Typus im Sinne der Erfahrungs- und Person-Relativität kann sowohl durch weitere Erfahrung als auch durch Kommunikation aufgehoben werden. Wenn wir mit unserem subjektiv geprägten Typus des Weines (Wein = roter Wein) weißen Wein überhaupt als Wein wahrnehmen wollen, so könnten wir z.B. ein Gespräch mit anderen Personen darüber führen, dass dies in ihren Augen ebenfalls Wein ist. Wir müssen dann aufgrund der intersubjektiven Anleitung im Gespräch dann unseren Typus von dem Element der roten Farbe befreien. Diesen Vorgang kann man als *Verarmung* des Typus in und durch die intersubjektive Kommunikation verstehen. Indem wir also im Reden Begriffe für Typen gebrauchen, kommt es einerseits oft zu einer gegenseitigen intersubjektiven Korrektur des Wortgebrauchs, aber auch zu einer Korrektur des Typus. Nur auf diese Weise ergibt sich ein intersubjektiv gemeinsamer Gebrauch von empirischen Begriffen.

Man kann die Fähigkeit und Bereitschaft des Typus zur Erweiterung kaum überschätzen. Typen nehmen bereitwillig alle regelhaften oder zufälligen Begleitempfindungen in sich auf. Die Veränderung unserer Typen versteckt sich jedoch meistens in alltäglichen Kleinigkeiten. Ich werde im folgenden einige triviale Beispiele dafür nennen, wie sich Typen in Erfahrungen um neue Elemente erweitern, die ihrerseits neue assoziative Verbindungen im Typus nach sich ziehen. Nehmen wir z.B. an, dass wir zufällig während des Kennenlernens des roten Weines leichte Kopfschmerzen hatten (nicht danach, wie man es manchmal auch erlebt), dann kann es sein, dass wir diese unangenehme Empfindung mit zu dem Typus des Weines hinzunehmen und er uns nicht so angenehm erscheint wie anderen Personen. Wird uns dann – vielleicht aus ganz anderen Gründen – übel, dann verbinden wir diese Übelkeit assoziativ mit den Empfindungen, die uns der Wein gibt, und wir betrachten Wein von da an als nicht zum Trinken geeignet (zumindest nicht für mich); wir entwickeln sozusagen eine assoziativ-affektive Abneigung dagegen. Diese, auf die jeweiligen zufälligen Umstände der Erfahrung relativen, subjektiven Elemente des Typus wirken somit auf unser weiteres Erfahrungsleben, und wir können sie z.B. im Gespräch mit anderen entdecken. Andere überreden uns vielleicht auch dazu, es mit dem Wein noch ein weiteres Mal zu versuchen.

Die Subjektivität der Verbindungen von Empfindungen im Typus wird uns manchmal auch selbst bewusst, und wir können versuchen, diese Verbindung rational zu kontrollieren. So kann ein Mensch, der einmal vom Hund gebissen wurde, sein Leben lang Angst vor Hunden haben. Er ist sich aber dieser Verbindung und ihrer Subjektivität bewusst und berichtet sein Erlebnis geradezu als Erklärung für seine Angst, die für andere Personen unmotiviert zu sein scheint. Man könnte nun einwenden, diese Beispiele seien zu trivial und zu alltäglich, aber die Erweiterung und Verarmung von Typen geschieht gerade in der alltäglichen Erfahrung.

Die Erfahrungen, die ich mit bestimmten Gegenständen wie z.B. Häusern zeitlich vor der jetzt aktuellen Wahrnehmung eines mir unbekannten Hauses gemacht habe, sind in den typischen Erwartungen verkörpert. Der Typus enthält die vorangegangenen Erfahrungen sozusagen in Form von konkreten Erwartungen in sich. Der jeweils konkrete Typus ist also kein apriorischer Begriff (*a priori* hier im Kantischen Sinne, d.h. im Sinne von: *vor aller Erfahrung* einhergehend). Der Typus hat eher den Status einer begriffsähnlichen Funktion, die *vor dieser Erfahrung* notwendig vorliegen muss. Die Funktion des Typus, d.h. die Leitung der Synthesis der Anschauung, die wir in der Wahrnehmung vollziehen müssen, ist also apriorisch (hier ist *a priori* im Husserlschen Sinne verstanden als Wesensnotwendigkeit gemeint). Denn: *Jede* Wahrnehmung von Etwas muss gegebene Empfindungen zusammensetzen, und diese Synthesis verlangt eine *Leitung* durch den bereits vorliegenden Typus.

Der besondere Modus der Leitung der Apperzeption durch den Typus ist die phantasmatische Vorzeichnung all dessen, was bei Gegenständen dieses Typus als sinnlich gegeben zu erwarten ist. Daher ist die phantasmatische Vorzeichnung (ebenso wie der Typus) eine Bedingung der Möglichkeit der Konstitution von Gegenständen. Sie ist das universale Medium der Vermittlung von Typus und Sinnlichkeit und somit in einer (fünften) Weise eine transzendentale Funktion.

Hier stoßen wir wieder auf das schon erwähnte Problem des Anfanges, d.h. auf die systematische Schwierigkeit: Woher nehmen wir die Funktionen zur Leitung der Synthesis, wenn nicht aus vorangegangener Erfahrung? Dann bleibt jedoch unklar, wie die *erste* Erfahrung von Gegenständen möglich sein soll, da sie immer schon Erfahrung voraussetzt. Jedoch verkennt diese Problemformulierung die Art der Bildung elementarer Typen, die bereits durch die assoziative Verbindung zweier Empfindungen entstehen können. Diese Art von *Gegenständen* denken noch keine Substanz-Akzidens Verbindung und auch noch keine Kausalität mit. Daher entkräften die elementaren Typen und ihre folgende Erweiterung und Verarmung den Einwand Kants, der besagt, dass man das Problem des Anfangs der Erfahrung nur mit Hilfe von vernunftimmanenten reinen Verstandesbegriffen lösen kann.

Das Ereignis des Trinkens ist für einen Säugling eine Kombination aus dem Geschmack und der Wärme der Milch, dem Griff der Mutter und ihrer Stimme. Es mag sein, dass Säuglinge auch schon vor ihrer Geburt ausgeprägte Typen besitzen, aber der Anfang der Bildung eines Typus muss auch in diesem Fall auf ähnliche Weise vor sich gehen. Der Säugling kann mit Hilfe der Selbstaffektion dieses Ereignis als dasselbe wiedererkennen.[199] Er erwartet den Geschmack der Milch schon aufgrund der typischen Situation des An-die-Brust-Legens und darüberhinaus den Geschmack als eine inhaltlich bestimmte Empfindung zusammen mit der zugehörigen Wärme. Die Selbstaffektion stellt sozusagen das universale Vermittlungsmedium der typischen Erwartung dar, sie ist darum eine transzendentale Funktion.

Ich komme nun zu einer weiteren Differenzierung der elementaren Typen, die man als *Verzweigung* (oder auch Aufspaltung) bezeichnen kann. Zunächst werde ich weiter im bisher bevorzugten Beispielsbereich bleiben. Es kann nämlich vorkommen, dass einzelne Elemente des Ereignisses nicht erscheinen oder sogar fast alle anders erscheinen als erwartet. So könnte es eine Flasche mit flüssigem Brei sein, die dem Kind anstelle der Brust angeboten wird. Auf diese Weise ändert sich das Ereignis weitgehend, nur der Griff der Mutter und ihre Stimme bleibt gleich, das taktuelle Gefühl des Saugers ist anders und ebenso der Geschmack des Breis. Zudem ist die Temperatur des Breis erheblich veränderlicher als die Temperatur der Muttermilch. Die Erfahrungen der meisten Eltern werden sein, dass das Kind zunächst Schwierigkeiten hat, den Sauger in den Mund zu nehmen, dann wird der Säugling einige Schlucke probieren und lässt daraufhin den Sauger unwillig los. Dies ist nicht dasjenige, das er erwartet hat und auch nicht das, was er will. Auf diese Weise hat sich ein neuer Typus herausgebildet. Genauer gesagt: Der Typus des Trinkens hat sich in zwei verschiedene Typen *verzweigt*. Der neue Typus ist damit zwar gestiftet, d.h. Wiedererkennen ist jeweils möglich; praktisch bleiben jedoch noch Widerstände zu überwinden. Das Kind wird bei den nächsten Versuchen protestieren, zuweilen schon den Sauger als sicheres Zeichen der Flasche erkennen und nicht mehr den Mund öffen wollen, ihn nach einiger Zeit aber wohl akzeptieren.

Es geht mir hier nicht um einen Kurs in Säuglingsernährung, sondern darum, die allgemeinen und wesentlichen Strukturen der Entstehung neuer Typen und ihre Ordnung untereinander zu verstehen. Daher sind die kleinen Unterschiede zwischen Typen ebenso wichtig wie die hier geschilderte Weise, in der ein ganz neuer Typus zustande kommt. Es können solche kleinen Unterschiede z.B. dadurch zustande kommen, dass die Temperatur des Breis einmal ein wenig zu hoch ist, d.h. dass die Nahrung unangenehm heiß in den Mund des Säuglings gelangt. Geschrei ist die zwangsläufige Folge, aber es ist noch etwas anderes geschehen, denn bei jedem weiteren Versuch, die Flasche zu geben, bemerkt man, dass das Kind *vorsichtig* geworden ist und zuerst ganz wenig nimmt, um die Temperatur zu *prüfen*. Die Fähigkeit, aufgrund einer einzigen Erfahrung eine bleibende Bereicherung eines Typus vorzunehmen, ist keine Besonderheit des Menschen, denn, wie schon David Hume schreibt, es berührt kein Hund zweimal den heißen Ofen.

Was ist hier passiert? Der Typus des Brei-Trinkens (bzw. des Ofens) ist bereichert worden, und zwar um das Sinnelement: Brei aus der Flasche kann heiß sein. Das Rätselhafte ist hierbei die Modalität *kann*. Es ist jedoch problematisch, hier schon im vollen Sinn von einer Modalität zu sprechen, denn es handelt sich erst um den Anfang einer langen Erfahrungsgeschichte, in deren Verlauf sich eine Modalität herausbilden kann. Eigentlich ist zunächst etwas viel Einschneidenderes geschehen: Nach dem ersten negativen Erlebnis *ist* der Brei heiß, denn er wurde um diese Bestimmung bereichert und wird angstvoll erwartet. Es wird schwierig sein, das Kind wieder an den Schnuller heranzubekommen, denn es erkennt jetzt den *heißen Brei* an der mit den Lippen getasteten Spitze des Schnullers und dreht den Kopf weg. Es bedarf daher einiger Geduld, um es überhaupt zu einem neuen Versuch zu bewegen. Dennoch bleibt die Angst erhalten, der Brei könnte heiß sein. Das Kind probiert weiterhin nur sehr vorsichtig.

Ein Gefühl hat sich zugleich mit der unangenehmen Erfahrung des brennend-heißen Breis an diesen Typus angeheftet. Dieses Gefühl mahnt in der Folge sozusagen zur Vorsicht, es ist ein eigenständiger Antrieb, der aber auch zu einer unbewussten Vermeidungstendenz (oder Hinstrebenstendenz) werden kann. Es scheint so, als ob durch ein einziges negatives Erlebnis eine bleibende, unbegrenzt weiterlaufendende gefühlsvermittelte Strebung ausgelöst worden wäre, die alle weiteren Versuche mit demselben Gegenstand gefühlsmäßig behindert und eine bleibende Vermeidungs-Tendenz stiftet.[200] Auf diese Weise werden unter Umständen auch dauerhaft weitere Erfahrungsgelegenheiten vermieden, so dass man hierin eine Art *Traumatisierung* sehen kann. Die ablehnende Gefühlshaltung kann sich auch auf Typen von Gegenständen ausbreiten, die mehr oder weniger zufällig das traumatisierende Ereignis begleiteten, z.B. ein Geruch, eine Melodie.

Doch in normalen Fällen geht die Erfahrungsgeschichte weiter. Bei dem Möglicherweise-heiß-Sein handelt es sich um ein Sinnelement, das zu dem Ereignis Brei-Trinken aufgrund weiterer Erfahrung im Sinne einer *Probabilisierung* hinzukommt: Es *könnte* sein, dass der Brei heiß ist. Auf welche Weise enthalten nun die Typen und die von ihnen erweckten Erwartungen diese zusätzlichen und in ihrer Wahrscheinlichkeit sehr unterschiedlichen Elemente? Das heißt: Worin spiegelt sich insbesondere der Unterschied der Wahrscheinlichkeit?

Eine Antwort muss wieder auf den Gefühlsaspekt des Typus zurückgehen: Vorsichtig-Sein heißt, das möglicherweise eintretende unangenehme Ereignis *angstvoll erwarten*. Allerdings ist die Angst nicht die einzige begleitende Emotion, denn zugleich wird das Trinken des schmackhaften Breis *lustvoll erwartet*. Beide Emotionen bestimmen das folgende praktische Handeln mit, denn das Kind unternimmt vorsichtig weitere Versuche. Wird die Gewissheit des Eintretens der unangenehmen Folge größer (z.B. durch weitere unangenehme Erfahrungen), so kann eine Tendenz zur Vermeidung die Folge sein, ebenso kann bei überwiegend angenehmer Entwicklung die Vorsicht ganz schwinden.

Es ist jedoch nicht nur die Form unmittelbarer Gefühlsreaktion, in der sich der Erfahrungsgewinn niederschlägt. Es gibt darüberhinaus eine Art *bleibender Lebendigkeit* der Erfahrungsgeschichte im Typus. In jedem Fall wird die Vorstellung ‚möglicherweise zu heiß' mit Hilfe der Selbstaffektion geweckt. Doch die abschreckende sinnliche Erinnerung an die schmerzende Zunge bleibt nicht allein, denn sie wird von den durch die Selbstaffektion ebenfalls dargestellten Erfahrungen des ‚nicht zu heiß' überdeckt, vom Wohlgeschmack und vom ‚angenehm warm'. Die Typen enthalten also eine Art *historiographisches Gedächtnis*, das meine Erfahrungsgeschichte mit dergleichen Gegenständen aufbewahrt und sie als ein zusätzliches Sinnelement dem typisierend aufgefassten Gegenstand zuschreibt.

Hierin zeigt sich eine Art *lebendiger Historisierung* in jedem konkreten Typus: Die Erfahrungsgeschichte bleibt in ihm erhalten. So kennt jeder von uns Personen, die wir als gute Freunde bezeichnen würden, obwohl die Geschichte unserer Bekanntschaft mit einem Streit oder einem unangenehmen Ereignis begonnen hat. Und dieser unangenehme Anfang ist ein bleibendes Element unserer typisierenden Apperzeption und wird dann schnell von angenehmen Gefühlen und Erinnerungen überdeckt.

Der Einfluss der probabilisierenden Erfahrungsgeschichte in den Typen mischt sich auf praktischer Ebene in beliebig komplexer Weise: So kann ein Tee manchmal süß, manchmal nicht süß sein, und das Kind wird sofort den Unterschied bemerken und versuchen, den süßen Tee zu erhalten und den nichtsüßen Tee verschmähen. So bildet sich eine Hierarchie von Bevorzugungen. Es stellt sich dann die Frage, ob ‚Tee von der Mutter' oder ‚Tee vom Vater' dasselbe Ereignis ist. Sicher nicht, denn das erste wird meistens bevorzugt gegenüber dem zweiten. Aber wie steht es mit dem neutralen Tee von der Mutter und dem süßen Tee vom Vater? Hier kann die Bevorzugungs-Hierarchie durcheinander geraten. Wir müssen uns aber von dieser bloß kombinatorischen Kasuistik abwenden und zu einer weiteren prinzipiellen Frage kommen: Ist dies überhaupt noch eine Hierarchie zwischen Ereignissen, die immer feiner gesponnen wird, oder schon eine Hierarchie zwischen verschieden, bewerteten Sachen, d.h. zwischen neutralem Tee und süßem Tee? Wie kann man beides überhaupt unterscheiden? Dieser Frage werden wir uns in dem folgenden Kapitel zuwenden.

Sicherlich ist die Vorstellung einer Sache-an-Sich eine Voraussetzung der vergegenständlichenden Kommunikation, d.h. wir brauchen sie, sobald wir über Gegenstände und Ereignisse reden, die mit Gegenständen geschehen. Aber dies könnte auch lediglich eine Notwendigkeit eines auf bestimmte Weise kodifizierten Systems des Sprechens sein. Für das Funktionieren des verwickelten Durcheinanders von erfahrungstypologisch aufgefassten Ereignissen ist die Vorstellung des Dings mit Eigenschaften jedenfalls noch nicht notwendig. Was auf der Ebene elementarer Typen geschieht, kann noch sinnvoll mit den Kategorien der Erweiterung, Verengung, Aufspaltung, Probabilisierung und Historisierung des Ereignis-Typus verstanden werden.

Die bislang vorgestellte Ereignis-Ontologie elementarer Typen in der Erfahrungsgeschichte beruht lediglich auf der Fähigkeit zur Selbstaffektion und auf Gefühlen, die mit Ereignistypen verbunden sind. Es ist sehr wahrscheinlich, dass fast alle Tiere diese Leistungsstufe erreichen können. Es scheint auf dem jetzt erreichten Stand der Untersuchung jedoch so, als ob es innerhalb einer konsequent weitergeführten Typologie von Ereignissen niemals so etwas wie ein bleibendes Ding mit Eigenschaften geben müsste. Dennoch gibt es Erfahrungswege zu Dingen mit Eigenschaften, die sie zwar *haben*, die sich aber nicht immer zeigen. Diesen wenden wir uns nun zu.

7.2. Von der Ereignis-Ontologie zur Objekt-Ontologie

Wir sind bei unserem Durchgang der Differenzierungsweisen elementarer Typen bei einer in systematischer Hinsicht sehr wichtigen Frage angelangt: Wie kommen wir von den elementaren *Typen von Ereignissen* zu *Typen von Gegenständen*, d.h. zu Vorstellungen von Objekten und Dingen mit Eigenschaften? Man kann diese Frage auch anders stellen: Wie gelangen wir von der anfänglichen, mit elementaren Ereignistypen vorgehenden *Ereignis-Ontologie* zu der *Objekt-Ontologie*, in der wir uns alltäglich orientieren, d.h. zu einer Welt von Gegenständen, die von mir unabhängig sind und die auch unabhängig von dem Ereignis des Erscheinens-des-Gegenstandes-für-Mich vorgestellt werden?

Heute scheint es uns einsichtig, dass wir für die Lösung dieser Frage nicht auf die Ausstattung der menschlichen Vernunft mit eingeborenen oder präfigurierten Begriffen zurückgehen können, wie dies der Rationalismus und Kant taten. Schon die Tatsache, dass viele Tiere die geistige Leistung der *Objektpermanenz* vollziehen können, verbietet dies. Sie bezeichnet die Fähigkeit, auch dann von der Existenz von Gegenständen auszugehen, wenn sie gerade nicht sichtbar sind. Sie müssen dazu dem Geist noch irgendwie präsent bleiben. Es handelt sich dabei nicht nur um eine Leistung von hoch organisierten Säugetieren, sondern auch Vögel sind dazu in der Lage.[201] Der Begriff selbst geht auf Untersuchungen des Entwicklungspsychologen Jean Piaget zurück, der die Reaktion von Kleinkindern auf das Verstecken von attraktiven Spielzeugen untersuchte.[202] Er kam zu dem Ergebnis, dass sich die Objektpermanenz erst mit etwa neun Monaten ausbildet, weil erst ab diesem Alter die Kleinkinder nach den versteckten Spielzeugen auch dann zu greifen versuchten, wenn sie durch einen davor gestellten Schirm außer Sicht gerieten. Allerdings wurden seine Untersuchungsmethoden später vielfach kritisiert, vor allem im Hinblick darauf, dass er ein komplexes motorisches Handeln als Kriterium für die Objektpermanenz angesetzt hatte.

Heute untersucht man dieselbe Frage mit der Methode der *Erwartungsverletzung*, die davon ausgeht, dass wir Dinge und Ereignisse, die sich anders verhalten als wir erwartet haben, länger ansehen als die gewöhnlichen Ereignisse. Die Tatsache, dass wir etwas länger ansehen als etwas anderes, kann man durch Beobachtung der Augenbewegungen nachweisen, und dies ist nicht nur bei Kleinkindern, sondern auch bei Tieren der Fall. So zeigte Renee Baillargeon 1985, dass schon drei bis vier Monate alte Kleinkinder eine Vorstellung von dem regelhaften Verhalten von Gegenständen besitzen.[203] Inzwischen weiß man, dass auch viele Tiere diese Fähigkeit haben.[204]

Es wäre daher durchaus möglich, dass sich auch von der grundlegenden Ereignis-Typologie aus ein Erfahrungsweg zu der Vorstellung eines Gegenstandes mit Eigenschaften zeichnen ließe. Hierzu müssen wir zuerst auf die induktive Tendenz des Typus eingehen. Damit ist Folgendes gemeint: Der Typus eines Ereignisses, wie Mama-hält-mich-auf-dem-Arm, kann sich in weiterer Erfahrung festigen, denn die Dynamik der Erfahrungssammlung gleichartiger Erfahrungen ist *induktiv*: Je öfter eine gleichartige Verbindung von Empfindungen in der Erfahrung vorgekommen ist, umso fester und sicherer wird die Erwartung und umso schwerer lässt sie sich in weiterer Erfahrung korrigieren. Dennoch stellt sich mit der weiteren Erfahrung mit der Zeit eine Abstufung der Sicherheit der einzelnen Bestandteile ein, und zwar auch bei solchen scheinbar untrennbaren Verbindungen wie Stimme, Griff, Brust der Mutter und Trinken der Milch. Wir sind bereits oben auf die Probabilisierung im Ereignistypus eingegangen. Mama kann auch anwesend sein, wenn der Griff fehlt, also wenn sie nur mit dem Säugling spricht. Ihre Stimme, ihr Gesicht und ihre Haare sind da, aber der Griff fehlt. Manchmal ist das meiste des insgesamt Erwarteten da, aber ein wichtiges Element fehlt: Die Mutter spricht z.B. nicht, weil sie einer feierlichen Rede zuhört, oder ihre Stimme klingt anders, weil sie erkältet ist.

Auf dem Weg der alltäglichen Induktion, d.h. der festen Überzeugung, dass die vermisste Empfindung schon ‚kommen werde', wenn wir etwas warten, gelangen wir zu einer Variante des Typus, die all das in sich sammelt, und zwar zugleich mit einem Wissen um die unterschiedliche Gewissheit der einzelnen Elemente, was *normalerweise* oder meistens zu einem Ereignis gehört: Ich nenne dies die *Normal-Erscheinung*. Das Erscheinen der Bestandteile der Normal-Erscheinung wird mit großer Sicherheit erwartet. Diese Gewissheit bewegt auch Säuglinge schon zu praktischen Handlungen: Wenn die Mutter der Rede zuhört und nicht mit dem Säugling sprechen will, so versucht dieser auf alle möglichen Weisen, sie zum Sprechen zu bewegen. Das Sprechen-mit-Mir sollte zu ihr gehören. Das Herbeiführen-Können betrifft auch die Anwesenheit des ganzen Ereigniskomplexes: Wenn das Kind lange genug schreit, erscheint die Mutter an der Wiege.

Es stellt sich also die Vorstellung einer Normal-Erscheinung der Mutter ein, von der die wirkliche Erfahrung zuweilen abweichen kann. Auf dem Weg weiterer Erfahrung führt also die Bildung der Normal-Erscheinung, die all das enthält, was normalerweise zur Mama gehört, was aber manchmal dennoch nicht erscheint, zur Vorstellung eines von dem jetzigen Erlebnis und meinem eigenen Erleben *unabhängigen Dinges*. Die Empfindungen, die immer auftreten und die Empfindungen, die nur in sehr seltenen Fällen nicht auftreten, werden zum Normal-Typus eines Dinges. Auf diese Weise wird die Vorstellung eines Ereignisses zu der Vorstellung von etwas umgeformt, das auch *ist*, wenn es jetzt nicht für mich erscheint. Aus eigener Erfahrung weiss ich, dass ich sein Erscheinen durch eigenes Handeln herbeiführen kann. Dasjenige, was hartnäckig und unbeirrbar als Zur-Erscheinung-Gehöriges erwartet wird, bildet die Bestandteile des unabhängigen Dinges mit seinen Eigenschaften, die manchmal erscheinen und manchmal nicht erscheinen, so dass man geduldig auf ihr Erscheinen warten muss oder sich entschlossen um ihr Erscheinen bemühen muss.

Man könnte dieses Ergebnis also auch als eine Bestimmung des *Sinnes von Sein* im Rahmen einer voll ausgebildeten Ereignis-Ontologie verstehen: Zu sein bedeutet für eine Komplexion von Empfindungen, normalerweise zusammen erfahren worden zu sein und sich in Zukunft sicher geregelt zur Erscheinung bringen lassen zu können. Die Genese des Typus in vorangegangenen Erfahrungen, die gewachsene, induktive Sicherheit des Erwarteten und das erfüllende Zusammenspiel in vielen vorangegangenen Erfahrungsgelegenheiten gehört mit zum Erfüllungsstil der Überzeugung: Es ist da, auch wenn es sich jetzt gerade nicht zeigt. Der Unterschied von Ereignis- und Objektontologie wird mit zunehmender Erfahrung immer geringer.

7.3. Die Allgemeinheit des Typus

Wir müssen noch auf eine vorhin zurückgestellte Frage zurückkommen: Wie sind die in Erfahrungen gebildeten Typen überhaupt dazu in der Lage, *verschiedene* Ereignisse als *dasselbe* Ereignis zu erfassen? Hierin liegt offenbar eine erste Form von Allgemeinheit. Die Fragestellung scheint jedoch noch unter unausgesprochenen Voraussetzungen zu stehen: Die Verschiedenheit der Ereignisse setzt die Perspektive der objektiven Zeit und der objektiven Weltereignisse voraus; verschieden sind die ansonsten gleichen Ereignisse, weil sie zu verschiedenene objektiven Zeiten stattgefunden haben. Bei der Konstitution der objektiven Zeit sind wir aber noch nicht angelangt.

Wie ist diese Allgemeinheit des Ereignistypus zu verstehen? Es handelt sich bei Ereignis-Typen um eine Verbindung von Empfindungen, und der entscheidende Faktor, der die Auffassung von verschiedenen Vorkommnissen als dasselbe ermöglicht, ist eine Allgemeinheit, die bereits den Empfindungen innewohnt, und zwar in mindestens zwei Hinsichten.

In einer ersten Hinsicht sind Typen von Ereignissen von vornherein allgemein auf *verschiedene* Ereignisse gerichtet, denn Ereignisse sind schon als solche immer in nebensächlichen Details verschieden von dem vorhergehenden und nächsten Ereignis, und dennoch kann das folgende als *dasselbe* Ereignis empfunden werden. Wichtig ist also bei dem Erfassen eines neuen Ereignisses als dasselbe, dass die zentralen Empfindungserwartungen erfüllt werden. Die Variabilität der Umstände der Empfindung ist dagegen etwas, das sich schon beim Erwerb des Typus in den zugrundeliegenden Empfindungsereignissen gezeigt hat.

Die tiefer liegende Begründung liegt also in der besonderen Allgemeinheit der Empfindungen. Wir sprechen z.B. von dem Geschmack des Weines, der hier auf dem Tisch steht, aber genau genommen verändert sich die Empfindung ständig, die uns dieser Wein gibt. Der erste Schluck ist vom Kontrast zu dem vorherigen Geschmack bestimmt, d.h. der Wein schmeckt beim ersten Schluck anders als beim zweiten Schluck. Die Empfindung des Weins hängt außerdem davon ab, was ich zuvor gegessen habe und davon, wieviel Zeit seit dem letzten Bissen vergangen ist. Auch die Erscheinung von Farben oder Formen hat eine vielfältige Normalgestalt. Innerhalb deren Grenzen würde ich die Empfindung als dieselbe erfassen, aber nicht, weil sie einen identischen Kern hat, sondern weil sie noch innerhalb der Grenzen der möglichen Gegebenheitsweisen derselben Empfindung sind. Im Empfinden changiert die Empfindung, so dass sich eine bestimmte Bandbreite des Empfindens ausbildet, die noch als dieselbe empfunden wird.

Wenn wir so argumentieren, dann verhalten wir uns natürlich in einer wichtigen Hinsicht ganz anders als im Alltag: Wir gehen nicht davon aus, dass ein Ding, weil es dasselbe Ding bleibt, auch dieselben Eigenschaften haben wird, wenn es in einer anderen Gelegenheit erfahren wird. Wenn wir von dieser Überzeugung ausgehen, dann könnten wir behaupten: Der Wein muss gleich schmecken, weil er derselbe Wein ist, alles andere kann nur subjektiv psychologischen Effekten entspringen, die in einer objektiven Untersuchung keinen Platz haben. Diese Überzeugung kann man einen *Realismus* nennen, und es ist offensichtlich, dass er bei unserem Versuch, ganz von der Empfindungsseite, ihren verschiedenen Konstellationen, der Fähigkeit zur Selbstaffektion und der Induktion ausgehend, sozusagen von unten her die Vorstellung eines realen, von mir unabhängigen Dinges zu erreichen, nicht vorausgesetzt werden darf und auch nicht hilfreich ist. Diese Überzeugung formuliert das *Ziel*, das in der

Aufklärung der Konstitutionswege zu erreichen ist, das sozusagen zu rekonstruieren ist, aber es wäre sicher falsch und zirkulär, jenes Ziel als Voraussetzung an den Anfang der Untersuchung zu stellen. In dieser Hinsicht ist der Rückgang auf die Empfindung und die Faktoren, die zu ihrer Vereinheitlichung dienen können, ein *reduktives* Verfahren: Wir sehen von der Überzeugung ab, dass es wirkliche Dinge mit bleibenden Eigenschaften außer uns und außerhalb unserer Empfindung gibt. Dieses Nicht-Voraussetzen hat in den Methoden der Phänomenologie einen festen Platz und wird in seinen verschiedenen Formen eine Reduktion genannt.[205] Hier handelt es sich um eine Reduktion von der Objekt-Ontologie.

Auf diese Weise wird auch einsichtig, dass der Versuch, die Allgemeinheit von Begriffen oder Typen von Gegenständen über die Relation der Ähnlichkeit zwischen Gegenständen verständlich zu machen, *zu hoch* ansetzt, d.h. bei zu komplexen Verbindungen von Vorstellungen. So wichtig ein solcher Versuch auch ist, so verkennt er doch, dass die Gegenstands-Ontologie und alle ihre Strukturmerkmale in Typen von Ereignissen fundiert ist, die, bezogen auf die möglichen Erscheinungsfälle desselben Ereignisses, bereits allgemein sind.

8. Die verschiedenen Ordnungssysteme in der Weckung von Typen (Prinzipien der Weckung)

Wir haben in dem vorigen Kapitel die Frage behandelt, wie wir von den elementaren Typen, die lediglich zwei Empfindungen im Medium der Selbstaffektion miteinander verbinden, zu den höheren Stufen der Verbindung von Vorstellungen untereinander kommen. Insbesondere ist es fraglich, wie man von den elementaren Typen zu allgemeinen Begriffen gelangt *und* wie man von der Ereignis-Ontologie der elementaren Typen schließlich – und zwar lediglich auf dem Weg weiterer Erfahrung – zu der Gegenstands-Ontologie des Alltags gelangt. Jetzt werden wir uns einem Thema zuwenden, das sehr eng mit der Anwendung von Typen in alltäglichen Wahrnehmungen verbunden ist.

Die Fragen, denen ich zuerst nachgehe, scheinen recht einfach zu sein: Wie gelangen wir von der gegebenen Sinnlichkeit aus zu einem Typus, mit dessen Hilfe wir die Darstellung eines Gegenstandes in der Sinnlichkeit aufsammeln, interpretieren und zusammenfügen können? Wie werden Typen von der Sinnlichkeit oder von anderen Faktoren *geweckt*, wovon und nach welchen Regeln werden sie *aufgerufen*? Ganz allgemein kann man darauf antworten: Durch Assoziation. Doch diese Antwort ist eher ein neues Rätsel als eine ausreichende Beantwortung dieser systematisch wichtigen Frage.

An den Anfang möchte ich zwei kurze methodische Bemerkungen stellen. Die eine betrifft einen problematischen Aspekt des Vorhabens: Wenn wir nach demjenigen in der Sinnlichkeit fragen, das einen Typus oder auch mehrere *wecken* kann, so dass die typisierende Apperzeption beginnen kann, dann tun wir so, als ob wir einen Zugang zu sinnlichen Gegebenheiten hätten, die noch nicht gegenständlich aufgefasst sind. Dies ist zwar problematisch, doch glaube ich, dass es hier zulässig ist, weil in systematischer Hinsicht keine Alternativen bestehen. Zudem wird sich schnell zeigen, dass die Aufruf-Funktion eher selten in dem problematischen Übergangsbereich zwischen unaufgefasster Sinnlichkeit und typisiert Aufgefasstem vor sich geht. Der normale Fall ist, dass ein Teil oder ein Aspekt der Sinnlichkeit schon *als etwas* typisiert aufgefasst ist (und wenn auch nur als etwas ganz Unselbständiges und Einfaches, wie Bogen, Kante, rauh usw.), so dass wir es, von diesem bereits intentional aufgefassten Detail ausgehend, meistens mit dem *Wandern* der Aufruf-Funktion innerhalb von verschiedenen weckenden Details zu tun haben, die bereits intentionale Gegenstände sind. D.h. es werden, von den Details ausgehend, immer mehrere Typen geweckt.

Die zweite Bemerkung betrifft die beabsichtigte Genauigkeit der Untersuchung dieses Übergangsbereichs, in dem der (menschliche) Geist noch nicht feste Gegenstände hat, sondern ein gleitendes Suchen nach dem geeigneten (und vielleicht sogar dem richtigen) Ansatzpunkt für die Typisierung vor sich geht: Sie kann nicht immer die wünschenswerte Genauigkeit haben. Auch die zur Verfügung stehenden begrifflichen Mittel versagen hier oft, denn die menschliche Sprache ist in Handlungskontexten entstanden, in denen es um Dinge und ihre Eigenschaften, sowie um Menschen und ihr Verhalten geht, d.h. sie ist nicht in erster Linie zur Beschreibung des Bewusstseins und seiner Leistungen gedacht.

In diesem Kapitel möchte ich zeigen, dass es mehrere Prinzipien der assoziativen Verbindung eines charakteristischen Details zu einem Typus gibt. Eventuell sind mit den hier vorgestellten verschiedenen Prinzipien nicht alle möglichen Prinzipien genannt. Es ist auch möglich, dass sich einige der genannten Prinzipien wiederum einfacheren Regeln unterordnen lassen. Es kann also für die genaue Zahl der Weckungsprinzipien kein Erkenntnisanspruch erhoben werden. Was sich aber als Resultat der Analyse ergeben wird, ist, dass an einem konkreten *Aufruf* nicht immer alle Prinzipien beteiligt sind und dass sie auch nicht immer in der gleichen Gewichtung daran beteiligt sind. Aufruf-Prinzipien können sich in jeder Situation fast beliebig vermischen und überlagern. Bei der hier versuchten begrifflichen Trennung kann es sich daher immer nur um den Versuch einer Annäherung handeln.

Das zeigt sich sehr deutlich an den unterschiedlichen Wegen, die die Assoziation in den Fällen des wachen Wahrnehmens, des nächtlichen Traums und des Tagtraums nimmt. Man könnte diese verschiedenen Formen des *Aufrufens* auch als die Gegenüberstellung „mit Orientierung an der Sinnlichkeit“ und „ohne Orientierung an der Sinnlichkeit“ (für Traum und Tagtraum) interpretieren. Dies wäre eine Einteilung nach unterschiedlichen Ausgangssituationen, die im Traum, wo es keine oder nur ganz wenige sinnliche Ausgangsreize gibt, nach denen sich die gegenständliche Interpretation richten müsste, und im Wachen ganz verschieden sind.

Es gibt also, um einige Ergebnisse der Analyse vorwegzunehmen, Situationen, in denen vorwiegend bestimmte Arten von Aufrufprinzipien tätig werden, und in denen andere in den Hintergrund treten. Ich nenne zunächst die verschiedenen Prinzipien: Die Relevanz-Topologie (1) und die Alltags-Topologie (2), die historiographische Ordnung (3) der Typen, die indexikalischen Ordnungen, die es in mindestens drei Varianten gibt: Teil/Ganzes-Zugehörigkeit (4), regelhafte kausale Zeitfolge (5) oder zufällige Begleitung (6) und schließlich die Ähnlichkeit (7). Der Aufruf führt manchmal vom Teil zum Ganzen, manchmal vom Ganzen zum Teil, und es gibt auch die Verengung und Erweiterung von bereits geweckten Typen im Prozess der Apperzeption.

Man könnte die Fragestellung, die hier verfolgt werden soll, auch als diejenige nach der *Ordnung der Typen* verstehen, aber dies scheint mir eine allzu stark verdinglichende Vorstellung dieser Ordnung zu sein. Es entstünde so der Eindruck, als ob man die Ordnung der Aufruf-Funktion bei verschiedenen Personen im Detail voraussehen und vergleichen könnte. Das ist meiner Meinung nach aber nur auf einer relativ oberflächlichen, strukturellen Ebene möglich. Jedes der hier aufgeführten Prinzipien des Aufrufens von Typen ist in seiner konkreten Ausprägung relativ auf die jeweilige Person und ihre Erfahrungsgeschichte.

Die wichtigste und wirkmächtigste Form der assoziativen Aufruf-Funktion von Typen ist die *Relevanz-Topologie* (1). Sie ordnet hauptsächlich Ereignis-Typen nach einer verzweigten Skala des Was-nicht-geschehen-Darf und des Was-unbedingt-geschehen-Soll. Einige Beispiele klären sofort, was gemeint ist: Wenn wir nachts in einem dunklen Park unterwegs sind, dann ergreift uns manchmal die Angst, beobachtet, verfolgt und überfallen zu werden. Diese Angst lenkt unsere Tendenz zur Auffassung: Ein im Wind leicht bewegter Busch wird von uns plötzlich als ein verborgener, bedrohlicher Mann angesehen. Dies ist ein Fall für das Was-auf-keinen-Fall-geschehen-Soll. Auch die umdeutende Typisierung des Hypochonders, der eine unspezifische Empfindung in seinem Bauch als erstes Anzeichen für ein Magengeschwür deutet, gehört hierzu. Auch ein sehr starker Wunsch, dass etwas Bestimmtes geschehen soll, kann unsere interpretierende Auffassung lenken. Denken wir an die unheilbare närrische Verliebtheit, die sich zudem oft auf Personen richtet, die diese Gefühle gar nicht erwidern. Dennoch ist diese Art der Verliebtheit fast nicht zu korrigieren, denn alle Widerspenstigkeit der Angebeteten wird dennoch als ihre besondere Art verstanden, ihre Zuneigung zu zeigen, oder als Schüchternheit. Immer wieder sehe ich meine Wünsche und meine schlimmsten Befürchtungen in alltäglichen Wahrnehmungen, aber vor allem im Tagtraum und im Traum bestätigt. Die Relevanz-Topologie beeinflusst dabei auch die anderen Prinzipien des Aufrufens von Typen, indem sie eine Art Vorauswahl der möglichen Gegenstände trifft, die erscheinen sollen bzw. auf keinen Fall erscheinen dürfen, und die gerade deshalb die typisierende Apperzeption oft regieren. Der vom Verfolgungswahn Geplagte sieht die Verfolger überall, der Verliebte kann die Liebe in jedem Verhalten sehen.

Aber es gibt auch konventionellere Strukturen in der Relevanz-Topologie. Dass unsere alltägliche Weltsicht durch Relevanzbereiche und Hierarchien geordnet ist, haben die Analysen von Alfred Schütz gezeigt.[206] Unsere bewusst geordnete und nach Gesichtspunkten der Vernunft redigierte Weltsicht ist nach Relevanzkreisen, wie Familie, Beruf, Freunde, Gesellschaft usw. und den je zugehörigen hierarchisch verzweigten Gesichtspunkten und Interessen geordnet.

Ein weiteres Aufruf-Prinzip ist die Orientierung in bekannten Räumen und bekannten Ereignis-Zusammenhängen, die ich *Alltags-Topologie* (2) nennen werde. Die Rede vom Raum ist hier eher als Metapher zu verstehen, gemeint ist, dass wir uns in alltäglichen Situationen und Ereignissen auskennen, d.h. dass wir die weitgehend gleich bleibenden Räume, in denen wir schlafen und aufstehen, essen und arbeiten usw., aus unserer Erfahrung kennen. Wenn also eine charakteristische Farbe, eine Form, ein Geräusch oder ein Geruch auftaucht, so wissen wir meistens schon im Voraus, dass ein bestimmtes Ereignis kommen wird. Es sind im alltäglichen Leben erworbene Zusammenhangs-Vorstellungen, die sich hier ausprägen, indem sie unsere typisierende Apperzeption lenken. Eine charakteristische Situation ist etwa, wenn wir fernsehen und das Läuten eines Telefons ertönt. Wir greifen dann zu unserem eigenen Telefon, obwohl das Läuten deutlich vernehmbar aus einer anderen Richtung kam. Das Läuten-meines-Telefons ist ein in alltäglichen Kontexten eben sehr viel näher liegendes Ereignis als das Läuten eines Telefons im Fernsehen.

Diese Alltags-Topologie hat aber eine eigene, in Erfahrungen sich verändernde Beweglichkeit, d.h. sie stellt sich nur langsam auf veränderte Umstände ein. So wird es vielen von uns schon passiert sein, dass wir, an dem Ziel einer Reise angelangt, beim Erwachen den Lärm der Straße dem Zimmer zuordnen, das wir bis gestern bewohnt haben, das Gefühl des Bettes demjenigen, das wir bis gestern benutzt haben, usw. So ist es möglich, dass ich von Köln nach Istanbul reise und am Morgen zunächst glaube, in Köln aufzuwachen.[207] Die Täuschung kann in jedem Fall auch durch lebendige Selbstaffektion unterstützt werden, die dasjenige phantasmatisch erzeugt und hinzufügt, das ich fest erwarte. – Es ist verständlich, dass besonders diese beiden ersten Aufruf-Prinzipien nicht so sehr von der gegebenen Sinnlichkeit abhängen wie diejenigen, zu denen ich jetzt kommen möchte.

Die Typen, die uns helfen, ein Blättergewirr auf eine Gestalt hin zu durchsuchen und dort alle möglichen Gegenstände, Früchte, Schirme, Gesichter von Fabelgestalten usw. zu entdecken, sind natürlich nicht nur nach der Alltags-Topologie geordnet. Aber in der Alltags-Topologie zeigt sich auch noch eine Binnenordnung nach der Wahrscheinlichkeit des Auftretens von Gegenständen und Ereignissen. Die Wahrscheinlichkeit verschiedener Erscheinungsweisen schlägt sich – wie wir bereits sahen – schon in der Normalvorstellung des Typus nieder, aber ebenso bei der nach Wahrscheinlichkeit gewichtenden Beurteilung von Alternativen zwischen verschiedenen, zugleich geweckten Typen. Wenn ich Schritte auf der Treppe höre, dann denke ich zuerst an die Mitbewohner des Hauses: Frau, Kinder, Hund etc. und ganz zuletzt an Räuber oder Gespenster. Aber hierbei zeigt sich auch eine bewusste, nachträgliche Redaktion der geweckten Typen, denn wir bemerken die Unbeherrschtheit und assoziative Freiheit der Weckung von Typen auch in den alltags- und relevanzfernen Alternativen unserer Auffassungen: Ein Hund in den Wolken, ein Schirm im Blättergewirr, außerirdische Lebewesen oder eine geisterhafte Menschengestalt usw.[208]

Es gibt neben der Alltagstopologie, die Lagen von Gegenständen, Verbindungen von Ereignissen und deren Wahrscheinlichkeit spiegelt, welche nach meiner aktuellen Erfahrung jetzt gerade vorliegen, auch eine *historiographische Ordnung* (3) von Themen und Vorstellungen in mir, die nicht als ‚jetzt vorliegend' verstanden wird. Im Gegenteil, diese Verbindungen werden den Gegenständen nicht unbedingt als Eigenschaften zugerechnet, sondern sie werden als subjektiv-individuelle historiographische Erinnerungen an meine Erfahrungsgeschichte mit diesem Gegenstand verstanden. Ein Tisch kann mir von meiner Großmutter geschenkt worden sein, ein bestimmter Ort kann mit schönen oder unerfreulichen Erinnerungen an Personen oder Ereignisse verbunden sein. Es handelt sich um Assoziationen, die wir in unserer Lebens- und Erfahrungsgeschichte erworben haben. Sie mischen sich in das Gewebe der Apperzeptionen manchmal nur als verwischte Gedanken und Gefühle ein: Ich sehe einen Gegenstand, und ein flüchtig geweckter Gedanke ruft ein wehmütiges Gefühl hervor.

Mit den nun folgenden drei indexikalischen Aufruf-Prinzipien bewegen wir uns in dem Bereich, in dem die wache Sinnlichkeit der wichtigste bestimmende Faktor der Weckung von Typen ist. Wenn wir von der indexikalischen Weckungsordnung der Typen (bzw. von indexikalischen Aufruf-Prinzipien) sprechen, richten wir unser Interesse auf den Index, d.h. auf das charakteristische, anzeigende Detail, von dem aus wir zu dem geeigneten Typus geführt werden. Welche Index-Systeme verwenden wir für den Aufruf von Typen? Zu vermuten wäre z.B., dass es eine Indexierung anhand der verschiedenen Sinnesfelder gibt. Denkbar wäre eine Art Lexikon aller möglichen visuellen, akustischen, taktuellen usw. Details von empirischen Gegenständen, in dem sich die möglichen Gegenstände in einer Art alphabetischer Ordnung befinden, geordnet nach charakteristischen Details in verschiedenen Sinnesfeldern.

Es gibt wenigstens drei verschiedene Weisen der indexikalischen Ordnung: Die Assoziationen können z.B. vom Detail (Stück / Moment) zum Ganzen gehen. Dann wäre das regelhafte Zusammen-Vorkommen und das entsprechende Zusammen-Erfahren der Details in diesem bekannten Ganzen als Grund dieser Assoziation zu verstehen. Man kann dieses indexikalische Prinzip auch die Verbindung von *Teil-Ganzem* bzw. *Eigenschaft-Ding* (4) nennen.

Die Aufruf-Funktion kann sich aber auch entlang der bekannten, regelhaft erscheinenden Ordnung in der Folge von Ereignissen bewegen. In der empiristischen Tradition, z.B. bei Hume, heißt dies *Kausalitäts-Assoziation* (5) da solche regelhaft beobachteten Folgen von Ereignissen (Blitz-Donner, Feuer-Rauch usw.), die sich dann in assoziativen Verbindungen niederschlagen, als Kausalbeziehungen objektiviert werden.

Die Verbindung von Vorstellungen kann sich aber auch aus dem zufälligen Zusammen-Vorkommen von Gegenständen oder Teilaspekten ergeben. Ich kann z.B. zufällig Zahnschmerzen gehabt haben, als ich zum ersten Mal auf einem Pferd saß. Beides kann sich in mir verbinden, und diese einmalige Verbindung wird einer der ausgetretenen und dann immer wieder eingeschlagenen Wege der assoziativen Verbindung. Man kann diese Art der Verweisung mit Hume eine *Kontiguitäts-Assoziation* (6) nennen, jedoch gibt es hierin eine Vielfalt von verschiedenen Weisen des Zufällig-zusammen-Vorkommens. Es kann sich um die intersubjektiv normierte Verbindung von Wort und Sinn handeln, die in jedem kommunikativen Austausch aufs Neue in gegenseitiger Normierung gefestigt wird. Auch das Zusammensein von Eigenschaft und Ding kann insofern zufällig sein, als nicht jedes Auto gelb ist, und insofern gehört für ein individuelles Ding die Farbe durch die Vermittlung langer Erfahrung zu ihm. Die ganz zufälligen Verbindungen sind auf meine Erfahrungsgeschichte relativ, sie bilden sozusagen auch eine der historiographischen Spuren meiner Erfahrung.

Aber es kann sich herausstellen, dass wir mit der Vermutung, es gäbe indexikalische Aufruf-Prinzipien, zu viel Rationalität vom menschlichen Geist erwarten. Vielleicht zeigen wir auf diese Weise auch nur, dass wir einen Begriff von Rationalität anlegen, der zu sehr an den Geschäften des Alltags und der Alltagssprache orientiert ist. Dennoch richten sich die verschiedenen indexikalischen Ordnungen auch nach der relativen Wahrscheinlichkeit des Auftretens bestimmter Gegenstände und Ereignisse im Alltag. Allerdings ist keine ihrer Verbindungen eindeutig, d.h. es gibt immer verschiedene Richtungen der Verweisung. Eine bestimmte Biegung einer Linie kann uns auf eine Banane führen, aber auch auf den Griff einer Gießkanne, eine Farbe kann uns zu einer Frucht oder zu einem anderen Ding führen usw.

In dieser Hinsicht sind die Fälle der doppeldeutigen Wahrnehmungen besonders aufschlussreich: Betrachten wir das Beispiel des Hasen-Enten-Kopfes. In der doppelten und streitenden Wahrnehmung muss es uns offensichtlich gelungen sein, zunächst zu der Apperzeption ‚als Hase' gekommen zu sein. Von da aus sind wir dann zu der anderen und mit der ersten streitenden Apperzeption ‚als Ente' gelangt. Aber wie? Argumentieren wir mit einer indexikalischen Verweisung, dann könnte man ein System von ‚Schubladen' vermuten, in denen z.B. alle möglichen linearen Formelemente ordentlich, sozusagen buchhalterisch, abgelegt sind. Bei der Ansichtnahme einer bestimmten linearen Form durchsuchen wir dann die von diesem Detail angezeigte Schublade und finden einige aussichtsreiche Kandidaten. Bei diesen prüfen wir dann, ob sie mit anderen anschaulich erscheinenden Merkmalen zusammenpassen oder nicht. Aber die Idee einer solchen Prüfung, ob die anderen Merkmale vorhanden sind, verkennt, dass diese Merkmale wiederum eine Sinnstiftung in sich enthalten, die von der Auffassung des Ganzen herstammt.[209] Wie das Beispiel des Hasen-Enten-Kopfes zeigt, wird der Sinn der einzelnen Elemente des Gegenstandes von der Gesamtauffassung bestimmt: Es ist nur dann ein „Schnabel", wenn das Ganze ein Entenkopf ist, es sind jedoch „Ohren", wenn es ein Hase ist. Ganz so einfach liegen die Verhältnisse also nicht. Wir sehen, dass unter Umständen mehrere aussichtsreiche Kandidaten zugleich geweckt werden und sich dann um die Zustimmung der Wahrnehmung streiten.

Offensichtlich werden in der typisierenden Auffassung immer zugleich oder im Fluss nacheinander sehr viele Alternativen geweckt, die dann um die Anerkennung konkurrieren. Schon im Prozess der Wahrnehmung des Entenkopfes ist die Sicherheit der Apperzeption ‚geschwächt' bzw. ‚angekränkelt', denn die Alternative des Hasenkopfes zieht sozusagen kontinuierlich Sicherheit (Gewissheit) auf sich und damit von der Enten-Apperzeption ab. Wenn aber schon Hase und Ente hier miteinander konkurrieren, dann gibt es immer weitere Konkurrenten. Diese alternativen Auffassungen erhalten jedoch in dem Versuch, auf die jetzt gerade präsente Sinnlichkeit zu passen, nur wenig Zustimmung, und zwar so wenig, dass sie nicht einmal bewusst werden: Regenwurm, Kaffeekanne, Bananenschale, menschliche Gestalten, Symbole etc.

Die Aufruf-Funktion der Typen wandert sozusagen unentwegt in allen geweckten Richtungen umher. Ich sehe eine männliche Person im mittleren Alter, mit einem Vollbart, Brille und welligem Haar. Ich bemerke im Durchwandern seiner anschaulichen Gegebenheit eine leicht gerötete und geäderte Stelle auf seiner Wange und werde an meinen Freund Antonio erinnert. Der Blick auf den dunklen Bart weckt eher die Vorstellung von Jürgen, die merkwürdig verdrossene Art, mit der er etwas mustert, erinnert mich an Marianne. Dann bemerke ich Haare, die struppig aus den Ohren wachsen, und denke an meinen alten Professor für Mathematik usw. So wandert mein Blick durch das Gesicht eines Unbekannten, und viele Gesichter von Freunden oder Bekannten kommen mir in den Sinn, jeweils geweckt von einem charakteristischen Detail.

Es wäre zum Beispiel denkbar, dass wir, ausgehend von einer bestimmten geometrischen Form, die gleichartig mehrfach wiederkehrt, wie z.B. die Panzerteile eines Gürteltiers, auf eine Vielzahl von ähnlich aussehenden Gegenständen geführt werden können: die Kellerasseln, einen Autoreifen, die Glieder einer eisernen Ritterrüstung usw. Die Ähnlichkeitsassoziation kann uns von einer gekrümmten Banane zum Spazierstock, zum Griff der Teekanne usw. führen. Wir bemerken an diesen Beispielen, dass die indexikalische Aufruf-Ordnung oft vorherrschend ist. Beim Anblick eines charakteristischen Details kommen mir eine Menge verschiedener Gegenstände in den Sinn, an denen dieses Detail auch zu finden ist, und in der weiteren Wahrnehmung des Gegenstandes werden aus dieser Menge konkurrierender Apperzeptionen fast alle ausgeschlossen, bis schließlich der richtige Typus übrigbleibt.

Es gibt beliebte Ratespiele für Kinder im Fernsehen, die genau diesen Prozess ins Zentrum rücken, indem sie ein charakteristisches Detail eines Gegenstandes in ganz naher Großaufnahme zeigen (Rasenmäher, Gießkanne, Regenschirm usw.). Dann wird langsam der gezeigte Ausschnitt vergrößert, so dass die Kinder zuerst viele, zum Teil abwegige Begriffe nennen und schließlich den richtigen Gegenstand erraten, so dass auch die anderen überzeugt sind.

Allgemein scheint es so, als ob Assoziationen, die von der sinnlich gegebenen Vielfalt ausgehen und auf Typen verweisen, die Gegenstände konstituieren können, stets von einem Detail zum Ganzen verweisen. Dieses Metaprinzip *Vom Teil zum Ganzen* ist deshalb auch fast allgemein, weil alle für uns anschaulich erscheinenden Gegenstände prinzipiell nur teilweise anschaulich werden können.[210] Wenn ich einen menschlichen Kopf hinter einem Hindernis hervorschauen sehe, dann wende ich den Typus der menschlichen Gestalt an, zu der auch Rumpf, Arme und Beine gehören. Aus dem kleinsten Detail, wenn es im Kontext solcher Verdeckungen erscheint (oder auch, wenn es in einem isolierten Sinnesfeld erscheint, wie z.B. die nächtliche Stimme im Nebenzimmer), apperzipieren wir das Ganze. Die einzige Voraussetzung ist, dass dasjenige, was wirklich anschaulich gegeben ist, hinreichend spezifisch ist, d.h. dass es nicht zu anderen Gegenständen gehören kann. Dass aber solche Alternativen immer mit im Spiel sind, und sozusagen permanent um Anerkennung konkurrieren, bemerken wir an dem Interesse, das sich auf die Umstände des Erscheinens solcher Details richtet. Es tauchen Fragen auf wie: Kann es überhaupt ein Mensch sein, der hinter einer so niedrigen Mauer mit dem Kopf hervorschaut? Kann es jetzt, mitten in der Nacht, einen Menschen im Nebenzimmer geben, wer könnte es sein?

Jeder weiß aus eigener Erfahrung, dass es zuweilen ganz kleine Details sind, die mit großer Macht auf bestimmte Gegenstände hinweisen, diese also als ganze Vorstellung erwecken: Der leichteste Geruch von Lavendel erweckt in mir die Vorstellung einer älteren Tante, die zudem eine Warze auf der Nase hatte, und uns Kinder immer herzlich küssen wollte, was uns unangenehm war.[211]

Das 7. Prinzip ist die *Ähnlichkeit* zwischen Gegenständen. Aber die Eigenschaft der Ähnlichkeit ist ein schwer aufzuklärendes Rätsel, das tiefere Untersuchungen verlangt.[212] Es gibt ein allgemeines Verständnis von Ähnlichkeit, das besagt, dass es in ähnlichen Gegenständen gemeinsame, gleiche Merkmale gibt, z.B. die gleiche Gestalt, die gleiche Farbe, oder bei verschiedener Größe dennoch gleiche Proportionen usw. Die letztgenannte, eher geometrische Vorstellung von Ähnlichkeit beruht auf der Möglichkeit von Ähnlichkeitstransformationen in der ebenen Geometrie, wie z.B. der Drehung, Verschiebung und Streckung von geometrischen Gebilden, bei denen zwar nicht die Größe, aber die Proportionen und Winkel der geometrischen Gebilde erhalten bleiben. Man kann sich nun auch die Größenveränderung minimiert denken, mit der idealen Grenze einer Transformation, die wieder zum Ursprungszustand zurückkehrt, d.h. die ein Gebilde, wie z.B. ein Dreieck, auf sich selbst abbildet. Die Drehung um 360° erfüllt dies. Das Ideal der geringsten Größen- und Lageveränderung wäre die in geometrischer Hinsicht perfekteste Form der Ähnlichkeit, d.h. die Überführung eines Gebildes in ein vollkommen deckungsgleiches (kongruentes) Gebilde.

Man könnte nun meinen, dass diese geometrisch inspirierte Vorstellung der Ähnlichkeit eher auf geometrische als auf Alltagsgegenstände zutrifft. Aber für sie spricht auch, dass man auch mit relativ gutem Erfolg sogar besonders schwer beschreibbare Alltagsgegenstände, z.B. Gesichter von ähnlichen Personen, durchaus mit gutem Erfolg vergleichen und mit großer Sicherheit bestimmte Personen identifizieren kann. Hierbei ermittelt man die Proportionen der charakteristischen Linien des Gesichts (Mund-, Augen-, Nasen-, Kinn- und Augenbrauen-Linien und andere lineare Begrenzungen) zu einem biometrischen Vergleich.

Gegen die geometrische Vorstellung der Ähnlichkeit und die Vorstellung der „gemeinsamen Merkmale" spricht aber die Möglichkeit eines kompletten Auffassungswechsels. Bei dem bekannten Hasen-Enten-Kopf liegt zwar der ideale Fall der geometrischen Ähnlichkeit vor, nämlich völlige Kongruenz der darstellenden Figuren, dennoch gibt es buchstäblich zwischen dem Hasenkopf und dem Entenkopf, die ich beide darin erblicken kann, keine Ähnlichkeit. Es kommen auch keine gemeinsamen Merkmale vor, denn der „Schnabel", den ich bei der Ente sehe, ist nicht dasselbe wie die „Ohren" des Hasen, obwohl beides durch deckungsgleiche zeichnerische Elemente dargestellt ist.[213] In den meisten Fällen kommt man jedoch mit der Vorstellung der Ähnlichkeit als Kombination aus „gleichen Proportionen" und „gleichen Merkmalen" aus.

Die Ähnlichkeit zwischen Individuen, d.h. einzelnen Gegenständen, lässt sich alternativ relativ gut mit Hilfe des Bildbewusstseins verständlich machen. Wenn ich eine Person sehe und bei ihr eine Ähnlichkeit mit einer anderen Person bemerke, dann geschieht Folgendes: Ich apperzipiere die gesehene Person *als ein Bild der anderen*, d.h. gleichsam so, als ob die eine eine verzerrende Karikatur der anderen wäre. Dieses Etwas-als-Bild-eines-Anderen-Wahrnehmen ermöglicht mir, ein Individuum als Bild eines anderen zu erfassen, so dass sich die Ähnlichkeit *zeigt*, wenn ich mir beide in Erinnerungsbildern vergegenwärtige (oder eines davon anschaulich habe). Das Bildbewusstsein als Grundlage des Ähnlichkeitsbewusstseins hat zudem eine gewisse Eigendynamik, die sich auch der Selbstaffektion verdankt: Sehe ich z.B. ein Pferd in den Wolken, dann kann es geschehen, dass sich die bildliche Darstellung nach Maßgabe meiner Typen inhaltlich füllt. Die Wolken erscheinen mir fast schon so wie das rauhe Fell des Tieres, d.h. in der weißen Farbe der Wolke, aber eben als „Fell".

Nehmen wir nun an, dass ich einen Baum gesehen habe und dann einen anderen Gegenstand erblicke, der dem ersten ähnlich ist, d.h. den ich als Bild des anderen auffassen kann. Ich stelle mir den zuerst gesehenen Gegenstand *durch* den jetzt sinnlich gegebenen hindurch vor. Dies ist insofern die gleiche Situation wie bei dem Bemerken der Ähnlichkeit zwischen Personen, nur dass ich jetzt die Gewissheit habe, dass es nicht derselbe Gegenstand ist, den ich zuvor sah, denn die beiden sind in meinem Gesichtsfeld individuiert gegeben. Der eine befindet sich an einer anderen Stelle als der andere. Ich kann mich jederzeit dessen vergewissern, dass es nicht derselbe ist. Die Nicht-Identität zeigt sich also nicht nur darin, dass der eine von dem anderen in der Darstellung abweicht, sondern auch darin, dass er an einem anderen ‚Ort' erscheint.

In der Fähigkeit des Durch-einen-Gegenstand-einen-anderen-hindurchsehen-Könnens lässt sich auch ein weiterer Ursprung der spezifisch allgemeinen Funktion des Begriffs sehen. Wir beginnen mit Typen von Einzelnem (z.B. einzelnen Personen, Ereignissen), und diese Einzelnen können sich in verschiedener Weise zeigen, so dass sie schon die Funktion des Übergreifens von einer Darstellung auf eine andere fordern und leisten, aber eben immer nur von Einzelnem auf Einzelnes. Die besondere Allgemeinheitsformung entsteht erst durch die Bildung von Klassen von Gegenständen, die eine Ähnlichkeitstransformation untereinander zulassen. Diese Gegenstände sind aber nicht dieselben Gegenstände, denn ihre Nicht-Identität zeigt sich z.B. durch verschiedene Orte (im Gesichtsfeld oder in der Topologie der Alltagsdinge etc.). Es ist „dort" ein ähnliches, aber nicht dasselbe Ding wie „da".

Fassen wir zusammen: Es zeigt sich deutlich, dass die Aufruf-Ordnung der Typen nicht einem einzigen System folgt, sondern dass verschiedene Aufruf-Prinzipien zusammenwirken. Zudem ist es offensichtlich, dass es in diesen Prinzipien Gruppen gibt, die vorwiegend in der Situation des Wachlebens fungieren, z.B. die verschiedenen indexikalischen Prinzipien. Es gibt aber auch Prinzipien, die weitgehend ohne die Anregung und Begrenzung durch die anströmende Sinnlichkeit fungieren können, das gilt z.B. für die Relevanz-Ordnung, die daher auch eher das Geschehen im Traum und im Tagtraum regiert.

Ferner sind alle Prinzipien des Aufrufs von Typen auf die Erfahrungsgeschichte des jeweiligen Subjekts relativ, d.h. sie sind je nach Person und Erfahrung verschieden. Dieser letztgenannte Faktor macht uns gelegentlich zu schaffen, indem unerwartete und merkwürdig funktionslose Mitvorstellungen bei der Gegebenheit eines Gegenstandes verwirrend mitspielen, z.B. unangenehme Erinnerungen an Ereignisse, der Gedanke an längst vergessene Personen usw.

Es kann sogar vorkommen, dass eine Person mit Hilfe der Selbstaffektion an einem Gegenstand etwas zu sehen vermag, was eine andere Person dort gar nicht wahrnehmen kann. Berkeley schildert in seinem Dialog *Alciphron* die Situation, in der zwei Personen, Euphranor und Alciphron, ganz in der Ferne ein Schloss sehen.[214] Euphranor kennt das Schloss aus eigener sinnlicher Erfahrung, Alciphron nicht. Euphranor kann daher mit Hilfe der phantasmatischen

Ausfüllung von typischen Erwartungen Zinnen, Türme, Farben und Formen sehen, die Alciphron nicht sehen kann.

Die schwer durchschaubare Ordnung der Typen macht aber auch die scheinbare Unordnung der Folge von Szenen, Situationen und Bildern verständlich, die der Traum oder unkorrigierte Halluzinationen bieten. Träume werden nicht, wie das Wachleben, von der mundanen Bezogenheit, von der Situation und den Sinnen ständig eingegrenzt und kontrolliert. Die Anerkennung der verschiedenen Prinzipien der Weckungsordnung der Typen ist auch geeignet, um die Flexibilität und die grenzenlose Offenheit der Wahrnehmung verständlich zu machen, mit der sie in Situationen der Wahrnehmung, des Wahrnehmungsirrtums und des Auffassungswechsels agiert.

Ein Ziel der Untersuchung von verschiedenen Aufruf-Funktionen für Typen ist es, Prinzipien zu formulieren, die sowohl für das Wachleben als auch für das Traumleben gelten. So abstrus die Handlung eines Traumes auch sein mag, kann ich sie doch nachher erzählen, so dass gewisse minimale Sinnanforderungen immer erfüllt sein müssen. Der minimale Sinn kommt aber nicht erst nachträglich durch das Darüber-Nachdenken und Berichten hinein, sondern es ist ein Sinn, der von Anfang an im Wahrnehmen, im Tagtraum, aber auch im Traumgeschehen enthalten ist. Das Thema Traum und Tagtraum soll im folgenden Kapitel noch genauer untersucht werden.

III. Teil: Zur Phänomenologie phantasmatischer Repräsentations-Systeme kognitiver Inhalte

Die drei folgenden Kapitel werden zeigen, dass die phantasmatischen Elemente unseres Bewusstseinslebens nicht nur als unentbehrliche Grundlage der Konstitution in der Wahrnehmung (und in tieferen Schichten) fungieren, sondern dass sie auch höherstufigere und lebens-wichtige Inhalte darstellen können, z.B. Sachverhalte, Pläne, Befürchtungen, Hoffnungen, Präferenzen, gute oder schlechte Erfahrungen mit Gegenständen oder Ereignissen und sogar unsere Vorstellungen von den Empfindungen und Absichten anderer Personen. Hierzu muss man zunächst den Begriff des Repräsentations-Systems erläutern: Er dient hier als Oberbegriff für ein System von Vorstellungen, das einige oder alle der eben genannten höherstufigen Vorstellungen inhaltlich präzise darstellen kann. Unsere Sprache ist z.B. ein Repräsentations-System, aber sie ist nicht das einzige System mit dieser Leistung, das im menschlichen Bewusstsein arbeitet. In den folgenden Kapiteln werde ich zeigen, dass sich der szenisch organisierte Tagtraum, der phantasmatische Mitvollzug des Empfindens und Wollens anderer Personen und sogar unsere eigenen Gefühle sich jeweils als ein solches Repräsentations-System verstehen lassen. Die Verbindung dieser drei Repräsentations-Systeme erlaubt es, alle lebens-wichtigen Sachverhalte vorzustellen, und zwar ohne die Hilfe der Sprache. Zuerst geht es darum, zu zeigen, dass der phantasmatisch gefüllt Tagtraum als ein alter Modus des Denkens betrachtet werden kann, d.h. als ein eigenständiges und sprachunabhängiges Repräsentations-System, das unter dem von uns bevorzugt beachteten Repräsentations-System der Sprache liegt und mit ihm zugleich störungsfrei zusammenarbeitet.

9. Traum und Tagtraum

9.1. Der Tagtraum und Einwände gegen den Traum als Beschreibungsfeld

Traum und Tagtraum stellen einen großen und bedeutenden Teil unseres Bewusstseinslebens dar. Sie sind nicht peripher oder unwichtig. Ihr Anschauungsmedium sind Phantasmata und daher gehören sie zum Thema dieser Untersuchung. Im ersten Teil werde ich die Unterscheidung starker und schwacher Phantasie noch einmal begrifflich präzisieren und die wichtigsten Gründe dafür nennen, dass ich den nächtlichen Traum nicht behandeln werde. Der zweite Teil mit seinen ausführlichen Beschreibungen des Tagtraums soll herausstellen, dass dieser einen relativ großen Raum in unserem Erleben einnimmt, und dass sich in ihm wichtige Aspekte der Person zeigen und zum Teil auch *ausleben* (im dritten Teil). Der vierte Teil stellt dann eine Interpretation der intensiven phantasmatischen Aktivität vor, die unser normales Wachleben begleitet, und versucht, dieses als einen phylogenetisch alten, vorsprachlichen Modus des Denkens zu verstehen um ihn so als ein Repräsentations-System herauszustellen.

Es gibt im Rahmen der Analyse der Funktion schwacher Phantasmata in der Wahrnehmung gute Gründe, die für eine Behandlung von Traum und Tagtraum sprechen, es gibt aber auch Argumente, die dagegen sprechen. Das wichtigste Argument gegen die Untersuchung von Traum und Tagtraum ist, dass es sich bei ihnen nicht mehr um diejenigen schwachen Phantasmen handelt, die im Rahmen der typisierenden Apperzeption eine entscheidende Funktion haben. Erinnerungsbilder, willkürliche Phantasien und Tagträume entsprechen in verschiedenen Hinsichten nicht der Vorstellung, sie seien *schwache* Phantasien. Zumindest sind sie es nicht in demselben Sinne wie die Phantasma, die im Rahmen typisierender Apperzeption auftreten. Aber es gibt auch hier wichtige Unterschiede. Willkürliche Phantasie kann fast alles bildhaft erzeugen, aber jedes Detail verlangt dabei unsere willentliche Entscheidung. Wir müssen für jede Kleinigkeit weiter aktiv handeln und jeweils entscheiden, was wir sehen wollen.

Demgegenüber weisen Tagträume und Erinnerungsbilder ganz andere Charakteristika auf: Tagträume können z.B. in sogenannten Phantasiewanderungen scheinbar willkürlich inszeniert werden, aber wir müssen uns auf sie einlassen und uns in den Bildern treiben lassen. Dasselbe gilt von Erinnerungsbildern, aber für beide gilt, dass wir nur geringe Möglichkeiten haben, den Inhalt dieser Phantasien zu beeinflussen. Das heißt: Wir sind in diesen *aktiv* herbeigeführten Tätigkeiten der Phantasie dennoch *passiv*. Hierin könnte eine methodische Schwierigkeit liegen, die genetische Phänomenologie erlaubt jedoch durchaus die Analyse solcher komplexer Mischungen von Aktivität und Passivität.

In einer weiteren Hinsicht sind die Phantasmata, die im Tagtraum vorkommen, durchaus *stark*, denn sie können sich gegen die gleichzeitig anströmende Sinnlichkeit durchsetzen und neben dieser bestehen. Allerdings stören sie normalerweise nicht die Realitätsorientierung. Ich kann z.B. jederzeit Erinnerungen und die zugehörigen Bilder phantasmatisch erscheinen lassen. Auch die Fähigkeit, bestimmte Probleme („Welche Farbe hat der Kopf einer Biene?") dadurch zu lösen, dass man eine Art von mentalem Bild von diesem Gegenstand erzeugt, das wir dann wiederum gleichsam „ansehen" können, um die gestellte Frage zu beantworten, gehört in den Bereich der in dieser Hinsicht starken Phantasie.[215] Doch die sich in Phantasmata darstellenden Inhalte unterliegen in beiden Fällen nicht unserer Willkür, obwohl es einen willentlichen Rahmen des *Zulassens* von Tagträumen oder des *Herbeirufens* von Erinnerungen gibt.

Der bisher bevorzugte Gegensatz von starker und schwacher Phantasie ist allerdings zu grob, und die Beschränkung auf qualitative Merkmale ist zu eng, um der vielfältigen Verschlingung von Aktivität und Passivität im menschlichen Bewusstseinsleben gerecht zu werden. Ich fasse daher noch einmal die wichtigsten Merkmale zusammen, durch die sich diese in einer Hinsicht *starken* Formen der Phantasie von den bisher untersuchten *schwachen* Formen unterscheiden, und auch die, in denen sie sich gleichen. Schwache Phantasmata erfüllen im Rahmen der typisierenden Apperzeption eine entscheidende Funktion: Sie vermitteln unser in Erfahrungen gewonnenes Wissen um die typische Erscheinungsform eines Gegenstandes oder eines Ereignisses mit der jetzt gerade gebotenen sinnlichen Anschauung. Sie „sagen" uns sozusagen, was in der Sinnlichkeit zum Gegenstand gehört, d.h. was zu erwarten ist und wo es zu erwarten ist. Sie geben uns sogar einen sinnlichen Vorschein davon und können daher, wo die Sinnlichkeit sie noch nicht überzeichnet, als sie selbst auffällig werden. Die sukzessive Überschreibung der phantasmatisch vorverbildlichenden Elemente mit der entsprechenden (d.h. der richtig erwarteten) Sinnlichkeit *erfüllt* dann unsere Intention auf diesen Gegenstand. Dabei war das wichtigste Unterscheidungsmerkmal dieser Phantasmata ihre *Schwäche*, d.h. ihr bereitwilliges Verschwinden beim Auftreten erfüllender Sinnlichkeit.

Ein weiteres Kennzeichen der schwachen, auffüllenden Phantasmata ist ihre *Unwillkürlichkeit*, denn ich kann sie weder in ihrem Auftreten noch in ihrem Inhalt willentlich beeinflussen. Das sehen wir z.B. an Kants Beispiel der chimärischen Linien in dem Liniengewirr der Bettvorhänge. Was wir willentlich beeinflussen können, ist der Versuch, ein Gesicht zu sehen. Das heißt, wir können die Absicht haben, dieses zuvor schon einmal gesehene Gesicht noch einmal zu finden, d.h. wieder die Gestaltfragmente, die es darstellen können, zusammenzufügen und diese wieder so zu interpretieren, dass sie ein Gesicht darstellen. Dann kommen meistens auch wieder die chimärischen Linien zum Vorschein, die die sinnliche Darstellung des Gesichts vervollständigen. Aber die Reichweite der willentlichen Handlung ist hier nicht sehr groß, d.h. wir können lediglich das Erscheinen der phantasmatischen Linien begünstigen, es eventuell auch *provozieren*, aber wir können es nicht *herbeiführen*.

Dies ist bei Erinnerungsbildern und Tagträumen nur scheinbar anders. Ich weiss, dass ich natürlich manche, mir wohlbekannte Erinnerungsbilder willentlich herbeirufen kann; ich bleibe aber dennoch immer davon abhängig, dass sie mir „einfallen". Dass sich die Erinnerungsbilder bereitwillig einstellen wird aber bei entfernteren oder peripheren Erinnerungen immer seltener, gleichsam schwieriger. In einer entspannten Situation kann ich einen Tagtraum sozusagen zulassen, d.h. ihn mir einfallen lassen und in engen Grenzen sogar seinen Inhalt lenken. Aber was für Inhalte sich im Tagtraum entfalten, dies ist ebenfalls als von meinen vorangehenden Erfahrungen und meiner jeweiligen Relevanzordnung abhängig, wie sich in den folgenden Analysen herausstellen wird.

Der Blick auf die Inhalte der Leistungen meiner Einbildungskraft zeigt, dass wir in einer weiteren Hinsicht gegenüber den Phantasmata passiv sind, die sich in der typisiserenden Apperzeption zeigen. Die Inhalte, die sich phantasmatisch zeigen, entsprechen den Charakteristika des Typus des wahrgenommenen Gegenstandes und dieser Typus bildet sich in vielen vorangegangenen Erfahrungen aus. Die sich zeigenden Inhalte spiegeln sozusagen meine Erfahrungen mit Gegenständen dieser Art wider. Dasselbe trifft auf den Inhalt von Erinnerungsbildern und auch von Tagträumen zu.

Die schwachen Phantasmata innerhalb der typisierenden Apperzeption orientieren sich sehr oft an einem Bereich der Sinnlichkeit als *Leitdimension*. Was in dieser Leitdimension zeitlich abläuft, das wird dann entsprechend in der phantasmatischen Dimension (*Folgedimension*) aufgefüllt, und zwar folgt sie dem Typus des Ereignisses. Das Lesen des Briefes meines Freundes erweckt simultan seine Stimme in meinem inneren Ohr unter der Mithilfe akustischer Phantasmata. Das Telefongespräch erweckt den Anblick meines Freundes, ebenso gleichzeitig modelliert in visuellen Phantasmata. Die Erfassung der Schmerzempfindungen eines Anderen erweckt in mir zeitgleich und koordiniert ein Mitempfinden. Die Erscheinung der chimärischen Linien richtet sich genau nach dem übrigen Erscheinungsbild der Gesichter im Bettvorhang (Leit- und Folgedimension sind hier beide visuell). Es kann, aber es muss nicht solche Leitdimensionen geben, aber bei Ereignissen ist es oft der Fall. Allerdings kann es auch vollkommen autonom ablaufende phantasmatische Darstellungen geben, z.B. bei den empfindenden Hypochondern, die den Schmerz des Magengeschwürs empfinden, wenn sie an es denken.

Ursprünglich wollte ich keine der Formen des Traums berücksichtigen, und zwar weil sie auf den ersten Blick allzu unvernünftig erscheinen: Die Kausalität ist manchmal aufgehoben, die Identität nicht gewährleistet, die Zeitordnung wird gelegentlich nicht gewahrt. Es gibt außerdem Verständnisprobleme beim nächtlichen Traum, die eine psychoanalytische Interpretation fordern. Er ist chiffriert. Alle diese Einwände zusammen lassen erkennen, dass er nur schwerlich als brauchbares Beschreibungsgebiet der Phänomenologie gelten kann. Ich werde daher versuchen, meine Analyse des Tagtraums rein beschreibend und ohne eine Interpretation der eventuell verschobenen Inhalte durchzuführen. Damit soll nicht behauptet werden, dass der Tagtraum nicht chiffriert sei – hinsichtlich dieser Frage wage ich keine Stellungnahme – meine Absicht ist hier jedoch lediglich ein auf Deskription beschränkter Zugang.

Allerdings richten sich die meisten dieser Einwände zwar auf den nächtlichen Traum, aber nicht auf den Tagtraum, der sich bei genauerer Aufmerksamkeit als ein bedeutender Bestandteil unseres Wachlebens herausstellt. Aber schon der Tagtraum entfaltet das faszinierende Eigenleben der Relevanzordnung der Typen, welches sich weitgehend unbeeinflusst von unseren Willensentschlüssen auslebt. Wir werden sehen, dass sich in den beiden Haupttypen des *Furcht-Tagtraums* (oder Sorgen-Tagtraums) und des *Wunsch-Tagtraums* bleibende und drängende Motive des einzelnen Subjekts auswirken, indem sie das Befürchtete oder Gewünschte in phantasmatisch verbilderten Szenen ablaufen lassen, ohne dass wir in den Ablauf ernsthaft eingreifen könnten oder wollten. Diese eigentümliche Unfreiheit des Subjekts gegenüber seinen Tagträumen zeigt sich in Details, aber auch schon in dem allgemeinen Kennzeichen des Sorgen-Tagtraums (der uns auch auch oft in Wachpausen der Nacht heimsucht), nämlich dass wir ihn nicht beenden können, auch wenn sein Gefühlsresultat Angst oder schmerzhafte Unlust ist. Das Gefühlsresultat eines Tagtraums ist für die ungestörte Auswirkung der bleibenden und weiterhin drängenden Motive der Furcht, der Trauer oder der unerfüllten Wünsche wenig bedeutsam. Die Relevanzordnung unserer ganz subjektiv empfundenen Welt lebt sich in den Phantasmata des Befürchteten und Gewünschten weitgehend ungestört aus.

Doch zunächst werde ich noch einige Argumente zum nächtlichen Traum diskutieren, die einsichtig machen sollen, warum ich ihn nicht behandeln werde. Freud behauptet, dass es eine Vielzahl von starken Veränderungs- und Verschiebungsmechanismen gibt, die es möglich machen, dass der Inhalt des manifesten Traums von seiner Bedeutung (d.h. dem Traumgedanken) stark abweichen kann; Verschiebung, Projektion, Inversion usw. sind möglich. Die Analyse der Bedeutung des Traums scheint daher zu vieldeutig und zu wenig kontrollierbar zu sein, um ein gutes Beschreibungsgebiet abzugeben. Der gewichtigste Ausschlussgrund ist aber für mich, dass im Traum unser Bewusstsein nicht wach ist, und dies macht aus der Sicht phänomenologischer Deskription eine methodisch kontrollierte Beobachtung schon fast unmöglich.

Dennoch bleibt auch im nächtlichen Traum eine minimale Sinnhaftigkeit erhalten, denn es sind einheitliche Gegenstände, Handlungen, Motive und Zusammenhänge, die sich in ihm darstellen. So abstrus also auch die Einzelheiten des Traumes sind, es scheint sich in jedem Fall um die Konstitution von Gegenständen und Ereignissen zu handeln, die von denselben Typen geleitet werden, die auch unsere Wahrnehmung im Alltag regulieren, so dass bekannte Personen und Orte darin erscheinen. Es bleiben natürlich genügend Probleme, z.B. die gelegentliche Nicht-Beachtung der Kausalität und der Zeitordnung (Ich kann fliegen, Tote erscheinen als lebendig), manchmal auch die Nicht-Identität (eine Person oder ein Gegenstand verwandelt sich in etwas anderes). Es wäre eine lohnende Aufgabe, zu bestimmen, worin die minimalen Sinn-Garantien des Traumes bestehen, und natürlich auch, worin genau die Überschreitung der bezeugenden Anforderungen für die alltägliche Normalität des Wachlebens liegt. Offenbar ist der minimale gegenständliche Sinn in den Typen enthalten, aber im nächtlichen Traum sind nicht die darüber hinausgehenden, mundanen Sinn-Forderungen eingehalten (Kausalität, Zeitordnung, Identität). Es könnte also sein, dass im nächtlichen Traum die Typen ‚ihr eigenes Leben leben' und sich nicht nach den weitergehenden Sinnforderungen der Welt richten.

Der Traum ist auch in anderer Hinsicht nicht vollkommen unzugänglich: Schon die Tatsache, dass wir uns an Träume erinnern können, zeigt uns, dass träumend nicht alle Funktionen des Ich aufgehoben sind. Wäre es bloß die Retention, die uns lediglich ermöglicht, eine kurze Zeit im Traumgeschehen zurückzublicken, dann könnten wir uns nicht an sinnhaft zusammenhängende Traum-Sequenzen erinnern. Aber wir erinnern uns sogar an die Reihenfolge der einzelnen Sequenzen und auch an die irgendwie unklaren Phasen des Übergangs usw. Auch innerhalb der einzelnen Sequenzen gibt es einen sinnhaften Zusammenhang, den wir anderen auch berichten und verständlich machen können: „Zuerst geschah dies und dann das ..." Offensichtlich ist also die Aufnahme und das Festhalten der Reihenfolge und der Sinngehalte der einzelnen sinnhaften (aber nicht immer mundan sinnvollen) Geschehnisse nicht durch die Kausalitäts-, Identitäts- und Zeitordnungs-Defizite (KIZ-Defizite) des Traums beeinflusst. Die Erinnerung an das Traumgeschehen ähnelt der Erinnerung an einen lange vergangenen Urlaub, an dessen einzelne Phasen wir uns auch dann erinnern können, wenn machmal dazwischen etwas „fehlt". Man kann also über den Traum sagen, dass eine grundlegende Funktion des Ich dabei weiter funktioniert: Ich bin es, der dies erlebt und jetzt das Nächste erlebt usw. Es scheinen manchmal lediglich die Normen der Realität vernachlässigt zu sein (KIZ-Defizite). Im Wachleben, aber auch im Tagtraum sind wir dagegen sozusagen instinktiv darum bemüht, alle Kriterien der Realität zu beachten.

9.2. Tagträume

Der Tagtraum hat im Vergleich zum Traum unter dem Gesichtspunkt der Einhaltung der Realitäts-Normen viele Vorzüge: Er beachtet immer die Kausalität, die Zeitordnung und die Identität und *will* der realen Wunsch-Erfüllung (oder der realen Furcht-Erfüllung) möglichst nahe kommen. Auch das wichtigste Defizit des Traums, nämlich die Bewusstheit, hat der Tagtraum zu bieten. Hierbei gilt es jedoch, ein paar kleinere Einschränkungen zu beachten.

Was beim Tagtraum daher möglich erscheint und somit eine gewisse Schwierigkeit darstellt, ist die willentliche Beeinflussung des ungestörten Ablaufs der gewünschten oder befürchteten Zustände und Ereignisse. Diese willentliche Beeinflussung kommt aber faktisch nicht oder nur ganz selten vor: Wenn ich einen Erfolgs-Tagtraum habe, dann fließen dessen Inhalte, von meinen Wünschen und Gefühlen geleitet, einfach und ungestört dahin. Ich versuche nicht, sie noch zu verbessern. Dies gilt auch dann, wenn es ein Sorgen- oder Furcht-Tagtraum ist, der dasjenige zeigt und als wirklich darstellt, das ich am meisten befürchte. Das heißt, das wache Ich greift nicht korrigierend in den Verlauf des Tagtraums ein und sagt z.B.: Der Lottogewinn könnte noch etwas größer sein, oder: Nein, nicht so viel! Alle diese Verbesserungs- oder Verschlimmerungs-Vorschläge, die man bei einer realen Verwirklichung anbringen könnte, fehlen beim Tagtraum. Wir greifen faktisch nicht ein, obwohl wir wach und bewusst sind. Wir sind im Tagtraum in gewisser Hinsicht also unfrei.

Die Argumente gegen den Traum als Erfahrungsfeld schließen also die Analyse des Tagtraums nicht aus, der doch einige Kennzeichen des Traumes besitzt: Beiden Bereichen ist gemeinsam, dass sich die Vorstellungstätigkeit vorwiegend nach der Relevanz-Topologie richtet. Für die Bestimmung des Inhalts der Tagträume ist vor allem wichtig, was wir am stärksten wünschen, und was wir am stärksten fürchten. Zudem scheint es so, als ob der Tagtraum nicht verschlüsselt ist, d.h. dass das Verständnis seines genauen Sinnes keine psychoanalytische Interpretation verlangt. Diese Annahme ist natürlich problematisch und Vertreter der Psychoanalyse werden hierin eine vermeidbare Navität sehen. Ich beschränke mich jedoch auf die deskriptive Ebene, ohne zu einer Deutung überzugehen.

Die Struktur und Dynamik des Tagtraums ist von der Relevanztopologie geleitet, d.h. von der hierarchischen Ordnung der Ereignisse, die unbedingt geschehen sollen, und die auf keinen Fall geschehen dürfen. Auch der Tagtraum ist, ebenso wie der Traum, weitgehend von der Sinnlichkeit unabhängig, denn er bewegt sich in selbstgeschaffenen Bildern, die sich der Selbstaffektion verdanken. Dazu kommen Gefühle (die wir ebenfalls als eine Form der Selbstaffektion identifizieren werden)[216], die der Wunscherfüllung wie der Furchterfüllung entsprechen, d.h. Angst und Freude. Der Tagtraum ist in allen Lebensphasen ein wichtiger Erlebnisbereich. So legen empirische Erhebungen nahe, dass Männer statistisch betrachtet alle 5-7 Minuten einmal an Sex denken, und die dazugehörigen phantasmatischen Verbildlichungen sind Tagträume.

Der Tagtraum ist einerseits eine Ausmalung meiner Wünsche und Ängste, d.h. er stellt sie dar. Er ist aber zugleich ein Palliativ (Besänftigungsmittel) der ungestillten Wünsche, denn er stellt eine teilweise Erfüllung meiner Wünsche dar, die die Tatsache besser ertragen lässt, dass diese in der Realität nicht oder nur zu einem kleinen Teil realisiert werden können. Tagträume werden in der Regel nicht willentlich inszeniert, sie drängen sich auf, und wir können sie nur schwer abweisen. Meiner Ansicht nach sind wir in gewisser Weise in unserer phantasmatischen Beschäftigung mit unseren Wünschen und Befürchtungen diesen gegenüber nicht frei. Unentwegt erproben die Tagträume meine Handlungsoptionen, und zwar sowohl für glückhafte als auch für fatale Entwicklungen. Obgleich wir sie zeitweise willentlich zurückdrängen können, so kehren die Tagträume doch immer wieder in gleicher Gestalt zurück.[217]

Es gibt offenbar ganz verschiedene Formen des Tagtraums, daher werde ich zuerst einige Beispiele untersuchen, die die meisten von Ihnen selbst schon erlebt haben. Ebenso wie beim Traum spielt die aktuelle Sinnlichkeit für den Tagtraum keine große Rolle, denn sie wird durch die phantasmatische Selbstaffektion ersetzt. Viele Tagträume ereignen sich bei einfachen Tätigkeiten, die keine großen Anforderungen an die Erkenntnisleistung stellen, z.B. bei eintönigen Arbeiten, beim Autofahren und bei entspannter Nachmittagsmüdigkeit. Dies zeigt aber auch, dass im Tagtraum die alltägliche Handlungs- und Urteilsfähigkeit auf einer elementaren Ebene erhalten bleibt.

Der Schriftsteller James Thurber hat den Tagträumern mit seiner Kurzgeschichte *The secret life of Walter Mitty* ein Denkmal gesetzt. Eine der Grundgestalten der Tagträume von Männern ist der Wunsch, anderen zu imponieren, d.h. besser, klüger oder stärker zu erscheinen, ein aufregenderes Leben zu führen, mehr Erfolg im Beruf und bei Frauen zu haben, als es in der Realität der Fall ist. Aus Sicht der Evolutionstheorie ist dieses Imponiergehabe in seiner praktischen Umsetzung eine wichtige Fähigkeit, die viele Probleme vermeiden hilft und oft auch reale Auseinandersetzungen mit einem echten und riskanten Kräftemessen erspart. Da ich ein Mann bin, kann ich nur vermuten, dass es bei Frauen eine vergleichbare Tendenz zu realem und imaginärem Attraktivitätsgehabe gibt. Beides spiegelt ein Idealbild von sich selbst wider, das immer nur in der Imagination zum Leben erwacht.

Eltern, ältere, aber auch unerfahrene, jüngere Menschen kennen die Furcht-Tagträume: Ich kann mir Sorgen über den Aufenthaltsort, den Umgang, die Gesundheit und die Sicherheit meiner Kinder machen. Habe ich Angst vor dem Verlust meines Arbeitsplatzes, dann sorge ich mich um die Zeit danach, und die Ungewissheit, ob ich noch eine andere Stelle finden werde, bedrückt mich immer wieder.

Wenn ich nachts durch einen dunklen Park gehe, dann kann es mir so vorkommen, als ob hinter allen Büschen gefährliche Kerle lauern, die sich einen Spaß daraus machen wollen, mich zu jagen, zu berauben und zu verprügeln. Bei Frauen kommt hierzu noch die sehr reale Furcht, vergewaltigt zu werden. Ich nehme meine Tasche fest an den Griff, packe meinen Schirm wie ein Schwert, ich bin bereit zum Angriff. Meine Angst entzündet sich wieder und wieder an einzelnen Schatten, die sich bewegt haben. Auch dies sind Phantasmata, die meine konkreten Befürchtungen verbildlichen und meine vagen Ängste mit lebendigen Bildern ausstatten. Man könnte nun sagen, zumindest evolutionär gesehen hat mein Phantasieverhalten den Vorzug, dass ich in erhöhter Aufmerksamkeit bin und jedes Anzeichen einer wirklichen Gefahr sofort wahrnehmen werde. Ähnlich wird es mir im Dschungel mit der Angst vor dem Tiger oder vor giftigen Schlangen gehen, beim Schwimmen in der Haifischsee oder in einsamen Gebirgsgegenden mit der Angst vor dem Bären. Man kann sich daher fragen, ob dies wirklich Tagträume sind, oder ob dies nicht nur die Auswirkung der – wirklich oder vermeintlich – als gefährlich erkannten Situation ist, die mit Hilfe der Phantasie unsere Aufmerksamkeit schärft und alle möglichen Anzeichen realer Gefahr sofort mit Hilfe der Selbstaffektion zu realen und fast sichtbaren Bedrohungen macht.

Ein anderer Fall ist folgender: Wenn wir wegen einer ernsten Krankheit den Tod eines nahen Verwandten erwarten, dann können sich Vorstellungen des Sterbens, meines Lebens nach seinem Tod, Erinnerungen an die Person usw. mit der Hilfe von Phantasmata verlebendigen und so gleichsam ein lebendiges Bild von dessen Tode vor meinem geistigen Auge ablaufen lassen. Die Vorstellung, es sei schon so weit, es sei schon passiert, drängt sich auf. All mein Wünschen und Wollen wehrt sich gegen das Eintreten dieses Ereignisses, aber ich bin gegen den Lauf der Natur wehrlos. Ich kann z.B. den Tod nicht aufhalten, aber ich „muss" ihn immer und immer wieder vorhersehen. Aus psychoanalytischer Sicht liesse sich hier ein versteckter Wunsch behaupten, der in chiffrierter Form einen Weg zur Darstellung sucht. – Auch ein gewisser Anteil an Selbstmitleid kann hierbei im Spiel sein und wird in Phantasmen ausgelebt. Dem entspricht, dass es in der Relevanzordnung in erster Linie um mich geht, um meine Wünsche, meine Ängste, meine Vorstellungen darüber, wie die Welt und die Menschen sein sollen.

Eine Schwierigkeit stellt nun die Abgrenzung dieser Verbildlichungen meiner Relevanzordnung – und der in ihr enthaltenen Ereignisse in ihrem Zusammenspiel – von der Stimmung dar. Stimmungen sind durchgehaltene Gefühlsfärbungen aller Ereignisse und Handlungen eines Subjekts. Man kann sich z.B. in einer niedergeschlagenen Stimmung befinden oder in einer Hochstimmung. Es gibt also einige Grundtypen, aber die Inhalte der Stimmung sind für den jeweiligen Menschen spezifisch. Diese Stimmungen „färben" alle Ereignisse, d.h. sie fügen eine Gefühlsbewertung hinzu, die weitgehend unabhängig von der realen Situation ist. Bin ich wegen unerfüllter Liebe niedergeschlagen und melancholisch, dann kann auch ein schönes Geschenk oder ein Lottogewinn mich nicht recht erfreuen. Ich empfinde es nicht als erfreuliches Ereignis und sage mir: Was nutzt mir das in dieser Misere? Die vermeintliche Misere wird dabei nicht nur auf meine eigene Person bezogen, sondern auf die ganze Welt übertragen; *alle* stecken in ihr. Umgekehrt kann ich in einer Hochstimmung z.B. einen finanziellen Verlust ohne eine Gefühlsregung hinnehmen: Was macht das schon aus angesichts meines persönlichen Glücks und der schönen Vollkommenheit der ganzen Schöpfung? Stimmungen verkörpern daher in gewisser Weise auch eine Sichtweise der Welt im Ganzen, wie es Heidegger formuliert hat. Die Wunsch- und Furcht-Tagträume scheinen auf den ersten Blick also wenig mit der Stimmung als einer universalen Einfärbung meiner Bewertungen zu tun zu haben.

Dennoch gibt es ein Zusammenspiel zwischen Stimmungen und Tagträumen, denn eine niedergeschlagene Stimmung verleitet uns eher zu Furcht-Tagträumen als zu Wunsch-Tagträumen. Ein niedergeschlagener Mensch hat unentwegt Tagträume, die Sorge und Furcht verbildlichen und so seine Grundstimmung bestätigen und verfestigen. Umgekehrt ist die Hochstimmung zugleich mit einer Vielzahl von erfreulichen Wunscherfüllungsvorstellungen gesegnet, die die Stimmung noch verbessern.

Natürlich hat auch der Furcht-Tagtraum einen gewissen Nutzen. Die Verbildlichung und Verbegrifflichung des Befürchteten in den Furcht-Tagträumen hilft dabei, das Unbeschreibbare und das Unaussprechliche zum Gegenstand machen zu können. Tagträume ermöglichen uns, die schreckliche Zukunft zumindest zum Teil wirklich vorhersehen zu können. Man kann daher vermuten, dass Tagträume einen eigentümlichen Modus des Nachdenkens darstellen. In phantasmatisch verlebendigten Szenen zeigen sie zugleich einige mir mögliche Verhaltensweisen angesichts des zu erwartenden, schrecklichen Ereignisses: Ich kann mich mit meinem Kummer verschließen, ich kann mich aber auch anderen Menschen zuwenden, die mir beistehen, und mit mir gemeinsam dem Schmerz standhalten. Auf diese Weise stellt der Tagtraum eine denkende Methode zur Bewältigung der erwarteten gefühlsmäßigen Belastung dar.

Auch die Gefühle verhalten sich angesichts dieser lebendigen Ausgestaltung der Zukunft so, als wäre das schreckliche Ereignis schon eingetreten. Frauen weinen und Männer machen ein versteinertes Gesicht. Jeder drückt seinen zukünftigen und zugleich den jetzigen Kummer auch im Tagtraum so aus, ‚wie er es versteht'. Aber der zukünftige Kummer wird jetzt erlebt und immer wieder vorausgesehen.

Daher muss man kritisch fragen, worin denn in diesen Fällen die Wunscherfüllung liegen soll. Freud behauptet, dass in solchen Träumen und Phantasien, aber auch in Ersatzhandlungen, in Verschiebungen meiner Ängste auf andere Personen usw., die gleiche Dynamik wie im Traum am Werk ist, d.h. immer die Wunscherfüllung. Träume und Tagträume verbildlichen aber oft das, was sich auf keinen Fall ereignen soll, dasjenige, vor dem ich die allergrößte Angst habe usw. Vielleicht wäre hierfür die Bezeichnung Furcht-Erfüllung besser. Allerdings ist es ein bemerkbarer Nutzen dieser Art Tagträume, dass wir lernen, mit einer Furcht handelnd umzugehen.

Freuds These von der Wunscherfüllung soll vor allem erklären, warum Trauminhalte überhaupt geträumt werden, und warum z.B. Tagträume weiterhin geträumt werden, sie betrifft offenbar die Motivation dieser Phantasiehandlungen. Diese Erfüllungsdynamik könnte im Fall des Wunsch-Tagtraums demnach durchaus eine wirksame Motivation sein: Weil sie freudige Lust spenden, halten sich die Wunsch-Tagträume sozusagen selbst im Gang. Aber diese Annahme ist bedenklich, d.h. die Grundlage der Dynamik des Tagtraums ist hiermit noch nicht verstanden, denn die Furcht-Tagträume müssten – auf derselben motivationalen Grundlage betrachtet – sich selbst beenden, und zwar deswegen, weil sie Unlust spenden. Freud versucht daher, die Angstträume als eine verdrehte (verschobene, invertierte, projizierte, verdeckte usw.) Form der Erfüllung eines Wunsches zu verstehen, und mit so weitgehenden Interpretationsmitteln gelingt dies auch.

Den alltäglich denkenden Menschen verwundert die Diagnose einer solchen intensiven Verdrehungsarbeit in seiner Psyche, und er neigt dazu, die Freud'sche Deutung des Traums als Wunscherfüllung abzulehnen. Die Vertreter der Freudschen Interpretation kontern dann, dass das Bewusstsein ohne Dechiffrierung die wahrhaft treibenden Kräfte aufgrund der unbewussten Verdrehungsarbeit von Zensur und Widerstand nicht mehr erkennen kann.

Zugleich zeigt sich in diesem Streit, dass auch die Freud'sche Lösungsstrategie unter folgender Voraussetzung steht: Wunscherfüllung als Generaldiagnose für die Dynamik des Traumes bedeutet zugleich, dass dessen Dynamik *vom Resultat her* verstanden werden muss, d.h. dass der Traum dadurch im Gang bleibt, dass dieser Wunsch – so verdreht und unkenntlich er auch geworden sei – erfüllt wird und so eine positive, sich selbst erhaltende Dynamik entsteht. Der Traum wird daher geträumt und wieder und wieder geträumt, und er endet nicht, auch wenn er gelegentlich von Angst oder Unlust begleitet ist. Diese Deutung vereinheitlicht also die Dynamik der verschiedenartigen Träume auf eine einsinnige Erfüllungs-Dynamik hin, die sich selbst erhält.

Hier scheint sich jedoch eine sinnvolle Alternative anzubieten, die eine weniger eingreifende Interpretation darstellt: Die Dynamik von Angst-Tagtraum und Wunsch-Tagtraum muss nicht vom Resultat her verstanden werden. Es ist durchaus möglich, dass beide lediglich unsere Ängste und Wünsche darstellen, und dass sie damit zugleich Wege zur Vermeidung oder Bewältigung des Befürchteten und zur Erreichung des Gewünschten aufzeigen. Wir müssten dann die Dynamik des Traums eher von der relevanz-topologischen Wunsch- und Angstlage her verstehen, also *vom Ausgangspunkt aus*. Sie formulieren lediglich aus, welche größten Ängste, größten Wünsche usw. die Relevanzordnung hat, und es gibt über diese Darstellung hinaus keine Erfüllung – d.h. weder eine Erfüllung der Wünsche noch eine verdrehte Erfüllung der Wünsche durch Furcht-Tagträume. Im Tagtraum findet nur eine *Darstellung* statt, aber eine Darstellung, die eine gewisse Zukunftsperspektive enthält: Durch die Anknüpfung an alle möglichen wahrscheinlichen oder unwahrscheinlichen, günstigen oder ungünstigen Umstände und die Motive anderer Personen werden Entwicklungsmöglichkeiten, Handlungsoptionen usw. im Modus szenisch-phantasmatischen Vorstellens *durchdacht*.

Wenden wir uns nun von dem Rätsel der Dynamik ab und der Frage nach dem Grad der Willentlichkeit beim Tagtraum zu. Man könnte vermuten, weil ich doch beim Tagtraum wach bin und daher auch frei handeln kann, dass ich z.B. auch den Furcht-Tagtraum willentlich unterbrechen könnte. Dies ist nicht nur denkbar, sondern für eine gewisse Zeit sogar möglich. Aber: Die zugrundeliegenden Motive – die Angst vor einer gefährlichen Krankheit, die Angst, ein naher Mensch könne sterben, dass mein Kind in Gefahr schweben könnte usw. – sind *drängende und dauernde* Ängste. Das heißt, sie sind Ängste, deren Motive sich nicht durch Willensentscheidung aufheben lassen; sie werden sich im Alltag immer wieder durchsetzen und sich aufdringlich zum zentralen Thema des Bewusstseinslebens machen. Dann steht sofort die drohende Gefahr wieder vor meinen Augen, und ich sehe gleichsam schon die Gefahren, denen mein Kind ausgesetzt ist.

Neben der Furcht gibt es noch viele weitere Gefühle, die sich in Phantasiesequenzen niederschlagen, die wohl als Tagtraum gelten müssen. Der Tagtraum z.B. von der Rache an meinem Feind ist in den hierarchisch geordneten menschlichen Gesellschaften weit verbreitet. Auch die intensive Trauer um einen lieben Menschen ist von dem Versinken in Tagträume begleitet, die Themen ausspinnen, die mit dem Verlust zusammenhängen.

In dem Fall der freudigen Erwartung einer geliebten Person ist die Gefühlsgrundlage anders. Ich freue mich, sie in naher Zukunft zu sehen und mit ihr zusammensein zu können. Die Begegnung, die Begrüßung, die zu erwartende gemeinsame Freude wird vorerlebt und dies freut mich auch schon jetzt in der Form des Phantasma. Der Hunger lässt mich das zu erwartende Essen freudig erwarten, der Durst das Trinken usw. In sexuell gefärbten Tagträumen stelle ich mir das Zusammensein vor, und ich genieße die Vorfreude auf das Liebesspiel. Es entwickelt sich dabei eine sexuell gefärbte, durch Phantasmata bereitete Vorlust.

Ein weiteres Alltagsproblem, das sich ebenfalls deutlich in die Relevanztopologie einschreibt, ist die Einsamkeit, die ein Einzelkind ebenso erlebt wie ältere, alleinlebende Personen. Was ihnen am meisten fehlt, ist Gesellschaft, d.h. jemand, mit dem sie spielen oder reden können. Solche Personen imaginieren oft in Tagträumen Spielgefährten oder Begleiter, die den angenehmen Effekt der Gesellschaft produzieren können. Psychologische Untersuchungen zur visuellen und verbalen Suggestibilität stellen auch deshalb oft die Frage nach sogenannten *imaginären Spielgefährten*. Zwischen 14 und 25 % der psychologisch normalen Erwachsenen gaben im Rückblick an, in der Kindheit solche imaginären Spielgefährten gehabt zu haben.[218]

Es gibt viele Berichte über Kinder, die zwar eine normale Kindheit hatten, die aber öfters ganz allein spielten und dabei offenbar mit imaginären Spielgefährten sprachen. Heute geht man auf der Basis von methodisch verfeinerten Interviews von Kindern davon aus, dass bis zu 65 % aller Kinder bis zum 7. Lebensjahr solche Spielgefährten haben.[219] Dieses Verhalten wirkt sich in der Regel positiv auf die sozialen Fähigkeiten aus, und es verschwindet meistens vor dem 10. Lebensjahr. Vergleichbares wird auch von älteren Personen berichtet, die einen nahen Angehörigen verloren haben.[220] Die Kinder unterhalten sich mit ihren Spielgefährten und ‚sehen' sie auch gelegentlich.[221] Da die Selbstaffektionen oft unwillkürlich erscheinen und willentlich schwer zu beeinflussen sind, werden ihre Inhalte oft für real gehalten, und den erscheinenden imaginären Gefährten wird manchmal auch ein eigener Wille unterlegt.

9.3. Das phantasmatische Leben des Ich

Angesichts dieser vielen Hinweise auf ein personales, aber ganz in Phantasmata verwickeltes *Leben* der Person muss man sich fragen: *Wie* lebt das Ich, d.h. in welchem Medium? Beginnen wir in den tieferen Schichten der Konstitution. Einerseits lebt das Ich in seinen Empfindungen, die leibhaft vermittelt sind und hierdurch ein nicht-reflexives, vor-objektives Bewusstsein seiner selbst ermöglichen. Das Ich erlebt sich selbst auch in seinen Aktvollzügen, d.h. darin, dass es sich selbst als Strebenszentrum seiner Tendenzen unmittelbar präsent hat oder sich so verstehen lernt (d.h. eventuell nur reflexiv aufgrund von Analysen in der Erinnerung). Daneben bemerkt es sich auch in seiner spontanen Aktivität, wie es z.B. Kant formuliert hat.

Das Ich erlebt sich selbst aber auch in seinen phantasmatischen Selbstaffektionen, und zwar als personales Subjekt der Welt mit einer eigenen und dennoch nicht ganz durchsichtigen Geschichte (seiner Erlebnisse, Wünsche und Ängste). Man könnte versuchen, den Erlebniszusammenhang des Ich ausschliesslich auf dem Hintergrund einer empriristisch inspirierten Theorie von sinnlichen Impressionen und Operationen des Geistes mit diesen Impressionen zu charakterisieren. Aber wir bemerken dann sofort, dass viele, wenn nicht sogar die meisten der aktiven Leistungen, vor allem die, die an der vorangegangenen Erfahrung des Subjekts orientiert sind und die, in denen das Ich sich selbst erlebt, weitgehend unabhängig von der anströmenden Sinnlichkeit sind. Phantasmatische Elemente begleiten und bereichern die sinnlichen Empfindungen, Erinnerungen, Vorstellungen von Wünschen, Gefühle usw. jederzeit. Die phantasmatische Seite unseres Erlebens spiegelt dabei die Eigenheiten des Ich (Habitualitäten), die dieses in seinem Erfahrungs- und Handlungsleben erworben hat und die es weiter lebendig in sich trägt. Das Ich lebt demnach in erster Linie in seinen szenischen Phantasmata.

Die im Handeln und Erleiden erworbenen Eigenheiten kann man im Fall der Wünsche zeitweilige *Wunsch-Fixierungen* nennen. Dies bietet sich in Anlehnung an die Terminologie Freuds an, der von Trieb-Fixierungen spricht, um die rätselhafte Festlegung triebhafter Strebungen auf bestimmte Personen, sexuelle Praktiken und begleitende Umstände zu benennen, die für das menschliche Sexualleben charakteristisch sind. Auch diese Fixierungen kann man durchaus als eine Funktion des Typus interpretieren, denn eine (erstmalige oder mehrmalige) erfolgreiche Befriedigung eines triebhaften Strebens hinterlässt ein Handlungswissen (wie bei allen Ereignistypen): So geht es. Allerdings ist beim psychologisch normalen Menschen auch eine solche prägende Fixierung beweglich, d.h. sie bleibt immer nur zeitweilig fest und kann neue Elemente aufnehmen und andere verlieren. Ebenso gibt es Angst-Fixierungen.

Doch um eine weitere Eigenart des szenisch-phantasmatischen Lebens des Ich erläutern zu können, muss ich noch eine weitere Anlehnung an die Begriffe der Psychoanalyse vornehmen: Man mag sich nicht zu allem öffentlich bekennen, was zum Ich gehört, da wir uns als waches Ich immer zugleich in der Gemeinschaft eingeordnet sehen. Ich bin ein Ich in der Gemeinschaft anderer Personen, d.h. von Personen, vor denen ich bestehen will, die mich achten und respektieren sollen. Doch das Bewusstseinsleben offenbart auch Aspekte dieses Ich als eines Insgesamt von Antrieben, Assoziationen, Empfindungen, Wünschen und Ängsten, die wir den Anderen nicht offenbaren wollen. In dieser Weise wirkt sich auf unser Verhalten die *öffentliche Zensur* aus. Da wir in unseren Gefühlen und Bewertungen uns selbst immer zugleich auch als Agent derselben Gemeinschaft *fühlen* und auch als solcher agieren, kann es vorkommen, dass sogar „wir selbst" manche unserer eigenen Wünsche und Ängste nicht akzeptieren wollen. Dann sind wir in der Funktion des wachen, verantwortlichen und gemeinschaftsorientierten Selbst, das man vielleicht auch treffend als Wir-Selbst bezeichnen kann. Wenn wir daher in unseren Wünschen leben und sie in Tagträumen verlebendigen, so dass wir ihre Erfüllung schon auf ungefährdete und problemlose Weise erleben, dann kann es sein, dass wir Mühe haben, diese Wünsche und Gefühle als die unsrigen anzuerkennen. Sie fallen so teilweise einer *inneren Zensur* zum Opfer.

Man könnte daher bezweifeln, dass ich *mich selbst* in meinen Wünschen und Gefühlen wirklich uneingeschränkt erlebe oder erleben kann. Die objektivierende Sichtweise könnte Recht haben, die sagt, dass ich Gefühle *habe*, wie sie auch jeder andere haben kann, d.h. es sind Emotionen, die jeden auf gleiche Weise gleichsam passiv überfallen können (so wie es für alle regnet). Aber *meine* Gefühle und Wünsche sind nicht anonym, sie haben nicht nur eine Gefühls- und Wunschqualität, sondern sie sind Ausdruck meiner Person. Ich erlebe sie bereits *als meine* – und dies ist nicht nur so, weil sie sich *in meinem Bewusstsein* ereignen, d.h. weil sie zufällig oder notwendig *darin* stattfinden. *Ich erlebe sie unmittelbar als die meinen* und ich kann sie als die meinen erkennen.

Fürchte ich mich z.B. vor Hunden, dann erlebe ich *mich selbst* in dieser Angst, und zwar als den größten Hunde-Angsthasen der Welt. Auch der Wunsch nach Bewunderung, sichtbar in Imponiergehabe und Eitelkeit, findet sich bei vielen Personen. Penetranter Eitelkeit ist es gleich, ob die Anerkennung geheuchelt oder bloß konventionell ist, ein seliges Lächeln zeigt sich bei denjenigen, die ihren Wunsch nach Bewunderung erfüllt bekommen. Und dennoch hat auch dieses selige Erleben, ob im Tagtraum oder in der tatsächlichen Wirklichkeit, einen bitteren Beigeschmack, denn ich erlebe *mich* als jemanden, der die Bewunderung anderer genießt und sich so zugleich als denjenigen erlebt, der diese ständig wünscht und herbeisehnt.

Diese Eigenart der Tagträume und der phantasmatischen Produkte insgesamt möchte ich *Personalität* nennen. Das heißt, sie sind offensichtlich in vielen zentralen Aspekten an die jeweilige Person gebunden. Ihre Themen stammen aus den Wünschen und Ängsten dieser Person, die sie schon als die ihren erlebt, und sie auch als solche erkennen kann.

9.4. Das szenische Denken als „alter“ Modus des Denkens

Wir haben die sich aufdrängende Präsenz des Tagtraums als szenisch organisierte Vorstellungen von befürchteten oder erwünschten Ereignissen kennengelernt. Diese szenischen Arrangements haben meiner Meinung nach aber nicht denselben „wunscherfüllenden“ Charakter, den Freud dem nächtlichen Traum zuspricht. Es sind eher Darstellungen von Befürchtungen, Wünschen und zukünftigen Vorhaben, die die realitätskonstitutiven Maßstäbe der Kausalität, Identität und Zeitordnung (KIZ) sorgfältig einhalten. Wir haben uns aber in der Beschreibung auf die besonders aufdringlichen Bestandteile unseres Phantasielebens beschränkt, d.h. auf die, die in der inneren Aufrufordnung der Gegenstände und Themen am meisten relevant sind. Es ist daher möglich, dass es auch szenische Vorstellungen von Ereignissen gibt, die nicht so hoch in der Relevanzordnung stehen, die also ganz alltägliche Themen in phantasmatischer Fassung ausspinnen. Daher müssen wir erneut die Frage stellen: Welchen Sinn haben diese szenischen Vorstellungen? Ist es eine Art des „Denkens“? Dagegen spricht, dass wir in der Regel im Modus der Sprache denken. Kann man Denken überhaupt anders als ein Denken in Sprache vorstellen? Ich denke ja.

Um diese Frage zunächst einmal von einem ganz anderen Gesichtspunkt aus zu betrachten, machen wir uns klar, dass es die gesprochene menschliche Sprache erst seit ca. 120.000-150.000 Jahren gibt. Der bislang älteste Fund eines menschlichen Zungenbeins, das eine Art Leitfossil für die Fähigkeit komplexer Lautbildung bildet, wird in diesen Zeitraum datiert.[222] Wenn man grob eine Generation mit ca. 20-25 Jahren annimmt, dann entspricht jener Zeitraum nicht mehr als etwa 7500 Generationen. Dies ist aus Sicht der Evolution eine sehr kurze Zeit, die nur zu geringfügigen Veränderungen bei den Gesamtfähigkeiten eines Organismus führen kann. Die besondere gemeinschaftliche und kooperative Lebensweise des Menschen (sowie die umfangreiche und präzise kommunikative Weitergabe von Werkzeuggebrauch und nützlichen sozialen Institutionen) muss es aber schon viel länger geben, wahrscheinlich seit mindestens 2,5 Millionen Jahren. Es ist naheliegend, dass die hierfür verwendete Form der öffentlichen Kommunikation die Gestensprache war.[223] Das bedeutet aber auch: *Es muss einen „alten" Modus des Denkens geben*, der es uns ohne Sprache und Begriffe ermöglicht, die wichtigsten Elemente unseres täglichen Lebens zu *denken*. Es geht hier also nicht in erster Linie um Wahrnehmungen von Gegenständen, von denen wir bereits festgehalten haben, dass sie auch ohne den Gebrauch von Begriffen, d.h. auch für Tiere, möglich sein müssen, sondern um die höherstufigen Leistungen des Erkennens von Eigenschaftsbestimmungen an Gegenständen, Ereignisfolgen und Zusammenhängen. Darin liegt die besondere Leistung des Tagtraumes als Repräsentations-System.

Es ist außerdem zu erwarten, dass der alte Modus des Denkens mit dem Aufkommen eines neuen sprachlichen Repräsentations-Systems nicht einfach verschwunden ist, sondern eher, dass er weiterhin lebendig in unserem Bewusstseinsleben fungiert. Voraussetzung ist dafür allerdings, dass der alte Modus den neuen, sprachlichen Modus nicht „stört", aber eine solche Annahme scheint noch nicht motiviert zu sein. Ferner ist naheliegend, dass der alte Modus des Denkens mit dem neuen Modus des sprachlichen Denkens in einer gewissen Harmonie zusammenarbeitet. Bei einer solchen Konstellation läge ein Fall eines sogenannten *dual-process*-Systems vor.

Die These von zwei verschiedenen, aber eng miteinander verbundenen Prozessen, die im menschlichen Bewusstsein die gleiche mentale Leistung erbringen, ist 1975 von P.C. Wason und J. St. B. T. Evans aufgestellt worden:[224] Der erste Prozess ist ein *low level*-System, das *phylogenetisch alt* sowie *einfach* strukturiert und *wenig störanfällig* ist. Es ermöglicht *schnelle* Wahrnehmungen, Einsichten und damit auch schnelles und sicheres Handeln (natürlich ist es irrtumsanfällig). Dieses *low-level*-System verwendet nicht die Sprache als Mittel, und wir haben es mit den meisten höheren Tieren gemeinsam. Zunächst und meistens orientieren wir uns mit seiner Hilfe in der Welt und auch hinsichtlich anderer Personen. Die meisten unserer Handlungsentscheidungen und spontanen Reaktionen auf das Verhalten Anderer beruhen auf unmittelbaren Gefühlen als Grundlage.

Das zweite, d.h. das *high-level*-System beruht auf der Verwendung von Sprache und Begriffen. Es arbeitet im Vergleich zu dem low-level-System *relativ langsam,* und es verwendet *komplexe Regeln* und Abhängigkeitsbeziehungen. Mit seiner Hilfe können wir neue Gegenstände auf der Grundlage höherstufiger

Begriffe konstituieren, die auf Abstraktionen beruhen. Mit Hilfe der Sprache können wir im Hinblick darauf *argumentieren*, warum ein Gegenstand ein Fall eines Begriffs ist, warum eine Handlung gut ist und getan werden sollte (z.B. von den Maßstäben der Gemeinschaft aus beurteilt). Normalerweise greifen wir auch in alltäglichen Gesprächen auf einige dieser höherstufigen Leistungen zurück, um damit unsere Meinungen und Entscheidungen zu begründen. Aber dies geschieht nicht in jedem Fall, und es ist auch keine Bedingung für eine Entscheidung und für die entsprechende Handlung. Die meisten kognitiven, emotiven und volitiven Leistungen können wir im Prinzip auch im low-level-System vollziehen, das wir mit vielen höheren Tieren gemeinsam haben.

Aber die Transformation der kognitiven Leistungen in das sprachliche high-level-System hat einen sehr großen Vorteil für die faktischen Leistungen des Menschen: Die Kommunikation erlaubt nämlich, Einsichten und Erfahrungen einzelner Gruppenmitglieder allen anderen Mitgliedern präzise mitzuteilen, und darüberhinaus wird eine Akkumulation der technischen und sozialen Problemlösungsstrategien möglich, die mit Hilfe der Tradition von einer Generation auf die nächste, und auch von einer Gemeinschaft auf eine andere, übertragen werden können. Auch wenn wir einsehen müssen, dass die anderen Primaten eine vergleichbare *inventive Intelligenz* besitzen wie wir Menschen, bewahren uns die menschlichen kommunikativen und tradierenden Fähigkeiten davor, die nützlichen praktischen und sozialen Techniken zu vergessen, die wir oder andere erfunden haben. Auf diese Weise ergibt sich der offensichtliche, große faktische Unterschied hinsichtlich der beiderseitigen Leistungen von Mensch und anderen Primaten. Michael Tomasello hat in zahlreichen Beiträgen die außerordentliche Bedeutung der *tradierenden Intelligenz* als Wagenheber-Effekt (ratchet-effect) in der menschlichen sozialen und technischen Kultur herausgestellt.[225] Die Technikgeschichte weist überall die allmähliche Verbesserung einer einmal gefundenen Technik durch kleine Detailverbesserungen auf, deren kumulativer Effekt sich immer weiter vergrößert, wenn er sich durch verbale Beschreibung schnell durch die ganze Population verbreitet und durch Werkzeugtradition sowie Lernen und Lehren an die nachkommenden Generationen ohne das Risiko eines vergessenden Rückfalls weitergegeben wird.

Low-level- und High-level-Systeme arbeiten in einer subtilen Weise zusammen, die allerdings bislang weitgehend unbekannt ist. Eine eingehende Untersuchung des Unterschiedes der beiden Systeme und ihrer Zusammenarbeit mit experimentellen und introspektiven Methoden scheint daher auch für eine wohlbegründete Theorie der Konstitution nützlich zu sein.

Meiner Ansicht nach gehört der Beitrag der Phantasmata in der szenischen Vorstellung von Gegenständen, Ereignissen und Personen auf die Seite der Low-level-Prozesse der Konstitution. Übertragen wir nämlich die Überlegungen zu dual-process Systemen auf unsere bisherigen Analysen, dann ergibt sich, dass unser Denken faktisch stets in zwei Modi abläuft, wobei der alte, phantasmatisch-szenische Modus von dem neuen, sprachlichen Modus begleitet und zum Teil auch überdeckt wird. Es wäre auch möglich, dass das neue, sprachliche Repräsentations-System zumindest teilweise ohne entsprechende Begleitung des alten ablaufen könnte. Ein möglicher Grund hierfür wäre, dass der neue Modus weiter reicht als der alte und seine Gegenstände daher von dem alten Repräsentations-System nicht immer dargestellt werden können. Es ist aber auch möglich, dass das Verhältnis viel enger ist, dass nämlich der alte Modus des Denkens im vollen Umfang die Leistung des Denkens umgreift und dass der neue, sprachliche Modus nur ein abhängiges Sekundärphänomen ist, das in keinem Punkt weiter reicht als das alte Repräsentations-System des Denkens. Hier ist noch viel zu untersuchen. In dem Zusammenspiel des älteren, phantasmatisch-szenischen Denkens mit dem jüngeren, sprachlichen Denken scheinen beide Systeme harmonisch neben- und miteinander zu arbeiten. Die nach evolutionären Maßstäben relativ kurze Zeit, in der uns die gesprochene Sprache zur Verfügung steht, lässt ein solches Ko-Funktionieren wahrscheinlich erscheinen.

Das unaufhörlich unser Denken begleitende szenisch-phantasmatische Darstellungssystem ist also ein noch vorhandener, alter Modus des Denkens. Bislang trifft die Beschreibung einer Low-level-Leistung durchaus auf die szenischen Phantasmata zu, die unser Alltagsleben begleiten und dabei Pläne, Wünsche und Ängste darstellen, wobei diese Szenen auch von sprachlichen Fassungen des Gemeinten begleitet werden. Szenische Phantasmata können auch Sachverhalte darstellen, diese werden dazu in einer Art *charakteristischer Szene* vorgestellt. Auf diese Möglichkeit komme ich gleich noch einmal zurück.

Zuvor möchte ich die Frage nach der Leistung des szenischen Denkens ganz allgemein formulieren: Was muss ein „Modus des Denkens" bzw. ein Repräsentations-System bei einem in Gruppen lebenden Lebewesen überhaupt denken bzw. vorstellen können? Welche Themen und Gegenstände muss ein solches Wesen denken können, damit es erfolgreich sein Leben führen kann? Worüber muss es sozusagen ‚notwendig' nachdenken können? Diese ‚notwendigen' oder lebens-wichtigen Objekte des Denkens lassen sich in drei Gruppen einteilen: Gegenstände, Ereignisse und andere Personen:

1. Die erste Gruppe umfasst die realen *Gegenstände*, ihren jeweiligen Nutzen (Güter), zuweilen ihre tradierte Verwendung (Werkzeug) und ihren individuell erfahrenen und dann auch gefühlten Nutzwert sowie den durch Gruppenwertung und Tradierung festgelegten, kulturellen Wert. Dazu kommen dann noch Verwendungs- oder Eigentumsrechte anderer, die ihre Verwendung durch mich einschränken oder unter bestimmte Bedingungen stellen.

2. Außerdem muss man in der Lage sein, reale *Ereignisse* in der Gegenwart und der Vergangenheit vorzustellen, man muss aber auch mögliche Ereignisse

in der Zukunft vorstellen können. Zu diesen Ereignissen muss dann ihr jeweiliger individuell oder gesellschaftlich geschätzter Wert hinzugedacht werden können. Also auch meine eigenen Wünsche und Ängste hinsichtlich zukünftiger und vergangener Ereignisse müssen vorgestellt werden können.

3. Als Drittes kommen die *Anderen* als Person ins Spiel. Zumindest die Empfindungen, Gefühle, Überzeugungen anderer und ihre praktischen Absichten muss ich vorstellen und denken können. Dazu kommen ihre praktischen Absichten im Hinblick auf mich oder andere Gruppenmitglieder. Wir müssen sozusagen auch den Charakter anderer Personen szenisch darstellen und denken können.

Den Modus, in dem wir die Empfindungen, Überzeugungen und Absichten anderer Personen denken können, werde ich im folgenden Kapitel untersuchen. Besonders schwierig scheint es zu sein, den Charakter von Personen und ihre wahrscheinlichen Absichten im Zusammenspiel möglicher Koalitionen mit anderen Personen vorzustellen. Aber überraschenderweise bietet die phantasmatisch-szenische Darstellung eine einfache Lösung: Ich erinnere mich z.B. an einen besonders unangenehmen und brutalen Mitschüler, den ich jahrzehntelang nicht mehr gesehen habe. Dabei habe ich sein Gesicht mit finsterer Miene auf mich schauend vor mir, die Fäuste geballt und bereit zuzuschlagen. Aber dieses „Bild“ ist kein einfaches Erinnerungsbild, es hat ganz andere und viel spezifischere Charakteristika, denn es erschöpft sich nicht in einem Anblick dieser unangenehmen Person. Es ist eigentlich eine vollständige *Szene*, in der auch ich vorkomme, vor Schmerzen zusammengekrümmt von seinen Schlägen und in der Angst vor weiteren. Diese gesamte Szene stellt einen zentralen Teilaspekt seines Charakters und seines zukünftigen Verhaltens dar.

Die szenische Darstellung der Haltung und des Verhaltens einer Person muss aber nicht so eindimensional sein wie in diesem Fall, in der Regel gibt es zahlreiche Facetten im Charakter anderer Personen, die auch alle darstellbar sein müssen. Denken Sie an einen Kollegen, mit dem Sie öfters gut zusammenarbeiten, der aber auch gelegentlich mit besserwisserischem Hochmut auftritt. Beide „Gesichter“, d.h. beide Teilaspekte seines Charakters, tauchen vor meinem inneren Blick auf und lassen mich den Plan überdenken. Auch die Haltung zu Anderen und die möglichen Koalitionen unter bestimmten Konstellationen lassen sich so darstellen, denn die charakteristischen Szenen sind beliebig erweiterbar. Der Charakter bzw. die verschiedenen Charakteraspekte von Personen sind auf diese komprimierte Weise in szenischen Vorstellungen gleichsam fixiert.

Die Fähigkeit, reale *Gegenstände* vollständig vorstellen zu können, haben wir in den bisherigen Analysen als eine der zentralen Leistungen der phantasmatischen Selbstaffektion schon ausführlich herausgestellt. Der Wertaspekt dieser Gegenstände, der z.B. in ihrem verlässlichen Nutzen für mich bestehen kann, zeigt sich nicht in visuellen Phantasmata sondern eher in begleitenden Gefühlen ihnen gegenüber. Hierauf werde ich im Kapitel 11 noch eingehen. Für den Nutzwert von Gegenständen und die damit zusammenhängenden Gefühle kann man auf triviale Beispiele verweisen, in denen sich meistens auch zeigt, dass sich der Nutzwert eines Gegenstandes in seinem Gebrauch und seiner Geschichte verändern kann und daher dann auch anders gefühlt wird. Besitze ich z.B. ein motorisiertes Fahrzeug, das des öfteren unerwartet stehenbleibt, dann defekt ist und geschoben, abgeschleppt oder repariert werden muss, dann modifiziert sich entsprechend die es darstellende charakteristische Szene. Vor allem gefühlsmäßig werden diese schlechten Erfahrungen gespiegelt: Ich stelle das Gefährt dann nicht mehr in der frohen Erwartung zuverlässigen Nutzens vor, sondern mit der freudlosen Erwartung des Schadens und zusätzlicher unwillkommener Probleme. Analog kann sich die szenische Darstellung der Charakteraspekte eines Menschen positiv verändern und entsprechend bereichern.

Auch für *Ereignisse* gilt die uneingeschränkte szenische Darstellbarkeit: Wer einmal was und unter welchen Umständen getan hat, welcher Gegenstand jetzt wo ist, wo er zuvor war, und wie er dorthin gekommen ist, all dies lässt sich in szenischen Vorstellungen denken. Auch für die Aspekte der Vergangenheit und Zukünftigkeit von Ereignissen gibt es Darstellungsmittel: Da alle Ereignisse in der Relevanzordnung einen Platz einnehmen, wird ihre Bedeutsamkeit für mich immer auch im Modus des Gefühls dargestellt.[226] Auf diese Weise leisten auch die zu der szenischen Darstellung von Ereignissen gehörigen Gefühle neben ihrer Bedeutsamkeitsindikation eine gewisse Zeitindikation: Furcht oder Angst richtet sich auf *zukünftige* Ereignisse, Trauer und Bedauern auf *vergangene*. Diese Form der Zeitindikation ist jedoch relativ grob und es bietet sich eine Schwierigkeit bei der Darstellung relativ neutraler Ereignisse, die weder Furcht noch Trauer, weder freudige Erwartungen noch freudige Erinnerungen an sich binden können. Die genaue Zeitordnung und Reihenfolge kann dann nur in einer Folge von nacheinander vorgestellten Szenen gedacht werden. Ereignisse enthalten aber auch in ihren Horizontintentionen eine Grundlage für die Vorstellung einer genauen Zeitordnung, indem sie in den von ihnen geweckten Erwartungsintentionen und Erinnerungen eine personorientierte, intern-inhaltliche Ordnung spiegeln. Die gefühlsindizierte Zeitordnung scheint zwar eher grob zu sein: Vergangen oder zukünftig. Doch weist diese Funktion auch auf Unterschiede im Gefühl selbst hin: Freudige Erwartung und freudige Erinnerungen können nicht dasselbe Gefühl sein, sie sind nur ähnliche, aber im Fühlen dennoch unterscheidbare Gefühle.

Welche Person zu welchen Taten fähig war, und unter welchen Bedingungen, und demnach auch wieder dazu fähig sein wird, kann ich ebenso vorstellen wie dasjenige, was ich nie zuvor wirklich gesehen habe, weil ich es durch Hörensagen erfahren habe. Dennoch kann ich auch den Inhalt dieser Kunde in phantasmatischen Szenen lebendig vor meinen Augen erleben. So stellt sich der Leser eines Romans normalerweise die Protagonisten bildlich vor und findet sich bei einer eventuell realisierten Verfilmung des Romanstoffes hinsichtlich dieser Vorstellungen immer etwas enttäuscht. In der szenischen Vorstellung der Welt werden ebenfalls alle relevanten Sachverhalte ständig aktualisiert, d.h. die vorgestellte Szene verändert sich entsprechend. Hieran zeigt sich auch deutlich der Unterschied von szenischen Darstellungen und Erinnerungsbildern.

Unter dem Gesichtspunkt des Dual-Process-Denkens ergibt sich auch noch ein Rückblick auf eine irritierende Eigentümlichkeit des szenischen Denkens. Man fragt sich: Wenn die szenischen Darstellungen im Medium der Phantasmata wirklich die Leistung des Denkens – wenn auch nicht die des begrifflichen Denkens – erreichen können, warum muss dann die szenische Beschäftigung mit einem Problem fast zwanghaft immer wieder aufgenommen werden? Sorgen und Wünsche drängen sich in derselben Konstellation szenisch immer wieder auf, und dennoch können sie rätselhafterweise gleichsam nicht endgültig erledigt werden. Dies liegt sicher zum großen Teil daran, dass das szenische Denken an der bleibenden und unentwegt andrängenden Relevanzordnung orientiert ist. Aber es kommt noch ein weiterer Faktor mit ins Spiel: Sprache erlaubt eine *Fixierung* von Denk-Ergebnissen und von Entscheidungen, auf die ich im Erinnern wieder als geltende und entschiedene zurückkommen kann. Die szenische Bilderwelt der Sorgen- und Wunsch-Tagträume hat kein vergleichbar leistungsfähiges Medium der Fixierung zu bieten und muss daher, um jetzt und heute zu einer erkennenden oder entscheidenden Erledigung zu kommen, gleichsam immer wieder die ganze Geschichte des Problems szenisch durchlaufen. Die fast zwanghafte ‚ewige Wiederkehr des Gleichen' in Tagträumen spiegelt so zum Teil die Unfähigkeit einer abschließenden und fixierenden Umbildung des im phantasmatischen Denken erreichten Ergebnisses in einem bleibenden und jederzeit wieder aktalisierbaren, festen Medium.

10. Spiegelneuronen und der Zugang zum Anderen

Nachdem wir gesehen haben, dass der phantasmatisch gefüllte Tagtraum als ein alter, sprachunabhängiger und eigenständiger Modus des Denkens betrachtet werden kann, der unter dem Repräsentations-System der Sprache liegt und mit ihm störungsfrei zusammenarbeitet, wenden wir uns jetzt dem Problem zu, wie wir Empfindungen, Einsichten und Wollungen anderer Personen mit phantasmatischen Mitteln vorstellen können.[227] Hierzu gibt es ein aufschlussreiches Modell der Neurologie, die sogenannten Spiegelneuronen, deren Fungieren hier aus der Sicht der selbst erlebenden Perspektive des Subjekts interpretiert wird.

Am Anfang des 20. Jahrhunderts wurde die Frage nach dem intellektuellen und gefühlsmäßigen Zugang zu anderen Personen als ein philosophisches Problem entfaltet. Auch Husserl untersuchte etwa ab 1905 die Einfühlung in andere Personen vor dem Hintergrund der Anregungen von Th. Lipps und A. Meinong.[228] Husserl wollte sich zunächst vor allem von Lipps' Ansatz abgrenzen, der die Ansicht vertrat, unsere Weise der Vorstellung von Gedanken und Gefühlen anderer Personen sei analogisch und durch ein bildliches Bewusstsein vermittelt. Der Zugang zum Anderen schien für Husserl viel unmittelbarer zu sein und eher in den regelhaften Erfahrungen unseres eigenen Leibes und unserer selbst erlebten Kinästhesen zu gründen. Aber ich will hier nicht die Husserlsche Theorie der Intersubjektivität diskutieren, weder in ihrer anfänglichen noch in der ausgereiften Form, die 1930 in den *Cartesianischen Meditationen* ihre Gestalt angenommen hat. Aber auch die mehr als 70 Jahre andauernde intensive Diskussion hat die Rätsel der Intersubjektivität nicht lösen können. Auch heute ist uns die Art und Weise unseres Zuganges zu anderen Personen, ihren Empfindungen, Einsichten, Gefühlen und Wollungen immer noch rätselhaft. Ich werde mich im folgenden auf den Teilaspekt des leiblichen Mit-Empfinden konzentrieren, denn oft erscheint es uns so, als seien wir in einer elementaren und sehr leibgebundenen Weise mit anderen Personen verbunden. Wenn wir z.B. bemerken, dass eine Person, die uns gegenübersteht, Schmerzen hat, dann ‚fühlen wir mit ihr'. Im folgenden soll gezeigt werden, dass dieses Mitfühlen keine bloße Erfindung romantischer Gemüter ist, sondern dass es heute Ergebnisse der Neurowissenschaft gibt, die die Möglichkeit des Mitfühlens bestätigen. Zugleich soll die phänomenologische Analyse des Mitfühlens weitergeführt und die besondere phantasmatische Gegebenheitsweise der Empfindungen Anderer untersucht werden. Insofern setzt dieses Kapitel die Analysen der Funktion der schwachen Phantasie fort.

Beginnen wir mit einer Charakterisierung unseres Mitfühlens mit den leiblichen Empfindungen Anderer: Unser Mitfühlen ist inhaltlich sehr *spezifisch*, es erscheint auch für uns *lokalisiert* und es ist *schwächer* als unser entsprechendes eigenes Fühlen. Es besitzt also eine charakteristische Struktur, die mit den genannten Bestimmungen sicher nur teilweise getroffen wurde, die aber eine Beschreibung und Analyse möglich erscheinen lässt. Berichtet mir z.B. eine Person mit einem deutlichen Ausdruck des Schmerzempfindens, dass sie sich mit ihrer Hand an einem zerbrochenen Glas geschnitten hat, so ist mein Mitfühlen mit ihr anders, als wenn sie über den Tod eines ihr nahen Menschen spricht. Vielleicht erinnert mich ihre Darstellung des Unfalls mit einem zerbrochenen Glas an eigene Erfahrungen, die sich dann auf rätselhafte Weise in mir verlebendigen. Einer der bemerkenswerten Punkte ist, dass bei der Schilderung ihres Unfalls mit dem Glas meine Mit-Empfindungen irgendwie „in meinen Händen" lokalisiert zu sein scheinen. Anders verhält es sich bei der Trauer um einen Verstorbenen, hier scheint mehr der ganze Körper, vielleicht mit einer Zentrum in der Brust mit der berichtenden Person „mitzutrauern". Mein Mitfühlen ist aber in beiden Fällen nicht so intensiv wie eine entsprechende eigene Empfindung.

Gegen solche Beschreibungen, und besonders gegen Theorien der Sympathie und des leiblichen Mitfühlens könnte man jedoch leicht einfache Einwände erheben. So könnte etwa jemand sagen: Ich empfinde das nicht. Ich erlebe kein Mitfühlen mit anderen. Oder: In meinen Augen sind *fellow feeling* und Sympathie altmodische Theorien, die ihre Blütezeit vielleicht in der Moralphilosophie des 17. Jahrhunderts hatten, aber heute obsolet sind.

Jedoch: Dieser harte Skeptizismus lässt sich vielleicht gerade heute durch die Ergebnisse der Neurologie entkräften. Ich will hier jedoch nicht vermeintlich altmodische Theorien des Mitgefühls und der Sympathie wieder darstellen, sondern zunächst etwas viel Elementareres und Einfacheres beschreiben, das zu normalen Situationen im alltäglichen Leben gehört. Meine These beruht im Wesentlichen auf einer phänomenologischen Interpretation der Leistung der sogenannten Spiegelneuronen. Ich meine, dass die Entdeckung der Spiegelneuronen von großer Bedeutung für die phänomenologische Theorie des Zugangs zu anderen Personen ist. Die grundsätzliche Überzeugung, für die ich hier argumentieren werde, ist, dass die Leistung der Spiegelneuronen eine *Innenansicht* hat, die von mir erlebt werden kann und die der phänomenologischen Beschreibung zugänglich ist.

Im ersten Teil sollen kurz die neurologischen Befunde über die Spiegelneuronen dargestellt werden. Im zweiten Teil soll deutlich werden, was die Phänomenologie für die Interpretation der Aktivität von Spiegelneuronen beitragen kann. Im dritten Teil werde ich vier Thesen formulieren und auch begründen, welche die selbst erlebte Innenansicht der Leistung von Spiegelneuronen betreffen (Maximalität, Schwäche, Phantasmata, Sinn-Tragen-von-Phantasmata).

Im letzten Teil werde ich Fragen bezüglich der Art und Weise des Mitvollzugs von leiblichen Bewegungen und der damit verbundenen Wollungen diskutieren.

10.1. Spiegelneuronen

Es gibt Spiegelneuronen in unserem Prämotor Cortex (primärer Motor Cortex, Region F 5). Das ist ein Teil unseres Gehirns, der motorische Aktivitäten steuert wie Gehen, Greifen, Drehen und Ziehen mit unseren Händen. Diese allgemeine Funktionsbestimmung des Prämotor Cortex kann man aus sogenannten Ausfall-Forschungen erschließen. Diese stellen fest, welche körperlichen und mentalen Leistungen bei einer Verletzung einer Gehirnregion oder bei einer aus medizinischen Gründen notwendigen Entfernung eines Teils des Gehirns auftreten. Diese Funktionsbestimmungen bleiben aber recht grob.

Die Verbesserung der bildgebenden Beobachtungsverfahren, wie z.B. PET (Positronen-Emissions-Tomographie) und fMR (functional magnetic resonance), hat die detaillierte Erforschung der Funktion einzelner Hirnregionen in den letzten Jahrzehnten einen enormen Schritt nach vorne gebracht. So kann man heute im Gehirn kognitive, emotionale und motorische Aktivitäten mit verschiedenen Verfahren beobachten, die die Unterschiede in der Stoffwechselaktivität und damit auch der neuronalen Aktivität bildlich darstellen können. Aber: Bisher reichen diese eindrucksvollen bildlichen Darstellungen für eine zuverlässige Identifikation der genauen Art der mentalen Aktivität, d.h. des bewussten Inhalts, aufgrund von neuronalen Aktivitäten nicht aus. PET-Darstellungen dokumentieren die Aktivität des Stoffwechsels in bestimmten Arealen des Gehirns, d.h. wenn man die allgemeine Funktion eines solchen Areals kennt, kann man auch über die Art der jeweiligen Funktion etwas aussagen, z.B. ist der Motor Cortex für die Steuerung von Bewegungen zuständig, das limbische System ist ganz generell an Gefühlen beteiligt usw. Gibt es also eine erhöhte Aktivität in einem Teil des limbischen Systems, dann wissen wir, dass das Subjekt ein Gefühl empfindet. Wir können aber anhand der erkennbaren Muster der Stoffwechselaktivität nicht genau unterscheiden, ob es sich um Angst oder eine Überraschung handelt, und ob es die Furcht vor einem Tiger im Gebüsch ist oder die Angst, zu spät zur Arbeit zu kommen.[229] Eine solche genaue Zuordnung von Aktivitätsmuster und Inhalt der Furcht ist bisher nicht zufriedenstellend gelungen. Natürlich kann man versuchen, die Ergebnisse noch präziser einzugrenzen, wenn man die jeweilige Versuchsanordnung experimentell auf eine bestimmte Angst (z.B. indem man einen Film über Tiger zeigt) zugeschnitten hat. Letztlich wissen wir aber nicht genau, worauf sich die Angst richtet, weil der erhöhte Stoffwechsel, selbst wenn er ein relativ bekanntes Muster produziert, keinen Schluss auf den genauen Inhalt des Gefühls erlaubt. Eventuell ermöglichen aber künftige Verbesserungen der Methode eine genauere Identifikation.

Dennoch gibt es gute Gründe dafür, hinsichtlich der Durchführbarkeit einer solchen Identifikation skeptisch zu sein. Man könnte sogar behaupten, dass sich der genaue Inhalt des menschlichen Bewusstseins nie mit einem bildgebenden Verfahren abbilden lässt. Der Inhalt des Bewusstseins ist zu komplex, dazu kommt die prinzipielle Schwierigkeit der Identifikation eines neuronalen Zustandes mit einem Bewusstseinsinhalt usw. Man kann auch der Ansicht sein, dass *ein Beweis* für die „Identität" eines Bewusstseinsinhalts mit einem neurologischen Zustand (oder einer Aktivität des Gehirns) prinzipiell nicht möglich ist. Dies sei eine unzulässige Reduktion usw. Aber dieser hochherzige und manchmal auch etwas hochnäsig erscheinende Protest der Geisteswissenschaftler, der sich auf die prinzipielle Unbeweisbarkeit der Identität realer Verhältnisse mit bewussten Inhalten stützt, muss sich Gegen-Einwänden stellen, die sehr gute *common sense* Argumente auf ihrer Seite haben. Es gibt nämlich viele Verhältnisse zwischen Gegenständen in der Welt, deren Identität ebenso unbeweisbar ist, an die wir aber sehr fest glauben.

Ich denke hierbei an das Verhältnis von Bild und Ding. Natürlich ist es nicht möglich, ein Bild einfach mit einer Sache zu identifizieren, zumal wenn die Bildherstellung theoretisch hochvermittelt oder sogar computergestützt ist. Dennoch zeigt unser Verhalten im Alltag, dass wir uns faktisch auf eine solche Identität vollkommen verlassen, und zwar so vollständig, dass wir sogar unser Leben auf der Grundlage dieser Gleichsetzung riskieren. Nehmen sie an, ein Mediziner diagnostiziert bei Ihnen mit Hilfe eines Röntgenbildes oder einer Computertomographie eine gefährliche Erkrankung, welche einen großen operativen Eingriff notwendig macht. Natürlich werden Sie der Diagnose vertrauen und den Eingriff vornehmen lassen, auch dann, wenn die Operation selbst sehr gefährlich ist.

Dies tun wir, obwohl die Identität dessen, was das Röntgenbild oder die Tomographie zeigt, mit meinem Leib nicht bewiesen werden kann. Es gibt lediglich einen *statistisch verlässlichen Zusammenhang* zwischen dem räumlichen und zeitlichen Zusammentreffen: Immer – oder zumindest fast immer – wenn das Tomogramm ein gefährliche Veränderung aufweist, stellt sich bei dem anschliessenden Eingriff heraus, dass diese tatsächlich vorhanden war. Dieser statistische Zusammenhang weist bei aller Zuverlässigkeit dennoch eine gewisse Unsicherheit auf, weil gelegentlich Interferenzen und Artefakte bei der Herstellung des Bildes vorkommen, auch hier sind Verwechslungen und Fehldiagnosen möglich. Dennoch ist unsere Überzeugung von der Zuverlässigkeit so stark, dass wir auf dieser Grundlage unser Leben riskieren würden. Eine überzeugende statistische Verlässlichkeit – wie in dem Beispiel des Röntgenbildes – würde uns also im Prinzip auch von der Identität eines Bewusstseinsinhaltes mit einem bestimmten differenzierten Muster neuronaler Aktivität überzeugen können. Es muss nur statistisch zuverlässig gelingen, das Vorliegen des einen aus der Anwesenheit des anderen erschliessen zu können.

Nach diesem kurzen Exkurs zur Frage der Identifizierbakeit von Bildern oder anderen materiellen Zuständen mit Bewusstseininhalten kommen wir zur Gehirnforschung zurück. Es gibt nämlich bereits weit präzisere (nicht bildgebende) Instrumente zur Erforschung der Gehirnaktivität. Besonders eindrucksvoll ist die Methode des *single neuron recording*. Hierbei wird die Aktivität von einzelnen Neuronen in einer kleinen Region des Gehirns eines Versuchstiers (meistens Makaken) beobachtet, allerdings ist die Methode sehr invasiv und beruht auf der Verwendung von Mikroelektroden. Mittlerweile kann man mehrere hundert Neuronen gleichzeitig präzise aufzeichnen, ihre Aktivität dokumentieren und statistisch auswerten. Diese Methode ist so genau, dass man z.B. bei einer Beobachtung des Motor Cortex jedem einzelnen Typ von Handbewegung (*precision grip*) jeweils ein einzigartiges Muster der neuronalen Aktivität zuordnen kann. Dieses Muster kann bei der gleichen Bewegung immer wieder als dasselbe identifiziert werden. Das heißt, wenn eine Versuchsperson einen kleinen Gegenstand mit der rechten Hand ergreift und dann im Gelenk nach rechts dreht, um den Gegenstand von der anderen Seite zu sehen, entsteht ein charakteristisches Muster der neuronalen Aktivität, das zuverlässig identifiziert und von dem entsprechenden Muster der gleichen Drehung nach links unterschieden werden kann. In diesem kleinen Bereich gibt es also bereits eine zuverlässige Identifikation des Inhalts der korrespondierenden mentalen Vorstellung von neuronalen Aktivitäten.

Bei solchen *single-neuron-recording* Experimenten an Primaten wurde 1995 von G. Rizzolatti und V. Gallese (Universität Parma) festgestellt, dass es im Motor Cortex Regionen gibt, die *mehrere* Funktionen haben. Sie leisten nicht nur die Steuerung unserer Bewegungen, sondern sie stellen auch eine *nur gesehene* Bewegung eines *anderen* Tieres auf dieselbe Weise dar wie eine wirklich ausgeführte Bewegung des eigenen Leibes. Das bedeutet: Bei der Beobachtung einer spezifischen Bewegung eines anderen Tieres zeigte sich weitgehend dasselbe neuronale Aktivitätsmuster, als ob das beobachtende Tier selbst diese Bewegung ausgeführt hätte. Die beobachtete Aktivität der Neuronen war eindeutig zu identifizieren. Daher nannten Rizzolatti und Gallese diese Neuronen *Spiegel-Neuronen*. Die Aktivität der Neuronen war allerdings nicht so stark wie bei einer eigenen Bewegung, d.h. nicht alle Neuronen beteiligten sich an der „Repräsentation" der Bewegung. Nur ein Teil der Neuronenpopulation reagierte auf die gesehene Handlung anderer Gruppenmitglieder mit der Aktivität des „Spiegelns".

Die Spiegel-Neuronen des Motor Cortex haben einige Besonderheiten, die für das Verständnis ihrer Funktion wichtig sind: Die wohl erstaunlichste Eigenheit ist die Tatsache, dass Spiegelneuronen nur dann aktiv werden, wenn das Versuchstier (meistens Makaken) eine zielgerichtete Handlung sieht. Das „sichtbare Ziel" scheint eine entscheidende Komponente für die Aktivierung von Spiegel-Systemen zu sein. Eine bloße Pantomime (*mimicking*) der betreffenden Handbewegung, ohne dass das Ziel dabei sichtbar ist, löst keine Aktivität aus.[230] Auch der Gebrauch von Werkzeugen zum Vollzug der Handlung und zur Erreichung des Handlungsziels führte zu deutlich geringeren Aktivitäten in den Spiegel-Neuronen.

In der Folge wurden die Untersuchungen der rätselhaften Spiegel-Eigenschaft auf andere Gebiete des Cortex ausgedehnt, wobei man sich am Anfang vor allem auf diejenigen Partien des Gehirns konzentrierte, die mit dem Motor Cortex eng verbunden sind, und von denen dieser einen großen Teil seiner neuronalen Informationen erhält. Insbesondere im Posterior Parietal Cortex (area 7b) von Makaken-Affen wurde man fündig, wiederum mit der Methode des *single-neuron-recording*. Man untersuchte die neuronale Aktivität während eigener Bewegungen des Affen und während der Beobachtung von visuellen und leiblichen Stimuli sowie bei zielgerichteten Handbewegungen anderer Artmitglieder. Das Ergebnis war, dass während der nur bei anderen Affen beobachteten Handbewegungen *etwa ein Drittel* der beobachteten Neuronen aktiv wurden, und zwar mit demselben Aktivitätsmuster wie bei der eigenen Handlung.[231] Auch bei diesen Experimenten zeigte sich deutlich, dass die Sichtbarkeit des Handlungsziels eine der wichtigsten Komponenten für die Aktivierung der Spiegel-Neuronen war.

Diese Befunde ließen viele Neurologen vermuten, dass es ein ausgedehntes Netzwerk von Neuronen mit solchen Doppelfunktionen im Gehirn gibt, das einerseits bei der von mir selbst ausgeführten Handlung, aber auch bei derselben Handlung aktiv wird, wenn ich sie bei Anderen beobachte. Die experimentellen Forschungen sind aber noch im Gange. Die Rolle der Spiegelneuronen beim Lernen von komplizierten Handbewegungen durch Imitation wurde untersucht.[232] Vergleichbare Studien wie die obengenannten über Handbewegungen, wurden z.B. über die Aktivierung von Spiegelneuronen bei Mundbewegungen durchgeführt.[233] Ebenso gibt es experimentelle Forschungen über die Gehirnaktivität bei der Imitation und bei der bloßen Beobachtung des Ausdrucks von Emotionen bei Anderen.[234] Am Somatosensorischen Cortex wurden Untersuchungen zum Vergleich von wirklichem Berührt-Werden und der Beobachtung, dass jemand Anderes berührt wird, angestellt.[235]

Die Untersuchungen der Spiegelneuronen im Motor Cortex wurden auch auf Menschen ausgedehnt, und man fand – allerdings mit anderen Methoden, die z.B. das Niveau der Erregbarkeit einer Region untersuchten – eine weitgehende Übereinstimmung mit den Befunden bei Primaten.[236] Außerdem wurde deutlich, dass es bei dem so dargestellten leiblichen Verstehen von Bewegungen anderer Lebewesen durch Nachvollzug offenbar keine echten Artschranken gibt: Primaten interpretieren die Handbewegung des menschlichen Experimentators auf dieselbe Weise wie die eines Artgenossen. Es ist daher zu vermuten, dass dies auch umgekehrt gilt, d.h. auch für Menschen, die Bewegungen von Primaten sehen. In einer Studie über das Sehen von Mundbewegungen bei Menschen, Hunden und Affen zeigte sich z.B., dass es bei diesen Bewegungen in allen Fällen dieselben Gehirnareale waren, die mit einer spiegelnden Aktivität reagierten.[237]

10.2. Kritische Bemerkungen zur Psychologie der Neurologie und neue Aufgaben für die Phänomenologie

Die Frage nach dem Sinn dieser spiegelnden Leistung unseres Gehirns kann man in unterschiedlichen Kontexten stellen. Aus dem Gesichtspunkt der Evolutionstheorie hat die Fähigkeit, die Empfindungen, Gefühle und Absichten anderer Personen zu erfassen, einen klaren und leicht einsichtigen Sinn: Ein Lebewesen, wie der Mensch (und die anderen Primaten), das für seinen Reproduktions- und Überlebenserfolg auf Kooperation innerhalb seiner Gruppe angewiesen und ausgerichtet ist, muss in der Lage sein, die Gefühle, Einsichten und Absichten anderer Gruppenmitglieder möglichst genau zu erfassen.

Abgesehen von der sehr allgemeinen Antwort der Evolutionstheorie auf die Frage nach dem Sinn der Leistung der Spiegelneuronen lässt sich dieselbe Frage auch aus der Sicht des selbst erlebenden Menschen beantworten, der seine Empfindungen, Gefühle, Handlungen und Ziele sozusagen aus erster Hand selbst erlebt. Diese Frage nach dem *selbst erlebten Sinn* stellt sich aus der *Perspektive der erlebenden Person*:[238] Dabei geht es nicht darum, die Neuronen selbst irgendwie zu „erfahren", sondern darum, dem mentalen und selbst erlebten Korrelat ihrer Aktivität auf die Spur zu kommen. Ich möchte also wissen, wie sich dasjenige, was die Spiegelneuronen leisten, für mich zeigt, wie es sich anfühlt, wie es mich bewegt, d.h. wie die Anderen und ihre Erlebnisse in mir erscheinen, und auf welche Weise sie wirksam werden. All diese Fragen lassen sich meiner Ansicht nach durchaus mit Mitteln der deskriptiven Phänomenologie bearbeiten.

Die Entdeckung der Spiegelneuronen stellt eine große Herausforderung für die Phänomenologie der Intersubjektivität dar; zumindest ist sie ein Anstoß zu erneuter und vertiefter phänomenologischer Analyse unseres Zugangs zu Empfindungen, Gefühlen und Wollungen anderer Personen. Dabei sollte man sich meiner Meinung nach ganz bewusst durch die Entdeckung der Spiegelneuronen dazu inspirieren lassen, auf unsere Empfindungen bei den gesehenen Leibbewegungen anderer Personen zu achten.

Mein Vorschlag lautet, diese neurologischen Ergebnisse durch eine verfeinerte Analyse unserer Empfindungen einerseits zu interpretieren, andererseits auch in gewisser Hinsicht zu bestätigen. Meine These ist, dass sich eine solche neuronale Aktivität (d.h. ihr selbst erlebtes Korrelat) zumindest in einer abgeschwächten Form auch in unserem Bewusstsein zeigt. Dieses Sich-Zeigen oder Von-uns-bemerkt-werden-Können bedeutet, dass wir die mentale Seite dieser Gehirnaktivität im eigenen Erleben bemerken können, und dass wir sie daher auch in der phänomenologischen Analyse aus der Perspektive der selbst erlebenden Person untersuchen können.

An dieser Stelle sei deshalb eine methodische Bemerkung zur Psychologie der Neurologie erlaubt, d.h. zu der Art derjenigen Interpretation neurologischer Ergebnisse, die zur Zeit noch vorherrschend ist. Die bisherigen Interpretationen der Forschungsergebnisse über Spiegelneuronen geschahen aus einer objektivierenden Perspektive der dritten Person, die lediglich davon ausgehen kann, was „von außen" zu beobachten ist: Ein Primat sieht die Bewegungen eines anderen Primaten, und in seinem Motor Cortex zeigt sich dasselbe Aktivitätsmuster wie bei derselben Bewegung, wenn er sie selbst ausführt (nur mit schwächerer Aktivität). Alle Deutungen des Sinnes dieser beobachteten Gehirnaktivität liegen bisher in den Händen einer (Alltags-)Psychologie, die allein auf der Beobachtung der Personen von außen und einer ungefähren und methodisch nicht kontrollierten Übertragung auf den Sinn der Hirnaktivität beruht. Es ist eine Psychologie, die zudem oft unter verarmenden behavioristischen Vorurteilen der analytischen Philosophie des Geistes steht, für die es keine Intentionalität, keine Subjektivität, kein Bewusstsein, sondern nur „mentale Zustände" gibt.

Dies ist angesichts der heute erreichten Differenziertheit der neurologischen Einsicht in kognitive Prozesse weder zur Beschreibung noch zur Interpretation der Ergebnisse hinreichend. Die Phänomenologie könnte hier vor allem eine methodisch kontrollierte Beschreibung des Bewusstseins und seiner wesentlichen Strukturen aus der erlebten Innenperspektive beisteuern. Auf diese Weise bietet sie Interpretationen von und Anregungen zu neuen empirischen Fragestellungen. Es geht hierbei jedoch nicht nur um eine „Verbreiterung der Datenbasis". Der bedeutendste Beitrag der Phänomenologie besteht in der Interpretation der neurologischen Ergebnisse (gewonnen aus der naturwissenschaftlichen 3.Person-Perspektive) auf dem Hintergrund der sinnhaften Dimension der erlebten Innenperspektive des Subjekts. Gerade diese Verbindung zwischen den objektivierenden Befunden der Naturwissenschaft und der subjektiven Sinndimension fehlt in den Kognitions- und Neurowissenschaften zur Zeit noch. Es fehlt, so formuliert es Wolfgang Prinz, „eine übergeordnete Theorie, die die objektive Sprache, in der wir über Gehirnprozesse reden, und die subjektive Sprache der Bewusstseinsphänomene zueinander in Beziehung setzt".[239]

Ich greife zum Beleg dieser Diagnose die Beschreibung der Versuchsergebnisse von Gallese und Rizzolatti mit dem Begriff des „sichtbaren Ziels" auf. Sie zeigt gut, wie die Interpretation der Versuchsergebnisse der Neurologie durch die implizite, alltagspsychologische Deutung beschränkt wird. Ein Ziel ist niemals rein visuell sichtbar. Das bedeutet: Selbst wenn wir sehen, dass sich die Hand des Affen zur Banane hin bewegt, „sehen" wir nicht in demselben Sinn, dass er sie ergreifen will, sondern wir interpretieren dies so, und zwar aufgrund *unserer* Vorstellung von einem sinnvoll handelnden Subjekt. *Wir* können uns ein Ziel denken, und *wir* interpretieren dieselbe Fähigkeit in die Makaken hinein. So verstehen wir sie als handelnde Subjekte mit Absichten, und zwar ebenso wie wir uns selbst verstehen.

Es ist natürlich eine wichtige Frage, ob diese Übertragung zu Recht geschieht oder nicht. Unabhängig davon, wie man diese Frage beantwortet, wäre in jedem Fall zu kritisieren, dass es sich hier um eine vollkommen unkontrollierte Übertragung von Fähigkeiten und intentionalen Vorstellungen handelt. In der Tierpsychologie ist zudem umstritten, ob außer dem Menschen auch andere Primaten überhaupt dazu in der Lage sind, die Zielgerichtetheit von Handlungen zu erfassen. Der bekannte Verhaltensforscher Michael Tomasello hält die Belege hierfür nicht für ausreichend, obwohl Affen, die in Menschengemeinschaften aufgewachsen sind, diese Fähigkeit offenbar besitzen.[240] Ich persönlich teile seine Skepsis nicht, sie scheint mir noch allzusehr an verarmenden, vermeintlich ontologisch sparsamen Vorstellungen des Bewusstseins von Tieren orientiert oder von der Vorstellung abzuhängen, dass höhere intellektuelle Leistungen von dem Gebrauch der Sprache abhängen. Gerade gegen die letztgenannte Überzeugung sprechen jedoch viele der hier vorgestellten Untersuchungen über die Leistungen des weitgehend sprachunabhängigen Typus; Leistungen, die also auch von sprachunfähigen Lebewesen erbracht werden können. Andererseits ist auch offensichtlich, dass es in der empirischen Tierpsychologie ein mühsames methodisches Ringen mit dem Problem der Sprachunabhängigkeit der Testverfahren gibt. Von der Fähigkeit der Primaten, die Absichten anderer Gruppenmitglieder zu erfassen, überzeugen mich die eindrucksvollen Nachweise von ausgeprägten Täuschungsfähigkeiten verschiedener „Tiefe", zudem gibt es zahlreiche Fallstudien, die es im Hinblick auf die komplexen Sozialstrategien erlauben, geradezu von einem politischen Verhalten bei Primaten zu sprechen.[241]

Dass das Erfassen des Ziels einer Handlung für Primaten möglich ist, und dass die Art der Vorstellung dieses Zieles ganz anders geschieht als im Fall der Wahrnehmung, zeigen meiner Meinung nach Experimente zum Verhalten von Spiegelneuronen, in denen das Ziel der Handlung bzw. der abschließende Teil einer motorischen Handlung absichtlich verdeckt wurde. Eine im Jahr 2001 veröffentlichte Studie an Makaken ergab, dass es eine Untergruppe der Spiegelneuronen im Motor Cortex gibt, die in der Lage sind, leibliche Handlungen zu vervollständigen, die eine Versuchsperson nur zum Teil gesehen hat.[242] Dies betrifft leibliche Handlungen, bei denen der entscheidende letzte Teil des Ablaufs – damit ist vor allem das Ergebnis, das Ziel oder der abschließende Teil der Handlung gemeint – nicht zu sehen ist und daher nur erschlossen oder phantasiert werden kann. Sie verlaufen aus dem Gesichtspunkt der dokumentierten Aktivität des Motor Cortex (*single neuron tracing*) ebenso wie die vollständig gesehenen Handlungen. Es ist daher naheliegend, und die Autoren der Studie kommen zu demselben Schluss, dass es eine Art ‚interne Ergänzung' des Nicht-Gesehenen geben muss. Diese Ergänzung war aber nur dann möglich, wenn das Versuchstier aus vorangegangenen Fällen wusste, was wahrscheinlich passieren würde, z.B. das Ergreifen des Apfels oder das Hineinbeißen. Eine Erfahrung mit dem normalen Verlauf des Ereignisses musste für die Fähigkeit zur Vervollständigung also vorausgesetzt werden. Bei der genaueren Analyse der Aktivität der einzelnen Neuronen in dem eng begrenzten Areal mit Spiegelneuronen stellte sich dann heraus, dass, im Vergleich zur ungestörten Beobachtung, nur etwa die Hälfte der Neuronen positiv reagierte.

Weiterhin konnte man einen untypischen und unerwarteten Verlauf des Erregungspotentials feststellen, d.h. der Aktivität der Neuronen. Die Aktivität der Spiegelneuronen nahm bis zum Ende der nur zum Teil wirklich beobachteten Episode bis zu einem Maximum zu. Das heißt: Es ergab sich ein weiterer Anstieg der Aktivität in der Phase, in der der abschliessende Teil des Ereignisses liegen musste, welcher aber nicht mehr visuell beobachtet werden konnte. Es kann sich also hierbei nicht um eine Aktivität der Neuronen handeln, die von einem beobachteten Ereignis ausgelöst worden ist (getriggert), denn diese getriggerten Reaktionen lösen zwar eine Aktivität aus, diese steigert sich aber nicht mehr.[243] Das Ziel der Handlung kann in diesem Experiment offenbar nur in der Phantasie vorgestellt worden sein.

Was kann nun die Phänomenologie dazu beitragen, diesen komplizierten Knoten von neurologischen Ergebnissen, ihrer psychologischen Interpretation und den zugehörigen Methodenproblemen zu entwirren? Der Vorzug der Phänomenologie scheint mir einerseits in der Erweiterung der Beobachtungs-Grundlage zu bestehen. Die Phänomenologie kann auch die „intentionalen" Gegebenheiten *methodisch kontrolliert beschreiben*, d.h. die Intentionen, die wir nur in der Innenperspektive der erlebten Bewusstseinsakte haben können. In der selbst erlebten Innenperspektive zeigen sich schon im Erleben und im begleitenden Gefühl sinnhafte Elemente, die wir zur Deutung der neurophysiologischen Befunde heranziehen können. Wir sollten – so mein Vorschlag – versuchen, aus der Tatsache Gewinn zu ziehen, dass wir zumindest zu einem Lebewesen (Tier) einen guten Zugang aus der Innenperspektive haben, nämlich dem Menschen. Auf diese Weise ließe sich auch die behavioristische Verengung der psychologischen Interpretation in der Neurologie überwinden, welche durch den *mental states* Jargon hindurchscheint, ohne der philosophischen Fiktion eines monolithischen, vollkommen autonomen Subjekts erliegen zu müssen.

Ein solches Vorgehen entspricht meiner Meinung nach am ehesten den Fähigkeiten und Stärken der Phänomenologie. Wenn sich von der spiegelnden Aktivität unseres Gehirns nicht die geringste Spur in unserem eigenen Erleben fände, dann blieben die Empfindungen, die uns die anderen Personen darstellen, unbemerkbar und damit auch unbewusst. Am Ende eines komplexen, unbewussten Prozesses stände dann ein bewusstes Resultat. Unsere Art, die Empfindungen und Gefühle anderer Personen zu konstituieren, bliebe dann weitgehend theoretisch, auf Analogieschlüsse angewiesen, inferentiell, d.h. auch ohne eigene Empfindung. Denkbar wäre dies sicher, aber unser eigenes Erleben spricht dagegen.

Eine solche rein theoretische Zugangsweise postulieren auch einige sehr einseitige (und in meinen Augen: irreführende) Interpretationen der Husserlschen Theorie des Zugangs zum Anderen, die sich ausschliesslich an seiner Kennzeichnung dieses Vorganges als „analogischer Apperzeption" orientieren.[244] Es scheint in dieser Interpretation so, als ob wir die Erlebnisse des Anderen nur gemäß einer Analogie von dessen wirklich gesehener Außenansicht aus mit einem Analogieschluss konstruieren: Weil seine Bewegungen und seine Mimik so aussehen wie meine Bewegungen und meine Mimik bei einer bestimmten Empfindung, z.B. bei Schmerz oder Freude, schließe ich daraus, dass der Andere dieselben Empfindungen hat.

Diese Art der Interpretation unseres Zugangs zu den Erlebnissen anderer Personen steht dem Modell des Verstehens sehr nahe so wie es in der Philosophie des Geistes die sogenannte „Theory-Theory" vom Verstehen anderer Subjekte entwirft (D. Premack), die ebenfalls das Verstehen anderer Personen als rein kognitiven Schlussprozess interpretiert. Diesem Ansatz steht schon seit einiger Zeit die Simulations-Theorie des Verstehens (A. Goldmann) gegenüber, die das Verstehen anderer Personen als eine Art Nachkonstruktion im Medium des eigenen Erlebens begreift.[245]

Für eine Simulation, d.h. dafür, dass das Verstehen Anderer zum Teil auf Imitation beruht, sprechen auch die Experimente von A. N. Meltzoff und M. K. Moore im Jahr 1977, die zeigen, dass bereits Neugeborene die Fähigkeit besitzen, die Mimik anderer Personen nachzuahmen.[246] Sie wiesen nach, dass Säuglinge schon im Alter von etwa 10 bis 20 Tagen dazu in der Lage sind, Gesichtsbewegungen und Mimik nachzuahmen, z.B. das Öffnen des Mundes, das Herausstrecken der Zunge usw. sowie Bewegungen der Augenbrauen, die Zeichen des Erstaunens oder der Zuwendung ausdrücken sollen. Es wurde lange darüber gerätselt, ob diese Fähigkeit einem angeborenen Auslösemechanismus entspringt oder eine spontane Imitation ist.[247] Durch die Forschungen zu den Spiegelneuronen scheint diese Frage zugunsten eines Vermögens zur spontanen Nachahmung beantwortet zu sein.

Um auch deutlich zu machen, was ich nicht beabsichtige: Mir scheint eine Analyse der prinzipiellen Verhältnisse zwischen *Körper*, d.h. insbesondere den neurologischen Befunden, und *Geist* auf der anderen Seite eine interessante, aber für die Phänomenologie nicht vorrangige Fragestellung zu sein. Ob unsere Trauer oder unser Mit-Fühlen ontologisch dasselbe ist wie ein physiologisch zu bestimmender Gehirnvorgang, ob das eine ein Epiphänomen des anderen sei, oder ob es einen umfassenden Parallelismus zwischen beidem gibt – diese Fragen scheinen mir heute noch weder aus der Sicht der Phänomenologie noch auf der Grundlage von neurologischen Experimenten beantwortbar zu sein.

Für die Phänomenologie als deskriptive Wissenschaft des Bewusstseins und seiner Vollzüge bietet sich eher eine Erneuerung und Vertiefung ihrer Beschreibung und ihrer Methode an. Man könnte diese Aufgabe ganz buchstäblich an der Leistung der Spiegelneuronen orientieren und fragen: Wie fühlt sich unser Zugreifen und das Drehen einer Hand wirklich an? Was empfinden wir, wenn wir dieselben Bewegungen bei Anderen sehen? Die Befunde über Spiegelneuronen suggerieren, dass wir ein vergleichbares Empfinden haben, wenn wir den leiblichen Bewegungen eines Anderen zusehen. Aber eine so buchstäbliche Ausrichtung der phänomenologischen Intersubjektivitätsforschung scheint mir zu eng an leiblichen Bewegungen orientiert zu sein.

Natürlich sollten auch die Zugangsmethoden und die daraus resultierenden Thesen der Phänomenologie in verschiedenen Weisen überprüfbar sein. Hiermit meine ich Folgendes: Die Beschreibungen und Theorien sollten einerseits durch andere Personen phänomenologisch-deskriptiv nachprüfbar sein. Auf der anderen Seite sollten sie aber auch zu empirisch überprüfbaren Behauptungen sowie zu neuen Fragestellungen führen, die wiederum neurophysiologisch oder empirisch-psychologisch überprüft werden können. Selbst wenn sich die hohen Erwartungen einer Verifikation nicht erfüllen lassen, sollten brauchbare Thesen zumindest zu neuen und fruchtbaren Fragestellungen für experimentelle Untersuchungen führen, ansonsten blieben sie für Neurophysiologie nutzlos und es gäbe keinen Grund dafür, phänomenologische Beschreibungen vor anderen zu bevorzugen. Diese Haltung stimmt in wichtigen Hinsichten mit dem Vorschlag von Shaun Gallagher für eine „front-loaded"-Phänomenologie zusammen.[248]

Das Verhältnis von Phänomenologie und Neurologie scheint mir – über die vielen, schwer zu lösenden Fragen der Beziehung von Körper und Geist hinaus – vor allem in einer gegenseitigen Anregung und Befruchtung zu liegen. Man könnte sagen, dass die eine Disziplin in dieser Hinsicht das Trüffelschwein der jeweils anderen ist. Ein Trüffelschwein hat lediglich die Aufgabe, mit seiner feinen Nase die Bauern an eine Stelle im Wald zu führen, an der wahrscheinlich unter der Oberfläche Trüffeln wachsen. Das Trüffelschwein soll die Trüffeln aber selbst nicht ausgraben – es würde sie sofort fressen. Ausgegraben werden die Trüffeln von dem Bauern, der sie dann verkauft. Man könnte also sagen, dass die Funde der einen Wissenschaft mit den Mitteln der anderen Wissenschaft ausgewertet werden müssen, um eine für beide nützliche Zusammenarbeit zu erreichen.

Die Phänomenologie hat als Kooperationspartner der Neurophysiologie folgende Vorzüge: Sie ist keine dogmatisch festgelegte Position, sondern eine Methode. Sie will wissen, wie die Konstitution von Gegenständen verschiedener Art tatsächlich vor sich geht, und zwar ausgehend von der Innenperspektive des eigenen Erlebens und abzielend auf eidetische Strukturbeschreibungen. Die Phänomenologie hat also eine grundlegende Orientierung auf die Empirie, sie will wissen, wie die Operationen des Geistes wirklich vor sich gehen und lehnt deshalb erfahrungsferne Spekulationen ab. Die Phänomenologie hat sehr differenzierte Beschreibungsbegriffe, die einem fühlenden und handelnden Subjekt angepasst sind und jederzeit weiter verfeinert werden können.

Allerdings *beginnt* sie notwendigerweise als transzendentale Forschung. Dennoch vertritt sie meiner Meinung nach *im Ganzen* keine Positionen, die prinzipiell der Aufnahme physiologischer und allgemein naturwissenschaftlicher Ergebnisse entgegenstehen.[249] Aber das ist angesichts der zentralen Stellung der transzendentalen Reduktion in der Phänomenologie nicht von vornherein einsichtig. Man könnte nämlich einwenden, dass die Phänomenologie nicht nur eine deskriptiv-eidetische Forschung ist, sondern ganz zentral auch transzendentale Forschung sein und die Methode der transzendentalen Reduktion an ihren *Anfang* stellen muss. Husserls bekannte transzendentale Reduktion ist eine sinnvolle Maßnahme im Rahmen seines Projekts einer radikalen Aufklärung der Berechtigung aller unserer Erkenntnisansprüche. Sie wird zu einem Zeitpunkt als notwendig erkannt, an dem Husserl einsieht, dass sein Anspruch, die Leistungen des Bewusstseins aufzuklären, nicht in der eidetischen Beschreibung aufgeht, sondern dass er auch die Fragen der Transzendentalphilosophie kantischer Prägung behandelt: Die Frage nach dem Rechtsgrund unserer Erkenntnisansprüche (den Husserl, anders als Kant, allein in der Anschauung sieht) und nach den Bedingungen der Möglichkeit von Wahrnehmung und Erkenntnis. Insbesondere ist der rätselhafte Anspruch, die Welt sei *wirklich* da, sie existiere wirklich, für einen Ansatz, der ausschließlich beim subjektiven Erleben im Bewusstsein ansetzt, nicht einfach zu behandeln.

Aber Husserl will keine weitere Version des Skeptizismus bieten, er zweifelt also nicht ernsthaft, ob die Welt da ist, die Dinge uns affizieren usw. Heuristisch akzeptiert er diesen Erkenntnisanspruch des Alltags. Aber er sieht zugleich sehr deutlich, dass es notwendig ist, genau zu klären, welche Evidenzen es denn sind, die uns dazu bringen, diese Überzeugung für so unumstößlich zu halten, dass wir stets ausdrücklich oder unausdrücklich davon ausgehen. Er nennt diese Grundhaltung die *natürliche Einstellung*, und, wie schon gesagt: Sie soll nicht als falsch erwiesen werden. Es handelt sich also lediglich um eine Modifikation der akademischen Skepsis, und es soll nur gezeigt werden, worauf sich die Überzeugung der natürlichen Einstellung wirklich berufen kann. Es soll also herausgearbeitet werden, was in der Anschauung uns davon so überzeugt, dass wir niemals ernsthaft nach dem Recht unserer Überzeugung von der Existenz der Welt gefragt haben. Um diese begründenden Evidenzen aufzudecken, dürfen wir jedoch das, was es aufzuklären gilt, d.h. die Überzeugung von der Existenz der Welt, der Gültigkeit der Physik und der aller anderen Naturwissenschaften nicht voraussetzen (aber auch keine der anderen innerweltlichen Überzeugungen, wie z.B. dass es einen Gott gibt, der die Welt geschaffen hat usw.). Wir dürfen sie nicht verwenden, d.h. wir müssen diese Überzeugungen eine Zeit lang „einklammern", vorübergehend „außer Geltung setzen", um ihren problematischen Kern im Zentrum der Aufmerksamkeit halten zu können. Dies ist der geforderte Vollzug der *transzendentalen Reduktion*.[250]

Auf dem Boden der hiermit erreichten transzendentalen Erfahrung, die in erster Linie ein Erfahrungsfeld ist, in dem all das weiterhin vorkommt, was uns unsere Sinne geben, kann dann die Frage nach der anschaulichen Grundlage unserer Überzeugungen hinsichtlich der Welt sinnvoll und ohne Argumentationszirkel gestellt werden. Was das Recht der Setzung der *Wirklichkeit* begründen kann, sind insbesondere die Anschauungen, die in Anschauungen und Gegenstandskonstitutionen sedimentierten, vorprädikativen Kenntnisse, die sich in festen assoziativen Erwartungen ausprägen, und die prädikativen Urteile, die solche vorprädikativen Synthesen aktiv und willentlich neu und explizit vollziehen. Alle diese komplizierten Synthesen lassen sich in der Einstellung der transzendentalen Reduktion durchführen.

Die transzendentale Reduktion, die man eventuell als bleibendes Hindernis der Aufnahme naturwissenschaftlicher Ergebnisse ansehen könnte, ist eine ‚notwendige Methode des Anfangs', d.h. sie steht notwendig am Anfang der Begründung der Möglichkeit von Erkenntnis und Seinssetzungen. Wenn dieser Anfang erfolgreich geleistet ist, dann sieht man, dass die transzendentale Reduktion nicht notwendig auch eine ‚Methode des konkreten Fortgangs der deskriptiv-eidetischen phänomenologischen Untersuchungen' sein muss. Dies ist insbesondere dort einsichtig, wo sich die Aufnahme von Einsichten der Naturwissenschaften aufdrängt. Ich denke daher, dass es sich bei dem Versuch der Berücksichtigung neurologischer Ergebnisse um eine sinngemäße Erweiterung der Phänomenologie handelt (dasselbe gilt für die empirische Psychologie). Wir sollten nicht vergessen, dass Husserl ein Mann der Wissenschaft war. Was für einen Sinn würde er einer Phänomenologie abgewinnen können, die zwar die Möglichkeit der Naturwissenschaft begründet, sie dann aber für ihre ureigensten Forschungsinteressen nicht zu nutzen wüsste?

10. 3. Phänomenologische Interpretation der Aktivität der Spiegelneuronen als Phantasmata

Die Spiegelneuronen zwingen uns also zu einer erneuten und vertieften phänomenologischen Untersuchung der Art und Weise, in der wir „irgendwie" die leiblichen Bewegungen und Handlungen anderer Personen in uns „gleichsam" oder im Modus des Als-Ob mit-erleben und mit-empfinden. Dabei werden auch wichtige Charakteristika dieses nicht-sprachlichen Repräsentations-Systems deutlich, das uns erlaubt, das Seelenleben anderer Personen inhaltlich treffsicher vorzustellen.

Ich bin der Ansicht, dass man sich bei dem aktuellen Mit-Erleben nicht auf die Empfindungen bei der Bewegung unseres Leibes beschränken sollte, selbst wenn dies die bisherigen Ergebnisse der Spiegelneuronenforschung nahelegen könnten. Eine Handlung hat immer auch ein Handlungsziel, und sie ist von Kinästhesen, Empfindungen und Gefühlen begleitet. Die Unentbehrlichkeit der Sichtbarkeit eines Handlungszieles ist bei der Analyse der experimentellen Befunde an Spiegelneuronen bereits deutlich geworden.

Ich meine deshalb, dass bei neurologischen Experimenten, die die Spiegel-Eigenschaften von Teilen des Cortex untersuchen, auch die Dimensionen der Empfindung, des Wollens, des Gefühls und der Kinästhesen berücksichtigt werden müssen. Alle diese Bereiche sind bei einer normalen Handlung beteiligt. Deshalb werden sie sich sehr wahrscheinlich auch bei einer nur „verstandenen" oder „nachvollzogenen" Handlung eines Anderen finden lassen. Diese erste These kann man auch eine *Maximalitäts-These* nennen. Sie ist „maximal" bezüglich der Zahl der Erlebnisdimensionen, die wir bei anderen Personen miterleben können: Wir können *alle* Dimensionen des Erlebens anderer Personen miterleben. Diese These werde ich nun mit konkreten Beispielen belegen.

Es ist aber wichtig zu betonen, dass diese erste These in erster Linie heuristischen Charakter hat. Sie dient vor allem dazu, die erlebte Einheit einer Handlung auch beim Nachvollzug zu erhalten, und damit auch dazu, kein wirklich erlebtes Detail (und sei es auch eine schwache Gegebenheit in unserem Erleben) als „Nebensächlichkeit" abzutun. Wie bereits mehrfach belegt, will die typisierende Apperzeption eines Ereignisses dieses in allen prinzipiell für uns anschaulich gebbaren Dimensionen darstellen. Wenn sich diese heuristische These auch hier belegen lässt, dann ergibt sich wiederum eine Aufforderung an die neuorologische Forschung, das Netz der „spiegelnden Areale" auch hinsichtlich aller anderen beim normalen Erleben beteiligten Erlebnisdimensionen zu erforschen: Es muss Neuronen mit Spiegel-Eigenschaften in allen spezialisierten Regionen des Gehirns geben, die an Empfindungen, Gefühlen, Wollungen, Bewertungen und Handlungen beteiligt sind. Wie bereits erwähnt, ist diese Erweiterung der Untersuchungen in den letzten Jahren schon teilweise vorgenommen worden.

Beim Nachvollzug der Erlebnisse anderer Personen haben wir es immer mit einem abgeschwächten Erleben in uns zu tun. Ich werde später Beispiele dafür anführen, dass und wie wir die Empfindungen der Anderen *mit-empfinden* und ihre Gefühle *mit-fühlen* können. Aber es gibt auch treffende Beispiele dafür, dass wir die leiblichen Handlungen des Anderen *mit-handeln* und sogar dessen Wollen *mit-wollen* können, natürlich immer im phantasmatisch gefüllten Modus des Als-Ob. Der Modus des Als-Ob im Mit-Empfinden, Mit-Fühlen, Mit-Wollen und Mit-Handeln ist eine abgeschwächte Form des wirklichen Fühlens und wirklichen Handelns, denn wir handeln in der Tat ja nicht wirklich. Auch das Mit-Fühlen ist in charakteristischer Weise abgeschwächt, d.h. wir fühlen zwar etwas, wenn wir mit-fühlen, aber nicht so stark, als wenn wir selbst wirklich betroffen wären.

Ich erinnere an das am Anfang genannte Beispiel des Berichts darüber, dass sich jemand anders an einem Glas geschnitten hat. Der mit-empfundene Schmerz ist sehr spezifisch. Er ist irgendwie *in der Hand*, er ist nicht im Bein und nicht im Kopf. Der Schneideschmerz ist keine Trauer und auch keine Geschmacksempfindung usw. Natürlich ist es nicht der Schmerz der anderen Person, sondern eine Produktion der phantasmatischen Selbstaffektion, die auf meinen eigenen Erfahrungen mit Glasscherben beruht. Er ist eine Art verallgemeinerter Schneideschmerz in der Hand. Die von meinem Typus des Schneideschmerzes geleitete Produktion von Phantasmata bietet eine Empfindung, die gleichsam aus all den Ereignissen des Sich-Schneidens gemischt ist, die ich selbst erlebt habe. Aber es gibt auch differenziertere Empfindungen, und zwar weil ich die berichtende und betroffene Person leibhaftig vor mir habe, d.h. ich sehe ihre verbundene Hand, höre ihre Schilderung des Geschehens, die anschaulichen Gesten und die begleitende Mimik, welche zugleich von Anzeichen des jetzt aktuellem Schmerzempfindens und ihrer schmerzhaften Erinnerung an das Geschehen begleitet werden. Die ganze ablaufende Situation fungiert sozusagen als *Leitdimension* für mein Mitempfinden, das sich kurzfristig steigert oder spezifischer wird, wenn die Schilderung ins Detail geht. Außerdem ändert sich mein Mitempfinden, wenn ich die Stimme und die Gefühlsmitschwingungen in ihr höre, z.B. den Rhythmus des Atems und die Pausen, die der jetzt noch spürbare Schmerz verursacht usw.

Ich möchte daher eine dritte These bezüglich des eigenartigen Modus des Nachvollzugs der Erlebnisse anderer Personen formulieren, die im Kontext einer Untersuchung der phantasmatischen Bestandteile unserer Konstitution nahe liegt: Das Mit-Fühlen, Mit-Empfinden, Mit-Wollen und das partielle Mit-Handeln, das wir bei dem Anblick anderer Personen vollziehen, beruht auf Phantasmata des Fühlens, Empfindens, Wollens und Handelns, die wir in uns hervorbringen (*Phantasmata-These*).

Damit sind wir wieder auf eine zentrale Leistung der phantasmatischen Selbstaffektion im Bewusstseinsleben gestoßen: Die Empfindung des Sauren, wenn ich sehe, dass eine andere Person in eine Zitrone beißt, ist eine Vorstellung *seiner* Empfindung. Wir müssen also anerkennen, dass hierin und auf diese phantasmatisch belebte Weise in der eigenen Empfindung die Empfindungen des Anderen dargestellt werden. Ein Phantasma ist „so etwas wie" eine Empfindung, das heißt, es ist uns im Medium des Empfindens gegeben. Es ist aber dennoch nicht eine wirkliche Empfindung, weil die Phantasmata in Abwesenheit desjenigen stattfinden, was die entsprechende Empfindung normalerweise nach sich zieht. Da ich nicht selbst in die Zitrone gebissen habe, ist das Erlebnis im Modus des Phantasma auf eigentümliche Weise modifiziert, was sich z.B. darin zeigt, dass es meistens schwächer ist. Aber hier gibt es auch Ausnahmen, denn manche Personen halten eine Sache noch für eßbar, die bei anderen bereits starken Ekel hervorruft. Obwohl also Mit-Empfinden immer schon Empfinden ist, ist es meistens doch nicht so stark wie eigenes Empfinden. Die Phantasmata, die unser Mit-Erleben ermöglichen, stellen sich *weitgehend unwillkürlich* ein.

Allerdings stehen auch die mit-erlebenden Phantasmata in gewisser Hinsicht „unter der Regierung" der Interessen des wachen Ich. Sehe ich z.B. einen Cowboyfilm, in dem der üble Bösewicht am Ende von dem Held richtig verprügelt wird, dann fühle ich nicht auf dieselbe Weise mit dem *bad guy* mit. Im Gegenteil: Ich gönne ihm, dass er Schmerzen erleidet, weil ich dies für gerecht halte.[251] Andererseits kann ich aber auch mit einem intelligenten und erfolgreichen Bösewicht sympathisieren, der dafür aber immer Züge eines *gentlemen* aufweisen muss.[252] Ein vollkommen ungestörtes Mit-Erleben würde also voraussetzen, dass solche übergreifenden Interessen dabei nicht mit im Spiel sind.[253]

Betrachten wir einen anderen Fall: Wenn eine Person jemanden aus tiefster Seele hasst, dann können wir sein Hassgefühl und sein Wollen in günstigen Fällen zum Teil in uns verlebendigen, und zwar dann, wenn wir z.B. seinen Hass als gerecht empfinden oder wenn seine Motive sich zum Teil mit unseren decken (z.B. der Hass auf den Mörder eines Kindes). Aber wenn sich der Hass des Anderen gegen mich richtet, werde ich ihn nicht in der gleichen Weise mitfühlen können.

Ich nenne einige Vorteile der Phantasma-These: Sie macht verständlich, warum mein Mit-Fühlen mit dem Schmerz oder der Trauer anderer Personen nicht dieselbe Intensität erreicht wie meine eigenen Gefühle und Empfindungen. Mein Mit-Empfinden ist aber inhaltlich sehr spezifisch, d.h. wir erleben fast genau dieselbe Empfindung, wie die andere Person jetzt gerade erlebt. Die Pseudo-Empfindungen durch Phantasmata erscheinen mir außerdem sehr präzise lokalisiert. Die modifizierten Phantasmata stellen ihre Empfindung für mich dar, sie repräsentieren sie für mich.

Natürlich ist meineVermutung einer Empfindung bei der anderen Person meine intentionale Leistung, sie ist meine immer nur auf Indizien beruhende Vorstellung und daher für Irrtümer anfällig. Ich empfinde also genau genommen das, von dem ich glaube, dass es die andere Person jetzt erlebt. Die Phantasmata, die unsere Vorstellungen von den Gefühlen und Empfindungen Anderer inhaltlich füllen und zugleich sinnlich erfahrbar machen, sind Ausprägungen unserer Intentionalität, d.h. sie sind eine Teilleistung innerhalb der typisierenden Gegenstandskonstitution. Sie sind das Medium eines Repräsentations-Systems für die Empfindungen des Anderen. In ihnen legen wir einer z.B. nur gesehenen Person etwas ein, das vermeintlich ihre Empfindung ist. Mein Mit-Empfinden hat diesen intentionalen Sinn. Wenn unsere Überzeugungen und Interpretationen sich also in phantasmatischen Empfindungen ausprägen, dann handelt es sich gewissermassen um einen *Top-Down-Effekt*. In unserem Kontext bedeutet das: Es sind Empfindungen, die unsere inhaltlich genau bestimmten (aber irrtumsanfälligen) hochstufigen Vorstellungen über das Empfinden anderer Personen repräsentieren, d.h. für uns und in uns darstellen. Die Spiegelneuronen sind keine „physiologischen Detektoren" (wie unsere Sinnesorgane) für die Absichten und Empfindungen Anderer, denn dies würde unseren Zugang zu den Empfindungen Anderer als einen *Bottom-Up-Effekt* deuten. Die Phantasmata, die es uns erlauben, die Empfindungen Anderer zu *meinen* (intendieren) und zum Teil damit bereits zu empfinden, sind eine Ausprägung der Intentionalität, die vor allem der genauen inhaltlichen Vorstellung der Empfindungen und Absichten Anderer dient.

Wie spezifisch das Mit-Empfinden sein kann, erfahre ich z.B., wenn ich sehe, dass jemand Anderes in eine Zitrone beißt. Hier erlebe ich in meinem Mund eine Reaktion, die fast genau meinem Erlebnis entspricht, wenn ich selbst in die Zitrone beißen würde. Das, was wir auf diese Weise erleben, ist ein spezifisches Empfinden von saurem Geschmack. Es ist eindeutig in unserem Mund lokalisiert, und wir empfinden es wirklich im Sinnesfeld des Geschmacks. Dennoch schreiben wir es dem Sinn des Erlebnisses nach einer anderen Person zu: Es ist dieser Mensch dort, der dies empfindet. Durch unsere Wahrnehmung des anderen Menschen wird unser Mit-Empfinden erweckt, und wir erhalten eine phantasmatische Affektion, die genau die Empfindung des Anderen darstellt, so dass wir eine präzise Vorstellung von seinen Erlebnissen haben. Der besondere Modus dieser Vorstellung ist das phantasmatische Miterleben.

Es kommt bei der Mit-Empfindung aber auch darauf an, was ich für eine Person bin und welche Erfahrungen ich gemacht habe. Denken wir an die Sorge der Eltern um das Wohlergehen ihrer Kinder; diese Sorge können die Kinder überhaupt nicht nachempfinden, im Gegenteil; sie empfinden sie nur als lästiges Hindernis und fragen sich nur: Was soll mir schon passieren? Den Schmerz der Eltern über ein verstorbenes Kind können andere Eltern besser nachvollziehen als Jugendliche, die noch nicht die Liebe zu einem eigenen Kind erlebt haben. Die eigene Lebenssituation spielt ebenfalls in all diese Nachvollzüge mit hinein: Die Traurigkeit der enttäuschten Verliebten, die Einsamkeit der Alten, der verletzte Stolz trotziger Kinder usw. All das kann ich nur nachempfinden, wenn ich ähnliche Empfindungen schon gehabt habe.

Die Abhängigkeit der Mitempfindungen von der Person und ihrer Erfahrung betrifft auch meinen Leib. Mitempfindungen sind z.B. auch vom Geschlecht abhängig. So gibt es große Unterschiede hinsichtlich der sexuellen Lustempfindungen, und damit müssen die sexuellen Mitempfindungen bei Mann und Frau auch verschieden sein. In inhaltlich voll bestimmter Weise kann ich nur bei Personen gleichen Geschlechts mitempfinden, für das andere Geschlecht fehlen mir die Erfahrungen, die den Typus prägen.

Durch unsere Untersuchung der phantasmatisch mitempfundenen Gefühle klärt sich auch ein Teil der Faszination der Pornographie. Im Modus des Phantasma empfinden wir die sexuellen Wohltaten mit, die wir in pornographischen Darstellungen sehen. Das mitempfundene Vergnügen ist bereits selbst ein sexuelles Vergnügen, allerdings deutlich schwächer als das selbst erlebte. Da das Mitempfinden bei Männern und Frauen verschieden ist, werden jeweils verschiedene Darstellungen bevorzugt.

Ein weiterer Vorzug der Phantasmata-These ist, dass wir in der Vorstellung der Empfindungen, Gefühle, leiblichen Handlungen und Wollungen nicht unbedingt eine sprachliche Vorstellung verwenden müssen, wie z.B. das Wort „sauer". Letztlich ist diese Weise, sich auf Empfindungen zu beziehen, auch viel zu karg; die unbegrenzt vielen Variationen des Sauren können hierin überhaupt keinen Ausdruck finden. Natürlich kann sich auch ein solcher sprachlicher Einfall anschließen, aber die Versprachlichung ist nicht notwendig, um eine inhaltlich genau bestimmte Vorstellung von demjenigen zu haben, was in der anderen Person vor sich geht, wenn wir sie z.B. in eine Zitrone beißen sehen. Die Phantasmata sind selbst schon ein Modus der Intentionalität, sie bilden so ein nicht-sprachliches Repräsentations-System für die Vorstellungen anderer Personen. In unserem Phantasma haben wir bereits so etwas wie eine Empfindung, zumindest etwas, das der wirklichen Empfindung sehr ähnlich ist, und mit ihrer Hilfe *meinen* wir die Empfindung des Anderen.

Ein Vorteil der Sprachunabhängigkeit der Art und Weise, in der wir die Erlebnisse anderer Personen mit Hilfe von Phantasmata vorstellen, liegt darin, dass hiermit verständlich wird, dass auch die Mitglieder einer Gruppe von Primaten, Affen und anderer höher organisierter Lebewesen die Erlebnisse von anderen Mitgliedern ihrer sozialen Gruppe auf diese Weise vorstellen können. Wir brauchen keine Sprache, um uns die Motive und Empfindungen Anderer vorzustellen. Die Phantasmata-These ist nicht nur für Menschen haltbar, sondern für alle sozial lebenden Tiere. Diese Einsicht macht z.B. auch die eindrucksvollen sozialen Kenntnisse und Fähigkeiten von Primaten wesentlich leichter verständlich, denn das zentrale Rätsel des Vorstellungsmediums, d.h. des verwendeten *Systems von Repräsentationen*, mit denen die Primaten die Empfindungen und Absichten Anderer, sowie vorangegangene und eventuell folgende Ereignisse (und so auch soziale Regeln) vorstellen können, ist damit einer Lösung zugeführt, die nicht von der Sprache abhängt.

Aus phänomenologischer Sicht ist folgender Aspekt des Phantasma besonders bedeutsam: Wir *meinen* mit Hilfe von Phantasmata die Empfindung der anderen Person (die jetzt gerade stattfindet), und wir empfinden zugleich auch etwas, was diese Meinung erfüllen kann. In diesen Fällen haben Phantasmata also eine sinntragende und zugleich eine sinnerfüllende Funktion: Intention und Erfüllung werden zugleich durch dasselbe geleistet.[254]

Dies möchte ich in einer vierten These festhalten: Phantasmata, die die Empfindungen, Gefühle, Wollungen, leiblichen Handlungen und Kinästhesen anderer Personen mit-erleben (oder nach-erleben), tragen schon als Empfindungen einen bestimmten Sinn. Sie sind bereits spezifische Empfindungen-von. Dies nenne ich die *These vom Sinn-tragen-der-Phantasmata*. Wir haben diese These bisher nur an dem Beispiel der Zitrone analysiert, und ich werde daher den Beispielsbereich etwas erweitern.

Wir können mit Hilfe von Phantasmata Gegenstände oder ihre Eigenschaften sehr präzise vorstellen, und zwar unvergleichlich viel besser als mit dem nachlaufenden Mittel sprachlicher Beschreibung. So können wir uns z.B. das Rot der reifen Tomate vorstellen, und wenn uns jemand ein anderes Rot vorlegt, immer sagen, ob es dies ist oder nicht. Aber auf welche Weise können wir so genau meinen, wie das Rot ist, wenn wir es nicht einmal sprachlich beschreiben können? Die Lösung beruht auf den Phantasmata, die kurzfristig auftauchen, wenn wir einen Gegenstand typisierend apperzipieren. Wir können aber die genauen Inhalte auch in ihrer phantasmatischen Ausprägung bemerken, wenn wir sozusagen nur unseren Assoziationen freien Lauf lassen. Ein beliebtes Beispiel unter Psychologen ist z.B. der Satz „Denken Sie jetzt nicht an ein Krokodil", bei dem jedermann ein kurzfristiges Phantasma von einem Krokodil in den Sinn kommt. Beachten Sie einmal, was sie kurzfristig empfinden oder fast schon sehen, wenn wir Vorstellungen fassen wie: „Das Rot der reifen Tomaten", „Das Gelb von reifen Rapsfeldern", „Das Kreischen des Bohrers beim Zahnarzt", alle diese Vorstellungen rufen bei uns kurzfristige und schwache Phantasmata hervor, die aber dennoch genau das meinen, was der Ausdruck besagt. Hier muss man natürlich daran erinnern, dass die Typen nicht in dem Medium der Sprache sedimentiert sind, sondern in Form solcher kurzfristig lebendig zu machenden Phantasmata, die sich zudem noch an das jetzt gerade sinnlich Gegebene unauffällig anschmiegen können.[255]

Ein weiterer Vorteil der These vom Sinn-tragen-der-Phantasmata besteht darin, dass wir auch sublime, sprachferne Empfindungen und Gefühle, die wir sonst nur behelfsmäßig mit Worten wie z.B. zackig, grün-blau, verschwommen, unheimlich usw. beschreiben, dennoch genau vorstellen und identifizieren können. Auch die komplexen Mischungen von Empfindungen, wie z.B. ein fester, mutiger Handlungs-Vorsatz, gemischt mit gleichzeitiger Unsicherheit und Angst, können wir auf diese Weise genau vorstellen. Alle diese Vorstellungen lassen sich sprachlich nur umständlich beschreiben, und wir bleiben am Ende immer noch unsicher, ob wir das richtige Wort getroffen haben. In systematischer Hinsicht zeigt sich also ein weiterer großer Vorteil der Phantasmata-These: Mit Hilfe der Phantasmata können wir alles intendieren, was wir empfinden können.

Phantasmata unterscheiden sich meistens deutlich von bloßen Empfindungen, obwohl wir beide Arten von Vorstellungen sinnlich empfinden. Wir nehmen an, dass hyletische Empfindungen irgendwie von den Dingen außer uns erzeugt werden. Solche Empfindungen, die *von außen* kommen, tragen als solche noch keinen Sinn. Das sieht man besonders gut in den Fällen, in denen man dieselbe Empfindung auf verschiedene Weise gegenständlich deuten kann. Husserl hat dies als Auffassungswechsel beschrieben, z.B. erscheint uns die bewegte Puppe im Spiegelkabinett einmal als Mensch und dann als mechanisch bewegte Puppe.[256] Empfindungen müssen erst von uns interpretiert und als Gegenstände gedeutet werden. Phantasmata sind dagegen bereits Intentionen in Form von durch unseren Geist produzierten Quasi-Empfindungen, die uns zuweilen sehr lebendig erscheinen. Phantasmata haben so von Anfang an einen sehr präzisen Sinn, denn sie sind entsprechend einer intentionalen Vorstellung gebildet.

Eine Folge der These bezüglich der Sinnhaftigkeit der Phantasmata ist, dass für uns Menschen die Sprache nicht der primäre Modus der Vorstellung von Empfindungen, Gefühlen und Handlungsabsichten anderer Personen ist. In sekundärer Weise, d.h. im kommunikativen Darüber-Reden, ist die Sprache natürlich ein geeignetes Medium, um meine Vorstellungen von dem Erleben anderer Menschen wieder anderen Personen mitzuteilen.

Die mit-erlebenden Phantasmata sind auf der Grundlage unserer individuellen Erfahrung gebildet, und sie hängen daher auch von dieser Erfahrung ab.

Um bei dem Beispiel der Zitrone zu bleiben: Eine Person, z.B. ein Kind, das noch nicht den sauren Geschmack der Zitrone kennt, wird nicht die Art des Mit-Empfindens haben, die wir haben können.

10.4. Mit-Handeln und Mit-Wollen

Ich werde nun vor dem Hintergrund der vier vorgestellten Thesen einige Beispiele des Mit-Erlebens von leiblichem Handeln anderer Personen untersuchen. Mein besonderes Interesse ist dabei, zu zeigen, dass und wie wir das leibliche Handeln anderer Personen in der Tat in unseren eigenen Empfindungen miterleben können. Darüber hinaus scheint mir hier eine Verbindung zwischen diesem *Mit-Handeln* und einem *Mit-Wollen* vorzuliegen, die es näher zu untersuchen gilt.

Auch das *Mit-Handeln* bei der Beobachtung leiblicher Bewegungen ist kein wirkliches Handeln. Normalerweise bewegen wir unseren eigenen Leib nicht, wenn wir den Bewegungen Anderer zusehen.[257] Besonders das *Mit-Wollen* scheint ein Problem zu sein: Können wir wirklich behaupten, dass wir das Wollen einer anderen Person mit-wollen? Vor allem: Können wir dies behaupten, ohne dass wir in der Folge auch wirklich Mit-Handeln? Wir müssen also untersuchen, was wir empfinden, wenn wir ein Handeln und Wollen mit-vollziehen. Ist es die bloße Empfindung der leiblichen Bewegung oder auch die der körperlichen Anstrengung, die sich mit den zugehörigen Kinästhesen darstellt, oder geht der Mit-Vollzug weiter? Insbesondere interessiert uns natürlich, ob der Mit-Vollzug des Handelns auch das Wollen umfasst, und wenn dies möglich ist, auf welche Weise. Können wir dieses Mit-Wollen phänomenologisch nachweisen?

Ich möchte nicht den Eindruck erwecken, als ob es mir wirklich gelingen wird, alle diese Fragen sicher und umfassend zu beantworten. Dennoch will ich einige Argumente für die Möglichkeit des Mit-Wollens geben. Die erste Schwierigkeit scheint zu sein, dass ich die Hypothese aufstellen muss, dass es ein Mit-Wollen gibt, das aber nicht in einem wirklichen Handeln resultiert. Dies läuft darauf hinaus, dass es in unserem Erleben Formen des Wollens gibt, die uns nicht wirklich zum Handeln bewegen, die aber dennoch schon als ein auf eine Handlung abzielendes Erlebnis – also als ein Wollen – von uns erfahren werden. Ich will mich zum Beleg dieser Möglichkeit auf folgendes Phänomen beziehen: Gelegentlich gibt es im Rahmen des Mit-Erlebens durchaus „angedeutete Handlungen“, die aber nicht zu ausgeführten Handlungen werden.

Hierzu ein Beispiel: Jeder kennt die Filmszene, in der Buster Keaton am Zeiger der Uhr des Big Ben hängt und sich verzweifelt an diesem festklammert. Man kann natürlich auch auf ähnliche Szenen hinweisen, der Cliffhanger ist ein beliebtes Motiv des Actionfilms. Sollten Sie den Film mit Buster Keaton nicht kennen, denken Sie an Sylvester Stallone. Was wir bei uns, aber auch bei anderen Zuschauern, beim Zusehen bemerken, ist die bemerkbare Neigung, mit unseren eigenen Händen zuzugreifen. Diese zucken manchmal so, als wollten sie gleich zugreifen. Wir erleben seine Angst mit und bemerken das Schwitzen unserer Hände. Wir erleben also in den mit-erlebten leiblichen Handlungen das verzweifelte Festhalten-Wollen des Anderen im phantasmatischen Mitvollzug mit. Das Mit-Festhalten (als Phantasma einer leiblichen Handlung) und das Mit-Festhalten-Wollen stellt sich zugleich in dem Phantasma des Festhaltens dar, das ich produziere, obwohl ich bequem im Kino sitze. Das Beispiel des Spielfilms zeigt uns aber wieder deutlich, dass die Leistung des Mit-Empfindens, Mit-Handelns und Mit-Wollens irrtumsanfällig ist, denn jeder gute Schauspieler kann es in uns erwecken, ohne dass er selbst wirklich Angst hat. Das Mit-erleben ist intentional, d.h. es ist eine Deutung der Empfindungen des Anderen, die wir mittels eigener selbst empfundener Phantasmata intendieren und zugleich verlebendigen.

Eine weitere charakteristische Situation, in der man diese merkwürdigen, im Mit-Erleben motivierten ‚Handlungsansätze' beobachten kann, ist eine sehr bekannte Filmszene aus dem Film *Jurassic Park*, in der der Hauptdarsteller verletzt auf der Ladefläche eines Jeeps liegt und dieser Jeep von einem riesigen Tyrannosaurus Rex verfolgt wird. Dieser Saurier versucht während einer längeren Verfolgungsjagd immer wieder, nach den Beinen des Hauptdarstellers zu schnappen. Diese Szene ist natürlich auf der Leinwand besonders spannend anzusehen – doch vielleicht ist es noch spannender zu beobachten, was die Zuschauer während dieser Szene tun: Jedesmal, wenn der Saurier nach den Beinen des Schauspielers schnappt, ziehen sie im gleichen Rhythmus ihre eigenen Beine zurück. Das heißt, die Zuschauer verhalten sich so, als ob die Bedrohung ihren eigenen Beinen gelten würde, und „beginnen damit" sinngemäß zu wollen und zu handeln, ohne aber wirklich zu handeln und aus dem Kino zu rennen. Ich interpretiere dies als Mit-Handlung und Mit-Wollen, ohne wirklich zu handeln, denn keiner der Zuschauer rennt aus dem Kino hinaus.

Natürlich könnte man an dieser Stelle von bloß psychologischen Effekten oder einer rätselhaften Identifikation mit dieser Person sprechen. Doch was hier vor sich geht, hat einen guten Sinn; einen Sinn, dem wir in einer Beschreibung auf die Spur kommen können: Wir erleben die Angst und das Sich-selbst-schützen-Wollen (Fliehen-Wollen) der gefährdeten Person so intensiv mit, dass die Grenze zwischen dem bloßen intentionalen Handlungs-Ansatz und der wirklichen, leibbewegenden Handlung fast überschritten wird. Das bedeutet auch, dass aus dem bloßen Mit-Erleben des Wollens ein niedrigstufiges Mit-Wollen geworden ist, das von uns erlebt wird. Allerdings ist auch dieser Modus des Mit-Wollens nicht so stark, dass er uns zu wirklichem Handeln bewegen würde. Im Kino sitzend, wissen wir natürlich, dass wir nicht wegzulaufen brauchen, um der Gefahr durch den Saurier zu entgehen, aber diese hochstufige ichliche Gewissheit hält unser Mit-Erleben nicht auf: Unsere Beine scheinen nicht zu wissen, dass sie nicht wirklich in Gefahr sind.

Wir bemerken auf diese Weise, dass wir in unserem scheinbar so einsamen Bewusstsein nicht wirklich allein sind. Die ‚Stimmen' der Anderen, d.h. ihre Gefühle, Empfindungen und Wollungen, sind wirklich da, und wir empfinden sie, und zwar fast so wie die eigenen Empfindungen, aber sie sind schwächer als unsere selbst empfundenen eigenen. Meiner Meinung nach wäre es ein entscheidender Fortschritt in der phänomenologischen Analyse des Zugangs zu anderen Personen, wenn es uns gelingt, diese besonderen Formen der phantasmatischen Mit-Empfindung und des Mit-Wollens genauer zu untersuchen.

Ich hoffe, durch diese Beispielanalysen die Fähigkeit (nicht nur) des menschlichen Geistes gezeigt zu haben, in allen Fällen des Erlebens anderer Personen jeweils das Ganze dieses Erlebens im Modus der Phantasmata nachzubilden. Auch glaube ich, dass durch meine Andeutungen der Modus des Nachvollzugs der Erlebnisse anderer Personen in und mit diesen Phantasmata klar geworden ist, und zwar von der Empfindung und Überzeugung bis hin zu dem Mit-Handeln und Mit-Wollen. Die phantasmatische Nachproduktion stellt für uns diese Gegenstände des Denkens dar, sie bildet ein nicht-sprachliches Repräsentations-System für diese Gegenstände.

Wir sehen auf diese Weise auch, dass es nicht nur, und auch nicht in erster Linie, das Gesicht des Anderen ist, das uns einen Zugang zu seinem Inneren gibt. Wir erleben nicht in erster Linie das Erlebnis unüberbrückbarer Andersheit und einer unbedingten Forderung nach Unversehrtheit (wie bei Levinas). Es ist auch nicht in erster Linie der Blick des Anderen, der uns unseren Raum und unsere Möglichkeiten streitig machen will (wie bei Sartre). Im phantasmatischen Mitvollzug der Empfindungen, Überzeugungen, leiblichen Bewegungen und zugehöriger Wollungen des Anderen liegt viel eher das Erlebnis einer unvermeidlichen Nähe und einer kognitiv unvermittelten leiblichen Gleichheit, die gleichsam von sich aus zu einer erlebten Identität hintendiert.

11. Gefühle als Selbstaffektion und Darstellungsmedium

In diesem Kapitel werde ich das Thema der nicht-sprachlichen, phantasmatischen Repräsentations-Systeme, die in unserem Bewusstsein zusammenarbeiten und höherstufige Gegenstände des Denkens darstellen, weiter verfolgen. Jetzt soll untersucht werden, ob sich die Gefühle als phantasmatische Selbstaffektion verstehen lassen und welche Gegenstände sie uns darstellen können.

11.1. Sind Gefühle Selbstaffektion? Vier Grundtypen von Gefühlen

Ich möchte keinesfalls den Eindruck erwecken, als ob ich ein Experte für Gefühle sei, und die folgenden Darstellungen können und wollen auch nicht den Anspruch erheben, eine angemessene Phänomenologie der Gefühle zu bieten. Was in diesem Kapitel geleistet werden soll, ist lediglich der Versuch, Gefühle als einen Fall von phantasmatischer Selbstaffektion zu begreifen und sie, wie dies auch in den bisherigen Kapiteln geschehen ist, einerseits in das zentrale Geschehen der typisierenden Apperzeption einzufügen und sie andererseits als ein Repräsentations-System zu charakterisieren. Wir haben in dem vorangegangenen Kapitel, das sich mit dem Zugang zum Anderen beschäftigte, schon einige Analysen zu der Art und Weise durchgeführt, wie die Gefühle Anderer für uns gegeben sind.

Obwohl sie begrifflich schwer zu fassen sind, gibt es doch einige Versuche zu einer Philosophie der Gefühle.[258] Viele Ansätze unterscheiden Empfindungen, Emotionen und Stimmungen vor allem im Hinblick darauf, dass Emotionen einen bestimmten Gegenstand haben, denn ich kann angeben, worauf sich meine Furcht, Wut oder Scham richtet. Dieses Element scheint Stimmungen weitgehend zu fehlen und Empfindungen, wie z.B. Schmerz, müssen erst durch intentionale Auffassung auf einen Gegenstand bezogen werden, bevor wir sagen können, ob es Zahn-, Kopf- oder Ohrenschmerzen sind. Aber diese begriffliche Trennung hat mehrere unscharfe Übergänge: Körperliche Lust- und Schmerzempfindung treten bereits mit Emotionen gemischt auf, scheinbar gegenstandslose Stimmungen sind mit Emotionen und körperlichen Empfindungen vermischt. Ich werde daher nicht versuchen, die schwierige begriffliche Scheidung vorzunehmen, sondern davon ausgehen, dass Gefühle für uns in erster Linie durch ihre eigentümliche Erlebensqualität gegeben, als solche erkennbar und weitgehend auch unterscheidbar sind. Gefühle weisen aber neben der eigentümlichen Erlebnisqualität immer auch motivationale und kognitive Aspekte auf.

Gefühle sind in einer wichtigen Hinsicht den Empfindungen ähnlich: Wir sind ihnen meistens passiv ausgeliefert, sie überfallen uns gleichsam. Sie werden von uns quasi-empfunden, und sie stellen oft zugleich für uns Aspekte unseres Leibes dar (dies tun auch die Sinnesempfindungen). Dennoch gibt es für Gefühle keine äußere Quelle, die irgend ein Sinnesorgan „reizt". Formal ist die begriffliche Bestimmung der Selbstaffektion also erfüllt. Man kann jedoch einwenden, dass es bei Gefühlen nicht, wie bei den bisher untersuchten Fällen von Selbstaffektion, auch eine normal fungierende, originale Empfindung desselben gibt. Man könnte diesen Einwand auch folgendermaßen formulieren: Es ist zu vermuten, dass es für das normale Gefühl nicht den Gegensatz von wirklich erlebter *Original-Empfindung* und *Kopie* mit Hilfe der Selbstaffektion gibt. Das Gefühl scheint immer nur eine selbsterzeugte Empfindung, d.h. Selbstaffektion zu sein.

Gefühle sind der formalen Definition nach also ebenfalls Selbstaffektion. Wenn man Selbstaffektion definiert als „Empfindung, die eintritt, ohne dass das entsprechende Sinnesorgan gereizt worden ist", würde man die Selbstaffektion auf die Reproduktion von äußerer Sinnlichkeit einschränken. Verlangt man von der Selbstaffektion jedoch, dass es sich um die Kopie einer originalen Sinnesempfindung handelt, dann fallen die Gefühle nicht unter diesen Begriff, da die Gefühle selbst sozusagen das Urbild sind. Sie entsprechen nicht einer vorangegangenen Empfindung, sondern beginnen selbst eine neue Reihe von Urbild und Kopie. Nur wenn man Selbstaffektion als eine vom menschlichen Geist produzierte Empfindung oder Quasi-Empfindung definiert, also unabhängig von der Frage der Sinnesorgane, dann gehören die Gefühle zur Selbstaffektion, ebenso wie die selbstproduzierten phantasmatischen Kopien der Sinnesempfindungen. Zudem gehören viele Gefühle schon zu den starken selbstproduzierten Empfindungen, die mit der lebhaften, wachen Sinnlichkeit ungestört zusammen bestehen können.

Das Eintreten von Gefühlen scheint auch nicht in allen Fällen von einem bestimmten Sachverhalt oder dem realen Zustand der Welt abzuhängen. So gibt es peinliche Situationen, die uns das heiße Gefühl der Scham erleben lassen, wenn wir von Anderen dabei angetroffen werden. Aber dasselbe Gefühl kann sich einstellen, wenn ich faktisch nicht ertappt werde, d.h. wenn der Andere mich z.B. zufällig nicht sieht. Aber das Gefühl der Peinlichkeit kann in solchen Situationen genauso stark sein, als ob die peinliche Situation wirklich eingetreten wäre. Auch die Erinnerung an eine peinliche Situation kann das Gefühl der Peinlichkeit wieder in der gleichen Lebendigkeit erwecken wie die ursprüngliche Situation.

Es gibt also auch beim Gefühl den Unterschied zwischen Originalempfindung und Kopie. Es gibt einerseits ein Gefühl, das eine (statistisch und aufgrund eigener Erfahrung) ‚normale' Reaktion auf eine Situation ist (z.B. peinliche Scham oder Wut), d.h. eine Originalempfindung. Und es gibt andererseits die Kopie dieses Gefühls durch eine phantasmatische Selbstaffektion, wenn wir uns z.B. in Gedanken an die Stelle eines Ertappten setzen. So gibt es peinliche Situationen, die von uns als peinlich erlebt werden, auch wenn sie jemand anderem zustoßen (z.B. der Schauspieler, der in eine peinliche Situation nach der anderen gerät).

Wenn bei Gefühlen sowohl das Originalerlebnis als auch das Sekundärerlebnis (die „Kopie“) Selbstaffektion sind, dann scheint dies vor dem Hintergrund der bisherigen Analysen problematisch zu sein: Wie können wir etwas als phantasmatische Selbstaffektion verstehen, wenn wir es überhaupt *nur* als selbstproduzierte Empfindung haben können? Aber dies erscheint uns nur deshalb merkwürdig, weil wir uns in den bisherigen Untersuchungen auf die Fälle der Selbstaffektion beschränkt haben, die sinnliche Empfindungen nachproduzieren. Die selbstgemachte Kopie der Empfindung, die wir empfinden, wenn im Film ein Schauspieler in eine peinliche Situation gerät und wir mit ihm fühlen, ist in dieser Hinsicht, nämlich, dass sie *selbst gemacht* ist, nicht vom Original unterschieden: Auch im Original der selbst erlebten Peinlichkeit ist das Gefühl eine selbstgemachte Empfindung. Dennoch ist es wichtig, die Unterscheidung von Originalempfindung und Kopie auch hier aufrecht zu erhalten.

Es bietet sich an, zunächst eine grobe Einteilung der Gefühle in fünf Arten vorzunehmen. Es gibt die *naturalen Gefühle* (1), zu denen Furcht vor dem Tod, Verletzung und Schmerz, aber auch Ekel gehört, sowie die Lust an der Jagd und die Freude am Erfolg. Ich nenne sie naturale Gefühle, weil wir sie auch haben können, wenn wir ganz allein sind, d.h. weil in ihnen nicht andere Personen mitvorgestellt werden.

Soziale Gefühle (2) hingegen sind an die reale oder vorgestellte Anwesenheit anderer Personen und die Vorstellung eines Geflechts von Beziehungen zwischen diesen gebunden. So gehört das Gefühl der Einsamkeit auch zu den sozialen Gefühlen, denn es setzt den Gedanken an die Abwesenheit von sozialen Bezugspersonen voraus, die sozusagen ihr wesentliches Motiv bildet. Die Scham, die Peinlichkeit, das Gefühl der erhaltenen oder verletzten Ehre bzw. Würde, das Gefühl, etwas tun oder lassen zu sollen, weisen auf einen starken motivationalen Aspekt in diesen Emotionen hin. All diese Gefühle sind abhängig von der realen oder mitgedachten Anwesenheit anderer Personen.

Es ist schwer zu sagen, ob körperlicher *Schmerz* und *Lust* (3) wirklich Gefühle sind, denn meistens können wir sehr gut angeben, von welchem realen Ereignis sie verursacht worden sind. Ebensowenig sind sie aber auch bloße Empfindungen. Zudem sind die vielfältigen Übergangsformen zwischen Gefühl und Empfindung schwer einzuordnen, Trieblust, Erlebnislust, Wohlgefallen bis hin zur eher geistigen Freude.[259]

Was sich begrifflich scheinbar gut trennen lässt, kommt im alltäglichen Leben jedoch meistens in schwer entwirrbaren Mischformen und komplexen Überlagerungen von Schmerz und Lust mit naturalen und sozialen Gefühlen vor. Nehmen wir folgendes Beispiel: Jemand fasst uns sehr fest am Arm, und zwar so fest, dass es weh tut. Offenbar hängt es nun sehr von der Situation ab, wie ich diese Empfindung interpretiere und bewerte. In der Straßenbahn, in der eine mir unbekannte ältere Dame zu stürzen droht und sich an meinem Arm festhält, bemerken wir den Schmerz, tolerieren ihn aber. Es gibt ein implizites Gebot, das uns dazu verpflichtet, kleinere Nachteile in Kauf zu nehmen, wenn man andere Gruppenmitgliedern damit vor einem Schaden bewahren kann. Packt uns dagegen ein betrunkener, ungepflegter Kerl am Arm, dann werden wir ärgerlich (wenn er kräftiger ist als wir, vielleicht auch ängstlich) und empfinden den Griff als unangenehm. Handelt es sich dagegen um einen lieben, aber lange nicht gesehenen Freund, dann freuen wir uns, ihn zu sehen. Dabei kann der harte Griff nicht fest genug sein, denn er drückt zugleich die Freude des Anderen aus, mich zu sehen. Der Schmerz wird von der Freude vollkommen überlagert.

Hinzu kommt dann noch die große Gruppe der *Mit-Empfindungen* (4) von Gefühlen, die wir bei anderen Personen erleben – vor allem in deren Ausdruck, Gestik und Mimik – und die wir dann in selbstproduzierten Phantasmata mit Hilfe der Selbstaffektion mit-erleben. Bei diesem Mit-Leiden oder Mit-Freuen kann es sich sowohl um naturale Gefühle oder soziale Gefühle als auch um Schmerz und Lust handeln.

Gefühle sind also meistens Reaktionen auf das Eintreten von Ereignissen und Situationen. Sie motivieren dabei Handlungen, die wir ausführen möchten (z.B. fliehen, schimpfen usw.), die wir manchmal auch ausführen können, sie aber dennoch faktisch oft nicht ausführen, weil wir auf andere Handlungsmotive Rücksicht nehmen. So muss ich oft auch dann bleiben, obwohl ich gelangweilt bin oder Angst habe und weglaufen möchte. Die gefühlten Handlungsmotive sind nicht durchweg rational und für uns völlig durchsichtig, zudem sind sie immer graduell gegeben. Manchmal zeigen sich in Gefühlen auch Motive, die ich rational nicht einordnen kann, die ich auch nicht argumentativ vertreten könnte, weil sie mir nur im Medium des Gefühls bekannt werden. Das Gefühl ist daher oft der Kampfplatz widerstrebender Motive, für die ich in rationaler Überlegung keine Auflösung finden kann. Das Gefühl verrechnet sozusagen auf nicht-rationale Weise verschiedene Motive, deren Gewichtung rational überhaupt nicht möglich wäre. So spielen in Entscheidungen die Moralvorstellungen der Gemeinschaft, aber auch meine persönlichen Leidenschaften, die relative Wahrscheinlichkeit von Komplikationen, Risiken, Nutzen und Gefahren hinein, und natürlich ist auch die relative Nähe oder Ferne zu betroffenen Personen (z.B. nahe Verwandte) mitbestimmend.

Gefühle bieten damit ein *nicht-rationales Maß für den Grad unserer Bereitschaft, auf bestimmte Weise zu handeln.* Sie repräsentieren die Lebensbedeutsamkeit einer Handlung oder eines Ereignisses. Zudem sind sie ein Maß, das sich in der alltäglichen Mischung und dem Widerstreit zwischen Gefühlen dennoch durchaus *vergleichen* lässt, und zwar auch dann, wenn die Strebungen aus ganz verschiedenen Dimensionen stammen (Egoismus, Nutzen für nahe Verwandte, gemeinschaftsorientierte Moralvorstellungen usw.). Der Vergleich und die Verrechnung findet dabei nur im Gefühl statt.

Hierin liegt eine entscheidende Ergänzung des szenischen Vorstellens, das in Kapitel 9 von uns als vorsprachlicher Modus des Denkens herausgearbeitet worden ist (und als neben der Sprache immer noch fungierendes Repräsentations-System). Das Gefühl kann dabei diejenigen Elemente des Denkens darstellen, die mit den Mitteln des szenischen Arrangements allein nicht vollständig darstellbar sind: Ob ein Ereignis angenehm oder unangenehm, erwünscht oder befürchtet ist usw. Dasselbe trifft auf unser Wissen um die Wahrscheinlichkeit von Ereignissen zu, das auf vorangegangenen Erfahrungen beruht und sich in einer auch gefühlten und immer graduellen Sicherheit hinsichtlich des Eintritts dieses Ereignisses darstellt.

Betrachtet man die Funktion des Gefühls aus der Sicht der Evolutionstheorie, dann zeigt sich auch ihre Unentbehrlichkeit für die Organisation des Gruppenlebens. Die meisten der in komplexen sozialen Gemeinschaften lebenden Tiere haben nur beschränkte Möglichkeiten zur Kommunikation, und deshalb können wir annehmen, dass die kommunikativen Mittel (z.B. der Gestik, Mimik, Interaktion und Sprache) meistens nicht zu einer Repräsentation der Gruppenregeln gebraucht werden können. Soziale Gefühle sind daher ein entscheidendes Lenkungsinstrument für gruppenlebende Tiere, die auf diese Weise ein Repräsentationsmittel besitzen, dass eine – wie wir gelegentlich sagen – *Verinnerlichung* der sozialen Regeln erlaubt. Diese Bemerkung betrifft im besonderen Maße den Menschen, denn er besitzt die gesprochene Sprache als kommunikatives Instrument erst seit ca. 120.000-150.000 Jahren. Andererseits gibt es gute Argumente dafür, dass es gruppenspezifische Regeln sozialen Lebens schon seit den Anfängen der Menschwerdung gibt, wahrscheinlich aber auch schon bei Primaten und bei anderen gruppenlebenden Tieren. Die einfache und sprachunabhängige Verrechnungsmethode der Motive und ihres jeweiligen Gewichts mit Hilfe der Gefühle ist daher – zumindest zum größten Teil – *die* Methode der Entscheidungsfindung bei uns Menschen geblieben.

Eine fünfte Gruppe gefühlsverbundener Phänomene bilden die *Stimmungen*, d.h. die durchgehaltenen Gefühle, die uns eine gewisse Zeitlang begleiten oder sogar zu einer festen Gefühlshaltung werden können. So sind Lust und Unlust einerseits ursprüngliche Empfindungen, andererseits gibt es aber auch hier die Fähigkeit zur Selbstaffektion, und diese Ausprägung kann kurzfristig oder längerwährend sein. Jeder von uns kennt das Gefühl der Vorfreude auf ein Ereignis, z.B. auf das Wiedersehen eines geliebten Menschen. Es ist so, als ob diese Freude sich über alle Ereignisse ausbreiten würde, ein rosa Schleier hängt sozusagen ständig vor unseren Augen. Auch Vorfreude ist eine Freude, sie wird als freudig empfunden. Andererseits gehört sie in den Bereich der eher 'flächig', sozusagen gleichverteilten Gefühle, die eine gewisse Zeitlang unser Leben begleiten können. Wenn wir etwa den Anlass der Vorfreude, d.h. ihren Gegenstand, zeitweise vergessen, kann man diese Form durchgehaltener Selbstaffektion auch zutreffend als freudige Stimmung bezeichnen. Auch persönliches Leid kann sich als niedergedrückte Stimmung auf alle Lebensvollzüge auswirken.

Vorfreude und Nachfreude, Vorleid und Nachleid lassen sich meistens einem erwarteten oder bereits geschehenen Ereignis zuschreiben. Allerdings können sie auch, wenn wir ihren Anlass vergessen haben oder sie keinen Anlass haben, als positive oder negative gegenstandslose Stimmung auftreten: Niedergeschlagenheit, melancholische und depressive Stimmung schmerzen, ohne dass ihnen ein eigener Gegenstand oder ein Ereignis entspricht, das diesen Schmerz verursacht hat oder zu verursachen droht. Natürlich gibt es die Möglichkeit, sich ein Ereignis oder eine tätige Absicht, Leid zu verursachen, zu dieser Stimmung hinzuzudenken: Dass z.B. das Schicksal gegen mich ist, dass unpersönliche Mächte, die Gesellschaft oder die Götter, sich gegen mich oder gegen das glückliche Leben im Ganzen verschworen haben usw. Jede solche Überzeugung hinsichtlich der Chancen glücklichen Lebens kann mich niedergeschlagen machen. In dieser Hinsicht kann man sagen, dass Stimmungen nicht bloße Empfindungen des Subjekts sind, sondern dass sie, wenn man sie gleichsam in Einsichten übersetzt, eine bestimmte Sicht der Welt im Ganzen verkörpern.[260] Die tieftraurige Melancholie lässt sich in die vermeintliche Einsicht in die Unmöglichkeit eines gelingenden Lebens im Ganzen übertragen. Der Optimismus, insbesondere in seiner universalisierenden, gleichsam überschießenden Form, ist dann die Einsicht, dass die Welt ein Ort glücklichen Lebens ist, wo es nur kleinere Probleme geben kann.

Die Stimmung, in der wir uns gerade oder auch dauerhaft befinden, strahlt auf alle unsere Weltbezüge aus. So wird eine Handlung, die für einen eher optimistischen Menschen eine begrüßenswerte und chancenreiche Initiative darstellt, für eine niedergeschlagene Person eher sinnloser Aktivismus sein. Die so gefasste Stimmung ist also eine Art *Generalthesis*, durch die die Bewertung jedes einzelnen Gegenstandes und jeder einzelnen Handlung eine gefühlsmäßig vermittelte, gleichartige Bewertung erhält. Dies trifft ebenso auf den Optimismus zu.

11.2. Soziale Gefühle – Die relative Autonomie des Subjekts

Man könnte schon im Hinblick auf unsere Fähigkeiten zur Mit-Empfindung mit Anderen vermuten, dass unser Gefühl nur eine relative Autonomie besitzt, denn es spiegelt uns immer auch die Empfindungen und Gefühle anderer Personen. Darüberhinaus können wir in den bereits genannten sozialen Gefühlen auch Lob und Tadel der Gemeinschaft in dem Medium des Gefühls empfinden. Wenn wir also daran festhalten, dass diese sozialen Gefühle wirklich *unsere* Gefühle sind, dann muss man dennoch auf ihren objektiven Sinn hinweisen. Wenn man das Modell der Sprache verwendet, „reden" sie uns gegenüber in der 3. Person, indem sie uns im Medium des Gefühls tadeln oder loben, Handlungen fordern oder verbieten. Daher müssen wir von der alltagspsychologischen Vorstellung der Autonomie des Gefühls-Subjekts abrücken. Es „gibt" also auf rätselhafte Weise so etwas wie die *Instanz der Gemeinschaft* „in uns", d.h. in dem, wozu wir „ich" sagen. Diese Instanz tritt sozusagen als Funktionär der Gemeinschaft in mir auf, und meldet sich in unseren sozialen Gefühlen zu Wort. Wir könnten hierfür einen Verlegenheitsausdruck wählen und sie *verinnerlichte* Regeln nennen, dies trifft die Sachlage insofern, als wir in der Tat die Regeln unserer Gemeinschaft meistens als allgemeingültige Regeln akzeptieren und auch entsprechend fühlen. Es gibt sozusagen im Ich eine Fraktion, die man besser „Gemeinschafts-Ich" nennen würde und daneben noch eine weitere Fraktion, die ein lustbezogenens subjektives „Wunsch-Ich" ausprägt, das auch den gemeinschaftlich akzeptierten Regeln entgegenzutreten wünscht, und manchmal finden sich in „unseren" Gefühlen auch noch Mit-Gefühle mit anderen Personen. Die Freudsche Dreiteilung Ich, Es, Über-Ich, die man hierin unschwer wiedererkennt, müsste also durch wechselnde Anteile von dritten Personen ergänzt werden. Jedenfalls wird es unter Berücksichtigung der unterscheidbaren Fraktionen in unserem Gefühlsleben schwer sein, von einer monolithischen Struktur des Ich auszugehen. Wir müssen demnach die Vielfalt der Stimmen in unserem Gefühl zunächst so nehmen, wie sie sich gibt.

Im letzten Kapitel haben wir gesehen, dass die anderen Einzelpersonen ebenfalls „in mir" leben, sie kommen in meinem Mit-Fühlen und Mit-Handeln vor. Die jetzt anstehende Anerkennung eines Gemeinschafts-Ich in mir geht noch einen Schritt über dieses Mit-Erleben mit einer anderen Person hinaus, denn ich kann mich mit dem Urteil der Gemeinschaft ebenfalls ganz oder teilweise „identifizieren". Vollziehen wir diese Identifikation, dann treten wir als „Wir-Ich" dem (eigenen) Handeln und Wünschen distanziert lobend oder tadelnd gegenüber. Aber was bedeutet diese Redeweise von der Identifikation des Ich mit einer seiner Fraktionen? Das Ich, das unter den mächtigen Fraktionen des Gemeinschafts-Ich und des Wunsch-Ich letztlich eine Entscheidung herbeiführt, hieße daher besser Entscheidungs-Ich. Je nachdem, wie der Kampf jeweils ausgeht, kann man es dann zeitweise mit der einen oder anderen Fraktion identifizieren.

Wir bemerken z.B. die Identifikation mit den Standards der Gemeinschaft in Situationen, in denen etwas Peinliches geschieht: Ich komme zu spät in eine wichtige Sitzung, alle Teilnehmer schauen tadelnd zu mir. Oder: Es ist in einer vornehmen Gesellschaft plötzlich ein lauter Pups zu hören. Die Empfindung der Peinlichkeit stellt sich aber nicht ein, wenn ich allein bin, sondern nur in Gesellschaft anderer Personen. Dabei kommt es aber auch darauf an, dass es Personen sind, um deren Achtung und Schätzung ich mich aus persönlichem Interesse oder aus einem verinnerlichten Gemeinschaftsstreben heraus bemühe. Nur in Gesellschaft sind peinliche Ereignisse wirklich peinlich, d.h. für mich peinlich.

Wie ist aber ein verinnerlichtes Gemeinschaftsstreben für uns erlebbar? Man könnte auch fragen: Wie „lebt" die Intersubjektivität, d.h. die Instanz, in der alle gemeinschaftlich geteilten Meinungen und Ansichten verbunden sind, in denen „wir" uns einig sind? Man wird sagen müssen: Sie „lebt" und „empfindet" nur in mir, im Erleben des einzelnen Subjekts. So sind z.B. die gemeinschaftlich akzeptierten Regeln, die Gebote und Verbote, die auch für mich normative Verbindlichkeit haben, „in mir" spürbar und empfindbar. Wenn ich etwas tue, das „man nicht tut", dann empfinde ich ein peinliches Gefühl der Scham über diese Tat. Schon vorher empfinde ich Scham darüber, dass ich so etwas tun will (Schwarzfahren, Lügen zum eigenen Vorteil etc.). Das Gefühl kann handlungsmotivierend oder handlungshemmend sein, d.h. manchmal verhindert es eine Handlung, so dass wir uns auf den rechten Weg zurückgeführt fühlen.

Dieses Der-Stimme-der-Gemeinschaft-Folge-Leisten wird dann auch bisweilen mit einem gefühlten Lob belohnt. Wir empfinden Stolz, weil wir der Versuchung widerstanden haben. Im umgekehrten Fall empfinden wir einen Tadel der Gemeinschaft in Form eines peinlichen Schamgefühls. Man könnte meinen, dieses Gefühl sei eine Art „innere Stimme des Gewissens", die uns an das erinnert, was wir eigentlich hätten tun sollen.

Es ist jedoch müßig, darüber zu spekulieren, ob diese gefühlte Stimme des Gewissens uns von Gott gegeben wurde oder ob sie ein Erbe der Evolution des Menschen ist. Die erste Hypothese ist eine ehrwürdige Meinung der Theologie, und ich möchte sie hier nicht weiter verfolgen. Die zweite These beruht ebenfalls auf zahlreichen Voraussetzungen, die nur im Überblick geprüft werden können. Im Rahmen des älteren Darwinismus wäre das gemeinsame Ziel der Gemeinschaft identisch mit dem Ziel der Art, ihr eigenes Überleben zu sichern. Die Soziobiologie hat uns gezeigt, dass es eher um das Überleben eines bestimmten Gentypus geht, der auch durch bestimmte Verhaltensmuster gekennzeichnet werden kann, zu denen natürlich auch die verhaltensregelnden Gefühle gehören.

Das erklärt aber noch nicht, warum wir uns gerade diesen Regeln der Gemeinschaft gegenüber gefühlsmäßig verpflichtet fühlen. So muss die Soziobiologie noch zeigen, dass ein Gentyp auf lange Sicht entscheidende Überlebensvorteile hat, wenn er z.B. altruistisches oder kooperatives Verhalten gegenüber den Mitgliedern seiner Gemeinschaft an den Tag legt. Der spieltheoretische Ansatz in der Soziobiologie zeigt dann, dass Kooperation und die verschiedenen Varianten des Altruismus Überlebensvorteile für diejenigen mit sich bringen, die dank einer bestimmten genetischen Ausstattung dieses Verhalten „haben".[261] Dies gilt besonders bei kleinen Gruppen, in denen die gegenseitige Bekanntschaft groß ist und die Chance auf eine Rückgabe des Gefallens daher ebenfalls; begünstigend ist dann noch eine soziale oder innerlich gefühlte Sanktion dieses Verhaltens. All dies trifft für Menschen zu, aber nicht nur für diese.

Handlungssituationen, in denen es um die Interessen von mehreren Individuen geht, sind in der Regel sehr komplex. Wir stehen in dem Spannnungsfeld verschiedener Interessen, die teils unsere eigenen sind, die aber teils auch die von anderen Individuen sind, und beide stehen den in unseren Gefühlen verkörperten Interessen der Gemeinschaft in gewisser Hinsicht noch gegenüber. Es gibt eine komplizierte Kasuistik, die auch modale Kategorien einschließen muss, manchmal auch Fälle wie ‚Wenn A, dann B, aber nur, wenn nicht zugleich C der Fall ist oder D oder E möglich ist'. Die Schwierigkeit der Abwägung wird uns deutlich am moralischen Räsonnement, das ein beliebter Gegenstand alltäglicher Unterhaltungen ist. In einer Situation mit widerstrebenden und graduell abgestuften Interessen ist eine rationale Entscheidung auf der Basis von Argumenten, die alle anderen Individuuen nachvollziehen können, sehr oft nicht möglich. Man kann die Vorteile oder Nachteile einer Entscheidung fast niemals exakt berechnen.

Kant neigt dazu, solche unauflösbaren Konflikte immer zugunsten der verallgemeinerbaren Maximen aufzulösen, die offensichtlich das Interesse der Gemeinschaft repräsentieren. Es gibt aber schwer auflösbare Konflikte, in denen auch hier Zweifel entstehen: Kann ich ein zu Unrecht erworbenes Gut behalten, wenn ich es dazu verwende, um einer anderen, notleidenden Person zu helfen? Muss ich die Wahrheit sagen, wenn ein Mörder, der meinen Freund töten will, an meiner Haustüre fragt, ob mein Freund bei mir sei? Kant meint, dass wir auch in diesem Fall die Wahrheit sagen müssten.[262]

Das rationale Räsonnement hat aber einen entscheidenden Nachteil: Es verlangt Sprache, Intelligenz und Weitsicht. Das kann eine Entscheidungsinstanz, die auf dem Boden der Evolution gewachsen ist, nicht voraussetzen. Selbst die Sprache als ein Hilfsmittel, um sich alle konkurrierenden „Stimmen" vor Augen zu führen und sozusagen miteinander diskutieren zu lassen, kann man nicht voraussetzen. Die gesprochene Sprache ist ein sehr junges Hilfsmittel, das der Spezies Mensch erst seit ca. 120.000-150.000 Jahren zur Verfügung steht. Aber es gibt auch die 2-4 Millionen Jahre, in denen Menschen schon zuvor in funktionierenden Gemeinschaften miteinander gelebt haben.[263]

Es liegt daher nahe, die sozialen Gefühle, die wir als unpersönliche „Stimme des Gewissens" erfahren und interpretieren, als ein Sprachrohr und Durchsetzungsinstrument der evolutionär gewachsenen und durch Konventionen überformten Interessen der Gemeinschaft anzusehen. Der Vorzug dieser Entscheidungshilfe besteht darin, dass die komplexen Überlegungen, die zu einer Entscheidung notwendig wären, *gleichsam in einer Stimme*, nämlich dem Gefühl, erscheinen: Wir schämen uns zum Beispiel, so etwas tun zu wollen. Es ist das Gefühl, das uns die Gebote und Verbote der Gemeinschaft ‚mitteilt', in dem wir sie vorstellen bzw. ‚denken' können. Es ist ein Repräsentations-System für die vielfältig vermischten Forderungen an unser Handeln.

Ich vertrete mit den sozialen Gefühlen sozusagen mir selbst gegenüber die Gemeinschaft, und zwar ohne, dass ich mich dabei als hybrides Doppelwesen empfinde. Ich dissoziiere nicht in verschiedene Interessenpole, sondern die Verrechnung und Entscheidung der gegenseitigen Gewichtungen und Interessen geschieht bereits in mir. Mein Gefühl ist meines, meine Empfindung, meine Motivation, auch wenn ich der Sache nach – und ohne mir darüber bewusst zu werden – die evolutionär gewachsenen und konventionell überformten Interessen der Gemeinschaft mir und meinem Handeln gegenüber vertrete.

11.3. Die Gefühle im alltäglichen Handeln. Alltägliche Entscheidungsnot und Moral

Wenn wir den Menschen und das animalische Subjekt in seiner vollen Konkretion nehmen, dann lebt jedes Erkenntnissubjekt in einer Welt voller Verlockungen und Gefahren, aber auch in einer personal strukturierten Welt (dies gilt wohl für alle Tiere, die in Gemeinschaften leben). Neben den rein naturalen Gefühlen, die sich auf Erfolg oder Misserfolg in dem Bereich der Verlockungen und Gefahren der Welt einstellen, gibt es also für fast alle Wahrnehmungs-, Handlungs- und Erkenntnissubjekte auch soziale Gefühle wie Liebe, Scham, Misstrauen usw.

Die Funktion der sozialen Gefühle ist aber nicht weniger wichtig als die der naturalen Gefühle. Im Hinblick auf die Regelung unseres Verhaltens lässt sich die Funktion der Gefühle – wie wir im ersten Teil dieses Kapitels schon gesehen haben – relativ einfach beschreiben: Gefühle ‚verrechnen' auf eine nicht-rationale Weise Handlungsantriebe und Motive, die aus ganz unterschiedlichen

Bereichen des Wollens stammen: Egoismus, naturwüchsiger Altruismus und gelernter Konformismus mit den Regeln der Gemeinschaft. Die Gefühle tun dies schnell und sicher. Da wir nicht annehmen können, dass sich der Mensch jederzeit über alle seine einzelnen Motive, ihr Gewicht und ihre Gewichtung im Zusammenspiel mit anderen Motiven im Klaren sein kann (fehlende Sprache, Eile, fehlende Begriffe), müssen wir davon ausgehen, dass uns die Evolution mit einem Entscheidungssystem versorgt hat, mit dessen Hilfe alle diese verschieden gerichteten Strebungen in kürzester Zeit miteinander verrechnet, d.h. verglichen und in ihrer Gesamtbedeutung gewichtet und damit letztlich auch mögliche Konflikte entschieden werden können. Dieses grundlegende, einfache, wenig störanfällige und vor allem schnelle Repräsentations-System der Gefühle ist zugleich ein effektives Verrechnungs-System. Im Prinzip befinden sich hierin alle Gefühle in derselben Dimension des Erlebens und können daher *auf der gleichen Skala* verglichen und verrechnet werden.

Dieses Entscheidungssystem ist – soziobiologisch betrachtet – eine Ursache und zugleich Wirkung des faktischen Überleben eines bestimmten Gentyps – es ist aber kein System moralischer Entscheidungen. Es sind hierin dennoch viele Elemente enthalten, die für unsere Versuche einer rationalen Bestimmung der Moralität – manchmal als Ziele, manchmal auch als unbedingt zu berücksichtigende Faktoren der faktischen Entscheidung – zu beachten sind: Altruismus, Perspektivität des Wohlwollens, die entscheidende Rolle des Gefühls für die Motivation von Handlungen, das Gemeinschaftsinteresse usw.

Es gibt einfache Beispiele, die zeigen, dass wir dazu in der Lage sind, sehr schnell komplexe Entscheidungen zu treffen, Entscheidungen, die Gewichtungen von vielerlei Motiven miteinander in Beziehung setzen müssen. Denken wir z.B. an das Überholen auf einer Landstraße: Ich will meinen Vorteil und vorwärts kommen. Andererseits denke ich an die eventuell entstehenden Gefahren durch Gegenverkehr, und zwar sowohl für mich selbst als auch für die Anderen. Alle diese Motive kann ich in dieser Situation nicht auf die begriffliche Folterbank des kategorischen Imperativs spannen, sondern ich *empfinde* lediglich die Kraft der miteinander streitenden Gefühlsmotive und lasse auf dieser Grundlage meine Entscheidung entstehen. Mit dem Kräfteverhältnis der Gefühle ist es daher eigentlich schon entschieden. Zudem mache ich mir vielleicht noch klar, dass ich lediglich einige Minuten damit gewonnen hätte, und dass dies ein Gewinn ist, der das Risiko nicht aufwiegt. – Dasselbe gilt, wenn ich mit müden Beinen eine Straßenbahn nur für zwei Stationen benutze und dabei erwäge, ohne Fahrkarte zu fahren: Eigennutz und Gemeinnutz streiten miteinander, aber auch internalisierte Gefühle, die sagen, dass man so etwas nicht tut, und dass es schrecklich blamabel wäre, dabei erwischt zu werden usw. Alle diese unterschiedlichen Motive kann ich miteinander in eine Beziehung setzen und daraus in kurzer Zeit eine Gefühlsstellungnahme ziehen: Ich tue es oder nicht.

Mit allen diesen Darstellungen haben wir aber noch nicht das Gebiet der Moral betreten, auch noch nicht das der Gefühlsmoral. Denn mit der Beschreibung der alltäglichen, gefühlsgegründeten Entscheidung aufgrund der Stärke der gemischten Gefühle ist natürlich nicht behauptet, dass wir bei entsprechender Aufmerksamkeit nicht in der Lage wären, die verschiedenen Komponenten zu unterscheiden und zu trennen. Im Gegenteil, wir sind dazu in der Lage. Auf dieser Voraussetzung beruht die Idee der Gefühlsmoral.[264] Wie Hume aber schon entdeckte, muss man hier mit einer besonderen Schwierigkeit rechnen: Die Gefühle, die der Bewertung der eigenen sozialen Gemeinschaft entsprechen sowie die egoistischen Gefühle und die Gefühle, die auf Bevorzugung der Verwandten gerichtet sind, sind starke Gefühle. Zwischen ihnen entscheidet sich das alltägliche Handeln im Fluss der Gefühle. Im Vergleich zu den Gefühlen, die dem Egoismus oder dem gemeinschaftlich geteilten Ethos entspringen, ist das *spezifisch moralische Gefühlsempfinden* dagegen eher schwach, und es zeigt sich erst deutlich, wenn man sich die Überlagerungen durch gesellschaftliche oder persönliche Überbewertung mit Hilfe der Reflexion vor Augen führt. Aber die Frage der Eignung oder Nicht-Eignung der Gefühle für eine Moralphilosophie soll hier nicht diskutiert werden.

Im Alltag müssen wir schnell und entschlossen entscheiden, und dies geschieht in den meisten Fällen in dem geschilderten gefühlsvergleichenden Verfahren. Daher ist es vielleicht eine Naturnotwendigkeit, dass alle uns bekannten Gegenstände und Ereignisse (bzw. deren Typus) mit bewertenden Gefühlen verbunden sind. Faktisch ist es so, und an vielen Stellen zeigen sich bei genauerer Untersuchung auch Verständniswege, die zeigen, warum diese Verbindung der Sache nach notwendig ist.

Ein Argument für die Universalität der typusbegleitenden Gefühle lässt sich aus der Anatomie und der Funktionsbeschreibung unseres Gehirns entnehmen: Das sogenannte limbische System, in dem die Gefühlsfunktionen vor allem lokalisiert sind, bildet eine Art Zwischenschicht zwischen dem Kleinhirn, das vor allem unsere Reflexe und automatischen Bewegungen reguliert, und dem Großhirn, dem in seinen äußersten Schichten Erkenntnisaufgaben zugewiesen werden. Man könnte sagen: Nach dem Atmen und dem Bewegen kommt das Fühlen und dann erst die Kognition, und diese bleibt durch und durch auf das Fühlen angewiesen, um Handlungen bestimmen zu können. Doch dieses Argument bleibt ein naturwissenschaftliches Argument, das wir aus der von uns methodisch bevorzugten Sicht des subjektiven Erlebens nicht einfach akzeptieren können. Wenn es für die Phänomenologie tragfähig sein soll, dann müssen wir es durch eine eidetische Analyse des eigenen Erlebens und Erfahrens bestätigen können.

Für das Verständnis der Gefühle ist aber auch zu berücksichtigen, dass nicht alle Gefühle auf Erfahrung beruhen können. Auf diese Weise ergibt sich eine natürliche Beschränkung der phänomenologischen Aufklärung. Beispiele dafür gibt es zahlreich. Ich erwähne z.B. die fest verwurzelte Angst, die die meisten Menschen vor Schlangen und Spinnen haben. Sie scheint besonders irrational zu sein, weil sie nicht auf vorangegangener Erfahrung beruhen kann, denn es gibt sie auch in den Ländern der Erde, in denen die wenigsten Menschen wirklich schon schlechte Erfahrungen mit Spinnen oder Schlangen gemacht haben. Die Abneigung ist auch weitgehend gefühlsmäßig und gerade nicht als erfahrungsgegründet bewusst. Wir finden Schlangen und Spinnen „ekelhaft", schon ihre bloße Wahrnehmung ist von einem unguten Gefühl begleitet.

Einerseits lässt sich hierin unschwer ein Erbe unserer Primatenherkunft erkennen. Für die relativ leichten Primaten, die für eine lange Zeit (mindestens im Zeitraum von ca. 12 bis 4 Millionen Jahren vor unserer Zeit) ausschließlich die Baumkronen des Urwaldes bewohnt haben, sind Schlangen und Spinnen ebenso lange (auch für evolutionäre Maßstäbe) die einzigen Gefahren gewesen. Auch für die ersten Arten der zweifüßig gehenden Hominiden wird noch angenommen, dass sie arbikolar lebten, d.h. dass sie sich nachts und bei Gefahr auf Bäume zurückgezogen haben. Landlebende Fluchttiere, die auf eine evolutionär gesehen wesentlich längere Zeit zurückblicken können, in denen sie auch von bodenlebenden Raubtieren bedroht waren, haben sehr wahrscheinlich ein viel größeres Repertoire an Abscheu, Angst und Flucht auslösenden Hinweisen aus der Umwelt. Hasen, Pferde, Gazellen usw. wirken auf uns nervös. Sie reagieren mit Angst und Flucht auf Ereignisse, die für uns vollkommen ungefährlich zu sein scheinen. Zudem war der Mensch wohl nie ein reines Flucht- und Verstecktier, sondern immer auch ein wehrhafter Verteidiger und kollektiver Jäger. Über diese Seite des Menschen, d.h. als eines Raubtieres unter anderen savannenlebenden Raubtieren, belehrt uns das Verhalten des „Königs" der Savanne, wenn sich eine kleine Gruppe selbstbewusster Massai nähert: Auch Löwenrudel fliehen.

Es gibt außerdem noch weitere Ereignisse, die wir fliehen oder suchen, obwohl wir niemals zuvor die zugehörigen Erfahrungen des Nutzens oder Schadens gemacht haben können, die mit ihnen zusammenhängen. Hierzu gehören vor allem die Erfahrungen, die man nur einmal machen kann, z.B. von einem Raubtier gefressen oder von einer giftigen Schlange tödlich gebissen zu werden. Kinder zu haben, ist ebenfalls eine schöne Erfahrung, aber diese Erfahrung liegt bei der Zeugung normalerweise noch nicht vor, so dass die Lust uns zu bisher noch nicht erfahrenen Zielen treiben muss.

11.4. Gefühle in der typisierenden Apperzeption

Gefühle sind für uns nichts, was einen Gegenstand in einer Dimension der Sinnlichkeit darstellt, dennoch sind sie für jeden von uns mit den meisten Gegenständen und Ereignissen bemerkbar verbunden, denn sie zeigen die Bedeutsamkeit und den Wert einer Sache, einer Person oder eines Ereignisses für uns.

Allein die Tatsache, dass Gefühle Selbstaffektion sind, würde die Analyse der Gefühle lediglich aus einem deskriptiven Interesse motivieren. Der Wunsch nach vollständiger Beschreibung aller möglichen Erscheinungsformen der Selbstaffektion wäre daher bereits eine begründende Motivation für die Analyse. Das berechtigte Interesse an einer Einbeziehung der Gefühle in unsere Analysen hat jedoch auch einen systematischen Kern. Bisher haben wir alle Untersuchungsbereiche mit systematischen Fragen an das zentrale Geschehen der typisierenden Apperzeption geknüpft. Selbstaffektion ist für uns als das universale Medium der Vermittlung von erfahrungsgegründeten, in der jeweiligen Situation vorgegebenen Typen und der jetzt gerade und immer wieder anders gegebenen Sinnlichkeit zum Thema geworden. Die Leistung der Typen in der Leitung der Apperzeption und die erfolgreiche Vermittlung ihres Vorwissens mit der anströmenden Sinnlichkeit durch die phantasmatische Selbstaffektion machen Gegenstandshabe und Erkenntnis erst möglich. Aber Gefühle geben uns keine Auskunft darüber, was zu der sinnlichen Weise der Gegebenheit eines Gegenstandes gehört. Sie repräsentieren die Bedeutsamkeit, die Wichtigkeit eines Ereignisses für uns, und sie erlauben eine Verrechnung mit der Wahrscheinlichkeit der Aussicht auf Erfolg oder Misserfolg einer Handlung, und dies alles ohne sprachliche Mittel. Damit sind sie für die aktive Seite der Weltbeziehung des Menschen von entscheidender Bedeutung.

Gefühle sind uns bisher nur im Rahmen der Relevanzordnung begegnet, die eine wichtige Grundordnung bei der Aufruf-Funktion von Typen darstellt. Somit ist die Unentbehrlichkeit der Funktion von Gefühlen in dem Kontext der typisierenden Apperzeption noch nicht klar genug ausgewiesen worden. Es scheint immer noch möglich zu sein, dass wir eine Welt von Gegenständen haben können, ohne dass wir Gefühle zu deren Konstitution brauchten. Solange wir die Gegenstände ohne Handlungskontext betrachten, können sie von uns fast ohne emotionale Bewegung konstituiert werden. Aber dies ist eine künstlich und abstraktive Einstellung.

Es gibt jedoch eine einsichtige und erfahrungsgegründete Verbindung von Typus und Gefühl, denn alle unsere Typen von Gegenständen sind gleichsam in Handlungs- und Ereignistypen eingefasst. Ereignisse wie z.B. Essen, Trinken und Schlafen, erfolgreich etwas erstreben usw. haben einen emotional bemerkbaren Wert. Wenn ich bei großem Durst endlich trinke, bei Hunger esse, bei

Müdigkeit mich bequem und sicher bette, dann haben die Dinge, die diesen Ereignissen als Mittel zugehören, einen hohen emotionalen Wert. Ich schätze das Brot, weil es mich ernährt und auf angenehme Weise sättigt, das Wasser, weil es meinen Durst sicher löschen wird usw. Auch Menschen haben in alltäglichen Dimensionen solche Nutzwerte, d.h. einen Wert als Güter: der Schutz des Vaters, die Mutter, die kocht, die Dame in der Mensa, welche großzügige Portionen abmisst usw. Ebenso wie Dinge können Menschen zuverlässig und unzuverlässig sein.

Alle Dinge – so kann man diesen Verwendungskontext auch beschreiben – sind für uns immer zu-etwas-brauchbar, sie sind sozusagen gut-zu-etwas und abhängig davon, ob sie diesen Zweck zuverlässig erfüllen, haben sie auch ihren Wert. Ein Werkzeug, das ich verwenden kann, ist gut. Wenn ich es nicht verwenden kann, hat es für mich keinen oder nur geringen Wert. Gemeinschaftsgestiftete Eigentums- und Verwendungsrechte machen diese Verhältnisse zwar komplizierter, indem sie die Gebrauchswerte überlagern, aber im Prinzip bleiben sie erhalten.

Der Gefühlsanteil aller unserer Gegenstandsbezüge ist somit von unserem Leben als bedürftige, leidende und handelnde Wesen bedingt, weil Gefühle unsere Handlungen auf eine elementare und vor-moralische Weise beeinflussen. Gefühle (schon die naturalen Gefühle) sind an Typen von Gegenständen und noch zentraler an die von Ereignissen „gebunden“, d.h. sie gehören zum Typus. Natürlich lässt sich hier einwenden, dass es Typen von Gegenständen gibt, die uns doch vollkommen gleichgültig bleiben, doch auch Gleichgültigkeit ist nur ein besonderer Modus der Gefühlsantwort. Gegenstände gehören in unserer Welt immer in bestimmte Handlungs- und Ereigniszusammenhänge, die uns helfen oder gefährden, und sie haben daher auch jeweils Gefühlswerte für uns.

Die Bindung von Gefühlen an Typen von Gegenständen oder Ereignissen entstehen durch vorangegangene Erfahrungen.[265] Wenn wir mehrfach bemerkt haben, dass eine Brennessel piekst, wenn wir ihre Blätter anfassen, dann meiden wir sie und schrecken vor ihren Blättern zurück usw. Und, um am Ende noch einmal an den großen David Hume zu erinnern: Ein Hund, der den erhobenen Stock sieht und aus vorangegangener Erfahrung weiß, was folgen wird, zeigt alle Zeichen der Angst.

12. Sprachloses Denken beim Menschen und anderen Primaten

In den letzten drei Kapiteln haben wir drei verschiedene nicht-sprachliche Repräsentations-Systeme kennen gelernt, die auf der Basis phantasmatischer Selbstaffektion arbeiten: szenisch organisierte Tagträume, Mit-Empfindungen mit Anderen und Gefühle. Diese Einsicht führt uns zu folgender Hypothese: Diese Repräsentations-Systeme sind das immer noch in uns ständig fungierende, sozusagen phylogenetisch ältere System des Denkens, das mit dem im Menschen vordergründig dominierenden, sprachlichen System störungsfrei zusammenarbeitet. Auf tieferer Ebene erbringen diese nicht-sprachlichen Repräsentations-Systeme die grundlegenden kognitiven Leistungen, die ein komplexes, zukunftsorientiertes Sozialleben fordert. Die Zusammenarbeit dieser drei Systeme erlaubt es, auch ohne die Hilfe der Sprache, die für soziale Lebewesen grundlegenden lebens-wichtigen Themen vorzustellen und damit: zu denken. Obwohl wir nur für uns Menschen auf der Basis eigener methodisch geregelter Erfahrung sagen können, wie diese Repräsentations-Systeme in uns fungieren, erlauben uns diese Einsichten auch eine Hypothese über die Art und Weise, in der hochcerebralisierte, gruppenlebende Tiere dieselben Aufgaben bewältigen. Weil wir also bisher untersucht haben, wie Menschen ohne Sprache denken, d.h. sozusagen „wie Tiere", ist es naheliegend, eine These zum Denken von Primaten zu wagen.

Wenn man aus dem Gesichtspunkt der Phänomenologie die geistigen Fähigkeiten von Primaten analysieren will, dann begegnet man zunächst den üblichen, grundlegenden Einwänden: Wir können nicht wissen, was in Tieren vor sich geht, weil es Tiere sind und keine Menschen. Es scheint so, als ob wir den Fehler der *Anthropomorphisierung* begehen, d.h. Tiere ganz nach dem Muster unseres eigenen Erlebens verstehen und dabei ungerechtfertigte Übertragungen vollziehen. Anthropomorphisierung scheint uns ein Denkfehler emotional überschwänglicher Besitzer von Haustieren zu sein. Wir glauben, dass sie falsch ist, weil es ein festgefügtes Vorurteil gibt: Tiere denken nicht, erkennen nicht, können nicht entscheiden, sie sind keine Subjekte mit einem Bewusstsein ihrer Geschichte und ihrer Optionen. Tiere reagieren lediglich nach dem Muster von Reiz und Reaktion. In dieser ebenfalls einseitigen Überzeugung liegt eine gewisse *Bestialisierung*. Jedenfalls wird mit dieser Ansicht eine unüberbrückbare Kluft zwischen Mensch und Tier postuliert, die es *de facto* so nicht gibt. Ich glaube, dass man beide Vorurteile nicht verabsolutieren darf, und meiner Ansicht nach wäre sogar die Bestialisierung der größere Fehler. Im Gegensatz dazu glauben wir, dass wir unsere Mitmenschen ganz gut verstehen. Wir kennen ihre geistigen Ereignisse aus eigener Anschauung. Zudem können sie sich uns mitteilen, so dass wir unsere Vermutungen hinsichtlich des Inhalts ihrer Bewusstseinserlebnisse korrigieren können.

Im ersten Teil meiner Darstellung werde ich noch einmal in sehr abstrakter Weise die Funktion eines Repräsentations-Systems darstellen. Diese Funktion lässt sich für Menschen am besten am Beispiel der Sprache erläutern. Ein Repräsentations-System soll ermöglichen, sich eine (gegenwärtige, vergangene oder zukünftige) Einsicht, einen Sachverhalt oder ein Ereignis auch ohne die entsprechende Anschauung vorzustellen. Im Fall der Sprache gelangen Worte und Ausdrücke in die Funktion, Gegenstände und Erkenntnisse zu intendieren. Die Sprache ist aber nicht das einzige System der Repräsentation, das im menschlichen Bewusstsein fungiert. Es gibt, wie wir in den letzten Kapiteln gesehen haben, Systeme, die mit szenischen Phantasmen, mit phantasmatisch-simulierten Empfindungen Anderer und mit Gefühlen funktionieren. Dies zeigt, dass es im menschlichen Bewusstsein mehrere zugleich fungierende und miteinander kooperierende Repräsentations-Systeme gibt. Das menschliche Bewusstsein ist poly-modal organisiert. Die meisten dieser Systeme fungieren auch in höher entwickelten Primaten.

Im zweiten Teil werde ich dann eine Reihe von mentalen Leistungen nennen, zu denen Primaten nach Auskunft der zeitgenössischen Primatologie und Ethologie fähig sind. Es handelt sich dabei vor allem um die Leistungen des Gegenstandsbezugs (Objektpermanenz), der Kommunikationsfähigkeit, der Vorstellungen von der Zukunft und Vergangenheit, des Bewusstseins von praktischen und moralischen Verpflichtungen, um individuelles Wiedererkennen von Mitgliedern der Gruppe, die Einsicht in Vorstellungen, Überzeugungen und Absichten anderer Gruppenmitglieder, taktische Täuschungen („Lügen"), umfangreiche soziale Kooperation und politische Koalition sowie Werkzeug-Traditionen. Aufgrund dieser aufweisbaren Leistungen dürfen wir vermuten, dass sie, und zwar weitgehend mit denselben nicht-sprachlichen Repräsentations-Systemen, die sich auch beim Menschen finden, denken.

12.1. Repräsentations-Systeme bei Mensch und Tier

Die Frage, wie Primaten denken, ist in einer wichtigen Hinsicht schon falsch oder schief formuliert, denn wir selbst sind es, die uns diese Frage stellen, und wir gehören biologisch zu den Primaten. Es ist also fast so, als wollten wir wissen, wie wir selbst denken, und dies sollten wir doch wissen. Als Phänomenologen haben wir jedoch vor der Frage, wie wir selbst denken, genügend Respekt, um sie nicht für trivial zu halten. Schlicht davon auszugehen, dass unsere begrifflich gefassten Ansichten über die Welt und unser Bewusstsein einen geeigneten Grund für ein philosophisch angemessenes Verständnis von beidem bildet, ist naiv.

Der Vorteil der Phänomenologie liegt darin, dass wir unsere eigene und (sozusagen aus der 1.Person-Perspektive) selbst erlebte Bewusstseinstätigkeit wirklich ernst nehmen. Das bedeutet, dass wir die oft für subjektiv gehaltene innerliche Gegebenheit unseres Denkens, Wahrnehmens, Wollens und Fühlens als das akzeptieren, was sie ist, und sie nicht als subjektives, begleitendes Spiel unserer begrifflichen, propositionalen und kommunizierbaren Einsichten interpretieren: Sie ist die Anschauung schaffende und Gegenstände konstituierende, grundlegende Tätigkeit des Bewusstseins. Daher halten wir die eidetische Analyse unseres je-eigenen Erlebens für eine geeignete Grundlage für eine wissenschaftliche Analyse des Denkens menschlicher Subjekte im Allgemeinen.

Menschliches, bewusstes Denken bewegt sich vor allem im sprachlich-begrifflichen Medium, und es gibt eine Reihe von brauchbaren phänomenologischen Analysen darüber, wie dieses Denken vor sich geht. Grundlegend dafür ist das Zusammenspiel von einem Anschauung verschaffenden Aktgefüge – Husserl nennt es für Sachverhalte kategoriale Anschauung – und einem an dieses Gefüge angeschmolzenen Akt des Bedeutens. In diesem Akt des Bedeutens fassen wir die erlebte Anschauung des Bestehens eines Sachverhalts in Worte, und dabei passen wir diese Worte der Anschauung sozusagen an.[266] Umgekehrt können wir aus gehörten Lauten sinnvolle Worte und Sätze erdeuten und auf das zurückgehen, was einer solchen sinnvollen Äußerung an subjektivem Erleben und an anschaulichen Gegebenheiten zugrundeliegen muss oder kann.[267] Sprache und Anschauung von Sachverhalten sind also nicht untrennbar. Die Sprache ist ein *Repräsentations-System* von originär anschaulich erlebten Dingen und Sachverhalten. Die erlebte Anschauung, und zwar auch die von Sachverhalten, ist gegenüber der sprachlichen Repräsentation aber grundlegend, originär und selbständig. Wir können also mit Hilfe von sprachlichen Bedeutungen dasjenige denken, was wir auch als Erkenntnis anschaulich erleben können, und dies sogar bei Abwesenheit der entsprechenden Anschauung.

Der bemerkbare *Abstand* zwischen Wort und Anschauung der Sache und die bemerkbare Schwierigkeit der Anpassung von Sätzen an die erlebte Einsicht und umgekehrt, d.h. von verstandenen Sätzen an die entsprechende anschauliche Erkenntnis, geben uns einen klaren Hinweis darauf, dass die Sprache nur eines von vielen möglichen Systemen der Repräsentation unseres Denkens ist. In unserem Bewusstsein gibt es mehrere kooperierende Systeme der Repräsentation.

Diese anderen Repräsentationssysteme sind nicht-sprachlich, aber dennoch (fast) ebenso leistungsfähig wie die sprachliche Repräsentation. Um dies einzusehen, genügt ein Vergleich der langen Evolutionsgeschichte des Menschen mit der kurzen Geschichte der Sprache: Die ersten Hominiden (Australopithecinen) wechselten ihren Lebensraum (Regenwald / Savanne) und erweiterten ihr Nahrungsspektrum (vegetarische Kost / Insekten, Fleisch, evtl. Aas). Schon dies war nur möglich mit umfangreichem tradiertem Expertenwissen und einer Werkzeugtradition (beides wohl weit ausgedehnter, als es bei Schimpansen bereits bekannt ist). *Homo habilis* jagte bereits geplant und koordiniert große Tiere. Spätestens *homo erectus*, der vor 1,8 Mio. J. die ganze Erde besiedelte, muss über leistungsfähige Formen der Repräsentation und auch der Kommunikation verfügt haben, die vorausschauendes Denken (Vorratshaltung), soziale Institutionen sowie eine öffentliche Verständigung darüber) ermöglichten. All dies ist aber ohne den Gebrauch einer leistungsfähigen Lautsprache möglich gewesen, denn diese erscheint erst mit dem modernen Menschen *homo sapiens sapiens* vor ca. 120.000-150.000 Jahren. Es muss also schon bei diesen Hominiden leistungsfähige nicht-sprachliche Repräsentations-Systeme gegeben haben, damit sie die für ihre Lebensweise notwendigen Gegenstände denkend vorstellen konnten. Es scheint ebenso zwingend zu sein, dass es auch nicht-sprachliche Kommunikationssysteme beim Menschen gegeben hat.

Verstehen wir Denken als die Fähigkeit, sich auch bei Abwesenheit der Anschauung, die Erkenntnis begründet, dennoch auf den Inhalt dieser Erkenntnis beziehen zu können, dann beruht Denken auf Repräsentations-Systemen. Der Fall der Sprache zeigt uns deutlich ein grundlegendes Merkmal von Repräsentations-Systemen: Die Träger der Repräsentation, d.h. in der jetzigen Analyse die gesprochenen oder geschriebenen Worte, müssen von uns selbst jederzeit (öffentlich oder innerlich) produziert werden können. Nur deshalb kann ich mich auch in Abwesenheit der anschaulichen Erkenntnis auf den Sachverhalt beziehen, d.h. denken. Die gesprochene Sprache kann ich jederzeit reden, oder im einsamen Nachdenken kann ich die lautsprachliche Seite des Repräsentierens phantasmatisch als innere Stimme erklingen lassen. Auch die Schrift, die der Lautsprache folgt, können wir produzieren oder phantasmatisch vor dem inneren Auge sichtbar machen. Als bedeutungstragender „Träger" eines Repräsentations-Systems im Allgemeinen kommt daher nur etwas in Frage, was wir jederzeit äußerlich-anschaulich produzieren können oder innerlich mit Hilfe von Phantasmata, d.h. quasi-anschaulich, produzieren können. Aber: Dieser Träger muss nicht die Sprache sein, und ein Repräsentations-System muss nicht notwendig auch ein Kommunikations-System sein. Diese Einsichten eröffnen uns daher die Möglichkeit zu verstehen, wie Tiere denken. Anders formuliert: Wir haben so die Möglichkeit zu entdecken, in welchen Modi wir wie Tiere denken.

Welche Alternativen bieten sich für die Träger-Funktion eines Repräsentations-Systems an? Von all dem, was sich in unserem Bewusstsein findet, kommen zumindest geschriebene oder gesprochene Worte, leibbezogene oder konventionell überformte Gesten, Lautzeichen, bildlich vorgestellte Szenen, Gegenstände und, wie wir gesehen haben, auch Gefühle als solche Träger in Frage.

Diese Aufzählung erhebt nicht den Anspruch auf Vollständigkeit. Es ist auch wichtig zu bedenken, dass wir Menschen normalerweise mehrere Repräsentations-Systeme zugleich benutzen, und zwar nicht nur zwei Modi, wie wir es in Kap. 9 bei den Theorien der dual-modal-Systeme gesehen haben, sondern wahrscheinlich mehr als zwei. Denkend bewegen wir uns immer in einer Art poly-modaler Repräsentation. Die Sprache ist also nie das einzige in uns fungierende Repäsentations-System. Aber es verlangt eine geschärfte Aufmerksamkeit, um die „unterhalb" der Sprache fungierenden Systeme zu entdecken und sie in ihrer Funktion zu verstehen. Meiner Ansicht nach ist diese Untersuchung aber durchaus mit den Mitteln der Phänomenologie möglich. Ich nenne noch einmal einige Beispiele für die Zusammenarbeit verschiedener Repräsentations-Systeme.

Wir denken zwar in Worten, verwenden aber in unseren Tagträumen auch phantasmatische Szenen als Ausdruck von Wünschen und Befürchtungen, die für uns im einsamen Vorstellen ausdrücken, was wir wünschen oder befürchten. In diesen phantasmatischen Szenen spielen wir gleichsam szenisch unsere Handlungsoptionen durch, d.h. wir erproben, welche Wege zur Erreichung unserer Ziele oder zur Vermeidung drängender Probleme brauchbar sind. Dieses szenisch-phantasmatische Leben nimmt einen großen Teil unseres wachen Bewusstseinslebens ein, auch wenn wir uns selten darüber Rechenschaft geben. Das schlaflose Sich-Sorgen-Machen angesichts drängender Probleme oder Ungewissheiten ist eine sehr aufdringliche Form dieses szenisch-phantasmatischen Bewusstseinslebens. Ich erinnere aber auch an empirisch-psychologische Untersuchungen, denen zufolge erwachsene Männer alle paar Minuten einmal an Sex denken, und der Modus dieses Denkens ist keineswegs begrifflich. In den szenischen Episoden unseres Bewusstseinslebens treten die sprachlichen Ausdrücke in den Hintergrund zugunsten von bildhaften Elementen.[268] Natürlich können wir auch über unsere Wünsche und Probleme sprachlich nachdenken, und beides vermischt sich im Tagtraum oft. Menschen benutzen also mehrere Systeme der Repräsentation zugleich und übereinander gelagert.

Nun wissen wir, dass auch die meisten höher entwickelten Säugetiere träumen können. Sie zeigen Handlungsansätze und Emotionen in den REM-Phasen ihres Schlafs, die wir interpretierend mit wachen Vorhaben und Emotionen verbinden können. Wir dürfen also davon ausgehen, dass das szenisch-phantasmatische Repräsentations-System bei Primaten sowohl im Traum wie im Wachen arbeitet, genau so wie beim Menschen.

Das folgende Beispiel zeigt einerseits zwei Repräsentations-Systeme, die zugleich und harmonisch miteinander zusammenarbeiten, aber es zeigt auch, dass die Sprache nicht das einzige Kommunikations-System des Menschen ist: Wir sprechen zwar in Worten, aber wenn wir in einem fremden Land einer Person, deren Sprache wir nicht sprechen, etwas verständlich machen wollen, z.B. zum

Flughafen gefahren zu werden, so beginnen wir sofort, in pantomimischer Darstellung, leibbezogener Gestik und Lautmalerei unseren Wunsch mitzuteilen. Dies ist ein sehr aufschlussreiches Verhalten: Die Schnelligkeit, die große Sicherheit und die fraglose Selbstverständlichkeit, mit der wir dies tun, zeigt uns, dass dieser Modus der öffentlichen Darstellung unserer Wünsche eine tiefere Schicht unserer Kommunikationsfähigkeit ist. Ausserdem zeigt sich so, dass dieser gestische Modus der Repräsentation immer in uns fungiert. Metaphorisch gesprochen „schläft" dieser Modus nicht, d.h. er muss nicht erst erweckt oder erinnert werden. Er springt sozusagen sofort ein, setzt sich an die Stelle der Sprache und füllt deren Funktion in der öffentlichen Kommunikation aus.

Auch Gefühle und Empfindungen können als ein System von Repräsentationen interpretiert werden. Die grundlegende Voraussetzung für die Funktion als ein Repräsentationssystem ist erfüllt, denn Gefühle und Empfindungen können sowohl originär empfunden als auch in Abwesenheit der Anschauung phantasmatisch produziert bzw. reproduziert werden. Der Wohlgeschmack einer Speise kann in anschaulicher Gegebenheit genossen werden, kann mir aber auch beim Daran-Denken phantasmatisch vorschweben. In dieser denkenden Situation sagt die phantasmatisch produzierte Empfindung etwas über die zu erwartenden Qualitäten des vorgestellten Gegenstands. Vergleichbares gilt für Gefühle, wie etwa für das komplexe angenehme Gefühl, das wir in einer entspannten Gesellschaft oder bei erfolgreichen Handlungen empfinden. Denken wir an dieselbe Situation oder Tätigkeit, so begleitet sie das phantasmatisch reproduzierte Gefühl, welches wir aus Erfahrung mit ihr verbinden, und es „bedeutet" dabei das Angenehme und Erstrebenswerte der Situation. – Nun haben die meisten Tiere Empfindungen und auch Gefühle, dies wird schon aus der Tatsache einsichtig, dass das limbische System, welches die Gefühlsaspekte des Bewusstseins verarbeitet, in einer Schicht zwischen dem Kleinhirn und Großhirn liegt, die bei allen höher cerebralisierten Tieren ausgeprägt ist. Primaten besitzen also ebenfalls dieses Repräsentations-System.

Bisher habe ich lediglich einige alternative Repräsentations-Systeme aufgezeigt, und zwar in der Form, in der wir sie selber erleben. Daneben habe ich die Gründe genannt, warum wir dieselben Repräsentations-Systeme auch bei Primaten annehmen dürfen. Aber diese Diskussion zeigte bisher lediglich auf, dass Primaten prinzipiell die *Möglichkeit* haben, in solchen tiefer liegenden Modi der Repräsentation zu denken. Aber haben wir auch hinreichend Gründe anzunehmen, dass sie *wirklich* denken? Wissen wir auch schon, worüber sie nachdenken? Diesen Fragen ist das folgende Kapitel gewidmet.

12.2. Was können Primaten denken, wollen und handeln?

Es gibt eine lange Liste mit Eigenschaften und Fähigkeiten, von denen man jeweils eine gewisse Zeit lang geglaubt hat, dass sie den entscheidenden Unterschied zwischen Mensch und Tier darstellen. Bei der folgenden Diskussion konzentriere ich mich auf diejenigen mentalen Fähigkeiten, die sich an der Grenze des unscharfen Übergangsgebietes, zwischen den Mitgliedern der Gruppe der Primaten (Gorilla, Orang Utan, Schimpansen), die konventionell für Tiere gehalten werden, und dem Menschen finden.

Viele Philosophen glauben, dass nur Menschen objektive Gegenstände konstituieren und sich dazu verhalten können. Im Gegensatz dazu sind Tiere lediglich instinktiv in ein Reiz-Reaktions-Geschehen eingefügt. Sie reagieren also auf auftretende anschauliche Gegebenheiten mit sinnvollem Verhalten, aber sie können sich nicht mental auf abwesende Gegenstände oder Ereignisse beziehen. In der Philosophie Kants wird diese Überzeugung z.B. damit begründet, dass Tieren das Vermögen des Verstandes fehlt. In der transzendentalen Deduktion seiner *Kritik der reinen Vernunft* will er zeigen, dass die reinen Verstandesbegriffe zur Gegenstandskonstitution notwendig sind, vor allem die Begriffe von Substanz und Kausalität. Auch Max Scheler ist der Ansicht, dass nur der Mensch (und kein Tier) Gegenstände hat, zu denen er sich frei verhalten kann. Diese Überzeugungen sind jedoch hinsichtlich vieler Tiere falsch.

Der von dem Entwicklungspsychologen Jean Piaget eingeführte Begriff der *Objektpermanenz* besagt, dass ein Lebewesen in der Lage ist, die Vorstellung eines dauernden Dinges mit seinen bleibenden Qualitäten auch dann zu haben, wenn das Ding nicht sichtbar ist. Piaget testete diese Fähigkeit bei menschlichen Neugeborenen und Säuglingen unter den Kriterien des Hingreifens und Suchens. Diese Kriterien für die Fähigkeit der Objektpermanenz beruhten aber auf zu komplexen Leibbewegungen, so dass Piaget, aufgrund der zu hoch angesetzten Kriterien, die zugrunde liegende mentale Leistung bei Säuglingen zunächst zeitlich zu spät ansetzte.[269]

Heute kann man die mentale Leistung der Objektpermanenz mit handlungs- und sprachunabhängigen Tests nicht nur bei Säuglingen, sondern auch bei vielen Tieren nachweisen. Dies geschieht, indem man die Augenbewegungen eines Lebewesens verfolgt (*eye-tracking*) und dabei den Maßstab der sogenannten Erwartungsverletzung zugrunde legt. Das Kriterium der Erwartungsverletzung beruht auf der empirisch-psychologischen Einsicht, dass wir Gegenstände oder Ereignisse, deren Erscheinen wir nicht erwartet haben, messbar länger ansehen als solche, die wir erwartet haben. Bewegt sich z.B. in einem Experiment ein Punkt mit konstanter Geschwindigkeit und verschwindet hinter einem sichtbaren Hindernis, so erwartet ein Lebewesen, das Objektpermanenz leisten kann, dass er nach einer bestimmten Zeit wieder hinter dem Hindernis hervorkommt. Wird diese Erwartung enttäuscht, dann fesselt der Punkt, an dem das erwartete Ereignis eintreten sollte, länger die Aufmerksamkeit. Auf diese Weise kann man nachweisen, dass die meisten Säugetiere und sogar Vögel die mentale Leistung der Objektpermanenz erbringen können. Vergleichbares trifft für das Erkennen sachlicher Zusammenhänge und bleibender Eigenschaften von Gegenständen sowie kausaler Folgen von Ereignissen zu.

Viele Philosophen glauben, dass nur Menschen sprechen können, d.h. dass nur sie den Inhalt ihres Denkens öffentlich mitteilen können. Tiere hätten dagegen nur beschränkte Fähigkeiten zur Kommunikation, wie z.B. Warnrufe, könnten sich aber nicht sprachlich (oder mit einem ebenso leistungsfähigen Medium des Vorstellens) auf gegenwärtige, vergangene oder zukünftige Ereignisse, Gegenstände und Absichten beziehen. Diese Ansicht ist für Primaten falsch.

Das Sprachtraining und die Verwendung von gesprochener Sprache ist bei Primaten außerordentlich mühsam und hat nicht zu befriedigenden Ergebnissen geführt. Dagegen haben Versuche zur Verwendung von Gestensprache und Symboltableaus (Kanzi) bessere Ergebnisse gezeigt, man gelangte auf beiden Wegen zu dem Ergebnis, dass Primaten in der Lage sind, Sätze aus 2-3 Worten zu bilden. Dies entspricht etwa der Sprachkompetenz von 2-jährigen Kindern.[270] Und man sollte hierbei berücksichtigen, dass die Verwendung von abstrakten Symbolen sicher nicht der arteigenen (und wohl noch leistungsfähigeren) Form der Kommunikation von Schimpansen entspricht. Über diese wissen wir nicht viel mehr, als dass es sie gibt.

Viele Philosophen glauben, dass Primaten keine Vorstellung von Vergangenheit und Zukunft haben, dass sie keine Vorstellung von praktischen und verpflichtenden Verhaltensregeln besitzen, denen gegenüber sie sich frei verhalten können. Dieser Ansicht folgend, richten sich Tiere lediglich instinktiv nach bestimmten Zwängen. Die rudimentäre Kommunikation, zu der sie fähig sind, ist ebenfalls instinktiv gebunden. Demnach könnten sie auch ihre Warnrufe nicht in taktischer, z.B. lügender Absicht verwenden. Außerdem besitzen Primaten kein Selbstbewusstsein. Auch diese Ansichten sind wohl alle falsch, wie die Untersuchung taktischer Täuschungen bei Primaten zeigt.

Taktische Täuschungen bei Primaten werden seit ca. 30 Jahren dokumentiert. Die erste veröffentlichte Datensammlung „The St. Andrews Catalogue of Tactical Deceptions in Primates" erschien 1986 mit 104 Berichten und ist seitdem kontinuierlich angewachsen (1990 gab es bereits 253 Berichte).[271] Dieser Katalog ist nach insgesamt 7 Kategorien eingeteilt, die zum Teil auch die geistigen Leistungen spiegeln, die notwendig sind, um solche Täuschungen auszuführen.[272] Eine Täuschung kann z.B. darin bestehen, dass die Verpflichtung, gefundenes Essen der Gruppe mitzuteilen, nicht erfüllt wird. Dies tun oft rangniedere Gruppenmitglieder, die andernfalls die gefundene Nahrung an Ranghöhere abgeben müssten. Diese Form der Täuschung kann man dadurch provozieren, dass Futter, z.B. eine Banane, in einer Röhre versteckt wird, in der es von den kleineren und rangniedrigeren Gruppenmitgliedern leicht entdeckt werden kann. Oft benehmen sich die rangniedrigeren Tiere dann bewusst „unauffällig“, d.h. sie versuchen, sich nicht durch ihre Aufregung zu verraten (*creating an image*), und verlassen sogar manchmal die Stelle des Fundes (*distraction*). Schon diese einfache Form der Täuschung zeigt, dass Primaten eine Vorstellung von der Zukunft haben, denn sie wissen, welche Folgen die Mitteilung des Fundes haben würde. Außerdem können sie sich gegenüber der Verpflichtung, gefundenes Fressen mitzuteilen, frei verhalten und ihre eigenen Interessen vorziehen.

Das Herstellen eines falschen „unauffälligen“ Eindrucks zeigt zudem, dass Primaten sich bewusst sind, welche Ansichten von ihren Erkenntnissen und Absichten andere Mitglieder der Gruppe haben. Diese Einsicht setzt voraus, dass das Subjekt ein Bewusstsein von seiner äußeren Erscheinung hat, ihre Wirkung auf andere einschätzen kann, d.h. deren Vermutungen hinsichtlich seiner Emotionen und seines Wissens abschätzen kann. Dies ist ein wichtiger Teilaspekt des Selbstbewusstseins. Es gibt auch Fälle, in denen Anderen, z.B. einem überlegenen Rivalen, der falsche Eindruck einer Verletzung vermittelt wird, indem der Unterlegene absichtlich humpelt.[273] Auch der Wirkung mimischer Anzeichen von Emotionen sind sich Schimpansen bewusst, und sie manipulieren sie auch, um Anderen ein falsches Bild ihrer Gefühle zu geben. Frans de Waal berichtet, dass nach einer gewalttätigen Auseinandersetzung zwischen rivalisierenden Männchen der zeitweilige Sieger Luit dem unterlegenen, aber starken Nikkie den Rücken zuwendete. Auf erneute Provokationen von Nikkie hin zeigte Luit dann das charakteristische nervöse Angstgrinsen (welches einen Rückzug einleiten kann und Unterwerfungsbereitschaft anzeigt), aber ohne dass Nikkie dieses sehen konnte. Daraufhin presste Luit mit den Fingern seine Lippen so lange zusammen, bis das verräterische Grinsen verschwunden war und er sich dann wieder zu Nikkie hinwendete, um zu imponieren.[274]

Ein großer Teil aller Tiere sind Individuen in dem Sinne, dass sie in der Lage sind, die Mitglieder ihrer Gruppe zu identifizieren und deren Geschichte, gegebenenfalls sogar ihren Charakter (im Sinne von zu erwartenden Handlungsneigungen), zu kennen. Die Verhaltensforschung zeigt, dass schon Stichlinge hierzu in der Lage sind. Gruppen von Stichlingen bewegen sich in Bächen und anderen Gewässern fort, indem sie zwei Späher voranschicken, die eventuelle Gefahren melden sollen. Diese Späher sind einer großen Gefahr ausgesetzt; und wenn einer von beiden sich einmal als feige erweist und seine Aufgabe nicht erfüllen will, verweigert der andere anschließend jede Zusammenarbeit mit diesem.[275]

Ebenso haben Primaten die Fähigkeit, die Bewusstseinserlebnisse anderer Gruppenmitglieder zu verstehen und in ihre eigenen Handlungspläne mit einzubeziehen. Auch hierfür kann man an die taktischen Täuschungen von Primaten erinnern, die dies voraussetzen. Daneben kann man auch auf die Forschung an Spiegelneuronen bei Makaken hinweisen, die wir ausführlich im Kapitel 11 diskutiert haben.

Lange Zeit glaubte man, dass nur der Mensch die Fähigkeit habe, Werkzeuge zu gebrauchen. Dann wurde dies, nachdem man Werkzeuggebrauch bei Tieren beobachtet und akzeptiert hatte, auf die vermeintlich exklusive Fähigkeit eingeschränkt, Werkzeuge herzustellen. Auch diese Ansicht lässt sich nicht halten. Mittlerweile kennt man – vor allem bei frei lebenden Schimpansen – viele Arten des Gebrauchs (ca. 30 verschiedene), des Transports und der Herstellung von Werkzeugen. Gebrauch und Herstellung von Werkzeugen müssen gelernt werden, so dass sich auch Lehren und Lernen von Werkzeugtraditionen nachweisen ließ. Insbesondere die Schimpansen, die Palmnüsse mit Hilfe von Steinen knacken, bieten hierfür ein eindrucksvolles Beispiel.[276]

Es gibt ebenso verschiedene Arten technischer und sozialer Kooperation bei hochentwickelten Säugetieren, insbesondere gemeinschaftliche Jagdmethoden.[277] Die vielfältigen Formen der politischen Kooperation bei Schimpansen sind von Frans de Waal eindrucksvoll beschrieben worden.[278] Schimpansen müssen sich zu Koalitionen von zwei oder sogar drei Partnern zusammenschließen, damit sie eine Gruppe beherrschen können. Die notwendigen Koalitionen sind vielgestaltig und manchmal auch recht kurzlebig.

Von Moralität und allgemein verpflichtenden Regeln sozialen Verhaltens bei Primaten zu sprechen, scheint auch heute noch gewagt zu sein. Die meisten bekannten praktischen Verhaltensregeln bei Primaten sind an die Hierarchie der Gruppe gebunden, d.h. sie sind lediglich „gültig für alle rangniederen Gruppenmitglieder“. Daher scheinen sie unsere Vorstellungen von moralischen Regeln, die für „alle“ Personen gelten, nicht zu erfüllen. Allerdings wird die Verletzung solcher Regeln auch mit Strafen sanktioniert. Dazu kommen Regeln, deren Forderung und Sanktion von einzelnen Personen ausgeht, z.B. die sogenannten Mutterregeln, die etwa verbieten, die Kinder von Müttern für andere Zwecke zu instrumentalisieren.[279] Es gibt aber auch Regeln, die von der ganzen Gemeinschaft sanktioniert werden.

Dass Schimpansen ein Gefühl für Gerechtigkeit besitzen, konnte erst kürzlich durch ein Experiment von Frans de Waal und Sarah Brosnan aufgewiesen werden.[280] Eine Maschine tauschte Spielsteine gegen zwei verschiedene Arten von Gütern: Trauben, die sehr beliebt waren, und weniger begehrte Gurkenstücke. Allerdings konnte die Maschine von den Versuchsleitern so manipuliert werden, dass sie gezielt einzelne Mitglieder der Gruppe bevorzugte und demnach nicht gerecht belohnte. Nach dieser Manipulation wandten sich die meisten Kapuzineraffen von dem bis dahin sehr attraktiven Spielzeug ab. Es gibt auch „gerechten Zorn" bei Primaten, wenn sich Einzelne nicht den Gruppenregeln fügen, z.B. der Pflicht, gefundene Nahrung zu melden: Die Betrüger werden verprügelt.[281]

Die Stärke der Vorurteile gegen die Möglichkeit von Moral bei Primaten zeigt auch Folgendes: Findet man Fundstücke früher Hominiden, die den Schluss nahe legen, dass ein stark behindertes Gruppenmitglied längere Zeit durch die Hilfe der Gruppe überlebt hat, so nimmt man dies als sicheres Zeichen von Moral. Findet sich jedoch in Gruppen von Primaten ein behindertes Mitglied, das ebenso durch die Mithilfe der Anderen überlebt, zögert man und bevorzugt „einfachere Erklärungen", vor allem solche, die keine mentalen Leistungen bei Primaten voraussetzen.[282]

Man kann gegenüber jeder der hier dargestellten Einsichten skeptische Einwände geltend machen und bei jeder dieser Leistungen versuchen, vermeintlich einfachere Erklärungen zu finden, die ohne die Voraussetzung mentaler Leistungen auskommen. Ich will hier auch gar nicht versuchen, solche Einwände zu erheben und sie wieder zu entkräften. Aber die Tatsache, dass wir diese Einwände bei Primaten immer vorbringen, beim Menschen jedoch nie (obwohl auch dies möglich ist, wie extreme Vertreter des Behaviorismus zeigen), entspringt unserem zuvor gefassten Vorurteil der Bestialisierung.

Es geht mir hier vor allem darum, die unübersehbare Aufgabe zu formulieren, die alle diese Leistungen für die Theorie des tierischen (und auch des menschlichen) Denkens bedeuten: Wie können hochentwickelte Tiere alle diese Leistungen vollbringen? Welche Repräsentations-Systeme verwenden sie dafür? In einem Punkt können wir sicher sein: Die Sprache ist es nicht. Aber wir wissen bereits, dass es alternative Repräsentations-Systeme gibt.

Wir wissen zudem – oder zumindest glauben wir dies –, dass wir Menschen alle diese mentalen Leistungen mit Hilfe der Sprache vollbringen. Aber die an den Anfang dieser Abhandlung gestellten theoretischen Überlegungen hinsichtlich des Zusammenarbeitens mehrerer Repräsentations-Systeme in unserem Bewusstsein machen uns auch hierin unsicher: Einfachere, nicht-sprachliche Repräsentations-Systeme, die wir Menschen ebenfalls benutzen, könnten dasselbe leisten. Nun kommt noch dazu, dass die dargestellten, empirisch gestützten Einsichten hinsichtlich der mentalen Fähigkeiten von Tieren es nahelegen, dass auch Primaten fast alle die geistigen Leistungen erbringen können, auf die wir Menschen besonders stolz sind. Und dies ganz ohne Sprache.

Es könnte demnach der Fall sein, dass die sprachliche Ebene im menschlichen Bewusstsein nur eine „oberste Schicht" öffentlich ausdrückbarer Repräsentationen ist, welche auf den zugrunde liegenden – und eigentlich tragenden – Repräsentations-Systemen nur „aufliegen". Das würde bedeuten, dass die Sprache eventuell keinen wirklich eigenständigen Beitrag liefert, und zwar gerade hinsichtlich vieler unserer höchsten geistigen Leistungen. Hiermit soll natürlich nicht geleugnet werden, dass die Sprache uns eine abstrakte Bezugnahme auf Dinge und Erkenntnisse erlaubt, so dass wir in allgemeinen Begriffen über das reden können, auf das wir uns beziehen. Formal gesehen, ist mit den hochgesteckten Begriffen (Notwendigkeit, Universalität, Allgemeingültigkeit usw.) also eine Ebene erreicht, die nur mit der Sprache erreicht werden kann. Es könnte sich jedoch herausstellen, dass wir damit lediglich über Erkenntnisse sprechen, die wir mit der Hilfe einfacherer Repräsentations-Systeme (z.B. mit szenisch-phantasmatischer Repräsentation oder Gefühls-Repräsentation) gewonnen haben – und dass der Erkenntnisinhalt der sprachlichen Reformulierung dieser Einsichten daher auch nicht weiter reicht.

Ich möchte hierfür als Beispiel eine der Autoritäten der neuzeitlichen Philosophie heranziehen: Immanuel Kant. Er diskutiert in seiner Moralphilosophie die moralischen Qualitäten von allgemeinen Regeln (Maximen) des Handelns, so z.B. die Regel: Niemandem zu helfen, der in Not ist (Die Maxime der Gleichgültigkeit). Kants kategorischer Imperativ fordert von Regeln, die objektive praktische Gesetze werden können, dass sie als ein allgemeines Gesetz gewollt werden können. Hinsichtlich der Regel der Gleichgültigkeit ist er der Ansicht, dass niemand diese Regel als ein allgemein gültiges Gesetz wollen kann, denn ein solcher Wille enthält einen Widerstreit in sich.[283] Welche mentale Operation liegt dieser Einsicht zugrunde? Ich stelle mir die Regel der Gleichgültigkeit als allgemein geltendes Gesetz vor und sehe um mich herum nur gleichgültige Gesichter und Desinteresse am Zustand des jeweils anderen – schon hier regt sich in mir ein gefühlter Widerwille (Ekel). Wenn ich dann aber die Situation wirklicher Not und Bedürftigkeit auf meiner Seite imaginativ vorstelle, dann will ich Hilfe, und dieser Wille widerstreitet und widerspricht der allgemeinen Regel der Gleichgültigkeit. Szenische Imagination, gefühlter Wille und Gefühl sind das Medium, in dem die anschauliche Erkenntnis wirklich geleistet wird, über die ich dann in allgemeinen Begriffen reden kann.

Die unersetzbaren Vorzüge der Sprache müssen dann aber auf einem anderen Gebiet liegen: Ein öffentlich mitteilbares Repräsentations-System kann großen Nutzen mit sich bringen und den kulturell weitergegebenen Erwerb von technischen und sozialen Werkzeugen in einem unvergleichlichen Maße verbessern.[284] Aber dieser Effekt des Sammelns, Festhaltens und Vergrößerns technischer und institutioneller Fähigkeiten mit Hilfe der sprachlichen Kommunikation muss deshalb noch nicht das qualitative Niveau der Einsichten und der zugrundeliegenden mentalen Leistungen erhöhen. Die Sprache könnte also nur ein höheres Niveau der Mitteilungs-Technik darstellen, dies muss aber noch nicht einem höheren Niveau der zugrunde liegenden kognitiven Leistungen entsprechen. So hat sich das Niveau z.B. in der Werkzeugtechnik in historischen Zeiten oft sprunghaft verbessert (die Verwendung von Maschinen in der modernen Industrie, die Revolution der Informationsverarbeitung durch den Computer usw.), dennoch waren die kognitiven Fähigkeiten und Leistungen der Menschen vor und nach der jeweiligen technischen Verbesserung gleich.

Diese Skepsis hinsichtlich des qualitativen Beitrags der Sprache will die menschlichen Leistungen nicht abwerten, aber gleichwohl deutlich werden lassen, dass Tiere, insbesondere die Primaten, im Hinblick auf ihre mentalen Leistungen bisher zu Unrecht unterschätzt wurden. Es könnte sich ergeben, dass die Sprache lediglich „äußerlich" nützliche Eigenschaften besitzt, die den faktischen Erfolg unserer Spezies unvergleichlich gefördert hat, dass jedoch die meisten der mentalen Leistungen, auf die wir als Menschen besonders stolz sind, schon von unseren Primatenbrüdern mit einfacheren Mitteln ebenso vollbracht werden. Zudem könnte sich herausstellen, dass wir auch die von uns am höchsten geschätzten mentalen Leistungen mit denselben Mitteln vollbringen wie sie. Es kommt dann lediglich noch die Fähigkeit dazu, in allgemeinen Begriffen darüber zu sprechen – und natürlich auch die Fähigkeit, sich in mehr oder weniger überheblichen Theorien darüber zu verstricken.

13. Resümee

Nach einer eingehenden Methodenreflexion ließ sich im ersten Teil, d.h. in den Kapiteln 2-5, zeigen, dass die schwachen Phantasmen in vielerlei Formen und in allen Sinnesfeldern ein zentrales, unentbehrliches Funktionselement des Bewusstseins sind. Am deutlichsten ließ sich in der Wahrnehmung der Eingriff und die leitende Funktion von Phantasmen aufweisen. Phantasmen sind das universale Medium, mit dessen Hilfe wir im Prozess der typisierenden Apperzeption (Wahrnehmung) ‚wissen', wie sich der Gegenstand, den wir mit Hilfe eines bestimmten Typus sehen wollen, weiter zeigen wird. So leiten sie unsere wahrnehmende Tätigkeit. In den schwachen Phantasmen scheint uns dasjenige gleichsam vor, was erfahrungsgemäß insgesamt oder im künftigen Verlauf der Wahrnehmung zu erwarten ist. Sie sind ein phantasmatischer Vorschein des auf der Basis des Typus Erwarteten. Aber auch tiefere Stufen der Konstitution, wie z.B. das innere Zeitbewusstsein, beruhen wesentlich auf phantasmatischen Elementen. Retentionales Festhalten und protentionales Vorscheinen sind hier, auf der tiefsten Stufe der Konstitution, in erster Linie noch an den Vorgaben der strömenden Sinnlichkeit orientiert, erst nachrangig mischen sich phantasmatische Elemente ein, die der (höherstufigen) Erfahrung entsprechend eingefügt werden. Die in transzendentaler Reflexion aufgewiesene Funktion der Phantasmen im Rahmen der typisierenden Apperzeption ließ sich außerdem durch viele empirische Befunde der Psychologie stützen. Insbesondere die Untersuchungen von Halluzinationen bei Normalen sind hier zu nennen.

Der zweite Teil war der Analyse des Fungierens der in Erfahrungen gewachsenen Typen von Gegenständen gewidmet und führte uns in Kapitel 6 zu folgender Einsicht: In dem Gesamtgeschehen der alltäglichen Wahrnehmung werden ständig durch die sich ändernde Sinnlichkeit eine Vielzahl von Typen geweckt. Einmal geweckt, versuchen diese Typen, sich in der typisierenden Wahrnehmung auch zu erfüllen, und zwar indem die phantasmatisch vorgedeuteten Elemente den Prozess der Wahrnehmung so leiten, dass die erfüllenden Elemente in der Sinnlichkeit gleichsam durchlaufen werden. Je nachdem, wie weit diese Erfüllung gelingt, oder ob eine Entscheidung zwischen konkurrierenden Typen überhaupt herbeigeführt werden kann, streiten sich diese unter Umständen dauerhaft mit wechselnden Erfahrungs-Gewichten. Die Konkurrenz und der Streit unter den durch die veränderliche Sinnlichkeit geweckten Typen enden aber nicht an irgendeinem Punkt, sondern gehen stetig weiter. Dies ist nicht nur durch die sich ändernde Sinnlichkeit bedingt, sondern auch durch die vielgestaltige Mischung von Motiven, die Typen wecken können. Hier zeigte sich im Kapitel 8 ein unerwartet vielgestaltiges Ordnungsgefüge verschiedener Weckungsprinzipien.

Die genaue phänomenologische Analyse der Entstehung grundlegender, elementarer Formen von Typen im Kapitel 7 entkräftete dann einen Einwand, der sich auf einen vermeintlichen Bedingungszirkel in der Theorie der Gegenstandskonstitution mit der Hilfe von Typen richtet: Einerseits sind Typen grundlegend für die Konstitution von Wahrnehmungsgegenständen, andererseits bilden sie sich erst in der Wahrnehmung als eine Form der Erfahrung des Subjekts. Diese Situation ist nicht zirkulär, denn es lässt sich mit Hilfe der Theorie der phantasmatischen Selbstaffektion zeigen, dass die grundlegenden elementaren Typen schon in der Verbindung (und gegenseitigen Weckung) von zwei Empfindungen bestehen können. Diese Verbindung kann sich in der weiteren Erfahrung erweitern und über viele Zwischenstadien prägen sich dann die vollen Typen von Gegenständen aus. Da die elementaren Typen aber Ereignis-Typen sind, bringt dies mit sich, dass wir den Übergang von einer anfänglichen Ereignis-Ontologie (auf Grundlage der elementaren Typen) zu einer Gegenstands-Ontologie (auf Grundlage der vollen Typen) verständlich machen mussten.

Der dritte Teil untersuchte phantasmatische Repräsentations-Systeme im menschlichen Bewusstsein. Die Kapitel 9-11 zeigten jeweils, dass die phantasmatischen Elemente unseres Bewusstseinslebens nicht nur als unentbehrliche Grundlage der Konstitution in der Wahrnehmung (und in tieferen Schichten) fungieren, sondern auch höherstufigere Inhalte darstellen können, z.B. Sachverhalte, Pläne, Präferenzen und unsere Vorstellungen von den Vorstellungen Anderer. Hierzu muss man zunächst einen sehr allgemeinen Begriff prägen: das Repräsentations-System. Die Bestimmung dieses Begriffs geht zwar von den Charakteristika unserer Sprache aus, er ist aber nicht auf die Sprache begrenzt. Sprache ist nur eines von mehreren Repräsentations-Systemen, die im menschlichen Denken harmonisch zusammenarbeiten. Mit Hilfe der Sprache können wir viele lebens-wichtige Vorstellungen fassen: Sachverhalte, unsere eigenen Präferenzen, die Vorstellung künftigen Handelns, die Charaktereigenschaften von anderen Personen, deren Geschichte usw. Sprache ist zudem als öffentliches Kommunikations-System geeignet.

Aber die Sprache ist nicht das einzige System von Repräsentationen im menschlichen Bewusstsein, das alle diese Vorstellungen leisten kann. Es wurde in den Kapiteln 9-11 aufgewiesen, dass sich der szenisch organisierte Tagtraum, der phantasmatische Mitvollzug des Empfindens und Wollens anderer Personen und sogar unsere eigenen Gefühle sich jeweils als ein solches Repräsentations-System verstehen lassen. Die Verbindung dieser drei Repräsentations-Systeme erlaubt es, alle lebens-wichtigen Sachverhalte vorzustellen, und zwar ohne Hilfe der Sprache. Insbesondere ließ sich dabei zeigen, dass der phantasmatisch gefüllte Tagtraum als ein alter Modus des Denkens betrachtet werden kann, d.h. als eigenständiges und sprachunabhängiges Repräsentations-System, das ‚unter' dem von uns bevorzugt beachteten Repräsentations-System der Sprache liegt und mit diesem zugleich und störungsfrei zusammenarbeitet. Auch für die Art und Weise, wie wir uns die Empfindungen, die Einsichten und die Wollungen (Pläne) anderer Personen mit phantasmatischen Mitteln vorstellen können, gibt es ein aufschlussreiches Modell der Neurologie, die sogenannten Spiegelneuronen, deren Fungieren hier aus der Sicht der selbst erlebenden Perspektive des Subjekts interpretiert wird. Die Präferenzen, die wir selbst auf Grund von eigenen Erfahrungen erworben haben, die Erwartungen, die die Gruppe, in der wir leben, an uns stellt, sowie die in Gefühlen verleiblichten Wünsche und Empfindungen Anderer mischen sich in unserem Gefühls-Leben und sind mit Typen von Situationen, Handlungen, Ereignissen usw. innig verbunden. Sie repräsentieren Bedeutsamkeiten, die von unserem Bezug auf Welt und Andere nicht zu lösen sind und unser Handeln unterschwellig lenken.

Allerdings ist die Kombination dieser drei Repräsentations-Systeme kein Kommunikations-System, d.h. sie sind auch zusammen noch nicht als System einer öffentlichen Kommunikation geeignet. Dies enttäuscht eine wichtige Erwartung, welche die Philosophie aufgrund der historisch gewachsenen, aber einseitigen und zudem unbegründeten Fixierung auf das Repräsentations-System der Sprache hat: Ein Repräsentations-System, mit dessen Hilfe wir denken können, muss auch zur Kommunikation tauglich sein. Dies ist aber keineswegs der Fall. Hiermit soll kein Streit mit tiefsinnigen Denkern um die vermeintlich grundlegende Funktion der Sprache entzündet werden. Mir geht es hier nur darum zu zeigen, dass nicht jedes Repräsentations-System im menschlichen (und tierischen) Bewusstsein auch zugleich ein Kommunikations-System sein muss. Auf diese Weise lösen wir uns auch von der Vorstellung, dass jedes Repräsentations-System dieselben Charakteristika wie die Sprache haben müsste. Und wir befreien uns von dem philosophisch wohlgehegten Mythos der Sprache, denn Sprache ist evolutionär betrachtet ein sehr ‚junges' Repräsentations-System, das sozusagen eher oberflächennah arbeitet und nur dasjenige in einem neuen (und kommunizierbaren) Modus darstellt, was ‚ältere' und tiefer liegendere Repräsentations-Systeme bereits geleistet haben. Natürlich ist sie für Naturwissenschaft, für das philosophisch reflektierende Sich-Selbst-Verstehen auf dem Hintergrund der empirischen Wissenschaften und für die Mitteilung all dieser Einsichten unentbehrlich, weil sie ein System öffentlicher Kommunikation bietet. Hier sollen also keine neuen Irrationalismen gestiftet werden, sondern nur die wirklichen Wurzeln der Ratio freigelegt werden.

Die Analyse der Funktion der verschiedenen phantasmatischen Darstellungs-Systeme, die wir in der Innenperspektive des erlebenden Subjekts bemerken konnten, erlaubte es uns dann auch, im Kapitel 12 noch eine weitreichende Schlussfolgerung zu ziehen: Wir können eine Hypothese darüber wagen, wie die nicht-menschlichen Mitglieder der höchstentwickelten und zugleich am stärksten cerebralisierten Gruppe der Tiere, d.h. die Primaten, ‚denken'. Dieses Denken kann nicht auf das Hilfsmittel der Sprache zurückgreifen und leistet – nach der Einsicht der Primatologie der letzten Jahrzehnte – dennoch fast dasselbe wie das menschliche Bewusstsein. Natürlich müssen wir bereits für die Formulierung dieser Hypothese einen allgemeineren Begriff des Denkens verwenden: als Vorstellung von vergangenen und künftigen Sachverhalten, eigenen Präferenzen, Empfindungen und Absichten anderer Personen usw.

Die Verbindung verschiedener – empirischer und transzendentaler – Methoden bei der Untersuchung der Funktion der schwachen Phantasie hat sich vor allem in Form der Interpretation empirischer Ergebnisse auf dem Hintergrund der eidetisch-introspektiven Analyse eigener Bewusstseinserlebnisse als fruchtbar erwiesen. Phänomenologie will in erster Linie eine methodisch kontrollierte Beschreibung des Bewusstseins und seiner wesentlichen Strukturen aus der erlebten Innenperspektive leisten. Auf diese Weise bietet sie aber zugleich eine Grundlage für Interpretationen von empirischen Ergebnissen der Wissenschaften, die sich aus der Sicht der Naturwissenschaft mit dem Bewusstsein und seiner materiellen Grundlage beschäftigen. Der Beitrag der Phänomenologie erschöpft sich also nicht in einer Verbreiterung der Datenbasis, sondern besteht auch in der Interpretation z.B. der neurologischen Ergebnisse auf dem Hintergrund der sinnhaften Dimension der erlebten Innenperspektive des Subjekts. Gerade diese Verbindung zwischen den objektivierenden Befunden der Naturwissenschaft und der subjektiven Sinndimension fehlt zur Zeit noch den Kognitions- und Neurowissenschaften.

Der überraschende Ausblick auf die Weise, wie Primaten (und wir) ohne Sprache denken können, gehört in diese Linie produktiver Interpretationen empirischer Befunde auf dem Hintergrund der Phänomenologie des Bewusstseinslebens. Introspektion hat gewiss ihre Methodenprobleme, die aber schrittweise überwunden werden können und dann zu einer unvergleichlich wichtigen Interpretationsgrundlage werden können, denn es gibt zumindest ein Tier, bei dem wir einen guten Zugang zu dessen Innenperspektive haben, den Menschen. Auf diese Weise ließe sich auch die behavioristische Verengung der Interpretation neurologischer Ergebnisse vermeiden, ohne damit schon der philosophischen Fiktion eines monolithischen, sprachlichen und vollkommen autonomen Subjekts erliegen zu müssen.

Anmerkungen

1 Vgl. die Übersicht in Kap. 1.2.

2 Vgl. hierzu die Untersuchungen von M. Tomasello: Die kulturelle Entwicklung des menschlichen Denkens. Zur Evolution der Kognition. Frankfurt 2002.

3 Bei einem Vergleich von Husserl und Kant sollte man die Unterschiede in der Verwendung der zentralen Termini *a priori* und *transzendental* beachten, auf die ich im methodenkritischen Teil dieser Einleitung noch eingehen werde.

4 Vgl. Kant, Anthropologie in pragmatischer Hinsicht. In: Akademie-Ausgabe Bd. VII, 190.

5 Vgl. für diese Vermutung auch E. Kasten: *Wenn das Gehirn aus der Balance gerät. Halluzinationen.* In: Spektrum der Wissenschaft, Heft Dez. 2000, 64-73. Hierfür spricht auch die vollkommene Gleichverteilung von psychotischen Erkrankungen mit einem Anteil von Halluzinationen, die die Zehn-Länder-Häufigkeitsstudie der WHO im Jahr 1992 feststellte, vgl. die Interpretation dieser Studie durch Tim J. Crow: *Kernsymptome der Schizophrenie als Schlüssel zur Evolution des modernen Homo Sapiens.* In: Steven Rose (Hrsg.): *Gehirn, Gedächtnis und Bewusstsein.* Bergisch Gladbach 2000, 190-212.

6 Für die weiteren Aspekte der transzendentalen Funktion der Selbstaffektion, vgl. Kap. 1.2.

7 Sie weisen z.B. nicht die charakteristischen Eigenarten von Bildern (z.B. Fotografien) auf, die das Abgebildete in anderer Größe, Perspektive, Farbe usw. präsentieren als der Gegenstand selbst aufweist. Phantasmata präsentieren den Gegenstand sozusagen unvermittelt, d.h. so wie er sich mir zeigen würde, wenn ich ihn wirklich und unter normalen Umständen sehen würde.

8 Vgl. I. Kant: *Kritik der reinen Vernunft.* A 141 / B 180 f.

9 Wir haben Gefühle zwar immer angesichts von Situationen in der Welt, doch es kommt dann immer auf unsere Haltung an, ob sie auch Gefühle hervorrufen.

10 Vgl. Hua XVII, § 100, S. 264.

11 American Psychiatric Association: *Diagnostic and statistical manual of mental disorders.* (3rd ed.). Washington D.C.: American Psychiatric Association, 1987, 398.

12 Vgl. z.B. die Darstellung von R. J. Teunisse, J. R. Cruysberg (et al.): *Visual Hallucinations in Psychologically Normal People: Charles Bonnet's Syndrome. CBS.* In: Lancet 347 (1996), 794-797 und hier Kap. 4.

13 Vgl. hierzu D. Lohmar: *Die phänomenologische Methode der Wesensschau und ihre Präzisierung als eidetische Variation.* In: Phänomenologische Forschungen 2005, 65-91.

14 Vgl. D. Lohmar: *Die Idee der Reduktion. Husserls Reduktionen und ihr gemeinsamer methodischer Sinn.* In: *Die erscheinende Welt.* Festschrift für K. Held, Hrsg. H. Hüni / P. Trawny, Berlin 2002, 751-771.

15 Damit soll aber nicht geleugnet werden, dass die transzendentale Reduktion auch in dieser wieder ‚empirisch angereicherten' Phase der Untersuchung des Bewusstseinslebens völlig ohne Auswirkungen bleibt. Das Gegenteil ist wohl richtig, denn sie wirkt auch hier noch gleichsam nach, weil sie zur festen Haltung geworden ist; sie bewirkt für uns zumindest eine grundlegende Zurückhaltung gegenüber einfachen kausalen Erklärungen, insbesondere dann, wenn sie Erklärungsansprüchen hinsichtlich intentionaler Inhalte erheben.

16 Vgl. Shaun Gallagher: *Phenomenology and experimental design.* In: Journal of Consciousness Studies 10 (2003), 85-99.

17 Vgl. hier Kap. 5,2 und meinen Beitrag: *What does protention protend?* In: Philosophy Today. Supplement 2003, 154-167.

18 Vgl. AA 2, 264-267 und 339-348. Die Bezeichnung schöpferische Dichtungsfähigkeit findet sich AA 2, 264.

19 Vgl. AA 7, § 28 und §§ 31-33. Kant hat diese Vorlesung nach eigenen Angaben etwa 30 Jahre lang im Wintersemester gehalten (AA 7, 122).

20 Vgl. zu diesem Verständnis des Begriffs W. Diltheys Vortrag (1886): *Dichterische Einbildungskraft und Wahnsinn.* In: W. Dilthey, *Gesammelte Werke VI, Die geistige Welt.* Stuttgart 1978, 90-102 sowie die Abhandlung *Die Einbildungskraft des Dichters. Bausteine für eine Poetik (1887).* In: W. Dilthey, *Gesammelte Werke VI,* Stuttgart 1978, 103-241.

21 Vgl. AA 2, 265.

22 Nicht nur die Einbildungskraft kann einen Gegenstand 'auch ohne dessen Gegenwart' anschaulich präsentieren, sondern auch die Erinnerung (vgl. AA 7, 167).

23 Siehe AA 2, 265, vgl. auch AA 2, 346, Anm.*.

24 Vgl. D. Lohmar: Erfahrung und kategoriales Denken. Hume, Kant und Husserl über vorprädikative Erfahrung und prädikative Erkenntnis. Dordrecht 1998 und Grundzüge eines Synthesis-Modells der Auffassung. In: Husserl Studies 10 (1993), 111-141.

25 Gegen ein solches Modell, das den Erfolg einer Handlung als Bedingung der Gegenstandsfähigkeit ansieht, lassen sich triviale, aber auch systematisch begründete Einwände erheben. Man kann sich z.B. vorstellen, dass der Erfolg oder Nicht-Erfolg von Person zu Person verschieden sein kann (personal subjektiv). Es kann auch unbemerkter Selbstbetrug oder Selbsttäuschung die Anwendung des Kriteriums fragwürdig machen. Dieses Bedenken verschärft sich noch, weil wir aus den vorkritischen Anfängen dieser Synthesis-Theorie her wissen, dass die chimärischen Linien der dichterischen Einbildungskraft notwendigerweise zur Gegenstandshabe dazugehören. Aber alle diese Einwände müssen wir zunächst zurückstellen.

26 Bei den Gesichtern im Bettvorhang ist es schwierig zu unterscheiden, ob etwas Nicht-Gegenwärtiges neu eingezeichnet oder etwas Teilweise-Gegenwärtiges nur ausgezeichnet ('vollendet') wird. Gegen ein vollkommenes Neu-Einzeichnen spricht vor allem, dass wir die Gestalt nicht an jeder beliebigen Stelle einzeichnen können.

27 G. Prauss hat das *Deuten* von Empfindungen als Gegenstände als das Kantische Modell des Erkennens herausgearbeitet (*Einführung in die Erkenntnistheorie*. Darmstadt 1980, 66-115), wenngleich Kant selbst noch nicht zum vollen Verständnis der eigenen Intentionen durchgedrungen sei (a.a.O., 85). Prauss' Interpretation befindet sich wiederum in großer Nähe zu Husserls Modell der Auffassung von vorgegebenen Inhalten.

28 Vgl. hierzu auch das sog. Kanisza Dreieck und weitere Beispiele, hier Kap. 4.

29 Vgl. Th. Hobbes: *Vom Körper (Elemente der Philosophie I)*. 139.

30 Er schreibt: „und so herrscht jene innere Bewegung, die das Phantasma entstehen lässt, durch Fehlen aller andern Eindrücke vor (...)“, a.a.O., 145. Hier kann es sich natürlich nur um eine sehr verkürzte Zusammenfassung der umfangreichen Theorie Hobbes‘ handeln.

31 Th. Hobbes: *Vom Körper (Elemente der Philosophie I)*. 4. Teil, 25. Kap., 141.

32 J. Locke: *Versuch über die menschliche Natur*. Buch 2, Kap. I, Par. 14.

33 Die Untersuchungen von E. Cassirer (*Die platonische Renaissance in England und die Schule von Cambridge*. Leipzig 1932) zeigen, dass der Hauptadressat von Lockes Kritik an den eingeborenen Ideen die Schule der sogenannten 'Cambridge Platoniker' ist, zu denen Herbert v. Cherbury, Benjamin Whichcote, Ralph Cudworth und Henry More gehörten.

34 Hier kann keine vollständige Geschichte der Theorie des Traumes in der neuzeitlichen Philosophie erörtert werden, es geht nur um die wesentlichsten Einflüsse auf Kants Verständnis des Traums; hierzu wären noch viele andere Positionen zu berücksichtigen, vor allem Leibniz und Wolff, wie z.B. S. Carboncini in ihrer vorzüglichen Studie *Transzendentale Wahrheit und Traum. Christian Wolffs Antwort auf die Herausforderung durch den Cartesianischen Zweifel*. Stuttgart-Bad Cannstatt 1991 zeigt.

35 Es wird aber deutlich, dass die Vermittlung von Descartes‘ Theorie über das körperliche Substrat der Perzeptionen auch von Hobbes beeinflusst wurde.

36 Vgl. auch Descartes : *Les Passions de l'Âme*, Art. 21, 26, 34.

37 Wenn wir die Modellbildung der heutigen Neurophysiologie zum Vergleich heranziehen, so werden heute wieder materielle Modelle, wie Gedächtnis-Moleküle oder Schaltungs-Zustände, bevorzugt.

38 Vgl. a.a.O., Art. 21, 26, 34.

39 Mit dieser Konzeption eines Bewusstseins, das sich seine Sinnlichkeit ganz oder teilweise selbst verschafft, steht Kant in enger Beziehung zu Leibniz, der die Monade so vorstellt, dass sie alle ihre Perzeptionen aus sich selbst erzeugt. Vgl. hierzu D. Lohmar: *Traum-Subjekt und Wahrnehmungs-Subjekt*. In: ALTER 6 (1998), 475-501.

40 Vgl. AA 7, 103 ff.

41 Der Begriff des Auffassungswechsels ist Husserls Theorie der Auffassung entnommen, vgl. E. Husserl, *Logische Untersuchungen*, besonders die 5. *Logische Untersuchung*, Hua XIX, 395 ff., 458 ff.

42 Dies gilt auch für einen großen Teil der Halluzinationen, die von normalen und gesunden Menschen berichtet werden, vgl. den umfangreichen *Report on the Census of Hallucinations*. By Professor Sidgwick's Committee. In: Proceedings of the Society for Psychical Research X (1894), 25-422.

43 Dieses Beispiel geht auf eine Anregung von Helvetius zurück, vgl. AA 7, 179.

44 Vgl. D. Lohmar: *Erfahrung und kategoriales Denken*. Dordrecht 1998, Kap. II, 10, a.

45 Das Beispiel der Schlange im dunklen Schuppen geht auf die Veden zurück, hier dient es dazu, den Täuschungscharakter (*maya*, Schleier) der sinnlich gegebenen Welt im Ganzen an die Leidenschaften des Einzelnen zu binden. Erst das Nachlassen der Leidenschaft und schließlich deren völlige Aufgabe ermöglicht ein täuschungsfreies Erkennen. Das Beispiel findet sich ebenfalls in der antiken Literatur der skeptischen Tradition, z.B. bei Karneades.

46 Zu den komplexen Regeln, unter denen der Aufruf jeweils verschiedener Schemata bzw. Begriffe durch die gegebene Sinnlichkeit und der (den Kantischen Neigungen und Leidenschaften entsprechenden) Relevanzordnung der Typen entspricht, vgl. die eingehende Darstellung in Kap. 8.

47 Zur Relevanzstruktur der Lebenswelt vgl. Schütz, Alfred: *Der sinnhafte Aufbau der sozialen Welt*. Frankfurt 1974 und Schütz, Alfred: *Das Problem der Relevanz*. Frankfurt 1971.

48 Über die Funktion der Schemata vgl. hier Kap 6.

49 Vgl. die ausführliche Analyse hierzu in Kap. 8.

50 Die ungeklärte Weise dieses Enthaltenseins ist ein bleibendes, gemeinsames Problem der merkmalstheoretischen Konzeption der Subsumtion wie der Korrespondenztheorie. Eine Merkmalstheorie der Erkenntnis und der Wahrnehmung ohne die Grundlage einer Synthesis-Theorie der Wahrnehmung erscheint mir undurchführbar. Vgl. hierzu D. Lohmar: *Erfahrung und kategoriales Denken*. Dordrecht 1998, Kap. II,1 – II,5.

51 Vgl. D. Lohmar: *Erfahrung und kategoriales Denken*. A.a.O., Kap. II, 10, b) und c).

52 Vgl. I. Kant: *Kritik der reinen Vernunft*, A 25 / 39 f.

53 Vgl. I. Kant, *Anthropologie in pragmatischer Hinsicht*, AA7, 156.

54 Auf die Schlüssigkeit algebraischer Argumente ist Kants Theorie der durch Operationen hergestellten reinen Anschauung allerdings nicht anwendbar. Vgl. meinen Beitrag: *On the Possibility of Formal Science*. In: The New Yearbook for Phenomenology, Vol. 6 (2006), 109-126.

55 Sie ist über die Funktion der Ergänzung hinaus schon für die leere Intention auf den Gegenstand notwendig (vgl. Kap. 3.5), und dies lässt sich auch in weiteren Aspekten aufweisen.

56 Vgl. z.B. Barrett, Terry R. / Caylor, Marlys R.: *Verbal Hallucinations in normals, V: perceived reality characteristics*. In: *Personality and Individual Differences* 25 (1998), 209-221. Hier wird eine Übersicht über die Untersuchungen zu den verschiedenen Formen von Halluzinationen bei Normalen geboten: „All of these investigators have come to the conclusion that hallucinations, and in particular verbal hallucinations, are a regular part of normal consciousness for a relatively large minority of individuals in the normal population." (210) Im Hinblick auf die Untersuchung von P. D. Slade und R. P. Bentall (*Sensory deception: A scientific analysis of hallucination*. Baltimore: The John Hopkins Press 1988) heißt es „[...] they suggested that hallucinations should be understood to be on a continuum of normal conscious experience that includes vivid thoughts and daydreams." (a.a.O., 218).

57 Zum Thema filling-in gibt es bereits viele bemerkenswerte Beiträge, vgl. z.B. Pessoa, Luiz / Thompson, Evan / Noê, Alva: *Finding out about filling-in: A guide to perceptual completion for visual science and the philosophy of perception*. In: Behavioral and brain sciences 21 (1998), 723-802 und die hier genannte Literatur.

58 Vgl. Thomas B. Posey / Mary E. Losch: *Auditory Hallucinations of Hearing Voices in 375 Normal Subjects*. In: Imagination, Cognition and Personality, Vol. 3, 1983-84, 99-113.

59 Vgl. Terry R. Barrett und Jane B. Etheridge: *Verbal Hallucinations in Normals, I: People who hear ‚Voices'*. In: Applied Cognitive Psychology, Vol. 6, 1992, 379-387. Eine vergleichbare Studie von A. Millham und S. Easton (*Prevalence of auditory hallucinations in nurses in mental health*. In: *Journal of Psychiatric and Mental Health Nursing*, Vol. 5, 1998, 95-99) an Krankenschwestern und Schwestern-Schülerinnen ergab für die Frage nach der inneren Stimme

nur 22 % Zustimmung. In der letztgenannten Studie, die sich lediglich auf 55 Personen bezieht, sind in fast allen vergleichbaren Testfragen die Zustimmungsraten nur halb so hoch wie bei den insgesamt fast 1000 getesteten College-Studenten, daher liegt die Vermutung nahe, dass nicht alle Versuchspersonen von der Folgenlosigkeit der Ergebnisse der Untersuchung für ihre professionelle Bewertung überzeugt werden konnten.

Es gibt weitere Untersuchungen zu auditiven Halluzinationen bei Normalen, die versuchen, den Grad der Fähigkeit zu visuellen und akustischen Halluzinationen in eine Beziehung zu setzen, vgl. Terry R. Barrett: *Verbal Hallucinations in Normals, II: Self-Reported Imagery Vividness.* In: *Personality and Individual Differences,* Vol. 15, 1993, 61-67 und Andre Aleman / Koen B.E. Böcker / Edward H.F. de Haan: *Disposition towards hallucination and subjective versus objective vividness of imagery in normal subjects.* In: *Personality and Individual Differences,* Vol. 27, 1999, 707-714.

60 Es kann auch vorkommen, dass wir einen unverstandenen Satz anderer Personen wiederholen und ihn so aussprechen, als ob wir zugleich hinzufügen wollten: Was kann das besagen?

61 Diese Tatsache des Sich-Hörens-beim-Reden hat z.B. Derrida als Selbstaffektion bezeichnet und eine Reihe von Einfällen daran angeknüpft. Diese Form des Sich-Affizierens hat nichts mit der phantasmatischen Selbstaffektion gemeinsam, die hier untersucht wird.

62 Vgl. hierzu meinen Beitrag: *Husserl's Concept of Categorical Intuition.* In: *Hundred Years of Phenomenology.* Ed. D. Zahavi F. Stjernfelt, Dordrecht 2002, 125-145.

63 Husserl hat diesen Aspekt der Wahrheit mit dem Begriff der Richtigkeit bezeichnet. Vgl. hierzu § 39 der 6.Logischen Untersuchung und § 46 von *Formale und transzendentale Logik* (Hua XVII), dazu meinen Kommentar: *Edmund Husserls 'Formale und Transzendentale Logik'. Werkinterpretation.* Darmstadt 2000, 101 f. sowie: *Truth.* In: *Encyclopedia of phenomenology.* Eds. L. Embree et. al., Dordrecht 1997, 708-712.

64 Vgl. Husserls Theorie der Indikationen im § 16 a) von *Formale und transzendentale Logik.*

65 Vgl. hier Kap. 11, 2. Es ist nicht nur die phantasmatisch gehörte Stimme, die die anderen darstelllt. Wir werden später sehen, dass ich auch die Empfindungen Anderer mitempfinden kann und sogar ihr Wollen bis zu einem gewissen Grad mitwollen kann. Vgl. hier Kap. 10.

66 Dieser weitreichenden These hinsichtlich des viel diskutierten Verhältnisses von transzendentalem und mundanem ego kann ich an dieser Stelle nicht weiter nachgehen.

67 Dies erkennen wir interessanterweise auch an dem Vergleich mit den Kranken, die an dem CBS-Syndrom leiden. Bei ihnen hören die Halluzinationen normalerweise auf, wenn sie die Augen schließen. Aber dies ist ein deutliches Indiz dafür, dass dasjenige, was die CBS-Patienten halluzinieren, jetzt und hier vorgestellt ist und nicht an einem anderen Ort oder zu einer anderen Zeit. Vgl. die Ausführungen hier Kap. 4.

68 Vgl. hierzu Ramachandran, Vilaynur S. / Blakslee, Sandra: *Die blinde Frau, die sehen kann. Rätselhafte Phänomene unseres Bewusstseins.* Rowohlt, Reinbek 2002, Kap. 1-3. Damit ist nicht behauptet, dass es nicht auch im Rahmen der Phantomglied-Symptomatik durchaus auch Effekte der phantasmatischen Selbstaffektion geben kann.

69 Vgl. Cross, D.V. / Rotkin, L.: *The relation between size and apparent heaviness.* In: Perception and Psychophysics 18 (1975), 79-87.

70 Vgl. Biocca, Frank / Kim, Jin / Choi, Yung: *Visual Touch in virtual Environments: An Exploratory Study of Presence, Multimodal Interfaces, and Cross-Modal Sensory Illusions.* In: Presence 10 (2001), 247-265 und auch Biocca, Frank / Inoue, Y. / Lee, A. / Polinsky, H. / Tang, A.: Visual cues and virtual touch: Role of visual stimuli and intersensory integration in cross-modal haptic illusions and the sense of presence. In: Proceedings of Presence. Ed. F. Gouveia, Porto 2002.

71 M. Botvinck / J. Cohen: *Rubber hands ‚feel' touch that eyes see.* In: *Nature* 391 (1998), 756. Ähnliche Ergebnisse zeigt eine Studie über die Auslöschung bzw. Überdeckung von nur gesehenen, aber scheinbar taktuellen Reizen bei Schlaganfall-Patienten, die einseitig gelähmt waren (A. Farnè, F. Pavani, F. Neneghello, E. Làdavas: *Left tactile extinction following visual stimulation of a rubber hand.* In: *Brain* 123, 2000, 2350-2360), auch hier schien die nur gesehene Reizung die taktuelle Lokalisierung zu beeinflussen bzw. sogar zu dominieren.

72 Einige Studien vermuten daher eine Art neuronales Netzwerk mit visuellen und taktilen Komponenten, die die Raumorientierung und Lokalisation unserer Körperglieder bestimmt. Dabei werden sowohl visuelle als auch taktuelle Informationen weitgehend von denselben (dual-modalen) Neuronen verarbeitet. Das heißt, dieselben Areale waren aktiv bei der Verar-

beitung von visuellen und taktuellen Informationen über die Lage meiner Hände. Auch die Ergebnisse der Untersuchungen von M. Mon-Williams, J.P. Wann, M. Jenkinson und K. Rushton über die Lokalisation von Fingern und Armen bei künstlich gestörter visueller Präsenz deuten auf eine Priorität des visuellen Systems bei der Lokalisation von eigenen Körpergliedern hin, vgl. Mark Mon-Williams et al.: *Synaesthesia in the normal limb.* In *Proc. Royal Society London* B, 264, 1997, 1007-1010.

73 F.W. Halligan, J.C. Marshall, M. Hunt und D.T. Wade: *Somatosensory assessment: Can seeing produce feeling?* In: *Journal of Neurology* 244, 1997, 199-203, besonders S. 202. Vgl. auch die Folgestudie von C. Rorden, J. Heutink, E. Greenfield, I.H. Robertson (*When a rubber hand ‚feels' what the real hand cannot.* In: *NeuroReport* 10, 1999, 135-138), die sich mit einer der Versuchspersonen der o.g. Studie beschäftigt, die nur dann taktuelle Empfindungen haben konnte, wenn sie die Berührung auch sah.

74 Vgl. hier die Analysen zur Relevanzordnung bei der Anwendung von empirischen Typen bei der Konstitution von Gegenständen und Ereignissen, hier Kap.8.

75 Sinnlich gegebene Elemente gemäß einem Typus zu erwarten, setzt natürlich voraus, dass dieser Typus bereits fungiert, d.h. dass er bereits geweckt worden ist. Diese Weckung kann aber in verschiedenen Modi vor sich gehen, vgl. hier Kap. 8.

76 Die Rede von Schichten bei der Konstitution ist nicht räumlich, nicht kausal und auch nicht zeitlich zu verstehen, denn die Leistungen auf allen Schichten werden zugleich und ineinander verschlungen vollzogen. Es geht allein um die Fundierungsverhältnisse von abstraktiv voneinander zu unterscheidenden subjektiven Leistungen.

77 Charles Bonnet: *Essai Analytique sur les Facultes de l'Âme.* Kopenhagen 1760 (2.Aufl. 1769). Der stark von La Mettries Werk *L'Homme Machine* (Leiden 1748) beeinflusste Bonnet, erläutert hier seine Gedanken über die physiologischen Bedingungen geistiger Vorgänge. Er betont vor allem die Bedeutung der Sinneseindrücke für die Ideen der Seele.

78 Podoll, K., Osterheider M., Noth, J.: *Das Charles Bonnet Syndrom.* In: Fortschritte der Neurologie und Psychiatrie 57, 1989, 43-60.

79 Das Durchschnittsalter der Patienten in der Studie von Teunisse, R.J. / Cruysberg, J. R. et al. (*Visual hallucinations in psychologically normal people: Charles Bonnet's syndrome.* In: *Lancet* 347 (1996), 794-797) lag bei 75,4 Jahren, vgl. a.a.O., p. 795.

80 Vgl. T. L. Schwarz / L. Vaghei: *Charles Bonnet Syndrome in Children.* In: Journal of the American Association for Pediatric Ophthamology and Strabismus (JAAPOS), Vol. 2, No. 5 (1998), 310-313.

81 Vgl. G. Schulz / R. Melzack: *The Charles Bonnet Syndrome. Phantom visual images.* In: Perception Vol. 20 (1991), 813 und Teunisse, R.J. / Cruysberg, J. R. et al. *Visual hallucinations in psychologically normal people: Charles Bonnet's syndrome.* In: Lancet, Vol. 347, 1996, 794.

82 Vgl. die Übersichtsdarstellungen von Erich Kasten: *Wenn das Gehirn aus der Balance gerät: Halluzinationen.* In: Spektrum der Wissenschaft Heft Dez. 2000, 64-73 und A.S. David / G. Busatto: *Die Halluzination. Eine Störung von Gehirn und Geist.* In: Nervenheilkunde 18 (1999), 104-115

83 Die Ansicht, dass musikalische Halluzinationen bei Hörverlust eine auditive Form des Charles Bonnet Syndroms bei Normalen sind, vertritt G. Hosty: *Musical Hallucinosis: Auditory Charles Bonnet Syndrome?* In: *Irish Journal of Psychological Medicine* 11 (1994), 29 und T. D. Griffith: *Musical Hallucinosis in Acquired Deafness. Phenomenology and Brain Substrate.* In: *Brain* 123 (2000), 2065-2076. Zum Vergleich mit Normalen und zur Beteiligung von pathologischen Befunden, vgl. G. E. Berios: *Musical Hallucinations. A Statistical Analysis of 46 Cases.* In: *Psychopathology.* 24 (1991), 356-360. Fallstudien bieten P. Cerrato / D. Imperiale et al.: *Complex musical Hallucinosis in a Professional Musician with a left Subcortical Haemorrhage.* In: *Journal of Neurosurg. Psychiatry* 71 (2001), 280 f.; N. Tanriverdi / M. A. Sayilgan / G. Özcürümez: *Musical Hallucinations associated with abruptly developed Bilateral Loss of Hearing.* In: *Acta Psychiatrica Scandinavica* 103 (2001), 153-155 und T. Terao: *Musical Hallucinations in Middle Age.* In: *Acta Psychiatrica Scandinavica* 104 (2001), 315 f.

Diese Befunde stimmen auch mit der bemerkbaren Fähigkeit zusammen, dass wir Melodien und gesprochene Sätze von anderen Personen gut phantasmatisch reproduzieren und produzieren können, und zwar auch dann, wenn wir selbst kein Instrument spielen können. Manchmal tritt diese Fähigkeit als lästiger Ohrwurm auf, d.h. als eine Melodie, die immer wieder spontan phantasmatisch auftritt. Eventuell ist dies der Grund, warum unser Beurteilungsvermögen, ob z.B. jemand eine Melodie richtig spielt oder ob er Fehler macht, auch dann sehr gut ist, wenn wir selbst kein Instrument spielen können. Vgl. auch hier Kap. 6.2.

84 Vgl. Teunisse / Cruysberg, a.a.O., 794: „Several authors [...] suggested that many patients did not report their hallucinations out of fear of being considered insane." (sowie die weiterführenden Verweise dort).

85 Vgl. Teunisse / Cruysberg, a.a.O., 796.

86 Für die meisten der von CBS Betroffenen reicht als Therapie eine Aufklärung über ihren Zustand und die Versicherung aus, dass sie vollkommen normal sind. Vgl. J. Hart: *Phantom Visions: Real enough to touch.* In: *Elderly Care* 9 (1997), 30-32. Natürlich gibt es auch hier Ausnahmen, vgl. B.W. Rowner: *The Charles Bonnet Syndrome. Visual Hallucinations caused by Vision Impairment.* In: *Geriatrics* 57 (2002), 45 f.

87 Vgl. Teunisse / Cruysberg, a.a.O., 795 f.

88 Vgl. auch die Aufschlüsselung nach Häufigkeit bei G. Schulz / R. Melzack: *The Charles Bonnet Syndrome. Phantom visual images.* In: Perception 20 (1991), 810 f. und bei Teunisse / Cruysberg, a.a.O., 795 f.

89 Vgl. Teunisse R.J. / Zitman F.G. / Raes D.C.M: *Clinical Evaluations of 14 Patients with the Charles Bonnet Syndrome (Isolated Visual hallucinations).* In: Comprehensive Psyciatry 35 (1994), 70-75.

90 Vgl. Teunisse / Cruysberg, a.a.O., 795 f.

91 Vgl. Schulz / Melzack: *The Charles Bonnet Syndrom.* A.a.O., 811 f. Nach Teunisse / Cruysberg geben 65 % der Patienten an, dass sie diese Dinge noch nie gesehen haben (vgl., a.a.O., 796).

92 Vgl. Teunisse / Cruysberg, a.a.O., 796, vgl. auch Schulz / Melzack, a.a.O., 812.

93 Vgl. Teunisse / Cruysberg, a.a.O., 796.

94 Bei Teunisse / Cruysberg waren es 82 %, vgl. a.a.O., 795.

95 Vgl. Schulz / Melzack, a.a.O., 816 f., Teunisse / Cruysberg, a.a.O. 796. Diese Feststellung wurde 1994 von einer Studie an 14 Personen in Nijmegen bestätigt, vgl. Teunisse, R.J., Zitman, F.G., Raes, D.C.M.: *Clinical evaluation of 14 patients with the Charles Bonnet Syndrome (Isolated visual hallucinations).* In: *Comprehensive Psychiatry*, Vol. 35 (1994), 70-75. Das letztgenannte Charakteristikum der Halluzinationen bei CBS, d.h. das Verschwinden beim Schließen der Augen, ist mit unserer Analyse der Selbstaffektion als einer Ergänzungsfunktion durchaus vereinbar. Wenn wir unter normalen Umständen etwas sehen, dann gehört das normale Empfinden der Bewegungen unserer Augen zu dem Bestand der normalen, typisierenden Apperzeption als ein realitäts-bestätigendes Element dazu.

96 Das phantasmatische „Gesehene" scheint den CBS Patienten, deren Visus auf verschiedene Weisen gestört ist, daher auch in 45 % der Fälle deutlicher zu erscheinen als die realen Gegenstände. Vgl. Teunisse / Cruysberg, a.a.O., 795.

97 Die Schwäche der Phantasma ist demnach relativ zum jeweiligen „Gegner": In der Konkurrenz zur wachen und intakten Sinnlichkeit sind sie immer schwächer, wenn aber dieser Gegner fast verschwindet, zeigen sie deutlich ihre relative Stärke.

98 Vgl. V.R. Ramachandran / S. Blakeslee: *Die blinde Frau, die sehen kann. Rätselhafte Phänomene unseres Bewusstseins.* Rowohlt Reinbek 2002, 177-190.

99 Vgl. Ramachandran / Blakeslee, a.a.O., 187.

100 Vgl. Ramachandran / Blakeslee, a.a.O., 185-190.

101 Vgl. Ramachandran / Blakeslee, a.a.O., 186

102 Vgl. Ramachandran / Blakeslee, a.a.O., 187.

103 Vgl. Ramachandran / Blakeslee, a.a.O., 187.

104 Vgl. Ramachandran / Blakeslee, a.a.O., 189.

105 Vgl. Ramachandran / Blakeslee, a.a.O., 190.

106 Vgl. Ramachandran / Blakeslee: a.a.O., 155-166.

107 Vgl. Ramachandran / Blakeslee, a.a.O., 157.

108 Vgl. Ramachandran / Blakeslee, a.a.O., 158 und 164.

109 Ramachandran vermutet, dass eine solche unwillkürliche Korrektur der Horizontalen Probleme bei der Bestimmung der Entfernungen aus den kleinen Unterschieden in der horizontalen

Höhe hervorrufen könnte. Sie würde also, vom evolutionären Gesichtspunkt betrachtet, mehr Schaden anrichten können, als sie nützt. Vgl. Ramachandran / Blakeslee, a.a.O., 162 f.

110 Vgl. Ramachandran / Blakeslee, a.a.O., 166-176.

111 Vgl. auch die Beschreibungen von O. Sacks in: *Migräne*. Reinbek 1994, 102-105.

112 Vgl. Ramachandran / Blakeslee, a.a.O., 169 f.

113 Vgl. Ramachandran / Blakeslee, a.a.O., 176 f.

114 Auch bei Husserl gibt es Hinweise auf eine ‚gefühlte' Tendenz zum Ausfüllen: „Wenn ich ein unvollständiges Muster sehe, z. B. das dieses Teppichs, der durch Möbelstücke teilweise verdeckt ist, so ist gleichsam das gesehene Stück mit Intentionen behaftet, die auf Ergänzungen hinweisen (wir fühlen sozusagen, dass die Linien und Farbengestalten im "Sinne" des Gesehenen fortgehen)" (5. LU, § 10, B_2 40).

115 Vgl. Ramachandran / Blakeslee, a.a.O., 175.

116 Diese Dimension der Fortschreibung phantasmatischer Ausfüllung, ausgehend von einer sinnlichen Gegebenheit, die *gerade zuvor* vorlag, lässt sich bei der Analyse der Protentionen aufweisen. Vgl. hier Kap. 5.

117 Die Differenz der Darstellung im visuellen Feld kann man auch einäugig überprüfen.

118 Der Ausdruck „der mit dem Sehen beschäftigte Teil unseres Gehirns" ist eine Vereinfachung, denn mittlerweile kannt man eine Reihe von spezialisierten Regionen des Gehirns, die jeweils verschiedene Aufgabengebiete haben: Konturen, Farben, Bewegungen usw.

119 Vgl. Hua XI, 125.

120 Vgl. hierzu D. Lohmar: *Grundzüge eines Synthesis-Modells der Auffassung*. In: Husserl Studies 10 (1993), 111-141.

121 Vgl. hierzu die Darstellung von Husserls Typus und Kants Schemata, hier Kap. VI.

122 Man muss hier von Vorgegebenheit sprechen, obwohl das vorgegebene Material meistens selbst das Ergebnis einer Konstitution niedrigerer Stufe ist (mit der Ausnehme der niedrigsten Stufe der Konstitution). Vorgegebenheit des Materials für eine Synthesis ist daher ein relativer Begriff.

123 Das Adjektiv *speciosus* bedeutet (*Georges*) unter anderem wohlgestaltet, schön, prächtig, durch äußeren Schein blendend. Kant gebraucht *speciosus* meistens im Sinn von täuschendem Blendwerk, wie sich z.B. aus einer lateinischen Rede vom Februar 1777 ergibt (Vgl. A. Warda: *Eine lateinische Rede Imm. Kants als außerordentlichen Opponenten gegenüber Johann Gottlieb Kreutzfeld*. In: Altpreussische Monatsschrift Bd. 47 (1910), 662-670 und die Übersetzung von B. A. Schmidt, *Eine bisher unbekannte lateinische Rede Kants über Sinnestäuschung und poetische Fiktion*. In: Kant-Studien 16, 1911, 5-21). Im Kontext der vorkritischen Untersuchungen der dichterischen Einbildungskraft ließe sich ein Ausdruck wie *synthesis speciosa* durchaus als "täuschende Einbildung", "Blendwerk" oder als "Selbstbetrug in den Empfindungen" (AA II, 265) verstehen. In und nach der *Kritik* gebraucht Kant ihn synonym mit figürlicher Synthesis.

124 Vgl. hierzu D. Lohmar: *Erfahrung und kategoriales Denken*. Dordrecht 1998, 145.

125 Vgl. Pinel, John P. J.: *Biopsychologie*. Berlin 2001, 204.

126 Von dieser Bezeichnung in den *Vorlesungen zur Phänomenologie des inneren Zeitbewusstseins (1904/05)* weicht Husserl mit guten Gründen in den *Bernauer Manuskripten* ab: „Die Retention (das Bewusstsein der Postpräsentation) ist genau besehen keine Erinnerung, sie soll also nicht primäre Erinnerung genannt werden. Sie ist keine Vergegenwärtigung." (Hua XXXIII, 55). Auch Erwartung und Protention, die in der *Vorlesungen* noch an einigen Stellen synonym verwendet werden (vgl. Hua X, 35, 39), sollten klar unterschieden werden.

127 Vgl. Hua X, 26.

128 Vgl. auch die Formulierungen in dem § 18 von Hua X: „In der Folge gleicher (inhaltsidentischer) Objekte, die nur in der Sukzession und nicht als Koexistenz gegeben sind, haben wir nun eine eigentümliche Deckung in der Einheit eines Bewusstseins: eine sukzessive Deckung. Natürlich uneigentlich gesprochen, denn sie sind ja auseinandergelegt, sind als Folge bewusst, getrennt durch eine Zeitstrecke." und in § 31 von Hua X: „Die Deckung betrifft die außerzeitliche Materie, die eben im Fluss Identität des gegenständlichen Sinnes sich erhält."

129 Vorläufig berücksichtige ich hier nicht die Protentionen.

[130] Diese Darstellung könnte einseitig zugunsten der Retentionen, in gewisser Hinsicht also als zu sehr ‚vergangenheitsorientiert' erscheinen. Aber es sind hierbei immer schon Protentionen mit im Spiel, deren Funktion im Folgenden thematisiert wird. Ich habe sie in dem hier dargestellten Kontext vor allem aus darstellungsökonomischen Gründen herausgelassen.

[131] Vgl. hierzu auch Husserls Darstellung in *Erfahrung und Urteil*, 122 f.

[132] Die hier vorgestellte Theorie der Protention geht auf meinen Beitrag: *What does protention protend? Remarks on Husserl's Analyses of Protention in the Bernau Manuscripts on Timeconsciousness*. In: Philosophy Today. Supplement 2003, 154-167 zurück.

[133] Vgl. Hua XXXIII, 38.

[134] Vgl. Hua XXXIII, 24.

[135] Vgl. Hua XXXIII, 38.

[136] Dies ist metaphorisch zu verstehen, denn da es auf dieser Stufe der Konstitution noch keine Zeit im eigentlichen Sinne gibt, kann man hier nur im uneigentlichen Sinn von Zeit sprechen.

[137] Diese Fähigkeit hängt nicht von dem unterschiedlichen Lebensrhythmus von Lebewesen ab. Man man nimmt z.B. an, dass eine Fliege einen schnelleren Lebensrhythmus hat als eine Schildkröte, d.h. dass die Fliege schnellere Bewegungen wahrnehmen kann als diese usw.

[138] Ein vergleichbares Verfahren der rechnerischen Subtraktion von Bildinformationen ermöglicht es z.B. auch Astronomen bewegliche Objekte am Himmel dadurch zu finden, dass von einer späteren digitalisierten Aufnahme eines Himmelsareals die Informationen einer früheren Aufnahme numerisch subtrahiert werden, so dass die unbeweglichen „Fixsterne" nicht mehr erscheinen, sondern nur noch die beweglichen Objekte.

[139] In der Kunstgattung des Comics wird diese Eigenart der Bewegungskonstituion als ein Ausdrucksmittel für die Darstellung verwendet, indem die Richtung und die Schnelligkeit von Bewegungen durch sichtbare „Bewegungslinien" angedeutet wird (auch in der *kinetic art*), die gleichsam bildlich die der Bewegung nachziehenden retentionalen Inhalte zeigt.

[140] Vgl. hierzu hier die Kap. 3.1, 3.2.a, 3.4 und 4.

[141] Vgl. meine Darstellung: *Husserl's Concept of Categorical Intuition*. In: *Hundred Years of Phenomenology*. Ed. D. Zahavi F. Stjernfelt, Dordrecht 2002, 125-145.

[142] Vgl. hier Kap. X.

[143] Die folgenden Thesen habe ich bereits in einer früheren Fassung in: *Husserl's Type and Kant's Schemata. Systematic Reasons for their correlation or identity*. (in: *The New Husserl. A Critical Reader*. Ed. Donn Welton. Indiana 2003, 93-123) vertreten.

[144] Zu Husserls Äusserungen über Kants vermeintlicher Neigung zur Konstruktion, vgl. I. Kern: *Husserl und Kant. Eine Untersuchung über Husserls Verhältnis zu Kant und zum Neukantianismus*. Den Haag 1964.

[145] Vgl. die *Einleitung der Herausgeberin* U. Panzer zu Hua XIX, S. LVIII f.

[146] Vgl. Hua XIX, 387.

[147] Vgl. hierzu Hua XIX, 458 f.

[148] Auf diese notwendigen, aber von Husserl selbst meines Wissens nach nicht durchgeführten Untersuchungen habe ich bereits in einem Artikel aufmerksam gemacht, vgl.: *Grundzüge eines Synthesis-Modells der Auffassung*. In: Husserl Studies 10 (1993), 111-141.

[149] Dieses Bedenken hat jedoch kein großes Gewicht. Prinzipiell scheinen mir Argumente, die auf die Gefahr eines unendlichen Regresses hinweisen, in einer schwachen Position zu sein, insbesondere wenn sie sich auf Prozesse beziehen, die faktisch bereits abgeschlossen und geleistet sind. Dies zeigt sich schon bei dem ‚Beweis' Zenons dafür, dass Archilles die Schildkröte nicht überholen kann, die beim Wettlauf einen Meter Vorsprung hat, weil bei jeder von ihm zurückgelegten Strecke die Schildkröte bereits 1/10 derselben Strecke weitergekommen ist, wobei dies faktisch schon mit dem zweiten Schritt geschieht.

[150] Vgl. hierzu auch hier Kap. 5, sowie die Untersuchungen in der 'Vorlesung über genetische Logik' vom WS 1920/21, die unter dem Titel *Analysen zur passiven Synthesis* in Hua XI veröffentlicht wurden, und den Ergänzungsband Hua XXXI, der den dritten Teil dieser Vorlesung mit Analysen zur aktiven Synthesis enthält.

[151] Vgl. hierzu D. Lohmar: *Grundzüge eines Synthesis-Modells der Auffassung*. A.a.O., 111-141. Man könnte hier einwenden, Kant versuche, alle Menschen in ihrem alltäglichen Wahrneh-

men zu Geometern zu erklären, die mit Hilfe geometrischer Begriffe aus dem Material der Anschauung die Elemente (z.B. Umrisslinien) der wahrgenommenen Gegenstände herstellen.

152 „In allen Subsumtionen eines Gegenstandes unter einen Begriff muss die Vorstellung des ersteren mit der letzteren gleichartig sein, d. i. der Begriff muss dasjenige enthalten, was in dem darunter zu subsumierenden Gegenstande vorgestellt wird, denn das bedeutet eben der Ausdruck: ein Gegenstand sei unter einem Begriffe enthalten." (A 137 / B 176)

153 Die Schemata lassen sich daher auch als eine Art *Kriterium* verstehen, dessen Erfüllung die Anschauung leisten muss, damit wir anschauliche Gegebenheiten rechtmäßig unter die entsprechenden Begriffe subsumieren dürfen. Das Schema wäre in dieser Konzeption eine Art Merkmalsreihe, die die Anschauung erfüllen muss, damit die Prädikation z.B. 'Dies ist ein Baum' rechtmäßig ist. Das Vorliegen der geforderten Merkmale in der Anschauung gibt mir erst das Recht, den Begriff anzuwenden. In dieser Sichtweise formulieren Schemata also Anwendungsbedingungen von Begriffen auf Anschauungen. Für diese merkmalstheoretische Konzeption der Subsumtion unter Begriffe, vgl. meine Darstellung: *Erfahrung und kategoriales Denken. Hume, Kant und Husserl über vorprädikative Erfahrung und prädikative Erkenntnis*. Dordrecht 1998, Kap. II, 4.

154 Kant verwendet in den ersten Absätzen den Begriff der 'Gleichartigkeit' in verschiedenen Hinsichten, vgl. hierzu etwa D. Lohmar: *Kants Schemata als Anwendungsbedingungen von Kategorien auf Anschauungen*. In: Zeitschrift für philos. Forschung. Bd. 45 (1991), 77-92.

155 Diese Formulierung gehört wohl zu den Stellen der *Kritik der reinen Vernunft*, an denen Kant einen eher metaphorischen Gebrauch von dem Begriff Bild macht, nämlich im Sinn einer synthetischen Darstellung eines Gegenstandes aus gegebenen Anschauungen, bei der wir eher von einer Collage sprechen würden. So ist die Apprehension die Phase der Wahrnehmung, in der die Einbildungskraft das Mannigfaltige der Anschauung „in ein Bild bringen" muss (A 120), und zwar, wie sich zeigen lässt, mit Hilfe der Leitung dieser Synthese durch das Schema. Für diese Funktion ist auch A 120, Anm. * aufschlussreich.

156 So schreibt Kant (A 224 / B 271), dass „dieselbe bildende Synthesis, wodurch wir in der Einbildungskraft einen Triangel konstruieren, mit derjenigen gänzlich einerlei sei, welche wir in der Apprehension einer Erscheinung ausüben, um uns davon einen Erfahrungsbegriff zu machen, (...)". Apprehension ist das Durchlaufen und Zusammensammeln desjenigen in der Anschauung, das für uns den Gegenstand darstellen kann (vgl. A 99 f. und A 120).

157 Vgl. etwa A 120, Anm.*

158 Die Betonung des notwendigen Nacheinander in der Wahrnehmung komplexer Gegenstände ist hier beabsichtigt, denn das Beispiel der Wahrnehmung eines Hauses dient Kant in dem betreffenden Kontext dazu, die Notwendigkeit der Zeitzuweisung in der Apprehension bei der Anwendung von Relationskategorien zu erläutern (vgl. A 192 f. / B 237 f.).

159 Anhand einer anderen systematischen Frage lässt sich die Veränderlichkeit von Schemata ebenfalls demonstieren. Es könnte auch ein Schema für bestimmte Individuen geben, z.B. für meinen Freund Peter, der sich ja in vielerlei Weisen anschaulich zeigen kann, die im Wahrnehmen 'als Peter' ein Schema verlangen, das über das Schema für Mensch hinausgeht und spezifisch auf dieses Individuum gerichtet ist. Diese Schemata müssten sich aber mit der Erfahrung und der Zeit verändern, denn Peter könnte graue Haare bekommen oder seinen Bart abrasieren. Kant hätte wohl abgelehnt, ein Schema für ein Individuum anzunehmen, und zwar, weil er das Schema immer als einen schematisierten Begriff versteht. Den Begriff eines Einzelnen (*conceptus singularis*) kann es aber für Kant nicht geben, weil ein Begriff immer allgemein sein muss und daher für viele verschiedene Dinge gelten können muss.

160 Zur Methode der eidetischen Variation vgl. etwa E. Ströker: *Husserls Evidenzprinzip*. In: Zeitschrift für philosophische Forschung 32 (1978), 3-30 und D. Lohmar: *Die phänomenologische Methode der Wesensschau und ihre Präzisierung als eidetische Variation*. In: Phänomenologische Forschungen 2005, 65-91.

161 Für das Folgende vgl. EU, 31-35, 140 f. Zur Abgrenzung von Typus und Allgemeinbegriff vgl. EU, 394-403.

162 Vgl. EU, 34; Hua VI, 126 u.ö. Gegen diese Behauptung wird oft eingewendet, dass dies nicht stimmen könne, weil wir sonst niemals etwas unerwartet Neues erleben könnten. Natürlich können wir dies, aber das zeigt nur, dass der Modus des Bekannten sehr flexibel ist, d.h. dass er sich in allen Aspekten rasch modifizieren kann.

163 Vgl. auch für das Folgende EU, 34 f.

164 Vgl. hierzu EU, § 84 a).

165 Hiermit soll auf die unergründliche Tiefe der Ähnlichkeitsbeziehung hingewiesen werden, die wir nur annähernd bezeichnen, wenn wir von einer Ähnlichkeitstransformation sprechen, die durch unser Bewusstsein zu leisten ist. Husserl spricht z.B. von der „Größe der Ähnlichkeitsabstände aller ähnlichen Momente", vgl. EU, 405. Vgl. auch meine Analyse: *Wittgenstein, Husserl and Kant on aspect-change*. In: *Husserl et Wittgenstein*. Ed. Sandra Laugier, Olms Hildesheim 2004, 123-137.

166 Hierauf hat schon Locke mit seinem Beispiel von der roten Kugel hingewiesen. Die Unbestimmtheit der gegenständlichen Intention bemerkt Husserl bekanntlich bereits in den *Logischen Untersuchungen*. Er schreibt dort, dass diese Unbestimmtheit der Intention, der „eine gewisse Weite möglicher Erfüllung" entspricht, selbst „eine Bestimmtheit dieser Intention" sei (Hua XIX, 573).

167 Vgl. EU, 33 und 141.

168 Es wird vom Typus gesagt, dass er „auf Grund der assoziativ geweckten Gleichheitsbeziehungen eines Gegenstandes mit anderen Gegenständen" (EU, 400) konstituiert sei, d.h. wiederum aufgrund der Ähnlichkeitsdeckung innerhalb einer Gruppe bekannter Gegenstände. In einem anderen Kontext heißt es, dass „auf dem Grunde der assoziativen Weckung von Gleichem durch Gleiches ein Gegenstand nicht mehr bloß für sich affiziert, sondern in Gemeinschaft mit seinem Verwandten" (EU, 387).

169 Mit dem Hinweis auf Ähnlichkeit ist aber keine endgültige Aufklärung erreicht, denn wir stehen dann vor einem neuen Rätsel. Es gibt die Erfahrung einer Ähnlichkeit, die zunächst als unverstandenes Erlebnis vorliegt und deren Verständnis wiederum Mühe macht.

170 Vgl. EU, 388-391.

171 Vgl. EU, 391.

172 Es ist irritierend, dass wir das Wort 'Hund' sowohl als Name des Typus wie auch als Name des Allgemeinbegriffs verwenden können. Wir können, obwohl wir 'Hund' sagen – also indem wir dieselbe Bezeichnung wie für den Allgemeinbegriff verwenden -, immer noch auf den typisch apperzipierten einzelnen Hund gerichtet sein. Wir müssen, so schreibt Husserl, „den typisch aufgefassten Hund nicht als Einzelnes des Allgemeinen 'Hund' thematisch erfassen, sondern können auch auf ihn als den individuellen gerichtet sein." (EU, 399 f.). Husserl räumt ein, dass auch die typisierende Apperzeption von einem bedeutunggebenden Akt und einem sprachlichen Ausdruck begleitet werden kann. Die Unterscheidung, ob typisierende Auffassung oder Subsumtion unter einen Begriff vorliegt, kann daher nicht allein anhand der sprachlichen Äußerung vorgenommen werden, sondern nur durch Rückgang auf die gegenständliche Intention, die jeweilige Einstellung und die Aktstruktur.

173 Vgl. hier Kap. 7.

174 Es sei aber darauf hingewiesen, dass der Begriff des ‚konkreten Wesens' von Husserl wohl in verschiedenen Bedeutungen verwendet wurde. In einigen Kontexten dient er dazu, dasjenige zu bestimmen, das in der eidetischen Variation eines individuell vorgegebenen Gegenstandes nicht variiert werden kann. In den *Bernauer Manuskripten* ist ein konkretes Wesen das Wesen von Individuen (vgl. Hua XXXIII, 303). Ein konkretes Wesen ist nicht mehr spezifisch differenzierbar, d.h. es hat keine Unterbegriffe mehr (a.a.O., 300). In dieser Hinsicht ist es bereits ein Individuelles, aber dennoch kann es erst durch die Einfügung in den Raum und die eine (objektive) Zeit zu einem wirklichen Individuum werden (vgl. a.a.O., 300).

175 Man kann den Typus also nicht mit dem konkreten Wesen gleichsetzen, wie ich dies in meinem Beitrag *Husserl's Type and Kant's Schemata. Systematic Reasons for their correlation or identity*. (in: *The New Husserl. A Critical Reader*. Ed. Donn Welton. Indiana 2003, 93-123, p. 110) getan habe.

176 Vgl. A III 11/Bl. 15a. Zu der Verwendung dieses Manuskripts in *Erfahrung und Urteil*, vgl. meine Darstellung *Zu der Entstehung und den Ausgangsmaterialien von E. Husserls Werk ‚Erfahrung und Urteil'*. In: Husserl Studies 13 (1996), p. 31-71.

177 Vgl. Manuskript A III 11 / Bl. 17 a.

178 Vgl. Manuskript A III 11 / Bl. 16 a.

179 Vgl. EU, § 83 a) und b). In vergleichbarer Weise stellt Husserl bereits in § 74 der *Ideen I* die vagen, unexakten morphologischen Begriffe (gezackt, gekrümmt, rauh, ...) den exakten Idealbegriffen der Naturwissenschaften gegenüber.

180 Vgl. EU, 398-401.

181 Vgl. EU, 140 f. Husserl charakterisiert hier das leer Vorgemeinte als vage und allgemein, als einen nicht voll bestimmten Sinnesrahmen.

182 Husserl geht hier nicht auf die Leistung und die Problematik der Selbstaffektion ein, die für Kant ein wesentliches Element seiner Erkenntnisklärung war. Er sieht aber dennoch, dass man die inhaltliche Bestimmung dieser unthematischen Erwartungen durch den Versuch der Vorverbildlichung feststellen kann. Es handelt sich dabei um eine willentliche „anschauliche Ausmalung in der Phantasie", um eine anschauliche Verbildlichung unserer Antizipationen, die klären will, was wir eigentlich typisch erwarten. Hierbei spielen „immer Erinnerungen an gegeben gewesene Gegenstände desselben oder verwandten Typus" (EU, 144) eine Rolle.

183 Ebenso wie man von einem *Anschauungs-Recht* sprechen kann, dass eine Wahrnehmung durch erfüllende Anschauung für ihre Setzung erwirbt, gibt es ein vergleichbares Recht für die vorprädikativen Synthesen und natürlich auch für das prädikative Urteil.

184 Man kann noch eine weitere Verbindung von Typus und den Schemata empirischer Begriffe herstellen: Für Kant ist das Schema empirischer Begriffe eine 'Regel', sich mit Hilfe der Einbildungskraft eine unbegrenzte Vielheit von vierbeinigen Tieren vorstellen zu können (A 141 / B 180). Das Schema ist eine Methode zur phantasiemäßigen Herstellung von vielerlei bildlichen Anschauungen von Hunden. Auch mit Hilfe des Typus können wir durch spontane Verbildlichung „in einer willkürlichen Phantasiebildung uns andere Hunde in offener Vielheit vorstellen" (EU, 400).

185 Husserl nennt diese Sonderbegriffe gelegentlich „typische Merkmale" (EU, 400 f.).

186 Von einem bewussten Wollen kann hier jedoch nicht die Rede sein, da die Aktivität der Synthesis des anschaulich Gegebenen gemäß eines Typus keine bewusst geleitete Aktivität ist. Vielleicht spricht man besser von einem Streben. Der Wille, das typisierend Erwartete zu sehen, kann sich manchmal auch in einer Selbstaffektion ausprägen. Wir sehen dann buchstäblich das, was wir zu sehen erwartet (oder befürchtet) haben, z.B. die Schlange in einem dunklen Schuppen, in dem nur ein aufgerolltes Seil liegt.

187 Zu den Formen der vorprädikativen Erfahrung, vgl. D. Lohmar: *Erfahrung und kategoriales Denken*. Dordrecht 1998, Kap. III, 6 und III, 7.

188 Wenn ein neuer Typus konstituiert ist, dann ist dieser „jederzeit bereit zu erneuter aktueller assoziativer Weckung" (EU, 137).

189 Vgl. Hua XIX, 458 ff.

190 Vgl. EU, 400.

191 Auch wenn ich mir besondere Merkmale absichtlich einprägen will, leitet der auf bestimmte Weise verengte Typus den Blick auf die charakteristischen Eigenheiten.

192 Vgl. Hua XIX, 459.

193 Vgl. Hua XIX, a.a.O.

194 Vgl. Hua XIX, 460. Es ist hier zu beachten, dass sich in diesem Fall nicht nur unmittelbar und singulär vollzogene Auffassungen streiten, sondern es streiten sich typisierende Auffassungen, welche im Verlauf der kontinuierlichen Wahrnehmung jeweils eine Tendenz bestimmter Stärke (eine „Glaubenstendenz") erlangt haben. Es streiten sich zwei typisierende Auffassungen auf dem Boden bereits erworbener vorprädikativer Erfahrung, wobei die Stärke der jeweiligen Glaubenstendenz den Streit entscheidet.

195 Aber der Unterschied in der Erfüllung geht nicht in dem Unterschied der Aufmerksamkeitsrichtung auf: In der Anschauung zeigt sich auch Verschiedenes, und zwar je nachdem, was ich sehe und mit welchen Sinneshorizonten. Hier greift, weitgehend unbemerkt, die Selbstaffektion ein.

196 Man könnte die Analogie zwischen Typus und Schema noch weiter führen, indem man über das Faktum, dass auch empirische Begriffe auf typisierender Apperzeption aufbauen müssen, hinausgeht, und behaupten, dass alle Begriffe – also auch idealisierende Begriffe und solche, die ganz willkürlich gebildet sind – einen Typus haben müssen. Diese Aussage orientiert sich an Kants Ansicht, dass jeder Begriff ein Schema braucht, damit er überhaupt auf Anschauung angewandt werden kann. Doch fügt sich diese Ansicht methodisch nicht in die Phänomenologie Husserlscher Prägung ein, denn sie geht von der Vorgegebenheit der begrifflichen Seite aus. Für Husserl ist jedoch der in Anschauungen und Erfahrungen gegründete Typus sachlich der Anfang, und nur auf diesem können dann Begriffe aufbauen.

197 Mit der Wahl dieses Beispiels soll keineswegs die Möglichkeit einer vorgeburtlichen Erfahrungsgeschichte zurückgewiesen werden.

198 Vgl. Marc D. Hauser: *Wilde Intelligenz. Was Tiere wirklich denken*. München 2001, Kap. 2 und Michael Tomasello: *Primate Cognition*. Frankfurt 2002, Ch. 2.

199 Es ist in der besonderen Allgemeinheit der Typen und der typisierenden Apperzeption *dasselbe*, obwohl es in der objektivierenden Sichtweise (die die verschiedenen Zeitpunkte mit berücksichtigt) gerade nicht dasselbe Ereignis ist. Dies zeigt aber lediglich, dass wir hier den Maßstab der Objektivierung noch nicht anlegen dürfen.

200 Viele Beispiele von Autofahrern, die nach einem kleinen Unfall nie mehr fahren wollen, von älteren Personen, die nach einem Überfall sich scheuen, die Wohnung zu verlassen usw. bestätigen diese zunächst unbegrenzte hemmende Tendenz.

201 Vgl. Marc D. Hauser: *Wilde Intelligenz*. München 2001, Kap. 2.

202 Vgl. Jean Piaget: *The Origins of Intelligence in Children*. New York 1952.

203 Vgl. Baillargeon, Renée / Spelke, E. / Wasserman, S.: *Object permanence in five month old infants*. In: Cognition 20 (1985), 191-208.

204 Vgl. Marc D. Hauser: *Wilde Intelligenz*. München 2001, 39-53

205 Vgl. D. Lohmar: *Die Idee der Reduktion*. In: *Die erscheinende Welt*. Hrsg. H. Hüni. Berlin 2002, 751-771.

206 Schütz, Alfred: *Der sinnhafte Aufbau der sozialen Welt*. Frankfurt 1974 und Schütz, Alfred: *Das Problem der Relevanz*. Frankfurt 1971

207 Für dieses Beispiel, das mich aber an viele eigene Erfahrungen erinnerte, sowie für weitere wertvolle Hinweise danke ich Herrn Prof. Dr. Ö. Sözer.

208 Dies zeigt aber auch, dass die seltenen (unter 15 %) nicht-mundanen Halluzinationen der Charles-Bonnet-Patienten durchaus noch innerhalb der möglichen Bandbreite alltäglicher Apperzeption liegen. Vgl. hier Kap. 4.

209 Vgl. hier Kap. 2.1.

210 Mit dieser Verallgemeinerung ist deshalb Vorsicht geboten, weil es Sonderfälle der Gegenstandshabe gibt, die nur ein Ganz-oder-gar-Nicht erlauben, z.B. bei idealen Gegenständen, wie die Einsicht, dass 2+2=4 gilt. Weitere Kandidaten für adäquat-oder-gar-nicht erscheinende Gegenstände sind die Gegenstände von Reflexionen auf unser Bewusstsein: Wahrnehmung, Erinnerung und Phantasie selbst als Gegenstände der inneren Anschauung.

211 Experimentell ist erwiesen worden, dass besonders Geruchsempfindungen geeignet sind, lange zurückliegende Erinnerungen zu aktivieren. Vgl. Martin, P. / Scharfetter Ch.: *Olfaktorische Halluzinationen bei Depressionen*. In: Fortschritte der Neurologischen Psychiatrie 61 (1993), 294; Engen, T. / Ross, B. M.: *Long-term memory of odors with and without verbal descriptions*. In: Journal of Exp. Psychology 100 (1973), 221-227 und Lawless, H. / Engen, T.: *Associations in odors: interference, mnemonics, and verbal labeling*. In: Journal of Exp. Psychology 3 (1977), 52-59.

212 Vgl. meinen Versuch: *Wittgenstein, Husserl and Kant on aspect-change*. In: *Husserl et Wittgenstein*. Ed. Sandra Laugier, Olms Hildesheim 2004, 123-137.

213 Dieser Einwand geht auf Wittgenstein zurück, der das Problem in Kap. XI der *Philosophischen Untersuchungen* formuliert.

214 "Aber ich, der ich dort war, weiß, dass es kein kleiner, runder Turm ist, sondern ein großes, viereckiges Gebäude mit Zinnen und Türmchen, die Sie, wie es scheint, nicht sehen." vgl. G. Berkeley: *Alciphron*. Leipzig 1915, § 9, 164 f. Berkeley will mit einer Reihe von Beispielen die These belegen, dass die Gegenstände des Gesichtssinnes in keiner bestimmten Entfernung zum Wahrnehmenden stehen. Kant verwendet das Beispiel (AA 16, 678 f.): „Ich, der ich einen Thurm wahrnehme, nehme an ihm die rothe Farbe wahr." Er interpretiert dieses Beispiel als ein sogenanntes Wahrnehmungsurteil, in dem der Erfahrene über seine assoziativ durch den Typus geweckten Vorstellungen und deren phantasmatische Ausfüllung berichtet, die der Unerfahrene nicht „sehen" kann. Vgl. die eingehende Analyse dieses Beispiels in D. Lohmar: *Erfahrung und kategoriales Denken*. a.a.O., 96 ff.

215 Stephen Kosslyn hat diese Fähigkeit, die wohl auch eine Leistung ist, welche auf dem Besitz von Typen beruht, in vielen Untersuchungen analysiert und dargestellt. Vgl. Stephen Kosslyn: *Image and Mind*. Cambridge 1980.

216 Vgl. hierzu das Kap. 11.

217 Dieses Kapitel trägt deutlich die Spuren von vielen Gesprächen mit Jagna Brudzinska, die in den Jahren 2003 und 2004 an der Universität zu Köln ihre Dissertation *Assoziation, Imaginäres, Trieb. Untersuchungen zur Subjektivitätsgenesis bei Husserl und Freud* verfasst hat. Viele meiner Einsichten gehen auf Diskussionen über Themen ihrer Dissertation zurück.

218 Vgl. die Studien von Thomas B. Posey / Mary E. Losch: *Auditory Hallucinations of Hearing Voices in 375 Normal Subjects.* In: Imagination, Cognition and Personality 3 (1983-84), 99-113, hier S. 103. Terry R. Barrett und Jane B. Etheridge: *Verbal Hallucinations in Normals, I: People who hear ‚Voices'.* In: Applied Cognitive Psychology 6 (1992), 379-387, hier S. 381. A. Millham, S. Easton: *Prevalence of auditory hallucinations in nurses in mental health.* In: Journal of Psychiatric and Mental Health Nursing 5 (1998), 95-99, hier 97.

219 Vgl. Ames, L.B. / Learned, J.: *Imaginary Companions and Related Phenomena.* In: The Journal of Genetic Psychology 69 (1946), 147-167; Aug, R.G. / Ables, B.S.: *Hallucinations in Nonpsychotic Children.* In: Child Psychiatry and Human Development 1 (1971), 152-167; Nagera, H. *The imaginary Companion: Its Significance for Ego Development and Conflict Solution.* In: The Psychoanalytic Study of the Child 224 (1969), 164-196. Neuere Studien berichten sogar, dass 65 % der Kinder bis 7 Jahre imaginäre Begleiter haben, vgl. Taylor, M. / Carlson S.A. / Marin, B.L. et.al.: *The characteristics and correlates of fantasy in school-age children: Imaginary companions, impersonation, and social understanding.* In: Developmental Psychology 40 (2004), 1173-1187, Taylor, M. Cartwright, B.S. and Carlson, S.M.: *A developmental investigation of children's imaginary companions.* In: Developmental psychology 29 (1993), 276-285, vgl. auch Majorie Taylor: *Imaginary companions and the children who create them.* New York 1999.

220 O'Mahony, M. / Shulman, K. / Silver, D.: *Roses in December: Imaginary Companions in the Elderly.* In: Canadian Journal of Psychiatry 29 (1984), 151-154.

221 Sehr oft geht mit dieser Erscheinung auch eine verminderte Fähigkeit der betreffenden Kinder einher, zwischen real erscheinenden Gegenständen und solchen Gegenständen zu unterscheiden, die experimentell mit den Charakteristika der Selbstaffektion (vage Umrisse, schwächere Farben usw.) hergestellt werden. Vgl. Siegel, *Halluzinationen*, a.a.O., 145-149.

222 Vgl. I. Tattersall: *Puzzle Menschwerdung. Auf der Spur der menschlichen Evolution.* Berlin 1997, 269 f., 311. Es gibt auch ernstzunehmende Argumente dafür, den zeitlichen Anfang der Fähigkeit zur Lautsprache bei Hominiden schon auf einen Zeitraum von 400.000 Jahren anzusetzen, vgl. Henke, W. / Rothe, H.: *Stammesgeschichte des Menschen.* Berlin 1999, 227, 80-84. Hinsichtlich der Fähigkeiten des Gehirns (Ausbildung des Broca-Areals), sprachliche Kommunikation zu leisten, muss der Zeitraum allerdings auf mindestens 1,6 Mio. Jahre erweitert werden (vgl. Ph. Lieberman: *Human speech and language.* In: *The Cambridge Encyclopedia of Human Evolution.* Ed. Jones, St. / Martin, R. / Pilbeam, D., Cambridge 1992, 134-137), so dass die Annahme einer gestensprachlichen Vorgeschichte der Lautsprache naheliegt, vgl. M. C. Corballis: *The gestural Origins of Language.* In: American Scientist 87 (1999), 138-145. Gestützt wird diese Annahme durch Ergebnisse der Erforschung der Kommunikationsfähigkeit von Primaten, vgl. R. Fouts: *Unsere nächsten Verwandten.* München 1998 und S. Savage-Rumbaugh / R. Lewin: *Kanzi.* München 1995.

223 Vgl. die vorige Anmerkung.

224 Vgl. hierfür die Beiträge von P.C. Wason and J. St. B. T. Evans: *Dual Processes in Reasoning?* In: Cognition 3 (1975), 141-154; Johnathan St. B. T. Evans: *The Psychology of deductive Reasoning.* Routledge & Kegan Paul, London 1982, Ch. 12; Jonathan St. B.T. Evans: *In two minds: dual-process accounts of reasoning.* In: Trends in Cognitive Science Vol. 7 (2003), 454-459. Einen Überblick über die verschiedenen dual-process Theorien bieten Keith E. Stanovich and Richard F. West: *Individual Differences in Reasoning: Implications for the Rationality Debate?* In: Behavioral and Brain Sciences Vol. 22 (2000), Issue 5, 645-726, Ch. 6 („Dual Process Theories and Alternative Task Construals.").

225 Vgl. M. Tomasello / J. Call: Primate Cognition. Oxford 1997 und Tomasello, M.: *Die kulturelle Entwicklung des menschlichen Denkens. Zur Evolution der Kognition.* Frankfurt 2002.

226 Vgl. hierzu auch hier Kap. 11.

227 Eine frühere Fassung des vorliegenden Kapitels findet sich in: *Mirror Neurons and the Phenomenology of Intersubjectivity.* In: Phenomenology and Cognitive Science 5 (2006), 5-16

228 Vgl. zu Husserls frühen Analysen zur Einfühlung I. Kern: *Einleitung des Herausgebers.* In: Husserliana XIII, XXV-XLII und P. Ravalli: *Husserls Phänomenologie der Intersubjektivität in*

den Göttinger Jahren. Eine kritisch-historische Darstellung. Zeno Utrecht 2003. Theodor Lipps hatte in mehreren Veröffentlichungen (*Einfühlung, innere Nachahmung, und Organempfindungen.* In: Archiv für die gesamte Psychologie I (1903), 185-204; *Weiteres zur Einfühlung.* In: Archiv für die gesamte Psychologie IV (1905), 465-519 und *Das Wissen von fremden Ichen.* In: Psychologische Untersuchungen 1 (1907), 694-722) eine Diskussion wiederbelebt, deren Spuren sich in der ganzen Geschichte der Philosophie finden, die aber nie als zentrales philosophisches Problem verstanden worden war. Zu weiteren Anregungen, auf die sich Husserl beziehen konnte, zählt Alexius Meinong: *Über Annahmen.* Leipzig 1902. Einen wichtigen Einfluss auf Husserl dürfte auch die persönliche Begegnung mit Wilhelm Dilthey (1905) ausgeübt haben. Er schreibt in einem Brief vom 27.6. 1929 an G. Misch: „Sie wissen nicht, dass wenige Gespräche 1905 mit Dilthey in Berlin (nicht seine Schriften) einen Impuls bedeuteten, der vom Husserl der *Logischen Untersuchungen* zu dem der *Ideen* führte ..." (Hua Dok III, VI, 274-276).

229 Vgl. hierzu etwa die Diskussion in S. Z. Rapcsak, S. R. Galper, F. F. Comer, S. L. Reminger, L. Nielsen, A. W. Kaszniak, M. Verfaellie, J. F. Laguna, D. M. Labiner, R. A. Cohen: *Fear recognition deficits after focal brain damage.* In: Neurology 54 (2000), 575-581, und R. Adolphs: *Neural systems for recognizing emotion.* In: Current Opinion in Neurobiology 12 (2002), 169-177. Das Problem der Unterscheidung scheint bei den Emotionen besonders gravierend zu sein; diese sind inhaltlich oft an höherstufige Vorstellungen gebunden, so dass oft Top-Down-Effekte mitspielen. Eine Studie zum Ekelgefühl im Vergleich der neuronalen Reaktion bei eigener Empfindung und beim Sehen einer filmischen Darstellung bieten B. Wicker, Ch. Keysers, J. Plailly, J. P. Royet, V. Gallese und G. Rizzolatti: *Both of Us Disgusted in My Insula: The Common Neural Basis of Seeing and Feeling Disgust.* In: Neuron 40 (2003), 655-664.

230 Vgl. Gallese, V., Fadiga, L., Fogassi, L., Rizzolatti, G.: *Action recognition in the premotor cortex.* In: Brain 119 (1996), 593-609; Rizzolatti, G., Fadiga, L., Gallese, V. and Fogassi, L.: *Premotor cortex and the recognition of motor actions.* In: Cog. Brain Research 3 (1996), 131-141, für einen Überblick vgl. Gallese, V.: *The ‚Shared Manifold' Hypothesis. From Mirror Neurons to Empathy.* In: Journal of Consc. Studies 8 (2001), 33-50.

231 Vgl. Fogassi L., Gallese, V., Fadiga, L. and Rizzolatti, G.: *Neurons responding to the sight of goal-directed hand / arm actions in the parietal area PF (7b) of the macaque monkey.* In: Society of neuroscience Abstracts 24 (1998), 257 ff. und Gallese, V., Fogassi, L., Fadiga, L. and Rizzolatti, G.: *Action representation and the inferior parietal lobule.* In: *Attention and Performance XIX. Common mechanisms in perception and action.* Ed. W. Prinz and B. Hommel, Oxford 2002, 334-355.

232 Vgl. G. Buccino, St. Vogt, A. Ritzl, G. R. Fink, K. Zilles, H. J. Freund, G. Rizzolatti: *Neural Circuits Underlying Learning of Hand Actions: An Event-Related fMRI Study.* In: Neuron 42 (2004), 323-334.

233 Vgl. P. F. Ferrari, V. Gallese, G. Rizzolatti, L. Fogassi: *Mirror neurons responding to the observation of ingestive and communicative mouth actions in the monkey ventral premotor cortex.* In: European Journal of Neuroscience 17 (2003), 1703-1714.

234 Vgl. L. Carr, M. Iacoboni, M.-Ch. Dubeau, J. C. Mazziotta, G. L. Lenzi: *Neural mechanisms of empathy in humans: A relay from neural systems for imitation to limbic areas.* In: PNAS Vol. 100 (2003), 5497-5502. Einen Überblick über den derzeitigen Stand und die künftigen Aufgaben der neurologischen Untersuchung zum Verstehen von Handlungen und Gefühlen bei Anderen bieten V. Gallese, Chr. Keysers, G. Rizzolatti: *A unifying view of the basis of social cognition.* In: Trends in Cognitive Sciences 8 (2004), No. 9, 396-403.

235 Vgl. Chr. Keysers, B. Wicker, V. Gazzola, J. L. Anton, L. Fogassi, V. Gallese: *A Touching Sight: SII/PV Activation during the Observation and Experience of Touch.* In: Neuron 42 (2004), 335-346.

236 Vgl. die Ergebnisse von Fadiga et al. (1995); untersucht wurde hierbei die Erregbarkeit (*excitability*) des Motor Cortex bei normalen Menschen mit Hilfe der *transcranic magnetic stimulation.* Wenn die Versuchspersonen den Experimentator beim Ergreifen von Gegenständen beobachteten, wurden die für die Handmuskeln zuständigen Partien des Motor Cortex deutlich stärker erregt. Fadiga, L., Fogassi, L., Pavesi, G., Rizzolatti, G.: *Motor fasciliation during action observation: A magnetic stimulation study.* In: Journal of Neurophysiology 73 (1995), 2608-11.

[237] Vgl. G. Buccino, F. Lui, N. Canessa, I. Patteri, G. Lagravinese, F. Benuzzi, A. A. Porro, G. Rizzolatti: *Neural Circuits Involved in the Recognition of Actions performed by Nonconspecifics: An fMRI Study.* In: Journal of Cognitive Neuroscience 16 (2004), 114-126.

[238] Man kann die hier bevorzugte Perspektive der erlebenden Person nicht ohne die Gefahr einer scientistischen Konnotation mit der in der Cognitive Science oft verwendeten Perspektive der „1. Person" gleichsetzen. Vgl. hierzu Sonja Rinofner-Kreidl: *Das Gehirn-Selbst. Ist die Erste-Person-Perspektive naturalisierbar?* Vortrag auf der Konferenz "Mensch – Leben – Technik". Symposion der Deutschen Gesellschaft für Phänomenologie, Würzburg, 24.-27.9.2003.

[239] Wolfgang Prinz: *Neue Ideen tun Not.* In: Gehirn und Geist 6 (2004), 35

[240] Vgl. „[...] there is not solid evidence that nonhuman primates understand the intentionality or mental states of others", vgl. Michael Tomasello / Joseph Call: *Primate Cognition.* Oxford 1997, 340.

[241] Vgl. de Waal, Frans: *Wilde Diplomaten.* München 1991 und V. Sommer: *Lob der Lüge. Täuschung und Selbstbetrug bei Tier und Mensch.* München 1992, Kap. 5.

[242] Vgl. M. A. Umita, E. Kohler, V. Gallese, L. Fogassi, L. Fadiga, C. Keysers, G. Rizzolatti: *I know what you are Doing: A neurophysiological Study.* In: Neuron 31, 2001, 155-165.

[243] Vgl. M. A. Umita, E. Kohler, V. Gallese, L. Fogassi, L. Fadiga, C. Keysers, G. Rizzolatti: *I know what you are Doing: A neurophysiological Study.* A.a.O., 160.

[244] Vgl. Husserls Darstellung in den *Cartesianischen Meditationen*, Hua I, § 50-54, die deutlich macht, dass es sich keineswegs um einen Analogieschluss handelt.

[245] Vgl. zu dieser Diskussion Premack, David / Woodruff, G.: *Does the chimpanzee have a theory of mind?* In: Behavioral and Brain Sciences 1 (1978), 515-26; Goldmann, Alvin: *Philosophical Applications of Cognitive Science.* Boulder 1993; Goldmann, A.: *In defense of the Simulation Theory.* In: Mind and Language 7 (1992), 104-119 und Gallagher, Shaun: *The Practice of Mind. Theory, Simulation, or Primary Interaction?* In: Journal of Consciousness Studies 5-7 (2001), 83-108.

[246] Vgl. Meltzoff, A. N. / Moore, M. K.: *Imitation of facial and manual gestures by human neonates.* In: Science 198 (1977), 75-78.

[247] Vgl. Eibl-Eibesfeld, I.: *Die Biologie des menschlichen Verhaltens.* München 1984, 90 ff.

[248] Vgl. Gallagher, Shaun: *Phenomenology and experimental design.* In: Journal of Consciousness Studies 10 (2003), 85-99.

[249] Vgl. hierzu auch die Methodendiskussion hier in dem einleitenden Kap. 1.2.

[250] Vgl. hierzu meinen Beitrag: *Die Idee der Reduktion. Husserls Reduktionen und ihr gemeinsamer methodischer Sinn.* In: *Die erscheinende Welt.* Festschrift für K. Held, Hrsg. H. Hüni / P. Trawny, Berlin 2002, 751-771.

[251] Diese Spur der Motivation führt uns zu einer der möglichen Lösungen eines scheinbaren Paradoxons: Wenn wir wirklich dazu in der Lage sind, mit anderen Menschen mit-zufühlen, wie wird es dann verständlich, dass Menschen grausam sein können? Wie wir bei dem zu Recht bestraften Bösewicht sahen, applaudieren wir geradezu demjenigen, der ihn bestraft. Dieses Gefühl bewegt wohl auch die Teilnehmer an einer gemeinschaftlichen Aggression im Sinne der Selbstjustiz. Hier kann der unmittelbare Anblick des körperlich leidenden (wirklich oder vermeintlich gefährlichen) Bösewichts mich nur schwer zu Mitleid bewegen. Ich empfinde es als gerecht und richtig, dass er leidet. Menschen können auch gegenüber anderen Menschen grausam sein, die in sozialer Konkurrenz mit ihnen stehen, oder gegenüber Mitgliedern anderer, „fremder" Gruppen. Die einzige Voraussetzung dieses Verhaltens ist die Überzeugung, dass die anderen bereits böse gehandelt haben oder schädliche Handlungen planen. – Grausamkeit kommt schon in Primatengruppen vor, z.B. bei Schimpansen. Es gibt bei Schimpansen kleine Gruppen von meistens männlichen jugendlichen Tieren, die die Grenzen des Streifgebiets einer Gruppe regelmäßig kontrollieren und dabei eindringende Einzeltiere anderer Gruppen jagen, grausam verprügeln und auch gelegentlich töten. Aus Sicht der Evolutionstheorie steht hier noch das Motiv der Verteidigung von Ressourcen und der Sicherheit der Gruppe im Mittelpunkt. Aber wenn wir versuchen, uns in die Innenperspektive des Erlebens zu versetzen, dann scheint hiermit zugleich möglich zu sein, dass Primaten dazu in der Lage sind, die Mitglieder der anderen Gruppe zu ‚hassen'. Sie wollen sie vertreiben, verletzen und töten, denn es ist ‚gerecht'. Vgl. hierzu Godall, Jane: *The Chimpanzees of Gombe.* Cam-

bridge 1986 und A. Paul, *Von Affen und Menschen*. Darmstadt 1998, 63-70. Grausamkeit gegen Mitglieder der eigenen Gruppe kann aber auch ein politisches Mittel werden, z.B. können sich Koalitionspartner verabreden, einen Konkurrenten dauerhaft außer Gefecht zu setzen (vgl. de Waal, Frans: *Wilde Diplomaten*. München 1991, Kap. 2)

252 Man darf jedoch in der Analyse fiktiver Geschehnisse nicht allzusehr die Maßstäbe alltäglicher Moralität anlegen. In den minimalisierten Forderungen an die menschlichen Qualitäten der liebenswerten Bösewichter sind wir nämlich in einer Zeit, in der die schwarze Realität den *film noir* längst überholt hat, nicht mehr sehr anspruchsvoll: Wenn ein sauber gewaschener Auftragsmörder trotz seiner schweren Kindheit einer alten Dame über die Straße hilft, so reicht dies meistens schon hin, um ihm unsere Sympathie zu schenken. Vorausgesetzt ist dabei natürlich, dass uns der Blick auf die weinenden Kinder der Opfer erspart bleibt.

253 Ein theoretisch denkbares, vollkommen ungestörtes Mit-Erleben mit Anderen würde also voraussetzen, dass solche übergreifenden Interessen und Überzeugungen nicht mit im Spiel sind. Diese Vorstellung kommt der Hume'schen Idee eines unbeteiligten Zuschauers nahe. Auch mit Freud kann man vermuten, dass es eine „Zensur" des Mit-Fühlens durch das Entscheidungs-Ich gibt. Aber oft sind es nicht die selbst verantworteten Entscheidungen, die sich in einer Beeinflussung des Mit-Fühlens zeigen, sondern die gemeinschaftlich mit anderen Mitgliedern der Gruppe geteilten, selbstverständlichen Überzeugungen, die darüber entscheiden, was wir mit-fühlen und was nicht. Hume berichtet, dass es im calvinistischen Teil Schottlands zur Zeit seiner Jugend als besonders fromm galt, Hilfsbedürftigen (z.B. Kranken) am Sonntag nicht zu helfen, um zu zeigen, wie die natürliche Empfindung des Mitleids durch die religiöse Erziehung pervertiert werden kann, vgl. D. Hume: *Ein Traktat über die menschliche Natur*. Hamburg 1973, 348 f.

254 Vgl. für die sinngebenden und -erfüllenden Akte § 9 in Husserls 1. *Logischen Untersuchung* (Hua XIX).

255 Vgl. hierzu hier Kap. 2-4.

256 Ein minimaler „sinnlicher Sinn" ist natürlich auch schon im Empfinden da. Wenn ich träge in der Sonne liege und jemand mich mit einem Grashalm kitzelt, dann werde ich dies sinnlich als „etwas Kitzelndes" empfinden, obwohl ich die Berührung zuerst vielleicht als eine Fliege vergegenständliche und versuche, sie zu verjagen. Erst später bemerke ich dann, dass mich jemand mit einem Grashalm neckt. Dann korrigiere ich den „gegenständlichen Sinn", während der „sinnliche Sinn" erhalten bleibt.

257 Obwohl ich meine Analysen strikt auf normale Personen beschränken will, liegt es doch hier nahe, die pathologischen Formen der zwanghaften Imitation von Handlungen und Mimik Anderer zu erwähnen (Super-Tourette), die Oliver Sacks im Kap. 14 seines Buches *Der Mann, der seine Frau mit einem Hut verwechselte*. (Reinbek bei Hamburg 1990) darstellt. Diese Art der Imitation Anderer gibt es auch in schwächeren Formen, die sich zuweilen nur in der verhaltenen Imitation der Mimik oder dem Bewegen der Lippen beim verstehenden Zuhören zeigen. Bei solchen Personen, so könnte man vermuten, ist eventuell der Anteil der spiegelnden Neuronen an der Gesamtpopulation der Neuronen größer als bei durchschnittlichen Personen. Man könnte natürlich auch das innerliche Mitreden für diese unwillkürlichen Bewegungen verantwortlich machen.

258 Ich nenne nur einige rezente Ansätze: Ronald de Sousa: *Die Rationalität des Gefühls*. Frankfurt 1997, Martha Nussbaum: *Emotions and Woman's Capabilities*. In: *Woman, Culture and Development*. Ed. by M. Nussbaum/Glover, J., Oxford 1995, 360-395; Richard Wollheim: *Emotionen. Eine Philosophie der Gefühle*. München 2001.

259 Vgl. die aufschlussreiche und differenzierte Darstellung von R. Bernet: *Zur Phänomenologie von Trieb und Lust bei Husserl*. In: D. Lohmar / D. Fonfara (Hrsg.): *Interdisziplinäre Perspektiven der Phänomenologie*. Dordrecht / Heidelberg / Boston 2006, 38-53.

260 Dass die Stimmung mir die Welt im Ganzen in gewisser Hinsicht erschließt und diese zugleich bestimmt, finden wir nicht nur in Heideggers Darlegungen beschrieben, sondern bereits in Husserls Analysen der Stimmung. Vgl. hierzu Nan-In Lee, *Edmund Husserl's Phenomenology of Mood*. (In: Alterity and Facticity. Hrsg. von N. Depraz und D. Zahavi. Dordrecht 1998), 103-120. Auf die Analysen Heideggers werde ich hier nicht eingehen.

261 Vgl. zu einem ersten Überblick über die Theorien der Soziobiologie Wolfgang Wickler / Uta Seibt: *Das Prinzip Eigennutz. Zur Evolution sozialen Verhaltens*. München 1991; Ridley, Matt: *Die Biologie der Tugend*. Berlin 1997, sowie die Schriften von E. O. Wilson, W.D. Hamilton und R. Dawkins.

262 I. Kant: Über ein vermeintliches Recht aus Menschenliebe zu lügen. In: AA8, 425-430.

263 Es ist sogar zu vermuten, dass höhere Primaten schon ein Gefühl der Verpflichtung und komplementär ein Gefühl des ‚gerechten Zorns' empfinden können, wenn sich andere Mitglieder der Gemeinschaft nicht an diese ungeschriebenen Regeln der Gemeinschaft halten. Vgl. Frans de Waal: *Der gute Affe. Der Ursprung von Recht und Unrecht bei Menschen und anderen Tieren.* München 1997 und de Waal, F. / Brosnan, Sarah: *Monkeys reject unequal pay.* In: Nature 425 (2003), 297-299.

264 Vgl. meine Darstellung: *Die Idee einer reflektierten Gefühlsmoral.* In: N. Schneider / D. Lohmar, u.a. (Hrsg.): *Philosophie aus interkultureller Sicht.* Amsterdam 1997, 121-160.

265 Gefühle haben aber auch eine wichtige Funktion im Prozess der Entstehung von Typen. Diese Funktion lässt sich am besten anhand der Frage erläutern: Wie kommen wir von einem einzigen Fall der Erfahrung eines bestimmten Gegenstandes zu einem vollen, funktionierenden Typus? Allgemein gilt, dass sich der Typus eines Gegenstandes oder Ereignisses in einer Reihe von gleichartigen Erfahrungen bildet. Was geschieht also, wenn man nur numerisch eine Erfahrung zur Verfügung hat? Spitzt man diese Frage systematisch zu, dann könnte man vermuten, dass sich eine einzige Begegnung mit einem Gegenstand überhaupt nicht erfahrungsstiftend auswirken kann, denn wir haben keine Mittel, um ihre Eigenarten festzuhalten, wir können nicht einmal den Gegenstand wiedererkennen. Im Hinblick auf diese begriffsähnlichen Funktionen könnten wir sagen: Eigentlich muss es immer schon den Typus eines Gegenstandes geben, um ihn durch eine weitere Erfahrung verstärken oder verändern zu können. Man kann also folgern: Entweder die Bildung eines Typus ist unmöglich, oder sie ist bereits in einer einzigen Begegnung möglich, d.h. es kann sich auch in einem einzigen Kennenlernen bereits ein Typus ausbilden. Da wir faktisch Typen besitzen, muss man sich also fragen, wie wir schon in der ersten Begegnung mit einem Gegenstand oder Ereignis einen Typus bilden können. Welche Wege führen uns von einer ersten und einzigen Begegnung dennoch in der Erfahrung weiter? Es könnte z.B. sein, dass die immer vorhandene Retention, eventuell auch im Zusammenspiel mit der Wiedererinnerung, uns ermöglicht, die fehlenden weiteren Erfahrungsgelegenheiten hinzuzufügen und so aus einer einzigen Begegnung mit einem neuartigen Gegenstand bereits einen Typus zu bilden. Eine andere Vermutung, und zwar eine Vermutung, die auf eine erfahrungskonstitutive Tätigkeit im Anschluss an eine einzige Begegnung geht, weist auf den unstillbaren Instinkt hin. Schon an das erste Auftreten eines Gegenstandes heftet sich der Wunsch nach Wiederholung (imaginär oder wirklich). Denken wir an so schöne überraschende Erlebnisse wie das übermütige Springen junger Pferde, wenn sie aus dem Stall auf die Weide geführt werden. Nicht nur Kinder wünschen sich, wenn das Pferd danach stillsteht oder langsam geht, eine Wiederholung des schönen, überraschenden Springens des Füllens (oder einer Heuschrecke). Dieser Wunsch kann dann dazu führen, dass ich mit Hilfe der phantasmatischen Selbstaffektion das Füllen „fast schon wieder springen sehe". Radikalisiert man diese Ansicht, dann könnte man auch „kontrafaktisch" behaupten: Es gibt gar keinen numerischen Einzelfall der erstmaligen Begegnung mit einem unbekannten Gegenstand. Aber diese Aussage streitet mit der alltagsrealistischen Überzeugung, dass solche Begegnungen mit Gegenständen numerisch zu zählen sind, dass es also auch den Fall einer einzigen Begegnung gibt. Dabei wird jedoch unterschätzt, dass die triebhafte Aufmerksamkeit die Begegnung in jedem Fall retentional, imaginativ oder in der Erinnerung vervielfältigt.

266 Zu Husserls Bedeutungstheorie vgl. die I. und die VI. *Logische Untersuchung.* Zur Theorie der kategorialen Anschauung vgl. das 6.Kapitel der VI. *Logischen Untersuchung* und D. Lohmar: *Husserl's Concept of Categorical Intuition.* In: *Hundred Years of Phenomenology.* Ed. D. Zahavi F. Stjernfelt, Dordrecht 2002, 125-145.

267 Dies geht auch, wenn Papageien oder Maschinen deren Sprecher sind.

268 Dies ist auch in nächtlichen Träumen der Fall. Vgl. Symons, Donald: *The stuff that dreams aren't made of: Why the wake-state and dream-state sonsory experiences differ.* In: Cognition 47 (1993), 181-217.

269 Vgl. Jean Piaget: *The Origins of Intelligence in Children.* New York 1952 und die Darstellung bei Marc Hauser: *Wilde Intelligenz.* München 2001, Kap. 2.

270 Vgl. Roger Fouts: *Unsere nächsten Verwandten. Von Schimpansen lernen, was es heißt, ein Mensch zu sein.* München 1998 und Sue Savage-Rumbaugh/R. Lewin: *Kanzi der sprechende Schimpanse. Was den tierischen vom menschlichen Verstand unterscheidet.* München 1998.

[271] Vgl. Richard Bryne / Andrew Whiten: *Tactical deception of familiar indivuduals in baboons*. In: Animal Behaviour 33 (1985), 669-673; R. Bryne / A. Whiten (Eds.): *Machiavellian Intelligence*. Clarendon, Oxford 1988; R. Bryne / A. Whiten: *Tactical deception in primates: the 1990 database*. In: Primate Report 27 (1990), 1-101 und Volker Sommer: *Lob der Lüge*. Beck, München 1992, 72-96.

[272] Die Kategorien sind: Verbergen (concealment), Ablenken (distraction), Hinlocken (attraction), einen falschen Eindruck erwecken (creating an image), Ablenken auf Dritte (deflection), Verwendung eines sozialen Werkzeugs (using a social tool), Kontern einer Täuschung (counterdeception).

[273] Dies berichtet Frans de Waal, vgl. R. Bryne / A. Whiten: *Tactical deception in primates: the 1990 database*. In: Primate Report 27 (1990), 1-101, Episode 238.

[274] Vgl. Frans de Waal: *Unsere haarigen Vettern. Neueste Erfahrungen mit Schimpansen*. München 1983, 134.

[275] Vgl. M. Milinski / D. Pfluger / D. Külling / R. Kettler: *Do sticklebacks cooperate repeatedly in reciprocal pairs?* In: Behavi. Ecol. Sociobiol. 27 (1990) 17-21.

[276] Zu den Schimpansen des Tai-Nationalparks, die Palmnüsse mit Hilfe von Steinen knacken und diese Fähigkeit auch an ihre Nachkommen weitergeben, vgl. Boesch C. / Boesch H.: *Mental map in wild chimpanzees. An analysis of hammer transports for nut cracking*. In: Primates 25 (1984), 160-170; C. Boesch: *Teaching among wild chimpanzees*. In: Animal Behaviour 41 (1991), 530-532 und T. Matsuzawa: *Field experiments on use of stone tools in the wild*. In: R.W. Wrangham / W. C. McGrew / F.B.M. de Waal / P.G. Heltne (Eds.): *Chimpanzee Cultures*. Harvard University Press, Cambridge 1994, 351-370.

[277] Hierzu erinnere ich an kollektive Jagdmethoden bei Delphinen und Walen, insbesondere die sogenannte „Bläschenjagd". Es gibt auch gemeinschaftliche Hilfeleistungen bei Walen, erwähnenswert ist die sogenannte „Margerite", bei der ein krankes oder verletztes Gruppenmitglied von Mitgliedern der Gruppe zum Atmen an die Oberfläche gebracht wird. Dieses soziale Hilfsverhalten ist bereits relativ lange bekannt und wurde von Walfängern ausgenutzt, um weitere Tiere zu harpunieren.

[278] Vgl. Frans de Waal: *Unsere haarigen Vettern. Neueste Erfahrungen mit Schimpansen*. München 1983 und *Wilde Diplomaten. Versöhnung und Entspannungspolitik bei Affen und Menschen*. München 1991.

[279] Vgl. Frans de Waal: *Der gute Affe. Der Ursprung von Recht und Unrecht bei Menschen und anderen Tieren*. München 1997, Kap. 3.

[280] Vgl. Frans de Waal / S. Brosnan: *Monkeys reject unequal pay*. In: Nature 425 (2003), 297-299.

[281] Vgl. die Untersuchung von M. D. Hauser: *Costs of Deception: Cheaters are Punished in Rhesus Monkeys*. In: Proceedings of the National Academy of Sciences Vol. 89 (1992), S. 12137-12139.

[282] Das Beispiel stammt von Frans de Waal, der auf den behinderten Japanmakakken Mozu aufmerksam macht, vgl. Frans de Waal: *Der gute Affe. Der Ursprung von Recht und Unrecht bei Menschen und anderen Tieren*. München 1997, Kap. 1.

[283] Kant schreibt: „Aber, obgleich es möglich ist, dass nach jener Maxime ein allgemeines Naturgesetz wohl bestehen könnte: so ist es doch unmöglich, zu WOLLEN, dass ein solches Prinzip als Naturgesetz allenthalben gelte. Denn ein Wille, der dieses beschlösse, würde sich selbst widerstreiten, indem der Fälle sich doch manche ereignen können, wo er anderer Liebe und Teilnehmung bedarf, und wo er durch ein solches aus seinem eigenen Willen entsprungenes Naturgesetz sich selbst alle Hoffnung des Beistandes, den er sich wünscht, rauben würde." (AA, 423).

[284] Vgl. Michael Tomasello: *Die kulturelle Entwicklung des menschlichen Denkens*. Frankfurt a. M. 2002. Von Tomasello stammt der Ausdruck Wagenheber-Effekt (*ratchet-effect*).

Literaturverzeichnis

Husserl

Die Schriften von Husserl werden im laufenden Text nach der Husserliana-Ausgabe zitiert als 'Hua Band-Nr., Seite'. Briefe Husserls nach der Ausgabe des Briefwechsels (Husserliana Dokumente Bd. III/1-10) nur mit Adressat und Datum. Das posthum von L. Landgrebe herausgegebene Buch Husserls, *Erfahrung und Urteil.* 3. Aufl., Hamburg 1964 wird als 'EU, Seite' zitiert. Unveröffentlichte Manuskripte werden mit 'Ms. Signatur, Bl.' nach der Ordnung und Originalpaginierung des Husserl-Archiv zu Löwen nachgewiesen. Ich danke dem Direktor des Husserl Archiefs te Leuven, Prof. Dr. U. Melle für die freundliche Genehmigung, aus einigen Manuskripten zitieren zu dürfen.

Kant

Immanuel Kant, *Kritik der reinen Vernunft* wird nach der Ausgabe von R. Schmidt, Meiner Verlag, Hamburg 1956 als 'A Seite', 'B Seite' oder 'A Seite / B Seite' zitiert. Alle anderen Schriften Kants werden nach der Akademie-Ausgabe zitiert als 'AA Band-Nr., Seite'.

Adolphs, R.: *Neural systems for recognizing emotion.* In: Current Opinion in Neurobiology 12 (2002), 169-177

Aleman, André / Böcker, K. B. E. / de Haan, Ed. H.F.: *Disposition towards hallucination and subjective versus objective vividness of imagery in normal subjects.* In: Personality and Individual Differences 27 (1999), 707-714

Allison, Truett / Puce, A. / McCarthy, G.: *Social perception from visual cues: role of the STS region.* In: Trends in Cognitive Science 4 (2000), 267-278

Anderson, John R.: *Kognitive Psychologie.* Berlin 2001

American Psyciatric Association: *Diagnostic and statistical manual of mental disorders.* (3rd ed. revisted). Washington D.C.: American Psychiatric Association, 1987

Ames, L.B. / Learned, J.: *Imaginary Compagnions and Related Phenomena.* In: The Journal of Genetic Psychology 69 (1946), 147-167

Aristoteles: *Über die Seele.* (*De Anima*), Werke in deutscher Übersetzung Bd. 13, Akademie Verlag, Berlin 1986

Aug, R.G. / Ables, B.S.: *Hallucinations in Nonpsychotic Children.* In: Child Psychiatry and Human Development 1 (1971), 152-167

Baillargeon, Renée / Spelke, E. / Wasserman, S.: *Object permanence in five month old infants.* In: Cognition 20 (1985), 191-208

Barrett, Terry R. / Etheridge, Jane B.: *Verbal Hallucinations in Normals, I: People who hear ‚Voices'.* In: Applied Cognitive Psychology 6 (1992), 379-387

Barrett, Terry R.: *Verbal Hallucinations in Normals, II: Self-Reported Imagery Vividness.* In: Personality and Individual Differences 15 (1993), 61-67

Barrett, Terry R. / Etheridge, J. B.: *Verbal Hallucinations in Normals, III: Dysfunctional Personality Correlates.* In: Personality and Individual Differences 16 (1994), 57-62

Barrett, Terry R. / Caylor, Marlys R.: *Verbal Hallucinations in normals, V: perceived reality characteristics.* In: Personality and Individual Differences 25 (1998), 209-221

Berkeley, George: *Versuch über eine neue Theorie des Sehens.* Hamburg 1987

Berkeley, G.: *Eine Abhandlung über die Prinzipien der menschlichen Erkenntnis.* Hamburg 1979

Berkeley, G.: *Alciphron oder der kleine Philosoph.* Hamburg 1996

Bernet, Rudolf: *Husserls Begriff des Phantasiebewußtseins als Fundierung von Freuds Begriff des Unbewußten.* In: *Grundlinien der Vernunftkritik.* Hrsg. Chr. Jamme, Frankfurt 1997, 277-306

Bernet, R.: *Zur Phänomenologie von Trieb und Lust bei Husserl.* In: D. Lohmar / D. Fonfara (Hrsg.): *Interdisziplinäre Perspektiven der Phänomenologie.* Dordrecht 2006, 38-53

Berrios, G. E.: *Musical Hallucinations. A Statistical Analysis of 46 Cases.* In: Psychopathology 24 (1991), 356-360

Berthoz, Alain: *The brains sense of movement.* Harvard University Press 2002

Biocca, Frank / Kom, Jin / Choi, Yung: *Visual Touch in virtual Environments: An Exploratory Study of Presence, Multimodal Interfaces, and Cross-Modal Sensory Illusions.* In: Presence 10 (2001), 247-265

Biocca, Frank / Inoue, Y. / Lee, A. / Polinsky, H. / Tang, A.: *Visual cues and virtual touch: Role of visual stimuli and intersensory integration in cross-modal haptic illusions and the sense of presence.* In: Proceedings of Presence. Ed. F. Gouveia, Porto 2002

Boesch C. / Boesch H.: *Mental map in wild chimpanzees. An analysis of hammer transports for nut cracking.* In: Primates 25 (1984), 160-170

Boesch, C.: *Teaching among wild chimpanzees.* In: Animal Behaviour 41 (1991), 530-532

Bonnet, Charles: *Essai Analytique sur les Facultes de l'Âme.* Kopenhagen 1760

Botvinck, M. / Cohen, J.: *Rubber hands ‚feel' touch that eyes see.* In: Nature 391 (1998), 756

Brudzinska, Jagna: *Assoziation, Imaginäres, Trieb. Untersuchungen zur Subjektivitätsgenesis bei Husserl und Freud.* Diss. Köln 2005

Bryne, Richard / Whiten, Andrew: *Tactical deception of familiar individuals in baboons.* In: Animal Behaviour 33 (1985), 669-673

Bryne, R./ Whiten, A. (Eds.): *Machiavellian Intelligence.* Clarendon, Oxford 1988

Bryne, R./ Whiten, A.: *Tactical deception in primates: the 1990 database.* In: Primate Report 27 (1990), 1-101

Buccino, G. / Binkofski, F. / Fink, G.R. / Fadiga, L. / Fogassi, L. / Gallese, V. / Seitz, R. J./ Zilles, K. / Rizzzolatti, G.: *Action observation activates premotor and parietal areas in a somatotopic manner: an FMRI study.* In: European Journal of Neuroscience 13 (2001), 400-404

Buccino, G. / Vogt, St. / Ritzl, A. / Fink, G. R. / Zilles, K. / Freund, H. J. / Rizzolatti, G.: *Neural Circuits Underlying Learning of Hand Actions: An Event-Related fMRI Study.* In: Neuron 42 (2004), 323-334

Buccino, G. / Lui, F./ Canessa, N./ Patteri, I./ Lagravinese, G./ Benuzzi, F./ Porro, A. A. G. Rizzolatti: *Neural Circuits Involved in the Recognition of Actions performed by Nonconspecifics: An fMRI Study.* In: Journal of Cognitive Neuroscience 16 (2004), 114-126

Carboncini, Sonia: *Transzendentale Wahrheit und Traum. Christian Wolffs Antwort auf die Herausforderung durch den Cartesianischen Zweifel.* Stuttgart-Bad Cannstatt : Frommann-Holzboog, 1991

Carr, L. / Iacoboni, M. / Dubeau, M.-Ch. / Mazziotta, J. C. / Lenzi, G. L.: *Neural mechanisms of empathy in humans: A relay from neural systems for imitation to limbic areas.* In: PNAS 100 (2003), 5497-5502

Carruthers, P.: *Conscious thinking: Language or Elimination?* In: Mind and Language 13 (1998), 457-467

Casey, Edward S.: *Imagining. A Phenomenological Study.* Bloomington 1976

Casey, Edward S.: *Remembering. A Phenomenological Study.* Bloomington 1987

Cassirer, E.: *Die platonische Renaissance in England und die Schule von Cambridge.* Leipzig 1932

Cerrato, P. / Imperiale, D. / Giraudo, M. / Beima, C. / Grasso, M. / Lopiano, L.: *Complex musical Hallucinosis in a Professional Musician with a left Subcortical Haemorrhage.* In: Journal of Neurosurg. Psychiatry 71 (2001), 278-283

Chédru, F. / Feldman, F. / Améri, A. / Salés, J. / Roth, M.: *Visual and auditory hallucinations in a psychologically normal woman* In: The Lancet 348 (1996), 896

Corballis, M. C.: *The gestural Origins of Language.* In: American Scientist 87 (1999), 138-145

Cross, D.V. / Rotkin, L.: *The relation between size and apparent heaviness.* In: Perception and Psychophysics 18 (1975), 79-87

Crow, Tim J.: *Kernsymptome der Schizophrenie als Schlüssel zur Evolution des modernen Homo Sapiens.* In: Steven Rose (Hrsg.): *Gehirn, Gedächtnis und Bewußtsein.* Bergisch Gladbach, Lübbe 2000, 190-212.

David, A.S. / Busatto, G.: *Die Halluzination. Eine Störung von Gehirn und Geist.* In: Nervenheilkunde 18 (1999), 104-115

Davies, M. F. / Griffin M. / Vice S. : *Affective reactions to auditory hallucinations in psychotic, evangelic and control groups.* In : British Journal of Clinical Psychology 40 (2001), 361-370

De Sousa, Ronald : *The Rationality of Emotion.* Cambridge Mass. 1987

de Waal, Frans: *Unsere haarigen Vettern. Neueste Erfahrungen mit Schimpansen.* München 1983

de Waal, Frans: *Wilde Diplomaten.* München 1991

de Waal, Frans: *Der gute Affe. Der Ursprung von Recht und Unrecht bei Menschen und anderen Tieren.* München 1997

de Waal, Frans: *Der Affe und der Sushimeister. Das kulturelle Leben der Tiere.* München 2002

de Waal, Frans: *Der Affe in uns. Warum wir sind, wie wir sind.* München 2006

de Waal, F. / Brosnan, S.: *Monkeys reject unequal pay.* In: Nature 425 (2003), 297-299

Descartes, Rene: *Die Leidenschaften der Seele.* Hamburg 1984

Dilthey, Wilhelm: *Dichterische Einbildungskraft und Wahnsinn.* (Rede, 1886). In: W. Dilthey, *Gesammelte Werke VI, Die geistige Welt.* Stuttgart 1978, 90-102

Dilthey, Wilhelm: *Die Einbildungskraft des Dichters. Bausteine für eine Poetik* (1887). In: W. Dilthey, *Gesammelte Werke VI, Die geistige Welt.* Stuttgart 1978, 103-241

Edelman, Gerald M. / Tononi, Gulio: *Gehirn und Geist. Wie aus Materie Bewußtsein entsteht.* München 2002

Edelman, Gerald M.: *Göttliche Luft, vernichtendes Feuer.* München 1995

Eibl-Eibesfeld, Irenäus: *Die Biologie des menschlichen Verhaltens. Grundriß der Humanethologie.* München 1984

Engen, T. / Ross, B. M.: *Long-term memory of odors with and without verbal descriptions.* In: Journal of Exp. Psychology 100 (1973), 221-227

Eperjesi, F. / Akbarali, N.: *Rehabilitation in Charles Bonnet syndrome: a review of treatment options.* In: Clinical and Experimental Optometry 87 (2004), 149-152

Evans, Johnathan St. B. T.: *The Psychology of deductive Reasoning.* London 1982

Evans, Jonathan St. B.T.: *In two minds: dual-process accounts of reasoning.* In: Trends in Cognitive Science 7 (2003), 454-459.

Fadiga, L./ Fogassi, L./Pavesi, G./ Rizzolatti, G. *Motor fasciliation during action observation: A magnetic stimulation study.* In: Journal of Neurophysiology 73 (1995), 2608-11

Farnè, A. / Pavani, F. / Neneghello, F. / Làdavas, E.: *Left tactile extinction following visual stimulation of a rubber hand.* In: Brain 123 (2000), 2350-2360

Ferrari, P.F. / Gallese, V./ Rizzolatti, G. and Fogassi, L.: *Mirror neurons responding to the observation of ingestive and communicative mouth actions in the monkey ventral premotor cortex.* In: European Journal of Neuroscience 17 (2003), 1703-1714

Fogassi L. / Gallese, V. / Fadiga, L. / Rizzolatti, G.: *Neurons responding to the sight of goal-directed hand / arm actions in the parietal area PF (7b) of the macaque monkey.* In: Society of neuroscience Abstracts 24 (1998), 257

Fouts, Roger: *Unsere nächsten Verwandten. Von Schimpansen lernen, was es heißt, ein Mensch zu sein.* München 1998

Freud, Siegmund: *Studienausgabe*. Frankfurt a. Main 1972

Gallagher, Shaun: *Mutual Enlightment: Recent Phenomenology in Cognitive Sciences*. In: Journal of Consciousness Studies 4 (1997), 195-214

Gallagher, Shaun: *Phenomenology and experimental research or embodied experience*. Lecture CREA, Paris 2000. In: http://pegasus.cc.ucf.edu/~gallaghr/paris2000.html (published in Danish and polish)

Gallagher, Shaun: *The Practice of Mind. Theory, Simulation, or Primary Interaction?* In: Journal of Consciousness Studies 8 (2001), 83-108

Gallagher, Shaun: *Phenomenology and experimental design*. In: Journal of Consciousness Studies 10 (2003), 85-99

Gallagher, S. / Sasma, M.: *Phenomenology and neurophenomenology: An Interview with Shaun Gallagher*. In: Aluze. Revue pro literatutu, filozofii a jiné (Czech Republic) 2 (2003), 92-102

Gallese, Vittorio: *The manifold nature of interpersonal relations: the quest for a common mechanism*. In: Phil. Trans. R. Soc. London B 358 (2003), 517-528

Gallese, V. / Fadiga, L. / Fogasssi, L. / Rizzolatti, G.: *Action recognition in the premotor cortex*. In: Brain 119 (1996), 593-609

Gallese, V.: *The ‚Shared Manifold' Hypothesis. From Mirror Neurons to Empathy*. In: Journal of Consc. Studies 8 (2001), No. 5-7, 33-50

Gallese, V. / Fogassi, L. / Fadiga, L. / Rizzolatti, G.: *Action representation and the inferior parietal lobule*. In: *Attention and Performance XIX. Common mechanisms in perception and action*. Ed. W. Prinz and B. Hommel, Oxford 2002, 334-355

Gallese, V. / Keysers, Chr. / Rizzolatti, G.: *A unifying view of the basis of social cognition*. In: Trends in Cognitive Sciences 8 (2004), No. 9, 396-403

Gallese, V. / Goldman, A.: *Mirror neurons and the simulation theory of mindreading*. In: Trends in Cognitive Sciences 2 (1998), 493-501

Godall, Jane: *The Chimpanzees of Gombe*. Cambridge 1986

Goldmann, Alvin: *Philosophical Applications of Cognitive Science*. Boulder 1993

Goldmann, A.: *In defense of the Simulation Theory*. In: Mind and Language 7 (1992), 104-119

Grafton, Scott T. / Arbib, M. A. / Fadiga, L. / Rizzolatti, G.: *Localization of grasp representations in humans by positron emission tomography. 2. Observation compared with imagination*. In: Exp. Brain Res. 112 (1996), 103-111

Gregory, Richard L.: *Auge und Gehirn. Psychologie des Sehens*. Reinbeck 2001

Griffin, D. R. *Wie Tiere denken. Ein Vorstoß ins Bewußtsein der Tiere*. München 1990

Griffith, T. D.: *Musical Hallucinosis in Acquired Deafness. Phenomenology and Brain Substrate*. In: Brain 123 (2000), 2065-2076

Grimby, Agneta: *Hallucinations Following the Loss of a Spouse: Common and Normal Events Among the Elderly*. In: Journal of Clinical Geropsychology 4 (1998), 65-74

Halligan, F.W. / Marshall, J.C. / Hunt, M. / Wade, D.T.: *Somatosensory assessment: Can seeing produce feeling?* In: Journal of Neurology 244, 1997, 199-203

Hart, J.: *Phantom Visions: Real enough to touch*. In: Elderly Care 9 (1997), 30-32

Hari, R. / Forss, N. / Avikainen, S. / Kirveskari, E. / Salenius, S. / Rizzolatti, G.: *Activation of human primariy motor cortex during action observation: A neuromagnetic study*. In Proc. Nat. Acad. Sci. USA 95 (1998), 15061-15065

Hauser, Marc D.: *Costs of Deception: Cheaters are Punished in Rhesus Monkeys (Macaca mulatta)*. In: Proceedings of the National Academy of Sciences Vol. 89 (1992), S. 12137-12139

Hauser, Marc D.: *Wilde Intelligenz. Was Tiere wirklich denken*. München 2001

Henke, Wienfried / Rothe, H.: *Stammesgeschichte des Menschen*. Berlin 1999

Hobbes, Thomas: *Vom Körper (Elemente der Philosophie I)*. Hamburg 1967

Hoffman, Donald D.: *Visuelle Intelligenz. Wie die Welt im Kopf entsteht*. München 2003

Hosty, G.: *Musical Hallucinosis: Auditory Charles Bonnet Syndrome?* In: Irish Journal of Psychological Medicine 11 (1994), 29

Hume, David: *Ein Traktat über die menschliche Natur.* Hamburg 1973

Hume, David: *Eine Untersuchung über den menschlichen Verstand.* Stuttgart 1967

Hume, David: *Eine Untersuchung über die Prinzipien der Moral.* Stuttgart 1984

Kant, Immanuel: *Kants Werke. Akademie - Textausgabe.* de Gruyter, Berlin 1923 ff.

Kasten, Erich: *Wenn das Gehirn aus der Balance gerät. Halluzinationen.* In: Spektrum der Wissenschaft, Heft Dez. 2000, 64-73

Keating, Herbert J.: *Music that hath no Charms.* In: Cortlandt Forum 15 (2002), 30-31

Kern, Iso: *Husserl und Kant. Eine Untersuchung über Husserls Verhältnis zu Kant und zum Neukantianismus.* Den Haag 1964

Keysers, Chr. / Wicker, B. / Gazzola, V. / Anton, J. L. / Fogassi, L. / Gallese, V.: *A Touching Sight: SII/PV Activation during the Observation and Experience of Touch.* In: Neuron 42 (2004), 335-346

Kosslyn, St. M.: *Image and Mind.* Cambridge 1980

La Mettries: *L'Homme Machine.* Leiden 1748

Lawless, H. / Engen, T.: *Associations in odors: interference, mnemonics, and verbal labeling.* In: Journal of Exp. Psychology 3 (1977), 52-59

Lee, Nan-In: *Husserls Phänomenologie der Instinkte.* Dordrecht 1993

Lee, Nan-In: *Edmund Husserl's Phenomenology of the mood.* In: *Alterity and Facticity.* Hrsg. von N. Depraz und D. Zahavi. Dordrecht 1998

Lieberman, Ph.: *Human speech and language.* In: *The Cambridge Encyclopedia of Human Evolution.* Ed. Jones, St. / Martin, R. / Pilbeam, D., Cambridge 1992, 134-137

Lipps, Theodor: *Einfühlung, innere Nachahmung, und Organempfindungen.* In: Archiv für die gesamte Psychologie 1 (1903), 185-204

Lipps, Theodor: *Weiteres zur Einfühlung.* In: Archiv für die gesamte Psychologie 4 (1905), 465-519

Lipps, Theodor: *Das Wissen von fremden Ichen.* In: Psychologische Untersuchungen 1 (1907), 694-722

Locke, John: *Versuch über die menschliche Natur.* Bd. 1 und 2, Hamburg 1981

Lohmar, Dieter: *Grundzüge eines Synthesis-Modells der Auffassung. Kant und Husserl über den Ordnungsgrad sinnlicher Vorgegebenheiten und die Elemente einer Phänomenologie der Auffassung.* In: Husserl Studies 10 (1993), 111-141

Lohmar, Dieter: *Die Idee einer reflektierten Gefühlsmoral.* In: N. Schneider / D. Lohmar, u.a. (Hrsg.): *Philosophie aus interkultureller Sicht.* Amsterdam 1997, 121-160.

Lohmar, Dieter: *Truth, phenomenological theories of.* In: *Encyclopedia of phenomenology.* Eds. L. Embree et. al., Dordrecht 1997, 708-712

Lohmar, Dieter: *Erfahrung und kategoriales Denken. Hume, Kant und Husserl über vorprädikative Erfahrung und prädikative Erkenntnis.* Dordrecht 1998

Lohmar, Dieter: *Traum-Subjekt und Wahrnehmungs-Subjekt. Über die Beiträge von Leibniz und Kant zur Aufdeckung des Phänomenbereichs der Selbstaffektion.* In: ALTER 6 (1998), 475-501

Lohmar, Dieter: *Husserl's Concept of Categorical Intuition.* In: *Hundred Years of Phenomenology.* Ed. D. Zahavi F. Stjernfelt, Dordrecht 2002, 125-145

Lohmar, Dieter: *Zum Projekt einer Phänomenologie der Selbstaffektion. Über einige Methodenprobleme und die Leistung der Selbstaffektion für die Analyse des Zeitbewußtseins.* In: *Grenzen und Grenzüberschreitungen.* Hrsg. W. Hogrebe, Bonn 2002, 1065-1075

Lohmar, Dieter: *Die Idee der Reduktion. Husserls Reduktionen und ihr gemeinsamer methodischer Sinn.* In: *Die erscheinende Welt.* Hrsg. H. Hüni/P. Trawny, Berlin 2002, 751-771

Lohmar, Dieter: *Über phantasmatische Selbstaffektion in der typisierenden Apperzeption und im inneren Zeitbewußtsein.* Beitrag zur Konferenz „Attualida della Phenomenologia", Mailand. Veröffentlicht in: http://www.ledonline.it/leitmotiv/, 2002, 67-80

Lohmar, Dieter: *What does protention protend? Remarks on Husserl's Analyses of Protention in the Bernau Manuscripts on Timeconsciousness.* In: Philosophy Today. Supplement 2003, 154-167 (dt. in: Proceedings of the Third International Meeting for Husserl-Studies in Japan, Kyoto University, Nov. 23-24. 2003, 113-127)

Lohmar, Dieter: *Husserl's Types and Kant's Schemata.* In: *The New Husserl: A Critical Reader.* Ed. Donn Welton, Indiana University Press. Indiana 2003, 93-124

Lohmar, Dieter: *Selbstaffektion zwischen Anschauung und Begriff. Ein Thema Kants als Herausforderung der Phänomenologie.* In: *‚Dimensions of Subjectivity'.* Ed. P. Barrotta, Pisa / Rom 2003, 5-20

Lohmar, Dieter: *Wittgenstein, Husserl and Kant on aspect-change.* In: *Husserl et Wittgenstein.* Ed. Sandra Laugier, Hildesheim 2004, 123-137

Lohmar, Dieter: *Mirror Neurons and the Phenomenology of Intersubjectivity.* In: Phenomenology and Cognitive Science 5 (2006), 5-16 (dt.: Interdisziplinäre Phänomenologie I (2004), 241-254)

Lohmar, Dieter: *On the Function of Weak Phantasmata in Perception. Phenomenological, Psychological and Neurological Clues for the Transcendental Function of Imagination in Perception.* In: Phenomenology and Cognitive Science 4 (2005), 155-167

Lohmar, Dieter: *The function of weak phantasma in human and animal visual perception.* In: *Images and Reasoning,* ed. by Mitsuhiro Okada et. al. Tokyo 2005, 165-181

Lohmar, Dieter: *Die phänomenologische Methode der Wesensschau und ihre Präzisierung als eidetische Variation.* In: Phänomenologische Forschungen 2005, 65-91

Martin, P. / Scharfetter Ch.: *Olfaktorische Halluzinationen bei Depressionen.* In: Fortschritte der Neurologischen Psychiatrie 61 (1993), 293-300

Matsuzawa, T.: *Field experiments on use of stone tools in the wild.* In: R.W. Wrangham / W. C. McGrew / F.B.M. de Waal / P.G. Heltne (Eds.): *Chimpanzee Cultures.* Harvard University Press, Cambridge 1994, 351-370

McAbee, Gary / Sagan, A. / Winter, L.: *Olfactory Hallucinations During Migraine in an Adolescent With an MRI Temporal Lobe Lesion.* In: Headache 40 (2000), 592-594

McNamara M. E. / Heros R. C. / Boller F.: *Visual hallucinations in blindness: the Charles Bonnet Syndrom.* In: International Journal of Neuroscience 17 (1982), 13-15

Meinong, Alexius: *Über Annahmen.* Leipzig 1902

Meltzoff, A.N. / Moore, M. K.: *Imitation of facial and manual gestures by human neonates.* In: Science 198 (1977), 75-78

Menon, G. J./ Rahman, I./ Menon, S.J./ Dutton, G.N.: *Complex visual hallucinations in the visually impaired: the Charles Bonnet Syndrome.* In: Surv. Ophthalmol. 48 (2003), 58-72

Milinski, M. / Pfluger, D. / Külling, D. / Kettler, R.: *Do sticklebacks cooperate repeatedly in reciprocal pairs?* In: Behavi. Ecol. Sociobiol. 27 (1990) 17-21

Millham, A. / Easton, S.: *Prevalence of auditory hallucinations in nurses in mental health.* In: Journal of Psychiatric and Mental Health Nursing 5 (1998), 95-99

Mon-Williams, Mark / Wan, J. P. / Jenkinson, M. / Rushton, K.: *Synaesthesia in the normal limb.* In: Proc. Royal Soc. London B 264 (1997), 1007-1010

Nagera, H.: *The imaginary Compagnion: Its Significance for Ego Development and Conflict Solution.* In: The Psychoanalytic Study of the Child 224 (1969), 164-196

Needham, W. E. / Taylor, R. E.: *Benign visual hallucinations or phantom vision in visually impaired or blind persons.* In: Journal of visual Impairment and Blindness 86 (1992), 245-248

Nussbaum, Martha: *Emotions and Woman's Capabilities.* In: *Woman, Culture and Development. A Study of Human Capabilities.* Ed. by M. Nussbaum / Glover, J., Oxford 1995, 360-395

O'Mahony, M. / Shulman, K. / Silver, D.: *Roses in December: Imaginary Companions in the Elderly.* In: Canadian Journal of Psychiatry 29 (1984), 151-154

Oztop, E. / Arbib, M.A.: *Schema design and implementation of the grasp-related mirror neuron system.* In: Biological Cybernetics 87 (2002), 116-140

Page, George: *Inside the animal mind.* New York 2001

Paul, Andreas: *Von Affen und Menschen.* Darmstadt 1998

Pelphrey, K. A. / Morris, J. P. / McCarthy, G.: *Grasping the Intentions of Others: The perceived Intentionality of an Action Influences Activity in the Superior Temporal Sulcus during social Perception.* In: Journal of Cognitive Neuroscience 16 (2004), 1706-1716

Pessoa, Luiz / Thompson, Evan / Noê, Alva: *Finding out about filling-in: A guide to perceptual completion for visual science and the philosophy of perception.* In: Behavioral and brain sciences 21 (1998), 723-802

Petitot, Jean / Varela, F. / Roy, J-M. / Pachoud, B.: *Naturalizing Phenomenology: Issues in Contemporary Phenomenology and Cognitive Science.* Stanford 1999

Petit, Jean-Luc: *On the relation between recent neurobiological data on perception (and action) and the Husserlian theory of constitution.* In: Phenomenology and the Cognitive Sciences 2 (2001), 281-298

Piaget, Jean: *The Origins of Intelligence in Children.* New York 1952

Pinel, John P. J.: *Biopsychologie.* Berlin 2001

Podoll, K. / Osterheider M. / Noth, J.: *Das Charles Bonnet Syndrom.* In: Fortschritte der Neurologie und Psychiatrie 57 (1989), 43-60

Posey, Thomas B. / Losch, Mary E.: *Auditory Hallucinations of Hearing Voices in 375 Normal Subjects.* In: Imagination, Cognition and Personality 3 (1983-84), 99-113

Prauss, Gerold: *Einführung in die Erkenntnistheorie.* Darmstadt 1980

Premack, David / Woodruff, G.: *Does the chimpanzee have a theory of mind?* In: Behavioral and Brain Sciences 1 (1978), 515-26

Ramachandran, Vilaynur S. / Blakeslee, Sandra: *Die blinde Frau, die sehen kann. Rätselhafte Phänomene unseres Bewußtseins.* Rowohlt, Reinbek 2002

Ramachandran, V. S. / Rogers-Ramachandran, D.: *Synaesthesia in phantom limbs induced with mirrors.* In: Proc. Royal So. London B 263 (1996), 377-86

Rapcsak, S. Z. / Galper, S. R. / Comer, F. F. / Reminger, S. L. / Nielsen, L. / Kaszniak, A. W. / Verfaellie, M. / Laguna, J. F. / Labiner, D. M. / Cohen, R. A.: *Fear recognition deficits after focal brain damage.* In: Neurology 54 (2000), 575-581

Ravalli, Paolo: *Husserls Phänomenologie der Intersubjektivität in den Göttinger Jahren. Eine kritisch-historische Darstellung.* Diss. Utrecht, Zeno Utrecht 2003

Report on the Census of Hallucinations. By Professor Sidgwick's Committee. In: Proceedings of the Society for Psychical Research X (1894), 25-422

Ridley, Matt: *Die Biologie der Tugend. Warum es sich lohnt, gut zu sein.* Berlin 1997

Rinofner-Kreidl, Sonia: *Das Gehirn-Selbst. Ist die Erste-Person-Perspektive naturalisierbar?* Vortrag auf der Konferenz "Mensch - Leben - Technik". Symposion der Deutschen Gesellschaft für Phänomenologie, Würzburg, 24.-27.9.2003

Rizzolatti, G. / Fadiga, L. / Gallese, V. / Fogassi, L.: *Premotor cortex and the recognition of motor actions.* In: Cog. Brain Research 3 (1996), 131-141

Rizzolatti, G. / Arbib, A.: *Language within our grasp.* In: Trends in Neuroscience 21 (1998), 188-194

Rizzolatti, G. / Fadiga, L.: *Grasping objects and grasping action meanings: the dual role of monkey rostroventral premotor cortex (area F 5).* In: Novartis Foundation Symposium 218 (1998), 81-103

Rizzolatti, G. / Fadiga, L. / Fogassi, L. / Gallese, V.: *Resonance behaviours and mirror neurons.* In: Archives Italiennes de Biologie 137 (1999), 85-100

Rizzolatti, G. / Fogassi, L. / Gallese, V.: *Neurophysiological mechanisms underlying the understanding and imitation of action.* In: Neroscience 2 (2001), 661-670

Rorden, C. / Heutink, J. / Greenfield, E. / Robertson, I. H.: *When a rubber hand ‚feels' what the real hand cannot.* In: NeuroReport 10 (1999), 135-138

Rowner, B. W.: *The Charles Bonnet Syndrome. Visual Hallucinations caused by Vision Impairment.* In: Geriatrics 57 (2002), 45-46

Sacks, Oliver: *Der Mann, der seine Frau mit einem Hut verwechselte.* Rowohlt Verlag, Reinbek bei Hamburg 1990

Sacks, Oliver: *Migräne.* Rowohlt Verlag, Reinbek bei Hamburg 1994

Sacks, Oliver: *Stumme Stimmen. Reise in die Welt der Gehörlosen.* Rowohlt Verlag, Reinbek bei Hamburg 1992

Sartre, Jean-Paul: *Über die Einbildungskraft. In: Die Transzendenz des Ego. Drei Essays.* Hamburg 1964, 51-149

Sartre, Jean-Paul: *Das Imaginäre. Phänomenologische Psychologie der Einbildungskraft.* (dt. v. H. Schöneberg), Rowohlt Verlag, Reinbek bei Hamburg 1971

Savage-Rumbaugh, Sue / Lewin, Roger: *Kanzi. Was den tierischen vom menschlichen Verstand unterscheidet.* München 1995

Schmidt, B. A.: *Eine bisher unbekannte lateinische Rede Kants über Sinnestäuschung und poetische Fiktion.* In: Kant-Studien 16 (1911), 5-21

Schütz, Alfred: *Der sinnhafte Aufbau der sozialen Welt.* Frankfurt 1974

Schütz, Alfred: *Das Problem der Relevanz.* Frankfurt 1971

Schulkin, J.: *Theory of mind and mirroring neurons.* In: Trends in Cognitive Sciences 4 (2000), 252-254

Schultz, G. / Melzack, R.: *The Charles Bonnet Syndrome. Phantom visual images.* In: Perception 20 (1991), 809-825

Schultz, Joh., Imamizu, H. / Kawato, M. / Frith, Chr. D.: *Activation of the Human Superior Temporal Gyrus during Observation of Goal Attribution by Intentional Objects.* In: Journal of Cognitive Neuroscience 16 (2004), 1695-1705

Schwarz, T. L. / Vaghei, L.: *Charles Bonnet Syndrome in Children.* In: Journal of the Am. Assoc. for Pediatric Ophthamology and Strabismus (JAAPOS) 2 (1998), 310-313

Sepp, Hans-Rainer: *Phänomen Traum. Ein innerphänomenologischer Dialog. In: Traum, Logik, Geld. Freud, Husserl und Simmel zum Denken der Moderne.* Hrsg. von U. Kadi, B. Keintzel, H. Vetter. Tübingen 2002, 110-124

Sigel, Ronald K.: *Halluzinationen. Expedition in eine andere Wirklichkeit.* Frankfurt 1995

Slade, P. D. / Bentall, R. P.: *Sensory deception: A scientific analysis of hallucination.* The John Hopkins Press, Baltimore 1988

Sommer, Volker: *Lob der Lüge. Täuschung und Selbstbetrug bei Tier und Mensch.* München 1992

Sousa, Ronald de: *Die Rationalität des Gefühls.* Frankfurt 1997

Stanovich, Keith E. / West, Richard F.: *Individual Differences in Reasoning: Implications for the Rationality Debate?* In: Behavioral and Brain Sciences 22 (2000), 645-726

Steinfath, Holmer: *Gefühl und Werte.* In: Zeitschrift für philos. Forschung 55 (2001), 196-220

Streminger, G.: *Hume's Theory of Imagination.* in: Hume Studies 6/2 (1980), 91-118 und Hume Studies 7/1 (1981), 103

Ströker, Elisabeth: *Husserls Evidenzprinzip.* In: Zeitschrift für philos. Forschung 32 (1978), 3-30

Symons, Donald: *The stuff that dreams aren't made of: Why the wake-state and dream-state sonsory experiences differ.* In: Cognition 47 (1993), 181-217

Tanriverdi, N. / Sayilgan, M. A. / Özcürümez, G.: *Musical Hallucinations associated with abruptly developed Bilateral Loss of Hearing.* In: Acta Psychiatrica Scandinavica 103 (2001), 153-155

Tattersall, I.: *Puzzle Menschwerdung. Auf der Spur der menschlichen Evolution.* Berlin 1997

Taylor, M./ Carlson S.A./ Marin, B.L./ Gerow, L./ Charley, C.M.: The characteristics and correlates of fantasy in school-age children: Imaginary companions, impersonation, and social understanding. In: Developmental Psychology 40 (2004), 1173-1187

Taylor, M. / Cartwright, B.S. / Carlson, S.M.: *A developemental investigation of children's imaginary companions*. In: Developmentals psychology 29 (1993), 276-285

Taylor, Majorie: *Imaginary companions and the children who create them*. New York 1999

Terao, T.: *Musical Hallucinations in Middle Age*. In: Acta Psychiatrica Scandinavica 104 (2001), 315 f.

Teunisse, R. J. / Zitman, F. G. / Raes, D.C.M: *Clinical Evaluations of 14 Patients with the Charles Bonnet Syndrome (Isolated Visual hallucinations)*. In: Comprehensive Psyciatry 35 (1994), 70-75

Teunisse, J. R. / Cruysberg R. J. / Hoefnagels, W. H. / Verbeek, A. L. / Zitman, F.G.: *Visual Hallucinations in Psychologically Normal People: Charles Bonnet's Syndrome*. In: The Lancet 347 (1996), 794-797

Thurber, James: *The secret life of Walter Mitty*. In: *The Secret Life of Walter Mitty and Other Pieces*. Penguin Books Ltd., London 2000

Tomasello, Michael: *Die kulturelle Entwicklung des menschlichen Denkens. Zur Evolution der Kognition*. Frankfurt 2002

Tomasello, Michael / Call, J.: *Primate Cognition*. Oxford 1997

Umita, M.A. / Kohler, E. / Gallese, V. / Fogassi, L. / Fadiga, L. / Keysers, C. / Rizzolatti, G.: *I know what you are Doing: A neurophysiological Study*. In: Neuron 31 (2001), 155-165

Warda, A.: *Eine lateinische Rede Imm. Kants als außerordentlichen Opponenten gegenüber Johann Gottlieb Kreutzfeld*. In: Altpreussische Monatsschrift 47 (1910), 662-670

Wason, P.C. / Evans, J. St. B. T.: *Dual Processes in Reasoning?* In: Cognition 3 (1975), 141-154

Wicker, B. / Keysers, Ch. / Plailly, J. / Royet, J.P. / Gallese, V. und Rizzolatti, G.: *Both of Us Disgusted in My Insula: The Common Neural Basis of Seeing and Feeling Disgust*. In: Neuron 40 (2003), 655-664

Wickler, Wolfgang / Seibt, Uta: *Das Prinzip Eigennutz. Zur Evolution sozialen Verhaltens*. München 1991

Wilson, Edward O.: *Biologie als Schicksal. Die soziobiologischen Grundlagen menschlichen Verhaltens*. Ullstein, München [1979]

Wittgenstein, Ludwig: *Philosophische Untersuchungen*. In: Ludwig Wittgenstein, *Schriften*. Frankfurt 1960

Wollheim, Richard: *Emotionen. Eine Philosophie der Gefühle*. München 2001

Zahavi, Dan: *Phenomenology and the project of naturalization*. In: Phenomenology and the Cognitive Sciences 3/4, 2004, 331-347

Zahavi, Dan: *Phänomenologie und Kognitionswissenschaft: Möglichkeiten und Risiken*. In: *Interdisziplinäre Perspektiven der Phänomenologie*. Hrsg. D. Lohmar / D. Fonfara. Dordrecht 2006, 296-315

Sachregister

Beispiele:

Namenregister

Phaenomenologica

1. E. Fink: *Sein, Wahrheit, Welt.* Vor-Fragen zum Problem des Phänomen-Begriffs. 1958 ISBN 90-247-0234-8
2. H.L. van Breda and J. Taminiaux (eds.): *Husserl et la pensée moderne/Husserl und das Denken der Neuzeit.* Actes du deuxième Colloque International de Phénoménologie/Akten des zweiten Internationalen Phänomenologischen Kolloquiums (Krefeld, 1.–3. Nov. 1956). 1959 ISBN 90-247-0235-6
3. J.-C. Piguet: *De l'esthétique à la métaphysique.* 1960 ISBN 90-247-0236-4
4. E. Husserl: *1850–1959.* Recueil commémoratif publié à l'occasion du centenaire de la naissance du philosophe. 1959 ISBN 90-247-0237-2

5/6. H. Spiegelberg: *The Phenomenological Movement.* A Historical Introduction. 3rd revised ed. with the collaboration of Karl Schuhmann. 1982 ISBN Hb: 90-247-2577-1; Pb: 90-247-2535-6

7. A. Roth: *Edmund Husserls ethische Untersuchungen.* Dargestellt anhand seiner Vorlesungsmanuskripte. 1960 ISBN 90-247-0241-0
8. E. Levinas: *Totalité et infini.* Essai sur l'extériorité. 4th ed., 4th printing 1984 ISBN Hb: 90-247-5105-5; Pb: 90-247-2971-8
9. A. de Waelhens: *La philosophie et les expériences naturelles.* 1961 ISBN 90-247-0243-7
10. L. Eley: *Die Krise des Apriori in der transzendentalen Phänomenologie Edmund Husserls.* 1962 ISBN 90-247-0244-5
11. A. Schutz: *Collected Papers, I.* The Problem of Social Reality. Edited and introduced by M. Natanson. 1962; 5th printing: 1982 ISBN Hb: 90-247-5089-X; Pb: 90-247-3046-5
    Collected Papers, II *see* below under Volume 15
    Collected Papers, III *see* below under Volume 22
    Collected Papers, IV *see* below under Volume 136
12. J.M. Broekman: *Phänomenologie und Egologie.* Faktisches und transzendentales Ego bei Edmund Husserl. 1963 ISBN 90-247-0245-3
13. W.J. Richardson: *Heidegger. Through Phenomenology to Thought.* Preface by Martin Heidegger. 1963; 3rd printing: 1974 ISBN 90-247-02461-1
14. J.N. Mohanty: *Edmund Husserl's Theory of Meaning.* 1964; reprint: 1969 ISBN 90-247-0247-X
15. A. Schutz: *Collected Papers, II.* Studies in Social Theory. Edited and introduced by A. Brodersen. 1964; reprint: 1977 ISBN 90-247-0248-8
16. I. Kern: *Husserl und Kant.* Eine Untersuchung über Husserls Verhältnis zu Kant und zum Neukantianismus. 1964; reprint: 1984 ISBN 90-247-0249-6
17. R.M. Zaner: *The Problem of Embodiment.* Some Contributions to a Phenomenology of the Body. 1964; reprint: 1971 ISBN 90-247-5093-8
18. R. Sokolowski: *The Formation of Husserl's Concept of Constitution.* 1964; reprint: 1970 ISBN 90-247-5086-5
19. U. Claesges: *Edmund Husserls Theorie der Raumkonstitution.* 1964 ISBN 90-247-0251-8
20. M. Dufrenne: *Jalons.* 1966 ISBN 90-247-0252-6
21. E. Fink: *Studien zur Phänomenologie, 1930–1939.* 1966 ISBN 90-247-0253-4
22. A. Schutz: *Collected Papers, III.* Studies in Phenomenological Philosophy. Edited by I. Schutz. With an introduction by Aron Gurwitsch. 1966; reprint: 1975 ISBN 90-247-5090-3
23. K. Held: *Lebendige Gegenwart.* Die Frage nach der Seinsweise des transzendentalen Ich bei Edmund Husserl, entwickelt am Leitfaden der Zeitproblematik. 1966 ISBN 90-247-0254-2
24. O. Laffoucrière: *Le destin de la pensée et 'La Mort de Dieu' selon Heidegger.* 1968 ISBN 90-247-0255-0
25. E. Husserl: *Briefe an Roman Ingarden.* Mit Erläuterungen und Erinnerungen an Husserl. Hrsg. von R. Ingarden. 1968 ISBN Hb: 90-247-0257-7; Pb: 90-247-0256-9
26. R. Boehm: *Vom Gesichtspunkt der Phänomenologie* (I). Husserl-Studien. 1968 ISBN Hb: 90-247-0259-3; Pb: 90-247-0258-5
    For *Band II* see below under Volume 83

Phaenomenologica

27. T. Conrad: *Zur Wesenslehre des psychischen Lebens und Erlebens.* Mit einem Geleitwort von H.L. van Breda. 1968 ISBN 90-247-0260-7
28. W. Biemel: *Philosophische Analysen zur Kunst der Gegenwart.* 1969 ISBN Hb: 90-247-0263-1; Pb: 90-247-0262-3
29. G. Thinès: *La problématique de la psychologie.* 1968 ISBN Hb: 90-247-0265-8; Pb: 90-247-0264-X
30. D. Sinha: *Studies in Phenomenology.* 1969 ISBN Hb: 90-247-0267-4; Pb: 90-247-0266-6
31. L. Eley: *Metakritik der formalen Logik.* Sinnliche Gewissheit als Horizont der Aussagenlogik und elementaren Prädikatenlogik. 1969 ISBN Hb: 90-247-0269-0; Pb: 90-247-0268-2
32. M.S. Frings: *Person und Dasein.* Zur Frage der Ontologie des Wertseins. 1969 ISBN Hb: 90-247-0271-2; Pb: 90-247-0270-4
33. A. Rosales: *Transzendenz und Differenz.* Ein Beitrag zum Problem der ontologischen Differenz beim frühen Heidegger. 1970 ISBN 90-247-0272-0
34. M.M. Saraiva: *L'imagination selon Husserl.* 1970 ISBN 90-247-0273-9
35. P. Janssen: *Geschichte und Lebenswelt.* Ein Beitrag zur Diskussion von Husserls Spätwerk. 1970 ISBN 90-247-0274-7
36. W. Marx: *Vernunft und Welt.* Zwischen Tradition und anderem Anfang. 1970 ISBN 90-247-5042-3
37. J.N. Mohanty: *Phenomenology and Ontology.* 1970 ISBN 90-247-5053-9
38. A. Aguirre: *Genetische Phänomenologie und Reduktion.* Zur Letztbegründung der Wissenschaft aus der radikalen Skepsis im Denken E. Husserls. 1970 ISBN 90-247-5025-3
39. T.F. Geraets: *Vers une nouvelle philosophie transcendentale.* La genèse de la philosophie de Maurice Merleau-Ponty jusqu'à la 'Phénoménologie de la perception.' Préface par E. Levinas. 1971 ISBN 90-247-5024-5
40. H. Declève: *Heidegger et Kant.* 1970 ISBN 90-247-5016-4
41. B. Waldenfels: *Das Zwischenreich des Dialogs.* Sozialphilosophische Untersuchungen in Anschluss an Edmund Husserl. 1971 ISBN 90-247-5072-5
42. K. Schuhmann: *Die Fundamentalbetrachtung der Phänomenologie.* Zum Weltproblem in der Philosophie Edmund Husserls. 1971 ISBN 90-247-5121-7
43. K. Goldstein: *Selected Papers/Ausgewählte Schriften.* Edited by A. Gurwitsch, E.M. Goldstein Haudek and W.E. Haudek. Introduction by A. Gurwitsch. 1971 ISBN 90-247-5047-4
44. E. Holenstein: *Phänomenologie der Assoziation.* Zu Struktur und Funktion eines Grundprinzips der passiven Genesis bei E. Husserl. 1972 ISBN 90-247-1175-4
45. F. Hammer: *Theonome Anthropologie ?* Max Schelers Menschenbild und seine Grenzen. 1972 ISBN 90-247-1186-X
46. A. Pažanin: *Wissenschaft und Geschichte in der Phänomenologie Edmund Husserls.* 1972 ISBN 90-247-1194-0
47. G.A. de Almeida: *Sinn und Inhalt in der genetischen Phänomenologie E. Husserls.* 1972 ISBN 90-247-1318-8
48. J. Rolland de Renéville: *Aventure de l'absolu.* 1972 ISBN 90-247-1319-6
49. U. Claesges und K. Held (eds.): *Perspektiven transzendental-phänomenologischer Forschung.* Für Ludwig Landgrebe zum 70. Geburtstag von seiner Kölner Schülern. 1972 ISBN 90-247-1313-7
50. F. Kersten and R. Zaner (eds.): *Phenomenology: Continuation and Criticism.* Essays in Memory of Dorion Cairns. 1973 ISBN 90-247-1302-1
51. W. Biemel (ed.): *Phänomenologie Heute.* Festschrift für Ludwig Landgrebe. 1972 ISBN 90-247-1336-6
52. D. Souche-Dagues: *Le développement de l'intentionalité dans la phénoménologie husserlienne.* 1972 ISBN 90-247-1354-4
53. B. Rang: *Kausalität und Motivation.* Untersuchungen zum Verhältnis von Perspektivität und Objektivität in der Phänomenologie Edmund Husserls. 1973 ISBN 90-247-1353-6
54. E. Levinas: *Autrement qu'être ou au-delà de l'essence.* 2nd. ed.: 1978 ISBN 90-247-2030-3
55. D. Cairns: *Guide for Translating Husserl.* 1973 ISBN Pb: 90-247-1452-4

Phaenomenologica

56. K. Schuhmann: *Die Dialektik der Phänomenologie, I.* Husserl über Pfänder. 1973 ISBN 90-247-1316-1
57. K. Schuhmann: *Die Dialektik der Phänomenologie, II.* Reine Phänomenologie und phänomenologische Philosophie. Historisch-analytische Monographie über Husserls 'Ideen I'. 1973 ISBN 90-247-1307-2
58. R. Williame: *Les fondements phénoménologiques de la sociologie compréhensive: Alfred Schutz et Max Weber.* 1973 ISBN 90-247-1531-8
59. E. Marbach: *Das Problem des Ich in der Phänomenologie Husserls.* 1974 ISBN 90-247-1587-3
60. R. Stevens: *James and Husserl: The Foundations of Meaning.* 1974 ISBN 90-247-1631-4
61. H.L. van Breda (ed.): *Vérité et Vérification/Wahrheit und Verifikation.* Actes du quatrième Colloque International de Phénoménologie/Akten des vierten Internationalen Kolloquiums für Phänomenologie (Schwäbisch Hall, Baden-Württemberg, 8.–11. September 1969). 1974 ISBN 90-247-1702-7
62. Ph.J. Bossert (ed.): *Phenomenological Perspectives.* Historical and Systematic Essays in Honor of Herbert Spiegelberg. 1975.] ISBN 90-247-1701-9
63. H. Spiegelberg: *Doing Phenomenology.* Essays on and in Phenomenology. 1975 ISBN 90-247-1725-6
64. R. Ingarden: *On the Motives which Led Husserl to Transcendental Idealism.* 1975 ISBN 90-247-1751-5
65. H. Kuhn, E. Avé-Lallemant and R. Gladiator (eds.): *Die Münchener Phänomenologie.* Vorträge des Internationalen Kongresses in München (13.–18. April 1971). 1975 ISBN 90-247-1740-X
66. D. Cairns: *Conversations with Husserl and Fink.* Edited by the Husserl-Archives in Louvain. With a foreword by R.M. Zaner. 1975 ISBN 90-247-1793-0
67. G. Hoyos Vásquez: *Intentionalität als Verantwortung.* Geschichtsteleologie und Teleologie der Intentionalität bei Husserl. 1976 ISBN 90-247-1794-9
68. J. Patočka: *Le monde naturel comme problème philosophique.* 1976 ISBN 90-247-1795-7
69. W.W. Fuchs: *Phenomenology and the Metaphysics of Presence.* An Essay in the Philosophy of Edmund Husserl. 1976 ISBN 90-247-1822-8
70. S. Cunningham: *Language and the Phenomenological Reductions of Edmund Husserl.* 1976 ISBN 90-247-1823-6
71. G.C. Moneta: *On Identity.* A Study in Genetic Phenomenology. 1976 ISBN 90-247-1860-0
72. W. Biemel und das Husserl-Archiv zu Löwen (eds.): *Die Welt des Menschen – Die Welt der Philosophie.* Festschrift für Jan Patočka. 1976 ISBN 90-247-1899-6
73. M. Richir: *Au-delà du renversement copernicien.* La question de la phénoménoménologie et son fondement. 1976 ISBN 90-247-1903-8
74. H. Mongis: *Heidegger et la critique de la notion de valeur.* La destruction de la fondation métaphysique. Lettre-préface de Martin Heidegger. 1976 ISBN 90-247-1904-6
75. J. Taminiaux: *Le regard et l'excédent.* 1977 ISBN 90-247-2028-1
76. Th. de Boer: *The Development of Husserl's Thought.* 1978 ISBN Hb: 90-247-2039-7; Pb: 90-247-2124-5
77. R.R. Cox: *Schutz's Theory of Relevance.* A Phenomenological Critique. 1978 ISBN 90-247-2041-9
78. S. Strasser: *Jenseits von Sein und Zeit.* Eine Einführung in Emmanuel Levinas' Philosophie. 1978 ISBN 90-247-2068-0
79. R.T. Murphy: *Hume and Husserl.* Towards Radical Subjectivism. 1980 ISBN 90-247-2172-5
80. H. Spiegelberg: *The Context of the Phenomenological Movement.* 1981 ISBN 90-247-2392-2
81. J.R. Mensch: *The Question of Being in Husserl's Logical Investigations.* 1981 ISBN 90-247-2413-9
82. J. Loscerbo: *Being and Technology.* A Study in the Philosophy of Martin Heidegger. 1981 ISBN 90-247-2411-2
83. R. Boehm: *Vom Gesichtspunkt der Phänomenologie II.* Studien zur Phänomenologie der Epoché. 1981 ISBN 90-247-2415-5

Phaenomenologica

84. H. Spiegelberg and E. Avé-Lallemant (eds.): *Pfänder-Studien.* 1982 ISBN 90-247-2490-2
85. S. Valdinoci: *Les fondements de la phénoménologie husserlienne.* 1982 ISBN 90-247-2504-6
86. I. Yamaguchi: *Passive Synthesis und Intersubjektivität bei Edmund Husserl.* 1982 ISBN 90-247-2505-4
87. J. Libertson: *Proximity.* Levinas, Blanchot, Bataille and Communication. 1982 ISBN 90-247-2506-2
88. D. Welton: *The Origins of Meaning.* A Critical Study of the Thresholds of Husserlian Phenomenology. 1983 ISBN 90-247-2618-2
89. W.R. McKenna: *Husserl's 'Introductions to Phenomenology'.* Interpretation and Critique. 1982 ISBN 90-247-2665-4
90. J.P. Miller: *Numbers in Presence and Absence.* A Study of Husserl's Philosophy of Mathematics. 1982 ISBN 90-247-2709-X
91. U. Melle: *Das Wahrnehmungsproblem und seine Verwandlung in phänomenologischer Einstellung.* Untersuchungen zu den phänomenologischen Wahrnehmungstheorien von Husserl, Gurwitsch und Merleau-Ponty. 1983 ISBN 90-247-2761-8
92. W.S. Hamrick (ed.): *Phenomenology in Practice and Theory.* Essays for Herbert Spiegelberg. 1984 Hb: ISBN 90-247-2926-2; Pb: 90-247-3197-6
93. H. Reiner: *Duty and Inclination.* The Fundamentals of Morality Discussed and Redefined with Special Regard to Kant and Schiller. 1983 ISBN 90-247-2818-5
94. M.J. Harney: *Intentionality, Sense and the Mind.* 1984 ISBN 90-247-2891-6
95. Kah Kyung Cho (ed.): *Philosophy and Science in Phenomenological Perspective.* 1984 ISBN 90-247-2922-X
96. A. Lingis: *Phenomenological Explanations.* 1986 ISBN Hb: 90-247-3332-4; Pb: 90-247-3333-2
97. N. Rotenstreich: *Reflection and Action.* 1985 ISBN Hb: 90-247-2969-6; Pb: 90-247-3128-3
98. J.N. Mohanty: *The Possibility of Transcendental Philosophy.* 1985 ISBN Hb: 90-247-2991-2; Pb: 90-247-3146-1
99. J.J. Kockelmans: *Heidegger on Art and Art Works.* 1985 ISBN Hb: 90-247-3102-X; Pb ISBN 90-247-3144-5
100. E. Lévinas: *Collected Philosophical Papers.* 1987 ISBN Hb: 90-247-3272-7; Pb: 90-247-3395-2
101. R. Regvald: *Heidegger et le problème du néant.* 1986 ISBN 90-247-3388-X
102. J.A. Barash: *Martin Heidegger and the Problem of Historical Meaning.* 1987 ISBN 90-247-3493-2
103. J.J. Kockelmans (ed.): *Phenomenological Psychology.* The Dutch School. 1987 ISBN 90-247-3501-7
104. W.S. Hamrick: *An Existential Phenomenology of Law: Maurice Merleau-Ponty.* 1987 ISBN 90-247-3520-3
105. J.C. Sallis, G. Moneta and J. Taminiaux (eds.): *The Collegium Phaenomenologicum. The First Ten Years.* 1988 ISBN 90-247-3709-5
106. D. Carr: *Interpreting Husserl.* Critical and Comparative Studies. 1987.] ISBN 90-247-3505-X
107. G. Heffernan: *Isagoge in die phänomenologische Apophantik.* Eine Einführung in die phänomenologische Urteilslogik durch die Auslegung des Textes der *Formalen und transzendentalen Logik* von Edmund Husserl. 1989 ISBN 90-247-3710-9
108. F. Volpi, J.-F. Mattéi, Th. Sheenan, J.-F. Courtine, J. Taminiaux, J. Sallis, D. Janicaud, A.L. Kelkel, R. Bernet, R. Brisart, K. Held, M. Haar et S. IJsseling: *Heidegger et l'idée de la phénoménologie.* 1988 ISBN 90-247-3586-6
109. C. Singevin: *Dramaturgie de l'esprit.* 1988 ISBN 90-247-3557-2
110. J. Patočka: *Le monde naturel et le mouvement de l'existence humaine.* 1988 ISBN 90-247-3577-7
111. K.-H. Lembeck: *Gegenstand Geschichte.* Geschichtswissenschaft in Husserls Phänomenologie. 1988 ISBN 90-247-3635-8
112. J.K. Cooper-Wiele: *The Totalizing Act.* Key to Husserl's Early Philosophy. 1989 ISBN 0-7923-0077-7

Phaenomenologica

113. S. Valdinoci: *Le principe d'existence.* Un devenir psychiatrique de la phénoménologie. 1989 ISBN 0-7923-0125-0
114. D. Lohmar: *Phänomenologie der Mathematik.* 1989 ISBN 0-7923-0187-0
115. S. IJsseling (Hrsgb.): *Husserl-Ausgabe und Husserl-Forschung.* 1990 ISBN 0-7923-0372-5
116. R. Cobb-Stevens: *Husserl and Analytic Philosophy.* 1990 ISBN 0-7923-0467-5
117. R. Klockenbusch: *Husserl und Cohn.* Widerspruch, Reflexion und Telos in Phänomenologie und Dialektik. 1989 ISBN 0-7923-0515-9
118. S. Vaitkus: *How is Society Possible?* Intersubjectivity and the Fiduciary Attitude as Problems of the Social Group in Mead, Gurwitsch, and Schutz. 1991 ISBN 0-7923-0820-4
119. C. Macann: *Presence and Coincidence.* The Transformation of Transcendental into Ontological Phenomenology. 1991 ISBN 0-7923-0923-5
120. G. Shpet: *Appearance and Sense.* Phenomenology as the Fundamental Science and Its Problems. Translated from Russian by Th. Nemeth. 1991 ISBN 0-7923-1098-5
121. B. Stevens: *L'apprentissage des signes.* Lecture de Paul Ricœur. 1991 ISBN 0-7923-1244-9
122. G. Soffer: *Husserl and the Question of Relativism.* 1991 ISBN 0-7923-1291-0
123. G. Römpp: *Husserls Phänomenologie der Intersubjektivität.* Und Ihre Bedeutung für eine Theorie intersubjektiver Objektivität und die Konzeption einer phänomenologischen Philosophie. 1991 ISBN 0-7923-1361-5
124. S. Strasser: *Welt im Widerspruch.* Gedanken zu einer Phänomenologie als ethischer Fundamentalphilosophie. 1991 ISBN Hb: 0-7923-1404-2; Pb: 0-7923-1551-0
125. R.P. Buckley: *Husserl, Heidegger and the Crisis of Philosophical Responsibility.* 1992 ISBN 0-7923-1633-9
126. J.G. Hart: *The Person and the Common Life.* Studies in a Husserlian Social Ethics. 1992 ISBN 0-7923-1724-6
127. P. van Tongeren, P. Sars, C. Bremmers and K. Boey (eds.): *Eros and Eris.* Contributions to a Hermeneutical Phenomenology. Liber Amicorum for Adriaan Peperzak. 1992 ISBN 0-7923-1917-6
128. Nam-In Lee: *Edmund Husserls Phänomenologie der Instinkte.* 1993 ISBN 0-7923-2041-7
129. P. Burke and J. Van der Veken (eds.): *Merleau-Ponty in Contemporary Perspective.* 1993 ISBN 0-7923-2142-1
130. G. Haefliger: *Über Existenz: Die Ontologie Roman Ingardens.* 1994 ISBN 0-7923-2227-4
131. J. Lampert: *Synthesis and Backward Reference in Husserl's* Logical Investigations. 1995 ISBN 0-7923-3105-2
132. J.M. DuBois: *Judgment and Sachverhalt.* An Introduction to Adolf Reinach's Phenomenological Realism. 1995 ISBN 0-7923-3519-8
133. B.E. Babich (ed.): *From Phenomenology to Thought, Errancy, and Desire.* Essays in Honor of William J. Richardson, S.J. 1995 ISBN 0-7923-3567-8
134. M. Dupuis: *Pronoms et visages.* Lecture d'Emmanuel Levinas. 1996 ISBN Hb: 0-7923-3655-0; Pb 0-7923-3994-0
135. D. Zahavi: *Husserl und die transzendentale Intersubjektivität.* Eine Antwort auf die sprachpragmatische Kritik. 1996 ISBN 0-7923-3713-1
136. A. Schutz: *Collected Papers, IV.* Edited with preface and notes by H. Wagner† and G. Psathas, in collaboration with F. Kersten. 1996 ISBN 0-7923-3760-3
137. P. Kontos: *D'une phénoménologie de la perception chez Heidegger.* 1996 ISBN 0-7923-3776-X
138. F. Kuster: *Wege der Verantwortung.* Husserls Phänomenologie als Gang durch die Faktizität. 1996 ISBN 0-7923-3916-9
139. C. Beyer: *Von Bolzano zu Husserl.* Eine Untersuchung über den Ursprung der phänomenologischen Bedeutungslehre. 1996 ISBN 0-7923-4050-7
140. J. Dodd: *Idealism and Corporeity.* An Essay on the Problem of the Body in Husserl's Phenomenology. 1997 ISBN 0-7923-4400-6
141. E. Kelly: *Structure and Diversity.* Studies in the Phenomenological Philosophy of Max Scheler. 1997 ISBN 0-7923-4492-8

Phaenomenologica

142. J. Cavallin: *Content and Object.* Husserl, Twardowski and Psychologism. 1997 ISBN 0-7923-4734-X
143. H.P. Steeves: *Founding Community.* A Phenomenological-Ethical Inquiry. 1997 ISBN 0-7923-4798-6
144. M. Sawicki: *Body, Text, and Science.* The Literacy of Investigative Practices and the Phenomenology of Edith Stein. 1997 ISBN 0-7923-4759-5; Pb: 1-4020-0262-9
145. O.K. Wiegand: *Interpretationen der Modallogik.* Ein Beitrag zur phänomenologischen Wissenschaftstheorie. 1998 ISBN 0-7923-4809-5
146. P. Marrati-Guénoun: *La genèse et la trace.* Derrida lecteur de Husserl et Heidegger. 1998 ISBN 0-7923-4969-5
147. D. Lohmar: *Erfahrung und kategoriales Denken.* Hume, Kant und Husserl über vorprädikative Erfahrung und prädikative Erkenntnis. 1998 ISBN 0-7923-5117-7
148. N. Depraz and D. Zahavi (eds.): *Alterity and Facticity.* New Perspectives on Husserl. 1998 ISBN 0-7923-5187-8
149. E. Øverenget: *Seeing the Self.* Heidegger on Subjectivity. 1998 ISBN Hb: 0-7923-5219-X; Pb: 1-4020-0259-9
150. R.D. Rollinger: *Husserls Position in the School of Brentano.* 1999 ISBN 0-7923-5684-5
151. A. Chrudzimski: *Die Erkenntnistheorie von Roman Ingarden.* 1999 ISBN 0-7923-5688-8
152. B. Bergo: *Levinas Between Ethics and Politics.* For the Beauty that Adorns the Earth. 1999 ISBN 0-7923-5694-2
153. L. Ni: *Seinsglaube in der Phänomenologie Edmund Husserls.* 1999 ISBN 0-7923-5779-5
154. E. Feron: *Phénoménologie de la mort.* Sur les traces de Levinas. 1999 ISBN 0-7923-5935-6
155. R. Visker: *Truth and Singularity.* Taking Foucault into Phenomenology. 1999 ISBN Hb: 0-7923-5985-2; Pb: 0-7923-6397-3
156. E.E. Kleist: *Judging Appearances.* A Phenomenological Study of the Kantian *sensus communis.* 2000 ISBN Hb: 0-7923-6310-8; Pb: 1-4020-0258-0
157. D. Pradelle: *L'archéologie du monde.* Constitution de l'espace, idéalisme et intuitionnisme chez Husserl. 2000 ISBN 0-7923-6313-2
158. H.B. Schmid: *Subjekt, System, Diskurs.* Edmund Husserls Begriff transzendentaler Subjektivität in sozialtheoretischen Bezügen. 2000 ISBN 0-7923-6424-4
159. A. Chrudzimski: *Intentionalitätstheorie beim frühen Brentano.* 2001 ISBN 0-7923-6860-6
160. N. Depraz: *Lucidité du corps.* De l'empirisme transcendantal en phénoménologie. 2001 ISBN 0-7923-6977-7
161. T. Kortooms: *Phenomenology of Time.* Edmund Husserl's Analysis of Time-Consciousness. 2001 ISBN 1-4020-0121-5
162. R. Boehm: *Topik.* 2002 ISBN 1-4020-0629-2
163. A. Chernyakov: *The Ontology of Time.* Being and Time in the Philosophies of Aristotle, Husserl and Heidegger. 2002 ISBN 1-4020-0682-9
164. D. Zahavi and F. Stjernfelt (eds.): *One Hundred Years of Phenomenology.* Husserl's *Logical Investigations* Revisited. 2002 ISBN 1-4020-0700-0
165. B. Ferreira: *Stimmung bei Heidegger.*Das Phänomen der Stimmung im Kontext von Heideggers Existenzialanalyse des Daseins. 2002 ISBN 1-4020-0701-9
166. S. Luft: *'Phänomenologie der Phänomenologie'.* Systematik und Methodologie der Phänomenologie in der Auseinandersetzung zwischen Husserl und Fink. 2002 ISBN 1-4020-0901-1
167. M. Roesner: *Metaphysica ludens.* Das Spiel als phänomenologische Grundfigur im Denken Martin Heideggers. 2003 ISBN 1-4020-1234-9
168. B. Bouckaert: *L'idée de l'autre.* La question de l'idéalité et de l'altérité chez Husserl des *Logische Untersuchungen* aux *Ideen I.* 2003 ISBN 1-4020-1262-4
169. M.S. Frings: *LifeTime. Max Scheler's Philosophy of Time.* A First Inquiry and Presentation. 2003 ISBN 1-4020-1333-7

Phaenomenologica

170. T. Stähler: *Die Unruhe des Anfangs.* Hegel und Husserl über den Weg in die Phänomenologie. 2003
ISBN 1-4020-1547-X
171. P. Quesne: *Les* Recherches philosophiques *du jeune Heidegger.* 2003 ISBN 1-4020-1671-9
172. A. Chrudzimski: *Die Ontologie Franz Brentanos.* 2004 ISBN 1-4020-1859-2
173. S. Overgaard: *Husserl and Heidegger on Being in the World.* 2004 ISBN 1-4020-2043-0
174. J. Dodd: *Crisis and Reflection.* An Essay on Husserl's *Crisis of the European Sciences.* 2004
ISBN 1-4020-2174-7
175. R. Visker: *The Inhuman Condition.* Looking for Difference after Levinas and Heidegger. 2004
ISBN Hb: 1-4020-2825-3; Pb: 1-4020-2826-1
176. L.M. Rodemeyer: *Intersubjective Temporality.* It's About Time. 2006 ISBN 1-4020-4213-3
177. D. Lohmar and D. Fonfara (eds.): *Interdisziplinäre Perspektiven der Phänomenologie.* Neue Felder der Kooperation: Cognitive Science, Neurowissenschaften, Psychologie, Soziologie, Politikwissenschaft und Religionswissenschaft. 2006 ISBN 1-4020-4730-4
178. S. Taguchi: *Das Problem des ‚Ur-Ich' bei Edmund Husserl.* Die Frage nach der Selbstverständlichen 'Nähe' des Selbst. 2006 ISBN 1-4020-4854-8
179. E. Dorfman: *Réapprendre à voir le monde.* Merleau-Ponty face au miroir lacanien. 2007
ISBN 1-4020-5430-0
180. L. Tengelyi: *Erfahrung und Ausdruck.* Phänomenologie im Umbruch bei Husserl und seinen Nachfolgern. 2007 ISBN 1-4020-5433-5
181. A. Chrudzimski: *Gegenstandstheorie und Theorie der Intentionalität bei Alexius Meinong.* 2007
ISBN 978-1-4020-5533-1
182. L. Boi, P. Kerszberg, F. Patras (Eds.): *Rediscovering Phenomenology.* Phenomenological Essays on Mathematical Beings, Physical Reality, Perception and Consciousness. 2007
ISBN 978-1-4020-5880-6
183. E. Wolff: *De l'éthique à la justice.* Langage et politique dans la philosophie de Lévinas. 2007
ISBN 978-1-4020-6121-9
184. S. Camilleri: *Phénoménologie de la religion et herméneutique théologique dans la pensée du jeune Heidegger.* Un commentaire analytique des *Fondements philosophiques de la mystique médiévale* (1916–1919). 2008
ISBN 978-1-4020-6730-3
185. D. Lohmar: *Phänomenologie der schwachen Phantasie.* Untersuchungen der Psychologie, Cognitive Science, Neurologie und Phänomenologie zur Funktion der Phantasie in der Wahrnehmung. 2008
ISBN 978-1-4020-6830-0